21世纪高等学校计算机规划教材

21st Century University Planned Textbooks of Computer Science

C语言程序设计

C Programming Language

李振立 张慧萍 编著

张颖江 主审

人民邮电出版社

北京

图书在版编目（C I P）数据

C语言程序设计 / 李振立，张慧萍编著. -- 北京 : 人民邮电出版社，2014.9
21世纪高等学校计算机规划教材
ISBN 978-7-115-36095-3

Ⅰ. ①C… Ⅱ. ①李… ②张… Ⅲ. ①C语言－程序设计－高等学校－教材 Ⅳ. ①TP312

中国版本图书馆CIP数据核字(2014)第152973号

内 容 提 要

本书系统地介绍了计算机语言的词法、语法、语言规则、数据类型、数据存储、算法结构、函数模块、指针、数据文件、内存映射等基本概念，深入地讨论了 C 语言程序设计中的数据结构、数据存储和经典算法。全书分为 11 章，第 1 章为 C 语言概述、第 2 章为数据类型与表达式、第 3 章为顺序结构程序设计、第 4 章为选择结构程序设计、第 5 章为循环结构程序设计、第 6 章为数组、第 7 章为函数、第 8 章为指针、第 9 章为自定义数据类型、第 10 章为文件、第 11 章为软件基础知识。本书涉及 C 语言程序设计的全部内容和软件基础知识的主要内容。

本书由长期工作在教学一线的教师编写，全书各知识单元编排顺序得当，结构合理严谨，内容丰富、由浅入深、循序渐进，详略度把握得当，书中配置了大量运行在 VC 环境下的例题，是一本理想的 C 语言程序设计的教材。本书既可以作为各类高等院校本、专科非计算机专业的 C 语言程序设计的教材，也可以作为独立学院、高职高专、网络学院的教材。

◆ 编　　著　李振立　张慧萍
主　　审　张颖江
责任编辑　邹文波
执行编辑　吴　婷
责任印制　彭志环　焦志炜

◆ 人民邮电出版社出版发行　　北京市丰台区成寿寺路 11 号
邮编　100164　　电子邮件　315@ptpress.com.cn
网址　http://www.ptpress.com.cn
北京九州迅驰传媒文化有限公司印刷

◆ 开本：787×1092　1/16
印张：20.25　　2014 年 9 月第 1 版
字数：533 千字　　2025 年 7 月北京第 17 次印刷

定价：45.00 元

读者服务热线：(010)81055256　印装质量热线：(010)81055316
反盗版热线：(010)81055315

前 言

C 语言是信息社会最流行、应用最广泛的程序设计语言，是计算机领域的通用语言之一，如今很多流行的程序设计语言都源于 C 语言的思想理念，并以 C 语言为底层工具开发而来。C 语言编程是每位软件开发人员必备的基本功，也是应用技术型高校学生必须掌握的编程工具。

对应用技术型高校学生而言，任何专业技术的应用与模拟，都离不开计算机软件，学生首要的任务就是掌握程序设计语言，在掌握程序设计语言的基础上去模拟、应用、开发、设计本专业的项目软件。同时，学习程序设计语言是学习计算思维最好的工具。本书为学生提供较为全面的程序设计思想、程序分析过程和解题方法，提供分析和解决问题的基本过程和思路，从语言层面上体现出求解项目技术问题的方法，是训练学生用项目方法解决专业技术问题的有效工具。

本书系统地介绍了计算机语言的词法、语法、语言规则、数据类型、数据存储、算法结构、函数模块、指针、数据文件等基本概念，深入地讨论了 C 语言程序设计中的数据结构和经典算法，介绍图解法分析程序，将程序中的每条语句对内存数据的操作用图形的方式表述出来，激发学生左、右半脑的协同工作，将左半脑侧重的语言、逻辑推理、数学、符号等抽象思维和右半脑侧重的事物形象、空间位置、图形关系结合起来，增强学生对知识点的熟悉和理解。

本书根据理工类计算机基础课程教学指导分委员会颁布的《计算机基础课程教学基本要求》，从“算法基础与程序设计”领域中选择如下的知识单元，包括程序与程序设计语言、数据类型基础、基本控制结构、基本算法概念、程序设计过程、过程与函数、构造类型与指针、文件等知识单元组织教学内容。对于计算机学习者，尤其是具有一定计算机基础而又欲获得提高的广大计算机爱好者，本书无疑是一本极好的自学读物。

本书由张颖江主审，李振立、张慧萍编著，其他编者还有程学先、楚维善、李光明、顾梦霞、陈小娟、贺红艳、吴佩、罗宏芳、李珺、陈锦、周雪芹、王世畅。在全书的策划、编写、出版过程中，湖北工业大学项目技术学院的各级领导给予了大力支持，在此深表谢意。

编 者

2014 年 6 月 8 日

目　录

第1章 C语言概述

C语言属于面向过程的程序设计语言。面向过程编程采用以事件为中心的编程思想，将事件的产生、发展、变化和结果等事件运作过程作为研究的重点，采用模块化的方法设计源程序，由主控模块分级调用各子模块，各个模块依照事件运作的逻辑次序组织程序流程，用程序流程图描述程序的算法，然后用程序设计语言表示算法，编制出面向过程的程序。同时，C语言将需要处理的信息数字化，表示成各种类型的数据。数据的表示、数据类型、数据的组织、数据的存储和数据的传递称为程序的数据结构，数据结构是程序设计的重要因素。因此，面向过程的程序是由算法和数据结构共同组成的，用公式表示为：

面向过程的程序=算法+数据结构

1.1 C语言的发展史

1.1.1 C语言的起源

C语言是在开发UNIX操作系统的过程中研发出来的。1970年美国贝尔实验室的学者肯·汤普森（Ken Thompson）以BCPL（Basic Combined Programming Language）语言为基础，经过简化，设计出简单的B语言；1972年，贝尔实验室的学者丹尼斯·利奇（Dennis M.Ritchie）在B语言的基础上设计了C语言；1973年美国贝尔实验室的肯·汤普森和丹尼斯·利奇两人合作改写UNIX，其中90%是用C语言改写的；1977年出现的不依赖于具体计算机的C语言编译文本《可移植C语言编译程序》，使C语言被迅速移植到各类计算机上，从而推动了UNIX操作系统在各类计算机上的开发和应用，而UNIX的日益推广，又推动了C语言的广泛应用；1978年由布莱恩·W·克尼汉（Brian W.Kernighan）和丹尼斯·利奇（Dennis M.Ritchie）两人出版了*The C Programming Language*这部名著，通常称为“K&R”，成为早期C语言的事实标准，称为经典C语言；1983年美国国家标准协会（ANSI）对C语言进行扩充和规范，制定了新的标准，称为ANSI C；1987年公布了C语言的美国国家标准，1989年ISO/IEC提出了国际标准草案，1990年公布了C语言的正式标准，称为C89，有时也称为C90。C89是目前广泛使用的标准，所有的主流编译器都支持C89。

对C89的修订工作开始于1994年，ISO/IEC于1999年12月16日，推出了C语言标准：ISO/IEC 9899：1999（Programming languages—C）称为C99。C99保持了C语言的基本特性，修订目标有三点：支持国际化编程，引入支持国际字符集Unicode的数据类型和库函数；修正原有版本的明显缺点；针对科学和项目的需要，改进计算的实用性，添加了复数类型和新数学函数等。目前完全支持 C99 标准的编译器较少，GCC/mingw32/Dev-C++的编译器/IDE 支持 C99 的大部分内容。

1.1.2 C 语言的集成开发环境

C 语言是 AT&T 贝尔实验室发明的程序设计语言。集成开发环境（简称 IDE）是用于为程序开发和程序设计提供编程环境的应用程序，一般由代码编辑器、编译器、连接器、调试器和图形用户界面等工具组成。C 与 C++常用的集成开发环境有 Borland 公司的 Turbo C、Borland C++和 C++ Builder，微软的 Microsoft C、Visual C++、Visual studio.NET、VC2005、VC2008、VC2010 和 VC2012，开源社区 GNU 的 GCC、Dev-C++、codeblocks、Kdevelop、Anjuta Devstudio、Visual-MinGW、MinGW Developer Studio、QT、Tiny c compiler、Eclipse+CDT 和 Netbeans C++等软件。

在 2008 年以前，全国计算机等级考试二级 C 语言使用的集成开发环境是 Turbo C（简称 TC），初学者开始入门时使用简单的 TC2.0 集成开发环境，有助于对 C 语言的操作和理解。2008 年以后，全国计算机等级考试使用的集成开发环境是 Visual C++6.0。在等级考试的带动下，Visual C++6.0 成为最常用的 C 语言集成开发环境（简称 VC6.0），但 VC6.0 不支持 C99 标准。Dev-C++支持 C99 标准的大部分功能，是全国奥林匹克编程、蓝桥杯软件大赛等赛事指定的 C 语言开发工具。

C 语言集成开发环境 IDE 由编辑器、编译器、连接器集合而成。用户编写的源程序通过编辑器输入到计算机内存，形成扩展名为“c”的程序文件；通过编译器编译，形成扩展名为“.obj”的目标代码文件；通过连接器连接目标代码和库文件；形成扩展名为“.exe”的执行文件；运行执行文件，在运行窗口输入数据，并输出计算结果。常用的集成开发环境 TC 与 GCC 是以命令行方式工作，VC 和 Dev-C++是在 Windows 平台下工作。由于 Dev-C++5.0 及以前的版本执行完程序后立即关闭了输出窗口，用户看不见输出结果，因此在源程序结束之前应该加入 getch();语句，暂停程序运行，让用户查看完输出内容后，按任一键结束。Dev-C++5.4 以后的版本不需要加入 getch();语句。

1.2 C 语言程序的构成

1.2.1 C 语言程序的构成

C 语言是一种指令型语言，使用了各种函数，其源程序是由一系列函数构成的。C 语言的函数模块一般形式如下：

```
编译预处理命令
函数类型  函数名（函数形式参数）
{
  声明语句
  执行语句
}
```

下面通过几个简单的例子讨论 C 程序的构成。

例 1.1 在 VC 集成开发环境下编程，建立一个文件名为“ex1_1”的 C 源程序，在屏幕上输出“Compile C Program”后回车换行（文件名为 ex1_1.c）。

```
/*  注释内容：文件名为 ex1_1.c */
#include <stdio.h>                      /* 包含标准输入/输出头文件 */
int  main(void)                         /* 主函数由整型的函数类型、函数名和空参数组成 */
{                                       /* 函数体开始 */
    printf("Compile C Program \n");     /* 用格式输出函数 printf 输出字符串 */
    return 0;                           /* 向操作系统返回 0 值，即程序正常退出 */
}                                       /*  函数体结束 */
```

第 1 行为块注释“/*注释内容：文件名 ex1_1.c */”，说明该源程序使用的文件名为 ex1_1.c，将该文件保存在学生文件夹中。用 VC 集成开发环境编辑、调试该程序，打开源文件 ex1_1.c，单击工具栏“编译”命令，集成开发环境编译源程序，在信息窗口显示程序中的错误，更正所有的错误后，集成开发环境编译源程序、连接程序形成可执行文件，运行该程序，在输出窗口上显示字符串“Compile C Program”，按任一键结束，关闭输出窗口，用“文件”→“关闭工作空间”命令，关闭编辑以上程序的工作空间。

若用经典 C 格式书写主函数，去掉所有的注释语句后，形成仅有一条标准输出函数调用语句的程序，称为 C 程序的最简构成，程序如下：

```
#include <stdio.h>
main()
{
    printf("Compiler DEV C++\n");
}
```

例 1.2　在 VC 集成环境下编程，编制输入两个整数，并输出较大的一个数的源程序（文件名为 ex1_2.c）。

```
/* 从两个数中找出较大的数，文件名为 ex1_2.c */
#include<stdio.h>                 /* 包含标准输入/输出头文件*/
main( )                           /* 经典 C 表示的主函数缺省函数类型和参数  */
{                                 /* 函数体开始 */
  int a,b,c;                      /* 声明函数中使用的整型变量 a,b,c */
  scanf( “%d,%d” ,&a,&b);         /* 用格式输入函数输入两个整数 */
  if( a > b) c = a;               /* 如果 a > b，那么把 a 的值赋给 c  */
  else c = b;                     /* 否则把 b 的值赋给 c */
  printf( “max=%d\n” ,c);         /* 用格式输出函数 printf 输出最大值 */
}                                 /* 函数体结束 */
```

在 VC 集成环境中编辑该程序，选择“组建”菜单→“组建”命令（或按<F7>键），编译源形成目标模块，并组建成 ex1_2.exe 文件；选择“组建”→“执行”命令（或按<Ctrl+F5>组合键），执行该程序打开输出窗口，用户输入“24，32”回车，屏幕显示“max=32”。

例 1.3　先定义一个求两个数的较大值的函数，然后由主函数调用该函数，试编写源程序，当输入两个整数时，输出较大的一个数（文件名为 ex1_3.c）。

```
程序                          解释
#include <stdio.h>           /* 包含标准输入/输出头文件 */
#include <stdlib.h>          /* 包含 C 语言标准库头文件 */
```

```
int iMax(int iX, int iY);       /* 声明函数 iMax */

int main(void)                  /* 主函数，函数返回整型值，无参数 */
{                               /* 函数体开始 */
  int iA,iB,iC;                 /* 定义函数中使用的变量 iA, iB, iC */
  scanf("%d,%d",&iA,&iB);       /* 用格式输入函数输入两个整数 */
  iC = iMax(iA,iB);             /* 调用函数 iMax，函数值赋给 iC */
  printf("max = %d\n",iC);      /* 用格式输出函数 printf 输出最大值 */
  system("pause");              /* 暂停程序运行，查看输出内容 */
  return 0;                     /* 向操作系统返回 0 值，即程序正常退出 */
}                               /* 函数体结束 */

int iMax(int iX, int iY)        /* 用户定义的整型函数 iMax，参数为 iX 和 iY */
{                               /* 函数体开始 */
  int iZ;                       /* 定义函数中使用的变量 iZ */
  if(iX>iY) iZ=iX;              /* 如果 iX>iY 那么把 iX 的值赋给 iZ */
  else iZ=iY;                   /* 否则把 iY 的值赋给 iZ */
  return (iZ);                  /* 返回计算结果 iZ 的值 */
}                               /* 函数体结束 */
```

该程序的功能与程序例 1.2 相同，通过调用函数来计算两个数的较大值。

对照以上三个简单的 C 程序，可以看出 C 程序的基本构成由编译预处理命令、参数说明、函数说明、主函数及函数等成分组成。

（1）编译预处理

编译预处理命令有文件包含（.h 头文件）、宏定义和条件编译 3 种。在 C 语言中经常使用的包含文件有标准输入/输出头文件“stdio.h”、标准库头文件“stdlib.h”、字符串头文件“string.h”、控制台输入/输出头文件“conio.h”和数学函数库头文件“math.h”等。

包含文件的格式为：

#include <filename.h>　　　例：#include <stdio.h >

或 #include "filename.h"　　　例：#include "stdlib.h"

用#include <filename.h> 格式来引用标准库的头文件，编译器从标准库目录开始搜索。用#include "filename.h" 格式来引用非标准库的头文件，编译器从用户工作目录开始搜索。

宏定义的作用是定义符号常量，用一个短的名字代表一个长的字符串。定义格式为：

#define 标识符 字符串　　　例：#define PI 3.1415926

（2）C 语言中的函数

C 语言是指令型语言，可以使用各种函数程序模块，一个 C 程序可以由一个或多个具有相对独立功能的函数模块构成，其中有且仅有一个以 main 命名的主函数，其他函数模块为函数，如 iMax。程序从 main 函数开始执行，直到执行完函数体程序才运行结束。主函数调用函数，执行完函数体后返回到主函数调用处继续执行后续语句。函数与函数之间用参数传递数据。函数只能被主函数或其他函数调用，不能单独运行。

（3）函数的组成

一个函数由函数头部和函数体两部分组成。函数头部包括函数的类型、函数名和形式参数表，形式参数表可以无类型，参数表为无类型用类型名 void 表示，或者参数表列为空，即函数名（ ）。函数体用一对花括号“{ }”括起来，包括局部声明语句和执行语句。一般形式为：

```
函数类型  函数名(参数表列)    int iMax(int iX , int  iY)
{                            {
  声明语句                      int  iZ;
  执行语句                      if(iX>iY) iZ = iX;
                                else iZ = iY;
                                return (iZ);
}                            }
```

（4）函数的调用

C 函数分为标准函数和用户定义函数两类，程序模块中的函数调用语句可以调用标准函数，也可以调用用户定义函数。标准函数是由编译程序提供的，标准函数的定义是以编译后的目标代码形式存放在系统的函数库中，称为 C 函数库。用户编程时直接调用标准函数，在例 1.2 中的格式输入函数 scanf 和格式输出函数 printf 都是标准函数。

格式输入函数 scanf 的格式为：

```
scanf(″输入格式″,输入项地址表列);
```

其中："输入格式"是用双引号括起来的字符串，包括格式说明和普通字符：格式说明是由%字符开头后接格式字符，如%d 表示十进制整型数，%f 表示浮点型数，%c 表示单个字符等；普通字符是按照需要输出的字符和控制符，包括可打印的字符和转义字符两种。"输入项地址表列"是由若干个地址所组成的表列，可以是变量的地址如&a、&b，或字符串的首地址 str1。

格式输出函数 printf 的格式为：

```
printf (″输出格式″,输出表列);
```

其中："输出格式"是用双引号括起来的字符串，包括格式说明和普通字符；"输出表列"是输出的常量、变量或表达式，用逗号分隔。

用户定义函数（简称函数）必须由用户在源程序中编写函数定义，根据模块功能，设计和编写用户定义的函数语句，供其他函数调用。用户定义函数与调用函数的函数名必须一致，两者参数的个数与参数的类型必须按位置相同放置，函数定义的参数为形参（或称虚参），函数调用中的参数为实参，参数的传递按位置虚实对应。在例 1.3 中调用函数 iMax 的语句是赋值语句：

```
iC = iMax(iA, iB);    /* 调用 iMax 函数, iA, iB 为实参已有确定的数值 */
```

式中"="为赋值号，执行该语句，将函数值赋给变量 iC，保存在变量 iC 指向的内存单元中。

（5）函数声明

函数应该满足先定义后调用的规则，如果函数的定义在前，在主函数中对函数的调用语句在后，则满足先定义后调用的规则，不需要进行函数声明；如果主函数在前，函数的定义在后，则需要对函数进行声明。函数声明是在函数被使用之前的位置，用函数原型对函数进行前向说明，将函数的名称、类型和参数类型告知编译器。例 1.3 中的第 3 行"int iMax(int iX, int iY);"语句为函数原型，通知编译程序调用函数的类型及参数的类型，语句中的 iX、iY 可以缺省，例如写成"int iMax(int, int);"。

（6）参数说明

在程序的前面可以说明全局变量，在例 1.3 中的第 4 行可以增加"int iD;"语句，说明全局变量 iD。在程序模块的说明部分可以说明局部参数，如例 1.3 中第 7 行“int iA, iB, iC;”语句和第 17 行“int iZ;”语句。在函数定义的参数表列中说明函数传递的参数，如例 1.3 中第 15 行的“int iMax(int iX, int iY)”语句中的“int iX, int iY”。

（7）书写格式

C 语言的书写格式自由，C 语句用分号“;”作结束符，一条语句可以写成多行，多条语句也可以写成一行。C 语言的书写支持缩进格式，将同一层次的语句，语句的开头对齐在同一列，每下一个层次，语句开头通过加空格缩进若干列，从而形成层层缩进对齐的书写格式。

（8）注释

程序中可加必要的注释，注释分为块注释和行注释：块注释用一对符号“/*　*/”作程序中注释的定界符，表示“/*”和“*/”之间的内容是注释；行注释使用“//”，支持 C99 的编译器支持在 C 语言中使用行注释。注释的内容不影响程序的编译和执行，增加程序的可读性，是一种良好的程序设计风格。

1.2.2　C 语言程序逻辑顺序和程序样板

1. C 语言程序逻辑顺序

C 语言程序模块中，语句块的逻辑顺序是按声明语句、数据输入、数据处理、数据输出的次序依次排列的。

例 1.4　已知圆的半径为 *r*，编写求圆的面积与周长的程序（文件名为 ex1_4.c）。

```
#include <stdio.h>                            /*包含标准输入/输出头文件*/
#define   PI   3.1415926                      /*宏定义 */
main( )                                       /* 经典 C 表示的主函数 */
{                                             /* 函数体开始 */
  float  fR,fS,fW;                            /* 声明单精度变量 fR,fS,fW */
  scanf("%f",&fR);                            /* 用格式输入函数输入半径 fR*/
  fS = PI * fR * fR;                          /* 求圆的面积（数据处理）*/
  fW = 2 * PI * fR;                           /* 求圆的周长（数据处理） */
  printf("fS = %f, fW = %f \n",fS,fW);        /* 用格式输出函数 printf 输出面积和周长 */
}                                             /* 函数体结束 */
```

说明如下：

① 程序开头的编译预处理命令由文件包含“#include <stdio.h>”和宏定义“#define　PI 3.1415926”两部分组成，文件包含和宏定义是命令不是语句，命令结束没有分号，宏定义不是给 PI 赋值，而是定义符号常量，C 程序在编译时会将非双引号内的所有 PI 都置换成为 3.1415926。

② 函数体内的局部说明“float　fR, fS, fW;”说明变量 fR、fS 和 fW 是浮点型变量，在内存中为每个变量分配 4 个字节的存储单元。

③ 在 C 语言中没有专门的输入语句，用格式输入函数“scanf("%f",&fR);”输入数据。

④ 求圆的面积“fs = PI*fR*fR;”与求圆的周长“fW = 2*PI*fR ;”是处理数据的语句块。

⑤ 在 C 语言中没有专门的输出语句，用标准函数“printf("fS = %f, fW = %f \n",fS,fW);”输出数据。

2. C 语言程序样板

在 C 语言源程序中，存在一些使用方法相对固定的编译预处理命令、主函数头部、声明语句、执行语句和返回语句等语法成分，存在一些相对固定的算法，将这些固定成分组成的源程序作为程序样板，对其中的某些语法成分稍做修改，可以快速地编制出解决实际问题的源程序。例如，在文件名为“ex1_1.c”的源文件中，语法成分相对固定的程序内容如下：

```
#include <stdio.h>            /* 包含标准输入/输出头文件 */
int  main()                   /* 主函数由整型的函数类型、函数名和空参数组成 */
{                             /* 函数体开始 */
    ……                        /* 根据程序的逻辑顺序，插入相应的语句 */
    return 0;                 /* 向操作系统返回 0 值，即程序正常退出 */
}                             /* 函数体结束 */
```

将以上语法成分作为符合 C89 和 C99 标准的程序样板，参数 void 可以缺省，可以套用到其他程序之中。

同样，将 C 程序的最简构成作为经典 C 的程序样板如下：

```
#include <stdio.h>            /* 包含标准输入/输出头文件 */
main()                        /* 经典 C 的主函数头部 */
{                             /* 函数体开始 */
    ……                        /* 根据题义插入相应的语句 */
}                             /* 函数体结束 */
```

3. C 语言源程序的编制方法

用 C 语言编程解决一般简单的实际问题，需要声明变量、输入数据、处理数据和输出数据。编写解决此类问题的 C 语言源程序，先选用一种程序样板，建议选用规范的 C 程序样板，然后，根据实际问题确定变量的类型和数量，用声明语句声明变量，输入数据可以直接使用变量初始化的方法，可用标准输入函数读数据，用赋值语句或函数调用语句处理数据，用标准输出函数输出数据。简单地说，C 语言源程序的编制方法是“程序样板+程序逻辑顺序”。

*1.2.3　C 语言的风格

C 语言的风格指 C 程序的风范格局，是程序内容与书写形式相互统一的表现形式，是由程序员的个性特征与其所受的教育、使用的教材、编程的经历及团队的规定等诸多条件影响下形成的编程习惯。C 语言的风格是编程思想的开放性、程序开发的统一性、程序结构的层次性和程序内容的易读性的表现形式，也是程序员对程序书写形式一贯性的体现。

每一个软件开发团队可以自行规定表征 C 语言风格的书写形式，内容主要包括大括号的放置位置、缩进格式、空格的使用、注释、命名系统和函数等。

1. 主函数与大括号的放置位置

编写 C 语言源程序，主函数头部声明与大括号的放置位置要规范，以输出“Hello!”的源程序为例，经典 C 语言程序如下：

```
main( )                       /* 经典 C 声明的主函数 */
{                             /* 函数体开始，标准 C 提倡单独占一行 */
  printf("Hello! ");          /* 用标准输出函数 printf 输出字符串 */
}                             /* 函数体结束，单独放在一行*/
```

经典 C 声明的主函数可以缺省函数类型，可以缺省参数。主函数中的大括号“{”表示函数体开始，应该放在 main()的下一行的第 1 列，其他语句另起一行；反大括号“}”也单独放在一行。按规范的程序样板声明的主函数 main 的函数类型为整型，参数 void 可以缺省，程序结束前要有“return 0;”语句，表示向操作系统或评分程序返回 0 值，即程序正常退出（文件名为 ex1_5.c）。程序如下：

```
#include <stdio.h>                    /*包含标准输入/输出头文件 */
int   main(void)                      /* C89 或 C99 表示的主函数 */
{                                     /* 函数体开始，提倡单独占一行 */
  printf("Hello! ");                  /* 用标准输出函数 printf 输出字符串 */
  return 0;                           /*向操作系统返回 0 值，即程序正常退出 */
}                                     /* 函数体结束，单独放在一行 */
```

函数中的大括号也应该独占一行。如：

```
int  iExch(int iX, int iY)            /* 函数头部 */
{                                     /* 函数体开始，单独占一行*/
  iX = iX + iY; iY = iX - iY; iX = iX - iY;    /* 函数处理多条语句可以写在一行*/
  printf("iX = %d, iY = %d", iX, iY); /* 用标准输出函数 printf 输出整数 iX、iY */
}                                     /* 函数体结束，单独放在一行*/
```

不提倡将函数体开始的“{”与变量的类型说明写在一行，例如：

```
main( )
{ int  iA;
……
```

也不要用“void main(void)”或“void main( )”声明主函数，这是非标准的书写方法。

2. 缩进格式

在 C 的集成开发环境中，按一次<Tab>键默认跳过 8 个字符，C 语言默认每层控制结构缩进深度为 8 个字符。虽然有的用户设置的缩进深度为 4 个字符或 2 个字符，但这不是一个好的风格。因为控制结构的每一层构成一个语句块，块的开始和结束是缩进对齐的，缩进量设置为 8 个更加醒目，当用户连续编程十几个小时后（程序员经常这样干），缩进深度的大小就非常重要了。能帮助用户更清楚地划分结构层次，理解程序内容。同时，当用户程序中的控制结构层次太多，程序代码缩进到右边，看起来不舒服，也能起到提醒程序员修改程序的作用，嵌套这样多层的控制结构理解起来已经很困难了。

3. 空格的使用

在 C 语言程序中使用空格能形成良好的程序风格，有些空格作为语句的分隔符，在语句中是必须存在的，例如，在 const、virtual、inline 和 case 等关键字之后至少要留一个或一个以上的空格，否则无法辨析关键字。另一类关键词如 if、for 和 while 之后应留一个空格再跟左括号“(”，以突出关键字，这类关键词添加的空格不是必须的。有些语言的集成开发环境会自动地给程序中的单词加空格，形成良好的程序风格。

良好程序风格使用的空格有如下规律：

① 函数名之后不要留空格，紧跟左括号“(”，关键字与“(”之间加空格，以体现两者的区别。在“(”之后紧跟数据。

② 符号“)”“,”和“;”向前紧跟数据，紧跟处不留空格。“,”之后要留空格；如果“;”不是一行的结束符号，其后要留空格。

③ 单目运算符（一元操作符）如“!”“~”“++”“--”和“&”（取地址运算符）等前后不加空格。

④ 双目运算符包括赋值与复合赋值运算符，如“=”“+=”“-=”“*=”和“/=”；比较操作符如“>”“<”“>=”“<=”“= =”和“!=”；算术操作符如“+”“-”“*”“/”和“%”；逻辑操作符如“&&”、“||”；位域操作符如“&”、“|”等。双目运算符的前后应当加空格。由两个字符组成的运算符，两个字符之间不要加空格符，如“+=”不能写成“+ =”。

⑤ 数组运算符“[ ]”、域运算符“.”和指向运算符“->”的前后不加空格。

4. 注释

注释通常用于版本、版权声明，函数功能说明，函数的接口说明，结构提示，重要的代码行的说明。注释有助于理解代码，但过多地使用注释会使程序繁复，影响阅读程序代码。注释不能够嵌套。

经典 C 与 C89 语言使用块注释，注释符为“/*…*/”。C99 允许行注释，用“//”开始注释该行。

保持良好程序风格时使用的注释要注意以下几点：

① 程序中的注释起提示功能，注释不能太多，不可喧宾夺主，注释的花样要少。

② 可加可不加的注释一律不加。注释应当准确、易懂，防止注释有二义性。

③ 注释与代码之间保持一致性，修改代码的同时要修改相应的注释。删除不用的注释。

④ 注释应简短，但要尽量避免在注释中使用缩写。

⑤ 注释的位置应与被描述的代码相邻，可以放在代码的上方或右方，不可放在下方。

⑥ 当代码比较长，或有多重嵌套时，应当在一些段落的结束处加注释，便于阅读。

5. 命名系统

C 语言是一种简洁而强大的语言，用户对标识符的命名应该简洁、明晰，望文知意，命名要基于容易记忆、容易理解的原则。

有些语言如 Fortran 语言，使用了变量的隐含说明，凡是以字母 I、J、K、L、M 及 N 开头的变量名隐含规定为整型，其他字母开头的隐含规定为实型。根据这种思路，可以制订一个方案，将 26 个字母划分一下，指定几个字母开头的名称表示一种数据类型。例如，用 c、s 开头表示字符型，用 i、j、k 开头表示整型，n 开头表示短整型，l、m 开头表示长整型，u、v 开头表示无符号整形，e、f 开头表示浮点型，d、x、y 开头表示双精确度型，z 开头表示长双精确度型等。用这种方案为 C 源程序命名，可以简捷地表示为：

```
int    i,  j,  k;
double  d,  x,  y;
```

在命名系统中存在着共性规则，共性规则被大多数程序员采纳，用户应当在遵循这些共性规则的前提下，为标识符命名。

① 标识符应当直观易懂，容易拼读，可望文知意。标识符最好采用英文单词命名，尽量不用汉语拼音命名。

② 标识符的长度应当符合“小长度大信息”的原则。

③ 命名规则尽量与所采用的操作系统或开发工具的风格保持一致。如 Windows 应用程序的标识符通常采用“大小写”混排的方式，如 AddChild。而 UNIX 或 Linux 的应用程序的标识符通常采用“小写加下划线”的方式，如 add_child。

④ 程序中避免相似的标识符，不要出现仅靠大小写区分的标识符。例如 int ix, iX;。

⑤ 程序中避免出现与标识符完全相同的局部变量和全局变量，容易造成误解。

⑥ 变量的名字应当使用“名词”或“形容词 + 名词”；全局函数的名字应当使用“动词”或

者"动词 + 名词"。

6. 函数

函数是 C 语言的基本功能单元，标准函数的调用要注意格式符与附加格式符的功能、变量与变量地址的区别，避免产生错误。函数应该短小精干，功能单一，不要设计多用途的函数。函数体内的语句规模要小，应尽量控制在 50 行代码之内。函数名称应该表述函数的功能，帮助用户理解函数的语句功能和描述的整体功能。

函数设计要确保函数的功能正确，同时要注意函数的接口。函数接口的两个要素是参数和返回值。C 语言中，函数的参数和返回值的传递方式分为值传递和地址传递（或称指针传递）两种。使用现代的函数定义格式，不要使用早期的函数定义格式。早期的函数定义将参数的类型说明放在函数名的下一行。如：

```
int  iMax(iX, iY)
int  iX, iY;
```

使用函数时注意如下参数规则：

① 参数要书写完整，不能只写参数的类型不写参数名字。当函数没有参数时，应该用 void 填充，例如，int GetValue(void);。

② 参数命名要望文知意，参数放置的位置顺序按先目标、后源的习惯。例如：编写字符串拷贝函数 StrCopy 的函数名与参数为：

```
void StrCopy(char  *strDes, char  *strSour);
```

③ 函数和参数个数应控制在 5 个以内，避免使用太多的参数。

④ 不使用类型和数目不确定的参数。

函数返回值的规则如下：

① 不要省略返回值的类型。如果函数没有返回值，那么应声明为 void 类型。

② 函数名字与返回值类型不发生冲突。

③ 将正常值和错误标志区别开，不要混在一起返回。正常值用输出参数返回，错误标志用 return 语句返回。

养成良好习惯，编写风格良好的程序是程序员的基本功，也是团队共同工作的基础。

1.3 C 语言的单词

C 语言用一整套带有严格规定的符号体系来描述 C 语言的词法、语法、语义和语用。符号体系的基础是基本字符集，基本字符集中的若干字符组合成一个具有独立意义的最小词法单位，称为单词，又称为词法记号。组成 C 语言的单词有六类：分隔符、注释符、关键字、标识符、常量和运算符。单词是具有一定语法意义的最小语法成分，是一组形式化的数据符号。从编译程序的角度讲，词法分析负责从构成源程序的基本字符集中识别和分离出单词，为语法分析提供单词类别和单词自身值的信息。词法分析对源程序进行编辑，删除源程序中的注释、空白符以及对语法分析无关的信息。区别单词是关键字还是标识符，为语法分析做准备。

1.3.1 C 语言基本字符集

C 语言的基本字符集是编写源程序时准用字符的集合，C 语言编译程序能够识别集合中的字符。

1. **基本字符集**

C 语言编写源程序时使用的基本字符如表 1-1 所示。其中，准用字符包括大写字母、小写字母、数字、空白符和图形符号等。转义符号是由“\”开头，后跟指定的字符表示转换成另外意义的符号。

表 1-1　C 语言基本字符集

类型	基本字符
大写字母	A B C D E F G H I J …X YZ
小写字母	a b c d e f g h i j …x y z
数字	0 1 2 3 4 5 6 7 8 9
空白符	空格符、水平制表符（HT）、垂直制表符（VT）、回车符（CR）、换行符（LF）、换页符（FF）
转义符号	\n 换行（LF）\t 水平制表（HT）\a 响铃（BEL）\b 退格（BS）\f 换页（FF）\r 回车（CR）\v 垂直制表（VT）\\反斜杠 \’ 单引号 \” 双引号 \? 问号 \0 空字符（NULL）\ddd 1 ~ 3 位八进制 数 \xhh 1 ~ 2 位十六进制数
图形符号	~ ! # % & ? | ^ * = + – _ / \ “ ‘ ( ) [ ] { } < > , . : ; ?

2. **分隔符**

分隔符指分隔界定符，用来分隔程序的正文、语句或单词，用来表示某个程序实体的结束和另一个程序实体的开始。C 分隔符由空白符、文末符和标点符号组成。常用分隔符的功能如下。

① 空白符包括空格符（SP）、水平制表符（HT）、垂直制表符（VT）、回车符（CR）、换行符（LF）和换页符（FF）等，空白符用于语句行之间的分割。

② 文末符（\0）：指 ASCII 码值为 0 的字符，常用作字符串的结束符，又称空字符。

③ 逗号：常用作说明多个变量或对象类型时变量之间的分隔符；或用作函数的多个参数之间的分隔符。逗号还可以用作运算符。

④ 分号：用作 for 循环语句中 for 关键字后面括号中 3 个表达式的分隔符。

⑤ 冒号：用作语句标号与语句之间的分隔符和 switch 语句中关键字 case〈整常型表达式〉与语句序列之间的分隔符。

⑥ {}：大括号用作构造函数、分程序模块和复合语句的定界符。

3. **注释符**

在 1.2.3 小节“C 语言的风格”中介绍了注释的概念，注释在程序中起到说明程序功能、函数功能和语句功能的作用，便于阅读程序；注释还具有编辑调试功能，将有疑问的程序段作注释，程序跳过注释的程序段执行，避免删除后再重新输入程序。在程序编译的词法分析阶段，注释会被程序删除。

C 语言使用一对注释符“/*…*/”括起语句块，作为块注释。C99 标准允许 C 语言源程序中采用行注释，行注释“//…”，表示从“//”开始，直到它所在行的行尾（行尾以回车换行符表示行的结尾），所有字符被视为注释。

1.3.2　关键字

关键字是由编译程序预定义具有固定含义的单词，关键字有特定含义的专门用途，用户不能用关键字作为常量、变量、类型或函数的名字。ANSI C 标准中定义的 32 个关键字，在 Turbo C 中的存储类型说明中增加了 7 个关键字。

C 语言的关键字分为以下几类：①数据类型说明符：用于定义、说明变量、函数或其他数据结构的类型，如 int，double 等；②存储类型说明符：说明数据的存储类型；③语句说明符：用于表示一个语句的功能，如 if else 是条件语句的语句定义符。C 关键字如表 1-2 所示。

表 1-2　　C 语言的关键字

关键字类型	关　键　字
C 关键字（基本集）32 个	auto break case char const continue default do double else enum extern float for goto if int long register return short signed sizeof static struct switch typedef union unsigned void volatile while
Turbo C 扩展 7 个关键字	asm cdecl far huge interrupt near pascal
VC++扩展 34 个关键字	asm bad_cast bad_typeid bool catcb class const_cast delete dynamic_cast except explicit false finally friend inline mutable namespace new operator private protected public reinterpret_cast static_cast template this throw true try type_info typeid typename virtual wchar_t
C99 新增 5 个关键字	restrict inline _Complex _Imaginary _Bool

1.3.3 标识符

标识符是程序员定义实体的单词，标识符是定义符号常量、标号、变量、类型、函数和对象的定义符。

1. 标识符的命名规则

① 标识符以英文字母或下划线开头的英文大小字母、数字字符（0～9）和下划线符组成序列。

② 标识符中的字母区分大小写，例如，abc、ABC 和 Abc 是三个不同的标识符。C 语言习惯使用小写字母。

③ C 语言 ANSI 标准规定，标识符的长度为 1～31 个字，C99 标准标识符的长度为 63 字节。

④ 标识符的中间不能有分割符，如不能在标识符中间加空格。

⑤ 不能用 C 的关键字作为标识符，标识符不能与 C 的库函数同名，不能与用户已编制的函数同名，避免产生歧义。

2. 标识符的判断

例 1.5　判断下列字符序列是否可做标识符。

12abc　abc12　3ab4　a58c　_name　name　_char　char　short　ex1-1　ex1_1　x$　fs#

解：能做标识符的字符序列有：abc12、a58c、_name、name、_char 和 ex1_1。

不能做标识符的字符序列有：12abc、3ab4 为数字开头；char、short 为关键字；ex1-1 连字符不是下划线；x$、fs#出现英文、数字及下划线以外的字符。

1.3.4 常量与常量的类型

常量指在程序运行和处理的过程中其值始终不能被改变的量。常量是被程序处理的数据值的表现形式，这些被处理的数据值根据用途和计算精度，表示成不同的数据类型，使用不同的方法进行分析处理。

1. 常量的基本类型

C 语言中，常量的基本类型有整型常量、字符型常量、字符串常量、浮点型常量和枚举类型常量等 5 种基本类型。此外，还允许用一个标识符代表一个常量，称为符号常量。

2. 整型常量

整型常量是由字符和数字组成的序列，用以表示整数及其相应的表示方式或存储类型，整数包括正整数、负整数和零。

（1）按不同进制区分

按不同的进制区分，整型常量包括十进制、八进制和十六进制 3 种表示方法。

十进制整型常量由 0～9 的数字组成，没有前缀，不能以 0 开始，没有小数部分。有正负之分，正号可以省略。例如，246，-126，32700 等。

八进制整型常量以 0 为前缀，其后跟若干 0～7 的数字组成，没有小数部分。例如，0345，0621 等。

十六进制整型常量用 0x 或 0X 为前缀，其后跟若干 0～9 的数字、a～f 或 A～F 的字母（分别表示 10～15），没有小数部分。例如，0x8B，0xE6 等。

（2）用后缀表示整型常数

整型常量中用 L（或 l）作后缀表示长整数。例如，0773L，-0xa8e l，32788L。

整型常量中用 U（或 u）作后缀表示无符数。例如，12345u、4365U。

整型常量后缀可以是 U 和 L（u 或 l）的组合，表示 unsigned long 类型的常量。例如，65640UL。

阅读内存中存储的数据时，常用十六进制数表示内存数据。

3. 浮点型常量

浮点型常量指带有小数的十进制数。

浮点型常量有两种表示方式：一种是带小数的十进制表示法，它由整数部分和小数点后的尾数部分组成，这两部分可省去一部分，但不能都省去，如：5.，.32，0.0，13.54 等；另一种方法是科学表示法（指数形式），由带小数的十进制数后加 e（E）及整数的指数部分表示，e（E）指数部分表示 10 的整数次方，如 1.234e2 表示 1.234×10^2。科学表示法包括整数部分、小数部分和指数部分。注意，e（E）前面必须有数字，e（E）后面的指数部分可正可负，但必须是整数。例如，3.2E-5、-4.3E10、-3e-2、41e-2、12.e3 等是合法的指数表示，而 e2、1.2e2.5、e-3、e-1.5、e 等是不合法的指数表示。一般常用指数形式表示很大或很小的数。

一个浮点数有多种指数表示形式，其中在 e（E）前的数字部分中小数点前只有一位非零的数字称为规范化的指数形式。例如，9876e-4，987.6e-3，98.76e-2，0.9876e0 等，可以表示为 9.876e-1 的规范化的指数形式。

浮点型常量分为单精度（float）、双精度（double）和长双精度（long double）3 类。浮点型常量在默认情况下为 double 型，若要表示 float 型常量，则在实数后加 f（F）。表示 long double 则必须在实数后加 l（L）。例如：

```
8.2f 、4.6e2F          // 表示 float 型
1.230e-4               // 表示 double 型
6.47L                  // 表示 long double 型
```

编译时，浮点型常量按照 IEEE—754 标准规定浮点数的存储格式，阅读内存数据常用十六进制数的方式阅读。

4. 字符常量

C 字符常量是用单引号括起来的一个基本字符。

字符常量有两种表示方法：一种是准用字符表示法，用单引号括起准用字符，如'a'、'x'、'*'和'1'，字符常量不包括字符'和换行符；另一种是转义符号表示法，用单引号括起转义符号，如，'\n'、'\t'、'\b'、'\f '、'\a'、'\\'、'\101'、'\x41'和' \" '等。注意：转义字符必须用小写字母。编译时，字

符常量按照 ASCII 码存储，如表 1-3 所示。

表 1-3　　C 预定义的转义符

字符常量	含义		ASCII（16 进制）	ASCII（10 进制）
\0	NULL	字符串结束符	0x0	0
\a	BEL	响铃	0x07	7
\b	BS	退格	0x08	8
\t	HT	制表符（横向）	0x09	9
\n	NL	换行	0x0a	10
\v	VT	竖向跳格	0x0b	11
\r	CR	回车	0x0d	13
\”	”	字符 ”	0x22	34
\’	’	字符 ’	0x27	29
\\	\	字符 \	0x5c	92
\ddd	8 进制数代表的字符，ddd 表示 1～3 位 8 进制数			
\xhh	16 进制数代表的字符。Hh 表示 1～2 位 16 进制数			

根据字符常量的不同表示方法，大写字母“A”可以表示为'A'、'\101'和'\x41'，以二进制的形式存储在内存中，用十六进制数阅读为 41H。

5. 字符串常量

字符串常量是用一对双括号括起来的字符序列。例如："Hello!"、"ABCDEFG\n"和"a"等。字符序列中的字符包括空格符、准用字符、转义字符和扩展的 ASCII 码字符；一个字符串可以写在多行，行尾用反斜线作为续行符，表示下面一行的字符与本行的内容是同一字符串中的内容。当一行写不下时，使用续行符“\”作为标记，其他的文本写在下一行中。例如：

```
"abcdefg\
hijklmnp!"
```

在字符串中出现反斜线\、单引号'、双引号"等定界符时应该用转义字符\\、\'、\"表示。例如：输出"\t\\string\'s set of char\n"，表示跳过一个制表位后显示\string’s set of char 后换行。

字符串的存储是按字符序列的顺序依次存放各字符的 ASCII 码值，最后以转义符'\0'结束，在 C 中，凡是字符串必须要有一个结束符，该结束符用'\0'表示。

字符常量与字符串常量的区别如下：

① 字符型常量的定界符用单引号括起来，而字符串常量的定界符用双引号括起来。

② 一个字符常量存放在内存中只占一个字节，而字符串常量要占多个字节。例如，存放字符常量'a'仅占一个字节，存放 a 的 ASCII 码值，用十六进制数表示为 61H；字符串"a"占两个字节，除了存放字符'a'的 ASCII 码 61H 外，还要存放字符串常量的结束符'\0'。

③ 字符常量与字符串常量的运算方法也不相同。例如，字符常量直接用运算符进行加法和减法等运算，而字符串常量用函数进行运算。

6. 符号常量

在 C 中的常量可以用符号常量表示。使用符号常量，必须按照先定义后使用的原则，先用 #define 进行宏定义，然后在程序中使用符号常量。

例 1.4 中所给的宏定义“#define PI 3.1415926”，定义了符号常量 PI，在程序中用符号常量 PI

表示 3.1415926。因此 PI 是一个符号常量，它的值在作用域内不能改变。常量标识符在程序中只能被引用，而不能被重新赋值。

例 1.5　已知地球表面重力加速度常量 *G* 的数值为 9.8，试编程求质量为 60 kg 的物体所受重力的大小。

解：重力 f = m*G，编制程序（文件名为 ex1_6.c）如下：

```
#include <stdio.h>
#define  G  9.8
int main()
{
 float  m =60, f ;
 f = m*G;
 printf("%f/n", f );
 return 0;
}
```

1.3.5　运算符

运算是对数据进行加工处理的过程。运算的本质是集合之间的映射，运算元素包括运算量、运算符、括号和运算结果：运算量是参加运算已知量的集合，在 C 中，运算量包括常量、变量和函数等；运算符是标识运算类型和运算方法的符号，运算符是 C 语言重要的词法记号。运算是按照运算符表示的运算方法，实现已知量的集合（运算量）到结果集的映射。

C 语言有丰富的运算符，分为算术运算符、关系运算符、逻辑运算符、移位运算符、位运算符、指针运算符、下标运算符、函数调用运算符、取结构与联合成员运算符、赋值运算符、条件运算符和逗号运算符等多种运算符，将各种操作统一为数据的运算。

根据运算符操作的对象的个数不同，可分为单目运算符、双目运算符和三目运算符。单目运算符指只对一个操作数进行操作的运算符，例如，求负“-a”运算符；双目运算符是对两个操作数进行操作的运算符，例如，加法“+”运算符。三目运算符是对三个操作数进行操作的运算符。在 C 语言中仅有一个三目运算符“？：”即条件运算符。

运算符分为 15 种优先级和两类结合性，优先级指运算符的优先次序，如算术运算中的先乘除后加减，隐含着乘除的优先级要高于加减；结合性是指当一个运算量两边的运算符级别相同时指定的结合方向。C 语言规定了各种运算符的结合性，运算符的结合方向为“左到右”，指从左到右的结合方向，又称“左结合性”，例如，加“+”运算符具有左结合性，a+4 从左到右的结合方向。当运算符的结合方向为“右到左”，指从右到左的结合方向即右结合性，例如赋值“=”运算符，a=4 从右到左的结合方向。将 4 赋值给左边的变量 a。

当一个表达式中包括多个运算量、小括号和多个运算符时，优先计算小括号中的表达式部分，不包含小括号的表达式按优先级别的高低，先做优先级高的运算，再做其次级别的运算，后做最低级别的运算。当表达式中不含小括号并且优先级别相同时，根据运算符的结合性，决定运算的次序。常用 C 运算符的优先次序、结合性如表 1-4 所示。

表 1-4　常用 C 运算符的优先次序、结合性

优先级	名称	运算符	结合性
最高 1	小括号	()	左到右
1	数组下标	[]	左到右
1	函数调用	函数名（）	左到右

续表

优先级	名称	运算符	结合性
1	成员运算符	.（结构或联合成员）	左到右
1	指向运算符	->（结构或联合成员）	左到右
1	自增（后缀）	(变量)++	左到右
1	自减（后缀）	(变量)--	左到右
2	逻辑非	!	右到左
2	按位求反	~	右到左
2	一元正号	+	右到左
2	一元负号	-	右到左
2	自增（前缀）	++(变量)	右到左
2	自减（前缀）	--(变量)	右到左
2	取地址	&变量	右到左
2	取内容值	*指针	右到左
2	强制类型转换	（类型）	右到左
2	长度运算符	sizeof	右到左
3	乘、除、整除、求余	*、/、/、%	左到右
4	加、减	+、-	左到右
5	位左移、位右移	<<、>>	左到右
6	关系	<、<=、>、>=	左到右
7	等于、不等于	==、!=	左到右
8	按位与	&	左到右
9	按位异或	^	左到右
10	按位或	|	左到右
11	逻辑与	&&	左到右
12	逻辑或	||	左到右
13	条件（三目运算符）	? :	右到左
14	赋值	=、+=、-=、*=、/=、%=、&=、|=、^=、~=、<<=、>>=	右到左
15 最低	逗号	,	左到右

说明如下：

① 该表中优先级按照从高到低的顺序书写，也就是优先级为 1 的级别最高，优先级 15 的级别最低。

② 结合性是指运算符结合的顺序，通常都是从左到右。从右向左的运算符最典型的是单目运算符，例如表达式-6+-12 中的负号，含意为-6 与-12 右结合，符号首先和运算符右侧的内容结合再参加运算，等价于(-6)+(-12)。注意区分正负号和加减号。

③ 按位与和逻辑与的区别：按位与指两个操作数的所有位依次参加运算，结果与原数据的位数相同；逻辑与将一个非 0 数看作逻辑 1，运算的结果为 0 或 1。

④ 赋值运算符和复合赋值运算符的运算级别比逗号运算符高，比其他运算符低。逗号表达式的值为最后一项的值。

⑤ 表达式的运算符优先顺序为：

括号→函数→数组→单目→乘、除、取余→加、减→移位→关系运算符→位逻辑运算→逻辑运算→三目运算符→（复合）赋值→逗号运算符。

同级的运算按结合性决定运算次序；多层小括号嵌套，由里层向外逐步计算。

在实际的程序设计中，当不记得运算符的优先级别时可以用小括号括起需要先计算的表达式，不必刻意地追求使用运算符的优先级别，加小括号后编写的代码更加清晰易读。

1.4 Dev-C++集成开发环境

Dev-C++可以看成 Windows 操作系统下 C/C++程序的集成开发环境（IDE），Dev-C++是根据标准的 GNU 许可协议进行发布的。Dev-C++集成开发环境包括多页面窗口、项目编辑器、调试器及相关工具等。多页面窗口可以同时打开多个文档窗口，使用带有文件名的标签进行切换；在项目编辑器中集成了支持多国语言的编辑器、类浏览器、变量调试浏览器、MingW32/GCC 编译器、连接程序、创建 exe 程序和执行程序；使用 GNU 的 GDB 的集成调试器；提供项目管理、功能列表，支持模板创建用户项目类型、快速创建 Windows、命令行、静态链接库和动态链接库，提供打印管理等软件工具。

1.4.1 Dev-C++的工作环境

1. Dev-C++软件的下载

推荐使用的版本为 Dev-C++5.4.0 中文版。可以从天空软件站下载 Dev-C++安装程序，解压后文件名为 Dev-Cpp 5.4.0 MinGW 4.7.2 Setup，复制到 D 盘 DEVC 文件夹中准备安装。

2. 安装 Dev-C++

打开 D 盘 DEVC 文件夹，双击“Dev-Cpp 5.4.0 MinGW 4.7.2 Setup”文件，将 Dev-C++程序安装在“program Files”文件夹的“Dev-cpp”文件夹中。安装完成后，在“开始”菜单中添加了 Dev-C++的程序启动项。

3. Dev-C++程序的组成

在 C 盘“program Files”文件夹的“Dev-cpp”文件夹中，包含 Examples、Help、Icons、Lang、Mingw32、Templates 等文件夹和 DevCPP、ConsolePauser、Copying、Packman、uninstall 等文件。

4. 创建工作文件夹

在 D 盘创建“DEVCPP”工作文件夹，保存用户编制的源程序。

5. 打开 Dev-C++应用程序

执行任务栏的“开始”→“所有程序”→“Bloodshed Dev-C++”组→“Dev-C++”→打开 Dev-C++应用程序。

6. Dev-C++程序的界面

启动 Dev-C++程序后，显示图 1-1 所示的程序窗口。窗口元素包括标题栏、菜单栏、工具栏、项目管理器、查看类浏览器、调试器、程序编辑窗口和信息窗格（包括编译器、资源、编译日志、调试和搜索结果等窗格）。

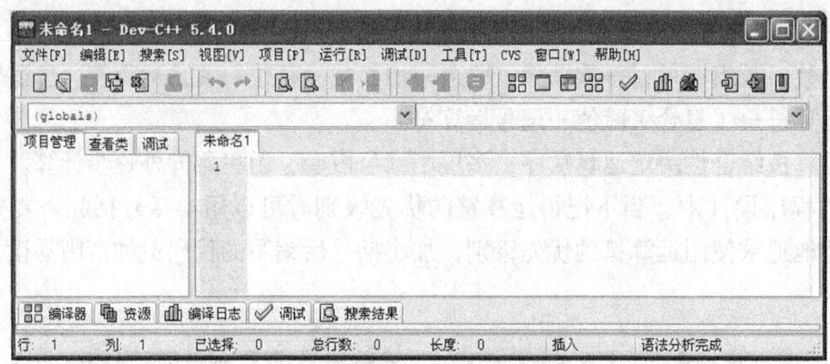

图 1-1 Dev-C++程序界面

7. 菜单命令集合

Dev-C++菜单命令集合如表 1-5 所示。

表 1-5 Dev-C++菜单命令集合

文件	编辑	搜索	视图	项目	运行	调试	工具	CVS	窗口	帮助
新建	恢复	搜索	项目管理	新建单元	编译	调试	编译选项	当前文件	全部关闭	Dev-C++帮助
打开项目或文件	重作	搜索文件内容	状态条	添加	编译当前文件	停止执行	环境选项	整个项目	全屏	每日提示
重新打开	剪切	替换	编译输出	移除	运行	下一步	编辑器选项	Login	后继	关于Dev-C++
保存	拷贝	替换文件内容	工具条	项目属性	参数	单步进入	快捷键选项	Logout	前驱	
保存为	粘贴	继续搜索	To-Do列表		编译运行	下一语句	配置工具	导入	列表	
另存项目为	选择全部	在线搜索	浮动项目管理器		全部重新编译	进入语句	检查更新	检出		
全部保存	切换头源文件	跳至函数	浮动报告窗口		语法检查	跳过	Packge Manager			
关闭	插入	到指定行	转到项目管理器		清除	跳过函数				
全部关闭	设置书签		转至类浏览器		性能分析	添加查看				
关闭项目	跳至书签				删除性能分析	修改数据				
参数	注释				重启程序	移除查看				
导入	取消注释					查看CPU窗口				

续表

文件	编辑	搜索	视图	项目	运行	调试	工具	CVS	窗口	帮助
导出	缩进									
打印	取消缩进									
打印设置	全部收起									
退出	全部展开									

8. Dev-C++的工具按钮

Dev-C++的工具条分为主工具条、编辑工具条、查找工具条、编译运行工具条、项目工具条、文件/书签/杂项、查看类工具条等可拆卸工具条，工具按钮如图 1-2 所示。

图 1-2 工具条

工具条的工具按钮依次为：新建、打开项目或文件、保存、全部保存、关闭、打印、恢复、重作、搜索、替换、跳至函数、到指定行、添加、移除、项目属性、编译、运行、编译运行、全部重新编译、调试、性能分析、删除性能分析、插入、设置书签、跳至书签等按钮。

1.4.2 Dev-C++的文件操作

1. 新建文件和装载文件

（1）新建源文件

“文件” → “新建” → “源代码” →打开 “未命名 1” 程序编辑窗口，在程序编辑窗口中输入如下源程序：（文件名：ex1_7.c）

```
#include <stdio.h>              //  包含标准输入/输出头文件
int main( )                     //  主函数
{                               //  函数体开始
     printf("Hello!\n");        //  输出"Hello!"后换行
     return 0;                  // 程序正常结束
}                               //  函数体结束
```

输入源程序后，执行 “文件” 菜单→ “保存” 命令→打开 “保存文件” 对话框→ “保存在：D:\DEVCPP\”→“保存类型：C source files (*.c)”→保存”→程序编辑窗口的文件名改为“ex1_7.c”。

（2）关闭程序编辑窗口

执行 “文件” → “关闭” 命令→关闭 “ex1_7.c” 程序编辑窗口。

（3）装载已有源程序文件

```
//  注释内容：文件名 ex1_8.c
#include <stdio.h>          /* 包含标准输入/输出头文件 */
int main()                  /* 主函数 */
{                           /* 函数体开始 */
     printf("abcdefg\
```

```
    hijklmnp! \n");        /* 用格式输出函数 printf 输出字符串 */
    return 0;              /* 程序正常结束 */
}
```

执行“文件”→“打开项目或文件”命令→打开“打开文件”对话框→“查找范围：D：\DEVCPP\”→“文件类型：C source files (*.c)”→“文件名：ex1_8.c”→“打开”按钮→打开“ex1_8.c”程序编辑窗口。

（4）新建 C 项目

执行“文件”→“新建”→“项目”→打开“新项目”对话框，图 1-3 所示。

图 1-3 创建新项目

选中“Console Application”→选中“C 项目”单选按钮→“确定”→打开“另存为”对话框→“保存在：D：\DEVCPP\”→“保存类型：Dev-C++ projact (*.dev)”→“文件名：ex1_9”→“保存”→在“项目管理”窗格中显示“项目 1”→在文档窗口中显示[*]main.c 的内容。

```
#include <stdio.h>
#include <stdlib.h>

int main(int argc, char *argv[]) {

    return 0;
}
```

当前主函数模板提供以上的内容，用户在主函数中添加程序代码构成完整的 C 程序。

（5）关闭项目

执行“文件”→“关闭项目”命令→打开“confirm”对话框→“是否保存项目 1”→“yes”→打开“保存文件”对话框→“保存在：D：\DEVCPP\”→“保存类型：Dev-C++ projact (*.dev)”→“文件名：ex1_9”→“保存”→保存并关闭当前项目。

（6）打开项目

执行“文件”→“打开项目或文件”命令→打开“打开文件”对话框→“查找范围：D：\DEVCPP\”→“文件类型：All files(*.*)”→“文件名：ex1_9”→“打开”。

1.4.3 源文件的编译及运行

1. 程序的编辑和调试

输入源程序用文件名“ex1_7.c”保存在指定的文件夹 D：\DEVCPP\后，使用编译命令查找程序中的语法错误，执行“运行”菜单→“编译”命令或按<F9>编译程序，当程序存在语法错误，在编译器的信息窗口显示当前源程序的出错的语句行及错误的类型，查找出程序中的错误，改正错误，直到编译正确为止。

2. 编译当前文件

在程序编辑窗口打开“ex1_7.c”源程序，执行“运行”菜单→“编译当前文件”命令或按<F9>→编译当前源程序。

3. 程序的运行

在程序编辑窗口打开“ex1_7.c”源程序，执行“运行”→“运行”菜单命令或按< F10>运行程序，在输出窗口显示输出信息“Hello!”，查看完毕后按任意键关闭输出窗口。

4. 程序的编译运行

可以将编译与运行命令合并在一起执行，执行“运行”→“编译运行”命令或按<F11>，系统编译正确就直接运行该程序。

1.5 练习题

1. 判断题（共 10 小题，每题 1 分，共 10 分）

（1）C 语言是在 B 语言的基础上发展起来的。（　）

（2）C 语言集高级语言和低级语言的优点于一身，适用于作为系统描述语言。（　）

（3）编译预处理命令“#include <stdio.h >”是从用户工作目录开始搜索。（　）

（4）编译预处理命令“#define PI 3.1415926”定义变量 PI 为 3.1415926。（　）

（5）常量指在程序运行和处理的过程中其值始终不能被改变的量。（　）

（6）转义符号由“\”开头，\t 表示水平制表。（　）

（7）scanf 和 printf 是表达式语句不是函数调用语句。（　）

（8）浮点型常量可以用二进制、八进制和十六进制三种数制表示。（　）

（9）赋值运算符“=”的优先级别为 14 级，结合性为从右到左。（　）

（10）include 和 define 都是关键字。（　）

2. 单选题（共 10 小题，每题 2 分，共 20 分）

（1）C 语言属于（　　）的程序设计语言，采用结构化、模块化的方法设计源程序。

A. 面向过程　　B. 面向对象　　C. 面向应用　　D. 面向用户

（2）下列选项中，不属于字符常量的选项为（　　）。

A. '\x41'　　B. "a"　　C. 'b'　　D. '\101'

（3）C 语言是指令型语言，可以使用各种函数，下列选项中不属于函数的选项是（　　）。

A. 主程序　　B. 程序模块　　C. 宏定义　　D. 标准输入输出

（4）C 语言集成开发环境 IDE 都是由编辑器、编译器、连接器集合而成，开源组织发布的编译器是（　　）

A. Turbo C　　B. VC++　　C. Borland C++　　D. GCC

（5）在 C 语言中，定义符号常量的命令动词是（　　）。

A. #define　　B. #include　　C. #ifdef　　D#. ifndef

（6）在输出的字符串中可以用转义符号表示控制字符，下面选项中能够删除前一个字符的转义符号是（　　）。

A. \a　　B. \b　　C. \f　　D. \t

（7）下列选项中，错误的标识为（　　）。

A. _a1　　B. b2　　C. -c3　　D. d_4

（8）浮点型常量能够使用的数制是（　　）。

A. 二进制　　B. 八进制　　C. 十六进制　　D. 十进制

（9）表示没有返回值的函数类型是（　　）。

A. void　　B. int　　C. float　　D. double

（10）在 C 语言中，运算级别最低的运算符是（　　）运算符。

A. 赋值　　B. 逗号　　C. 逻辑或　　D. 条件

3. 填空题（共 10 小题，每题 2 分，共 20 分）

（1）面向过程的程序=（　　）+（　　）。

（2）C 语言的块注释，使用（　　）和（　　）一对符号。

（3）编译预处理命令有（　　）、（　　）和条件编译三类命令。

（4）C 程序的逻辑顺序是按数据声明、数据输入、（　　）、（　　）的次序依次排列的。

（5）字符常量有两种表示形式，一种是用单引号括起的（　　），另一种是用单引号括起的（　　）。

（6）C89 浮点型常量分为（　　）度、（　　）度和长双精度 3 类常量。

（7）分隔符是用来分隔程序的正文、语句或单词，C 分隔符由（　　）和（　　）组成。

（8）常量的基本类型包括（　　）常量、字符型常量、字符串常量、（　　）等四种基本类型。

（9）C 语言整型常量包括十进制、（　　）和（　　）三种数制表示方法。

（10）宏定义“#define 标识符 字符串”用于定义（　　）和（　　）。

4. 术语解释（共 10 小题，每题 1 分，共 10 分）

（1）IDE：　　（2）K&R：

（3）SO：　　（4）float：

（5）char：　　（6）unsigned long：

（7）VC：　　（8）CR：

（9）ANSI：　　（10）GNU：

5. 简答题（共 5 小题，每题 4 分，共 20 分）

（1）什么是基本字符集？

（2）词法分析负责哪些工作？

（3）简述标识符的命名规则。

（4）什么是字符串常量？字符串常量包括哪些字符？

（5）C 语言运算符分为哪几类？需要操作数最多的运算符是哪一类运算符？

6. 分析题（共 5 小题，每题 4 分，共 20 分）

（1）分析最简单 C 语言源程序的编译预处理命令和语句功能（程序名 zy1_9.c）。

```
#include <stdio.h>
main( )
{
  printf("Compiler VC6.0\n");
}
```

（2）输出字符串，形成简单表头，分析语句功能（程序名 zy1_10.c）。

```
#include <stdio.h>
int main( )
{
  printf("****************\n");
  printf("* How do you do *\n");
  printf("****************\n");
  return 0;
}
```

（3）分析简单 C 语言源程序的输出结果（程序名 zy1_11.c）。

```
#include <stdio.h>
main( )
{
  printf("ABC\bdef\nGH\tmn\n");
}
```

（4）程序如下，试分析宏代换的方法，并写出程序运行后的结果（程序名 zy1_12.c）。

```
#define   N  4+6
int #define   M  3+2
#define   S  N / M
main()
{
  printf("%d\n",S);
  return 0;
}
```

（5）分析如下程序的逻辑顺序（程序名 zy1_13.c）。

```
#include <stdio.h>
int main( )
{
  int  iA=14, iB=3, iC;
  iC = iA%iB;
  printf("iC=%d \n",iC);
  return 0;
}
```

第 2 章 数据类型与表达式

C 语言提供了丰富的数据类型，规定每种数据类型的数据占用的字节数、表示方法及取值范围，数据类型和占用的字节数两者构成不可分割的整体。如短整型数占用 2 个字节，取值范围在 -32768～+32767 之间。不同类型的数据都是以二进制代码的形式存储到存储器之中，存入内存后的数据不再保留其类型特征，而是由程序指令确认其数据类型，并提供相应的算法获取该类型的数据值，这样有效地提高了存储空间的使用效率。丰富的数据类型表示的数据与灵活多变的运算符结合在一起，构成丰富多彩的表达式。下面从例 2.1 的程序案例入手，学习数据类型与表达式。

例 2.1 已知 chA 为 char 字符型变量，初值为'A'；iB 和 iC 为 int 整型变量，iB 初值为 4；fC 为 float 浮点型变量，初值为 2.5F；dD 为 double 双精度型变量，初值为 6.0；lM 为 long 长整型变量，初值为 8L；试编程计算表达式"chA–49+iB*fC+dD/lM–8"运算结果，存入变量 dE 中，输出 sizeof lD；计算"iC=sizeof chA+sizeof(int)+sizeof fC+sizeof(double)+sizeof(lM);"并输出 dE 和 iC。

解：根据第 1 章介绍的程序构成，依次编写编译预处理命令、主函数、局部变量声明、执行语句，程序代码（文件名：ex2_1.c）如下：

```
#include <stdio.h>                              /* 包含标准输入/输出头文件 */
int main( )                                     /* 用规范 C 样板表示的主函数 */
{                                               /* 函数体开始 */
  char  chA='A';                                /* 字符变量 chA，初值为'A' */
  int  iB=4,iC;                                 /* 整型变量 iB，初值为 4 */
  long lM=8L;                                   /* 长整型变量 lM，初值为 8 */
  float  fC=2.5F;                               /* 浮点型变量 fC，初值为 2.5 */
  double  dD, dE;                               /* 双精度型变量 dD、dE */
  long double lD = 8.5L;                        /* 长双精度型变量 lD，初值为 8.5L */
  dD=6.0;                                       /* 赋值语句，将 6.0 赋给 dD */
  dE= chA - 49 + iB * fC + dD / lM - 8;         /* 用赋值语句计算表达式的值 */
  iC=sizeof chA + sizeof (int) + sizeof fC + sizeof(double) + sizeof (lM);
  printf("lD=%d \n", sizeof lD);                /* 输出长双精度 lD 的字节长度 */
  printf("dE=%f,iB=%d \n", dE,iC);              /* 输出计算结果 dE 和 iC */
  return 0;                                     /* 程序正确结束，向操作系统返回 0 值 */
}                                               /* 函数体结束 */
```

程序中分别用 char 声明字符型变量 chA，int 声明整型变量 iB 和 iC，long 声明长整型变量 lM，float 声明浮点型变量 fC，double 声明双精度型变量 dD 和 dE，long double 声明长双精度型变量

lD。可以在声明变量时为变量赋初值，也可以先声明变量，然后用赋值语句（赋值语句属于表达式语句）为变量赋值。用赋值语句计算表达式的值，运算符的优先级别和结合性决定运算次序和运算步骤，sizeof 是运算符，可求各种类型或变量的字节长度。长双精度类型或变量的长度 sizeof lD 用 VC 编译器输出结果为 8，用 Dev-C++编译器，输出结果为 12。

2.1　C 语言的数据类型

程序的主要部分由数据和执行语句组成，计算机处理的对象是数据。数据的类型决定数据在内存中占空间的大小以及存储方式，不同类型的数据最后都是以二进制代码的形式存储到存储器之中，存入内存后的数据不再保留其类型特征，而是由程序指令确认其数据类型，并提供相应的算法获取该类型的数据。

2.1.1　数据与数据类型

数据是从实体的基本特性中抽象出来的，是实体属性的符号表示，能被计算机表示、处理、存储、传输和显示。C 语言用数据类型和数据值两个要素表示确定对象的数据。数据类型是在确定取值范围内值的集合以及定义在这个值集上的一组操作。数据类型包括数据对象的表示方法，数据对象分配的存储空间和取值范围，数据对象的存、取操作等。数据值是在指定数据类型下数据对象的取值。

C 语言提供的数据类型包括基本类型、构造类型、指针类型和空值型，C99 标准增加了长长整型、布尔型和复数类型，每一类型又细分成若干小类型。C 语言可使用的数据类型如图 2-1 所示。

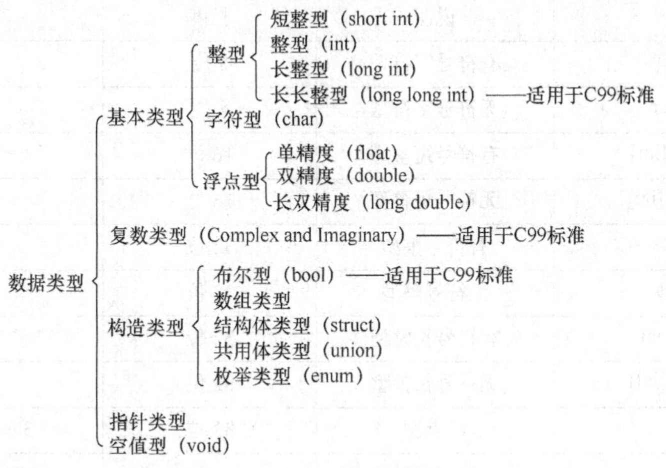

图 2-1　数据类型

2.1.2　基本数据类型

基本数据类型是由编译系统定义的数据类型，用户用声明语句声明变量的类型，因此，声明也是一种定义方式。

C 语言的基本数据类型有字符型、整型和浮点型三种。字符型、整型和浮点型的数据类型由编译系统定义，其中整型和浮点型是数值型数据。

1. **字符型**

字符型指文字形式的数据类型，字符型的数据对象是字符和字符串。在 C 语言中，字符型数据的 ASCII 码值可以作为数值参加运算，在 VC 中可以分为有符号字符型和无符号字符型两种类型，如表 2-1 所示。

2. **整型**

整型是指不带小数的整数类型，整型的数据对象是整数。整数可以表示成带符号整数和无符号整数：存储有符号整数的存储单元最高位作为符号位，其他位是数据位；存储无符号整数整数的存储单元全部都是数据位。因此，整型按是否带符号分为有符号整型（signed）和无符号整型（unsigned）两类。整型按占用存储空间的不同分为短整型（short int）、整型（int）和长整型（long int）三种，C99 标准增加了长长整型（long long int），取值范围在（$-(2^{63}-1)$～$2^{63}-1$）和无符号长长整型（unsigned long long int），取值范围在 0～$2^{64}-1$。长长整型能够支持的整数长度为 64 位。

在经典 C、C89 和 C99 标准中没有规定各类数据的长度，只要求短整型 short 不长于整型 int，长整型 long 不短于整型 int。因此，各种编译器规定的数据长度是不一致的，TC 中整型 int 包括有符号整型和无符号整型数据长度只有 16 位，VC 中整型 int 包括有符号整型和无符号整型数据长度为 32 位。

3. **浮点型**

浮点型指带小数的实数类型，浮点型的数据对象是实数中的有理数，采用不同的精度等级近似表示研究的有理数对象，获得更准确的计算效果。浮点型分为单精度、双精度和长双精度 3 种。本书根据 Visual C++6.0 和 Dev-C++集成开发环境定义的基本数据类型，数据类型如表 2-1 所示。

表 2-1　　字符型和数值型数据

类型名	说明	长度	取值范围
[signed] char	有符号字符型	8 位	-128～127
unsigned char	无符号字符型	8 位	0～255
[signed] short [int]	有符号短整型	16 位	-32768～32767
unsigned short [int]	无符号短整型	16 位	0～65535
[signed] int	有符号整型	32 位	-2^{31}～$(2^{31}-1)$
unsigned int	无符号整型	32 位	0～$(2^{32}-1)$
[signed] long int	有符号长整型	32 位	-2^{31}～$(2^{31}-1)$
unsigned long [int]	无符号长整型	32 位	0～$(2^{32}-1)$
Float	浮点型	32 位	3.4×10^{-38}～3.4×10^{38}
double	双精度型	64 位	1.7×10^{-308}～1.7×10^{308}
long double	长双精度型	64 位/80 位	1.7×10^{-308}～1.7×10^{308}

表中，[signed] long [int]是采用巴柯斯范式描述，表示方括号中的 signed 、int 可以缺省。因此有符号长整型可以表示成 long。同理有符号短整型可以表示为 short。

长双精度型 long double 数据长度因编辑器的不同，所占的字节数不同，如例 2.1 所示，s 长双精度类型长度 sizeof(double) 或变量的长度 sizeof lD 用 VC 编译器输出结果为 8 字节，即 64 位；用 Dev-C++编译器，输出结果为 12 字节，其中 80～96 位为空，有效位数为 80 位。

2.2　变量与变量的存储

2.2.1 变量

变量指在程序运行的过程中其值可以变化的量。C 语言中变量的存在方式为存储器中由程序员命名指定数据类型的内存单元。变量的值在程序运行过程中可以改变。尽管变量对应一段存储单元，但变量和这段存储区的地址是有区别的，同一程序中同一变量在不同的运行时刻所对应的存储单元地址不同。变量是有类型的，不同类型的变量占据的内存空间的大小不同。每一个变量由变量名和数据类型来确定：变量名表示各运行时刻内存单元的地址，数据类型表示该内存单元的长度和存储方法。

1. 变量的声明

C 语言规定，程序中的变量必须做到“先定义（声明），后使用”。声明变量时，指定变量类型和变量名，可以为变量赋初值。变量在使用前必须说明其类型，系统在编译时会自动为变量分配指定的内存空间。没有定义就直接使用，系统会提示“Undefined symbol ‘xxxx’”，意指符号“xxxx”未定义。用户定义变量名时要尽量做到“见名知意”，方便程序使用者理解。

变量名是用标识符来表示的。C 语言规定标识符只能由字母、数字和下划线三种字符组成，且第一个字符必须为字母或下划线，C 语言系统变量经常使用下划线开头，用户最好使用字母开头。另外，C 语言对大小写敏感，因此要注意变量名字母的大小写，如 sum 和 SUM 系统认为是两个不同的变量名。

2. 变量声明格式

变量的声明格式为：

[存储类型]　　类型标识符　　变量名 1,变量名 2…;

其中：存储类型指定自动方式、静态方式和寄存器方式 3 种存储方式。用关键字“auto”定义自动方式，缺省的存储方式就是“auto”自动方式；用关键字“static”定义静态变量，存储在静态存储区；用关键字“register”定义寄存器变量，使这些变量直接存放在 CPU 的寄存器中，便于高速存取。类型标识符为表 2-1 中任一合法的数据类型，变量名是由用户命名的一个标识符。例如：

```
unsigned int    iA;
int   iI, iJ, iK ;
char   chB,   chS ;
float  fC, fD ;
double    dE, dF ;
```

2.2.2 整型变量及其存储方式

1. 整型变量的声明定义

整型变量用来存放整数的内存单元。整型变量必须先定义后使用，整型变量的声明一般是放在函数开头的声明部分。整型变量的类型见表 2-1。例如：

```
int  iA,iB,iC;                    /* iA,iB,iC 被定义为有符号整型变量，占 4 个字节 */
short  sD;                        /* sD 定义为有符号短整型变量，占 2 个字节  */
```

声明的整型变量为有符号短整型数据时，有符号短整型数据以二进制补码形式存放于短整型变量对应的存储区中，最高位为符号位，其余位为数据位。声明的短整型变量为无符号短整型数据，没有符号位，全部是数据位。存入内存后的数据，形成二进制代码，不再保留其类型的属性，无符号数的存储码和有符号数的存储码相同，但表示不同的数据。例如：

```
short  int  sA = -1 ;
unsigned  short  int  uK = 65535;
int  iX = 'A';
long  int  lY = -1025L;
```

有符号短整型变量 sA 存储补码 16 位全 1，无符号短整型变量 uK 存储的 65535 也是 16 位全 1，在存储器中已经不保留类型的属性。在为变量赋值的过程中，小于或等于变量类型长度的常量数据，都可为变量赋值，字符常量“A”为变量 iX 赋值，变量 iX 存储的数据为“0000000000000000 0000000001000001”，用十六进制数表示为 0000 0041H。长整型变量 lY 为负值，因为 1025 的原码为“0000000000000000 0000010000000001”，求补码变反加 1，存储 lY 的补码为“1111111111111111 1111101111111111”，数据表示为十六进制为 FFFFFBFFH。存储的二进制数据如图 2-6（a）所示，用十六进制表示存储如图 2-6（b）所示。

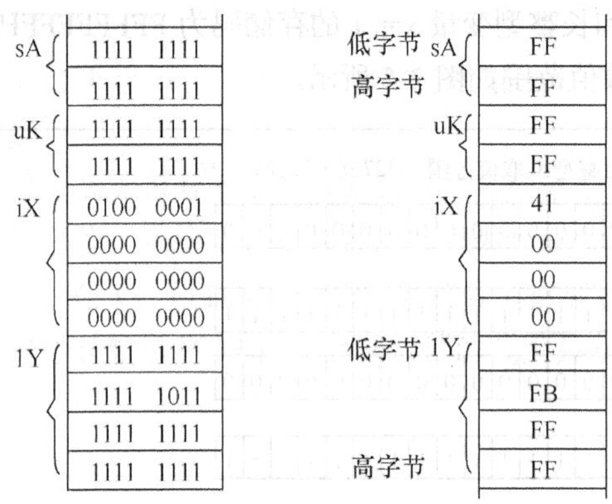

图 2-6　数据存储

短整型数据的范围不能超过其最大的表示范围：一个整数，其值在-32768～32767 范围内，可以采用短整型表示该数，它可以赋值给 short 型、int 型和 long int 型变量；如果其值超过了短整型范围，而该数在-2147483648～+2147483647 内，则采用整型或长整型，该数可以赋给 int 型、long int 型变量；一个整型常量后面加上字母 U(或 u)，则把它当作 unsigned int 来处理，如 8365u；一个整型常量后面加上字母 l 或 L，则认为是 long int 型常量，如 368L，占 4 个字节。在程序中，如果整型常量的值超过了整型变量范围，就会产生溢出，输出的结果不正确。

例 2.2　定义短整型变量 sA、sB，变量 sA 的值为 32767，变量 sB=sA+1；输出变量 sB。

解：源程序（文件名为 ex2_2.c）如下：

```
#include <stdio.h>
int main( )
{
   short  int sA, sB;
   sA = 32767;
   sB = sA + 1;
   printf("%d/n",sB);
   return 0;
}
```

输出的结果为：-32768，对照图 2-5 不难看出表达式的值超出数据范围，溢出后输出结果为-32768。若将变量的数据类型改为 int 整型或 long 长整型，表达式的值在数据范围之内，能得出正确的运算结果 32768；若将变量 sA 的值改为 2147483647，则表达式 sA+1 的值又会溢出，输出运算结果-2147483648。

2.2.3　浮点型变量及其存储方式

1. 浮点型变量

浮点型变量是用来存放浮点型数据的内存单元。浮点型变量包括单精度型变量、双精度型变量和长双精确度型变量三类。编译时，浮点型变量按照 IEEE-754 标准规定浮点数的存储格式，存储为二进制数，为了便于阅读用十六进制数表示。

2. 浮点型变量的定义

浮点型变量的定义格式为：

[存储类型]　float　变量名 1[=初值],变量名 2[=初值],…;

[存储类型]　double　变量名 1[=初值],变量名 2[=初值],…;

[存储类型]　long double　变量名 1[=初值],变量名 2[=初值],…;

式中，浮点型变量的类型分别为：

float 单精度型：字长为 4 个字节共 32 位二进制数，数的范围是 10^{-37}～10^{38}，有效数字 6～7 位。

double 双精度型：字长为 8 个字节共 64 位二进制数，数的范围是 10^{-307}～10^{308}，有效数字 15～16 位。

long double 长双精度型：VC 编译器中长双精度型的字长为 8 个字节共 64 位二进制数，数的范围是 10^{-307}～10^{308}。TC 或 Dev-C++编译器中长双精度型的字长为 12 个字节，使用低 80 位二进制数。

例如，用 float 类型定义变量 fA、fB；用 double 类型定义变量 dC、dD；用 long double 类型定义变量 ldX、ldY。

```
float fA, fB ;                  /* fA, fB 被定义为单精度型变量，占 4 字节 */
double dC, dD ;                 /* dC, dD 被定义为双精度型变量，占 8 字节 */
long double ldX, ldY ;          /* ldX, ldY 被定义为长双精度型变量，占 8 字节 */
```

以上定义中缺省了[存储类型]，表示 auto 类型，缺省了初值，表示没有赋初值。浮点类型变量有舍入误差，数据可以是无穷的，而存储各种类型的存储区是有限的固定长度，这样在有效位以外的数字将被舍去。

3. 浮点变量的初始化

在定义浮点变量时可以对变量的值进行初始化，用浮点型常量为浮点型变量赋初值。

```
float  fA  = -314.159F, fB  = 1.23456e+4F ;
double dC = 48, dD =  9.2836 e+12 ;
long  double  ldX = -1.8635 E+10,  ldY = 3.333333E+20 ;
```

注意

浮点数皆为有符号浮点数，没有无符号浮点数。浮点常数只有十进制一种形式，没有其他表示形式。

4. 浮点型数据的存储格式

浮点型数据包括单精度、双精度和长双精度三种浮点数，浮点型数据采用移码方式存储，存储码为移码。C 语言按照 IEEE—754 标准规定浮点数的存储格式，按该标准实现的数据编码称为浮点数的存储码。IEEE—754 规定，浮点数的存储格式分为符号位 s、阶码 e（用于计算移阶码 E）、前导位 j 和尾数 M 等四个部分。其中符号位占最高一位 s1，0 表示正，1 表示负；浮点数用阶码表示指数位 e，用移阶码 E 的形式存储。对于单精度浮点数，阶码 e 占 8 位，记为 e8，移阶码 E 的偏移量为 127（7FH），移阶码为 E=e8+127 或 E=e8+7F；双精度浮点数，阶码 e 占 11 位，记为 e11，移阶码的偏移量为 1023（3FFH），移阶码 E=e11+1023 或 E=e11+3FF。前导位 j 表示用二进制数形式的浮点数规格化时小数点前的 1 位，其值总为 1，单精度和双精度浮点数存储时隐含前导位 j，即在阶码和尾数之间隐含 1 位值为 1 的整数位。因为任一浮点数的规格化表示时小数点前只有 1 位前导位，前导位总为 1，可以省略前导位。尾数 M 指小数点后的数据。单精度数的尾数 M23 存储 23 位加前导位共 24 位。双精度数的尾数 M52 存储 52 位加前导位共 53 位。在 Intel 结构体系计算机中，浮点数的存储格式如图 2-7 所示。

单精度浮点数存储格式：

符号位 s1	阶码 e8	隐含位 1	尾数 M23
31	30　　23		22　　0

双精度浮点数存储格式：VC++长双精度与双精度格式定义相同

符号位 s1	阶码 e11	隐含位 1	尾数 M52
63	62　　52		51　　0

扩展长双精度浮点数存储格式：如TC、DEV C++

空	符号位 s1	阶码 e15	前导位 j1	尾数 M63
96　　80	79	78　　64	63	62　　0

图 2-7　浮点数存储格式

在浮点数表示和运算中，当浮点数的尾数为零或者阶码小于-38 时，一般的计算机通常把该数规定为零，称为“机器零”，存储为全 0。当一个浮点数小于机器所能代表的最小数δ时产生“下溢”，下溢时一般当作机器零来处理，例如，单精度浮点数δ=1.17549431578984e-38 时产生“下溢”。

当浮点数的阶码大于机器所能表示的最大码时，产生“上溢”，在阶码中存储全 1，例如，对正的单精度浮点数存储 7F800000H，负的单精度浮点数存储 FF800000H。上溢时机器一般不再继续运算而转入“溢出”处理。

5. 浮点型数据的存储方法

将十进制的浮点数写成存储格式的步骤如下：

将十进制数写成规格化的二进制数，分别确定符号位 s 的符号，阶码 e8 的值和尾数 M23，用浮点型移阶码公式 E=e8+7F（或双精度型移阶码公式 E=e11+3FF）计算移阶码 E，隐含前导码表示的整数位 1，将尾数依次填写到尾数 M23 中。

例 2.3　已知单精度浮点数 2.75 和双精度浮点数 18.875L，试写出存储的十六进制数。

解：按照单精度浮点数的存储格式，先将单精度浮点数转换成规格化二进制数

$2.75=(10.11)_2=(1.011*2^1)_2$。

其中，符号位 s 为 0，阶码 e8 为 1，前导码 1 隐含，尾数 M23=011 0000 0000 0000 0000 0000，

移阶码为：$E=(1+7F)_{16}=(80)_{16}=(10000000)_2$。

所以，单精度的存储码 sf 为：

$sf=(0100\ 0000\ 0011\ 0000\ 0000\ 0000\ 0000\ 0000)_2=(40\ 30\ 00\ 00)_{16}$

双精度浮点数 18.875L 转换成规格化二进制数为：

$18.875=(10010.111)_2=(1.0010111*2^4)_2$。

其中，符号位 s 为 0，阶码 e11 为 4，前导码 1 隐含；

尾数 M52=0010 1110 0000 0000 0000 0000 0000 0000 0000 0000 0000 0000 0000；

移阶码为：$E=(4+3FF)_{16}=(403)_{16}=(100\ 0000\ 0011)_2$。

所以，双精度的存储码 sd 为：

$sd=(0100\ 0000\ 0011\ 0010\ 1110\ 0000\ 0000\ 0000\ 0000\ 0000\ 0000\ 0000\ 0000\ 0000\ 0000\ 0000)_2=(40\ 32\ E0\ 00\ 00\ 00\ 00\ 00)_{16}$

例 2.4 已知双精度浮点数的存储码为 3FFA 0000 0000 0000H，试求双精度浮点数的值。

解：将双精度浮点数的存储码 3FFA 0000 0000 0000H 写成二进制数：

$sd=(0011\ 1111\ 1111\ 1010\ 0000\ 0000\ 0000\ 0000\ 0000\ 0000\ 0000\ 0000\ 0000\ 0000\ 0000\ 0000)_2$

根据双精度浮点数的存储格式可知:符号位 s 为 0 表示正号；移阶码 E = 011 1111 1111B = 3FFH；阶码 e11 = E – 3FFH = 3FFH – 3FFH = 0H，表示指数部分为 2^0；隐含前导码为 1，尾数为 101，表示含小数的二进数部分为 1.101；所以，该数的双精度浮点数的值为：1.625。

2.2.4 字符变量

字符变量指用来存放字符型数据的内存单元，每个字符变量占用 1 个字节的内存单元，存放 1 个字符。字符变量分为有符号和无符号两种类型，定义字符变量时，用修饰符 unsigned 说明无符号型字符变量。

1. 字符变量的定义

定义有符号和无符号型字符变量的形式如下：

```
char chA, chB;                        /* chA, chB 被定义为有符号字符变量 */
unsigned char uchX,uchY;              /* uchX, uchY 被定义为无符号字符变量 */
```

有符号型字符变量的取值范围为-128～127，无符号型字符变量的取值范围是 0～255，字符型变量可以看成 1 字节整型变量。在 C 语言中，字符型数据在操作时可以按整型数处理，因此字符型数据和整型数据可以互相赋给对方的变量。在给字符型变量赋整型值时，超过变量的存储范围，会产生溢出。如 uchX = 272;产生溢出。

2. 字符变量的初始化

在字符变量定义的语句中，如果在定义的同时给字符变量赋值，称为字符变量的初始化。可以用字符型常量或整型常量为字符变量赋初值，例如：

```
char  chA = 'A', chB = 'b';
char chK = 68;
 int  iD = 'b';
```

字符变量的初始化包括定义字符变量，并为字符变量赋初值。

3. 字符数据的存储

字符数据的存储码是该字符的 ASCII 码，见附录 ASCII 码表。定义字符变量后，系统在内存区域开辟 1 个字节的存储单元，并为该存储单元命名，该存储单元用来存储字符常量或 1 字节整型常量。为变量赋值操作，将字符常量或整型常量存储到字符变量所对应的内存单元，以二进制代码保存在内存单元中，习惯用十六进制方式阅读内存数据。例如：

```
char chX ;
char chY = 'D', chZ = 98 ;
```

定义字符变量 chX 后，系统将在内存开辟 1 个字节的存储单元，并将该存储单元命名为 chX；定义字符变量 chY 并赋值，chY='D'；在内存开辟 1 个字节的存储单元，将其命名为 chY，在 chY 内存单元中存储字符'D'的 ASCII 码 0100 0100，如图 2-8（a）所示，用十六进制表示为 44H，如图 2-8（b）所示；同理在 chZ 内存单元中存储十进制数 98 的二进制数为 0110 0010，如图 2-8（a）所示；十六进制表示 62H，如图 2-8（b）所示。

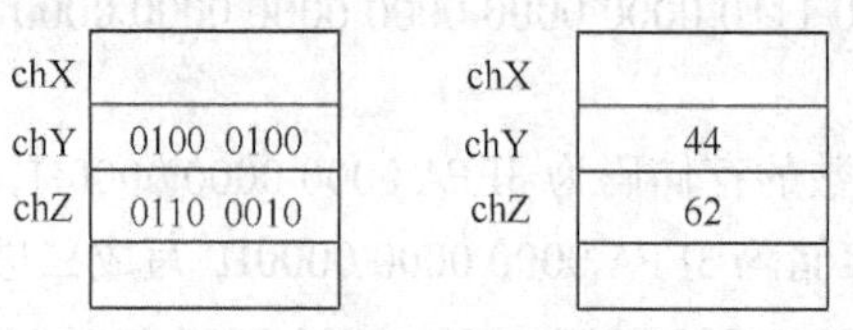

（a）数据的二进制表示　（b）数据的十六进制表示

图 2-8　数据的表示

在 C 语言中没有字符串变量的概念，对字符串的处理是通过字符数组或指针进行处理。

2.3　表达式与表达式语句

表达式是用运算符、小括号按一定的规则将运算量连接起来，能得到运算结果的式子，可将表达式简单地理解为计算的公式。表达式的语法定义如下：

① 常量、变量、数组和函数是表达式，如常量 86 是表达式。

② 若 E 为表达式，θ 为单目运算符，则 θE 或 Eθ 是表达式，如 i++是表达式。

③ 若 E1、E2 为表达式，θ 为双目运算符，则 E1θE2 是表达式，如 a*8 是表达式。

④ 若 E1、E2 和 E3 为表达式，？：为三目运算符，则 E1？E2：E3 是表达式。

⑤ 若 E 为表达式，则（E）是表达式。

表达式语句是在表达式后面加上分号“;”后构成的语句。表达式语句的定义为：

<表达式><;>

在 C 程序设计语言中包括了丰富的运算符，如表 1-4 所示。其中，赋值也是一种运算，赋值运算符“=”的结合性是由右到左，赋值运算是 C 语言中十分普遍的运算，赋值运算可以作为一个表达式，例如 iY = iX + 5 表达式，在赋值表达式后面加上分号“;”后构成赋值语句，即“iY=iX+5;”。赋值语句的赋值号左边部分称为左值，左值应该为变量 iY 或数组元素，右边为表达式“iX+5;”。执行该语句时先计算表达式，再做类型转换，然后向变量 iY 赋值三个步骤。

2.3.1　算术运算与赋值运算

C 程序设计语言中的算术运算与赋值运算是密不可分的，经常将算术运算的结果通过赋值运算保存在变量中。算术运算扩展了数学中四则运算的运算方法，增加了独特的自增和自减运算，自增运算 iA++或自减运算 iA--是来源于算术运算与赋值运算组合 iA=iA+1 或 iA=iA-1 的一种简化。

1. 算术运算

算术运算符包括+（正号）、-（负号）、++（自增）、—（自减）、*（乘）、/（除或整除）、%（取余）、+（加）、-（减）等运算符，分析算术运算符的含义、优先级、结合性和运算方法，如表 2-2 所示，表中整型变量 iA 的初值为 12。

表 2-2　　算术运算符

运算符	含义	级别/目	结合性	范例(变量 iA=12)	运算结果	说明
+	取正值	2/单	右到左	iB = + iA;	iB = 12	iB 的值同 iA
-	取负值	2/单	右到左	iB = -iA;	iB = -12	iB 与 iA 反号
++（前置）	前置+1	2/单	右到左	iB =++ iA;	iA = 13; iB = 13	iA 先加 1 赋给 iB
--（前置）	前置-1	2/单	右到左	iB =-- iA;	iA = 11; iB = 11	iA 先减 1 赋给 iB
（后置）++	后置+1	1/单	左到右	iB =iA ++;	iB = 12; iA = 13	iA 赋给 iB 后 iA 加 1
（后置）--	后置-1	1/单	左到右	iB =iA--;	iB = 12; iA = 11	iA 赋给 iB 后 iA 减 1
*	乘法运算	3/双	左到右	iB = iA*2;	iB = 24	iA 乘 2 的值赋给 iB
/	除法运算	3/双	左到右	fc = iA/2.5;	fc = 4.8	iA 除以 2.5 的值赋给 fc
整数/整数	整除运算	3/双	左到右	iB = iA/7;	iB = 1	iA 整除 7 的值赋给 iB
%	取余运算	3/双	左到右	iB = iA%5;	iB =2	iA 除以 5 的取舍赋给 iB
+	加法运算	4/双	左到右	iB = iA+5;	iB = 17	iA 加 5 的值赋给 iB
-	减法运算	4/双	左到右	iB = iA-5;	iB = 7	iA 减 5 的值赋给 iB

表中+（正号）、-（负号）、++（自增）和--（自减）运算符是单目运算符，+（正号）、-（负号）运算符的优先级、结合性和数学上的+（正）、-（负）运算符一致。++（自增）、--（自减）运算符两者都只适用于变量，不能用于常量和表达式，分别将变量的值加 1 或减 1 后重新写回变量所对应的内存单元中，两者都有前置和后置两种形式，++（前置于变量）的运算先将变量加 1 后，再参加表达式的运算。例如，当 iX=3 时，表达式 iY = ++iX*2 先执行单目运算++iX，iX 的值为 4，再参加表达式的运算 4*2 的值为 8 赋给 iY。--（前置于变量）的运算先将变量减 1 后，再参加表达式的运算。当 iA=3 时，表达式 iB=--iA*2 先执行--iA，iA 的值为 2，再将参加表达式的运算 2*2 的值为 4 赋给 iY。（后置于变量的）++运算先参加表达式的运算后，再执行变量的加 1 运算，例如，当 iX=3 时，表达式 iY=iX++*2 先执行表达式 iX*2，将结果 6 赋给 iY，然后变量加 1，iX 的值为 4。（后置于变量的）--运算，先参加表达式的运算，再将变量减 1。当 iA=3 时，表达式 iB = iA--*2 先参加表达式的运算 iA*2 的值，将结果 6 赋给 iB，再执行 iA--，iA 的值为 2。

*（乘）、/（除或整除）、%（取余）、+（加）、-（减）为双目运算符，在 C 中，当整数/整数时为整除运算，结果为去掉小数位的整数，例如，12/7 结果为 1。只要除号两边有一个浮点数，运算的结果为浮点数。%（取余）运算符的两边必须是整数，结果取除不尽的余数，例如，12%7

结果为 5。其他运算符与数学运算符完全相同。

例 2.5 编制验证表 2-2 算术运算符“/”功能的程序，已知整型变量 iA 和单精度变量 fc，执行表达式语句“fc = iA/2.5;”后，输出 fc 的值。

程序（文件名为 ex2_5.c）如下：

```
#include <stdio.h>                  //  包含标准输入/输出头文件;
int main( )                         //  主函数头部;
{                                   //  主函数开始;
  int  iA = 12;                     //  声明整型变量 iA，并赋初值 12;
  float  fc;                        //  输出 fc 的值为浮点型，声明单精度型变量 fc;
  fc = iA/2.5;                      //  用表达式语句计算结果;
  printf("fc = %f\n",  fc);         //  用格式输出语句 printf，格式符为%f，输出浮点数;
  return 0;
}                                   //  主函数结束
```

编制验证表 2-2 中示例的程序，直接写出最简单的程序样板，再根据变量的类型声明变量并赋初值，用示例表达式处理数据如上例的“fc=iA/2.5;”，最后输出 fc 的值，fc 的值是浮点型数值，用格式符%f，不能用%d 格式符。以上各运算符的示例均可用本例为样板，编制小程序，验证其正确性。

2. 算术表达式

算术表达式是用算术运算符、小括号按一定的规则将运算量连接起来的式子。C 程序设计语言容许多种不同类型数据进行混合运算，在这些混合运算的算术表达式中，根据算术运算符的优先级、结合性决定运算次序和运算步骤。运算过程中通过运算符的比较，若后一运算符的级别低于或等于前一运算符的级别，则计算前一步运算的值；若后一运算符的级别高于前一运算符的级别，则将前一运算符及其运算量保留暂不计算，继续比较后两个运算符的级别。依此类推，直到计算结束。例如，表达式 25+'A'-1.5*20/6+0.5*'B'的运算次序为：

25+'A'-1.5*20/6+0.5*'B'

1 2 3 4 5 6

3. 数据转换规则

算术表达式中的运算量可以是不同类型的数据，计算过程中，根据运算步骤，参加运算的不同类型的数据要先转换成同一类型，然后进行运算。C 程序设计语言的转换规则为：

char→short→int→unsigned→long→double

float→double

根据算术表达式中运算符的优先级和结合性，决定算术表达式的运算次序和运算步骤，在求解表达式时，先按运算符的优先级别高低次序执行，先乘除后加减。例如，表达式“iA-iB*4”中，iB 的左侧为减号，右侧为乘号，而乘号优先于减号，因此，先做乘法运算，再做减法运算，相当于 iA-(iB*4)。如果在一个运算对象两侧的运算符的优先级别相同，则按规定的“结合方向”处理，如 iA-iB+4，先计算 iA-iB，再加 4。

4. 赋值运算符与赋值表达式

在 C 程序设计语言中包括了赋值运算符“=”、复合赋值运算符如“+=”及隐含赋值运算如自增自减运算等丰富的赋值运算符，如表 2-3 所示。

赋值表达式的语法格式为：

左值 = 表达式

赋值表达式语句的语法格式为：

左值 = 表达式 ;

语义说明如下：

① 左值指引用的某个存储区域，如变量、数组元素等可作为左值。

赋值表达式的一般形式为：变量 = 表达式

赋值语句的一般形式为：变量 = 表达式;

② 在 C 语言中，赋值运算符 "=" 不是等号，没有相等的含意，其作用是将赋值号右边表达式的值经计算后赋给左值。赋值运算既可以作为一个表达式，又可在后面加上分号构成一条语句。

赋值表达式：　　　　iA=4+2*5

赋值语句：　　　　　iB=8/3+iA;

③ 赋值运算符（包括复合赋值运算符）的优先级为 14 级，只比逗号运算符级别高，比其他运算符级别低。一个表达式里可以有多个赋值号 "="，其结合方向为自右向左，每个赋值表达式的左边是一个左值，如变量。

例如：iA = iB = iC = 4;

三个 "=" 运算级别相同，但结合原则是自右向左，所以它等同于 "iC = 4;" "iB = iC;" 和 "iA = iB;"。

例如："iX = 4 + iY = 5;" 是错误的赋值语句，因为，4 + iY 不能作左值。而 "iX = 4 + (iY = 5);" 是正确的语句（先计算表达式 iY=5 的值为 5，再与 4 相加得 9，把 9 赋给 iX）。

④ 在赋值运算符右边表达式中，可以包含赋值运算符左边的变量。

例如："iY = iY+iK;" 其含义为：将变量 iY 的原值加上 iK 后所得到的值赋给 iY，显然，这与数学上的等号是完全不同的概念。

⑤ "变量=表达式" 整体作为一个表达式，其值为变量的值。

例如：4+(iY = 5)，其含义为表达式(iY=5)的值为 5，再与 4 相加得 9。

⑥ 赋值运算符右边表达式的类型与左边变量的类型应该一致。当不一致时，先按以下规则转换表达式值的类型，再存储到变量指定的存储空间中。

整型→字符型时，只取低 8 位。

字符型→整型时，所得的整型值为字符的 ASCII 值。

实型→整型时，舍去小数部分。

整型→实型时，值不变，以双精度浮点数存储。

float 型 → double 型时，值不变，以双精度浮点数存储。

double 型→float 型时，截取前 7 位有效数字。

⑦ 复合赋值运算符是在赋值运算符 "=" 的左边加上其他运算符，复合赋值运算符实质上是变量运算后赋值给自身的一种简化写法。表 2-3 为复合赋值运算符，表中的整型变量 iY 的初值为 6，float 型变量 fX 的初值为 6.0。

表 2-3　　　　　　　　　　　复合赋值运算符

复合运算符	复合赋值	语义	级别/目	结合性	运算结果	说明
+=	iY+=2;	iY = iY+2;	14/双	右到左	iY = 8	iY 加 2 的结果赋给 iY
−=	iY−=2;	iY = iY−2;	14/双	右到左	iY = 4	iY 减 2 的结果赋给 iY

续表

复合运算符	复合赋值	语义	级别/目	结合性	运算结果	说明
* =	iY*=2;	iY = iY*2;	14/双	右到左	iY = 12	iY 乘 2 的结果赋给 iY
/ =	fX/=4.0;	fX = fX/4.0;	14/双	右到左	fX = 1.5	fX 除以 4.0 结果赋给 fX
/ =	iY/=4;	iY = iY/4;	14/双	右到左	iY = 1	iY 整除 4 的结果赋给 iY
% =	iY%=4;	iY = iY%4;	14/双	右到左	iY = 2	iY 除以 4 的余数赋给 iY
<< =	iY<<=2;	iY = iY<<2;	14/双	右到左	iY = 24	iY 的值左移两位
>>=	iY>>=2;	iY = iY>>2;	14/双	右到左	iY = 1	iY 的右移两位
& =	iY&=2;	iY = iY&4;	14/双	右到左	iY = 4	iY 位与 4 的强果赋给 iY
^ =	iY^=4;	iY = iY^4;	14/双	右到左	iY =2	iY 位异或 4 的结果赋给 iY
| =	iY| =4;	iY = iY| 4;	14/双	右到左	iY = 6	iY 位或 4 的结果赋给 iY

语用：用赋值表达式保存表达式的值；用赋值语句计算常量、变量、函数和表达式的值并保存在变量中，用于计算数学、物理等各种公式。用复合赋值语句简化表达式的书写方法，突出变量在表达式的运算中的主导地位。

例 2.6 已知 iY 为 int 型变量，值为 6；执行“iY+=iY*=iY/=iY-=4;”语句后，求 iY 的值。

解：先计算 iY-=4，即 iY=iY-4，iY 的值为 2；再计算 iY/=2，即 iY=iY/2，iY 的值为 1；再计算 iY*=1，即 iY=iY*1，iY 的值为 1；再计算 iY+=1，即 iY=iY+1，iY 的值为 2。

展开成一般的表达式为：　　　　iY = iY + (iY = iY * (iY = iY / (iY = iY-4)))

程序（文件名为 ex2_6.c）如下：

```
#include <stdio.h>
main( )
{
  int  iY=6;
  iY+=iY*=iY/=iY-=4;
  printf("%d",  iY);
}
```

5. 变量的自增自减运算

变量的自增自减运算是 C 程序语言最具有特点的运算，它是一种隐含赋值运算，来源于“iK=iK+1”或“iK=iK-1”表达式，简记为++iK 或--iK。变量的自增自减运算按照运算的节拍（先后）分为前置运算和后置运算两种类型。在表达式或语句中的前置运算是先计算变量的自增或自减，然后参加表达式或语句的运算。后置运算是变量先参加表达式或语句的运算，然后变量自增或自减。

① 前置运算（++iK 和--iK）：变量 iK 在表达式运算之前，先使 iK 的值加 1（或减 1），优先

级别为 2 级，结合方向是“右至左”。

例如：iY = ++iK + 8 相当于执行 iK=iK+1 后，再执行 iY=iK+8。

② 后置运算（iK++和 iK--）：变量 iK 先参加表达式运算，然后使 iK 的值加 1（或减 1），优先级别为 1 级，结合方向是“右至左”。

例如：iY = 8 + iK--相当于执行表达式 iY = 8+iK 后，再执行 iK=iK-1。

③ 变量的自增自减运算与赋值语句等价，描述简洁清晰，而且变量的自增自减运算翻译成机器代码后，占用的资源少、运行的速度快。

④ 由于后置自增自减运算符的级别比前前置自增自减运算符的级别高，表达式 iK+++iJ 的运算方式为（iK++）+iJ，因为后置运算（iK++）为 1 级，前置运算（++iJ）为 2 级。

⑤ 自增自减运算只能用于变量，不能用于常量和表达式。如 6--、（iK*iJ）++是错误的自增自减运算。

⑥ 自增自减运算符使用灵活，但容易出现误解，因此，应避免 iK+++iJ 的表达式，而应该直接声明为(iK++)+iJ。

⑦ 自增自减运算符在 C 程序中常用于循环语句，使循环变量自动加 1。也用于指针变量，使指针指向下一个地址。

2.3.2 关系运算与逻辑运算

1. 关系运算

关系运算指比较两个操作数的运算，运算的结果是逻辑值“真（1）”或“假（0）”。关系运算符分为两个级别，其中，< (小于)、<=（小于等于）、>（大于）和>=（大于等于）为第 6 级运算符，= =（等于）、!=（不等于）为第 7 级运算符。关系表达式指用关系运算符将两个表达式连接起来，组成比较运算的表达式。

在关系表达式中，关系运算符的优先级低于算术运算符，高于逻辑运算符和赋值运算符，结合原则为从左至右，关系运算的操作数可以是任一表达式。关系运算符如表 2-4 所示，其中，整型变量 iA=5，iB=4，iC=3，浮点型变量 fE = 2.0。

表 2-4　关系运算

关系运算	关系运算符	级别/目	结合性	关系表达式	运算结果	说明
小于	<	6/双	左到右	'A' < 'a'	1	字符比较 ASCII 的值
小于等于	< =	6/双	左到右	iA < =iB	0	整数按值的大小比较
大于	>	6/双	左到右	iB+iC > iA	1	优算 iB+iC，再比较
大于等于	> =	6/双	左到右	fE > =1.5	1	浮点数值的大小比较
等于	= =	7/双	左到右	fE = =0	0	浮点数不与 0 相等比较
不等于	! =	7/双	左到右	iA!=iB	1	不相等时结果为真，值为 1

例 2.7　已知整型变量 iA=5，iB=4，iC=3，分别求表达式“iA>iB>iC”“iA!= iB>iC”和“iA= =iB<iC”的计算结果。

解：先计算 iA>iB，表达式的值为 1，再计算 1 >iC，表达式为假值为 0，即表达式“iA>iB>iC”值为 0。

iA!= iB>iC　　/*　先算 iB>iC，值为 1，计算 iA!=1 表达式为真，值为 1。　*/

iA= =iB<iC　　/* 先 iB<iC，值为 0，iA = = 0 表达式为假，故值为 0。　*/

程序（文件名为 ex2_7.c）如下：

```
#include <stdio.h>
int main( )
{
  int  iA=5,iB=4,iC=3;
  printf("%d\n", iA > iB > iC);
  printf("%d\n",  iA != iB > iC );
  printf("%d\n", iA == iB < iC);
  return 0;
}
```

赋值运算符=与等于符==的区分，=的作用是把=右边表达式的值赋给左边的变量，其值为变量的值，而== 是比较两边表达式的值是否相等，相等时值为 1，不相等时值为 0。

2. 逻辑运算

逻辑运算指按逻辑关系连接各种类型表达式的运算，逻辑运算的结果是逻辑值 1（真）或 0（假）。逻辑运算符包括!（逻辑非）、&&（逻辑与）和||（逻辑或）三种。其中，!（逻辑非）的运算级别为 2 级，结合性为从右到左；&&（逻辑与）的运算级别为 12 级，结合性为从左到右；||（逻辑或）的运算级别为 13 级，结合性为从左到右。

逻辑表达式指用逻辑运算符将简单的关系表达式连接起来，构成复杂的逻辑表达式。逻辑运算符如表 2-5 所示，其中整型变量 iA=5，浮点型变量 fB=4.0。

表 2-5　　逻辑运算符

逻辑运算	逻辑运算符	级别/目	结合性	说明	示例	运算结果
逻辑非	!	2/单	右到左	非 0 数的逻辑非为 0，0 的逻辑非为 1	! iA	0
逻辑与	& &	11/双	左到右	两数值同为非 0 时，逻辑与的值为 1，其他为 0	iA& &iB	1
逻辑或	||	12/双	左到右	两数值同为非 0 时，逻辑或的值为 0，其他为 1	iA| |fB	1

（1）表达式的逻辑值

C 语言中，任何一个常量、变量、函数和表达式的值为非 0 时，不论其数据类型如何，其逻辑值为真，记作 1，任何一个常量、变量、函数和表达式的值为 0 时，其逻辑值为假，记为 0。逻辑值输出的结果用 1 表示真，0 表示假。

例 2.8　求表达式 2.5+4 && 'A' 的值。

解：先计算表达式 2.5+4 的值为 6.5，非 0 逻辑值为 1，字符“A”的逻辑值为 1，再计算 1&& 1 的逻辑表达式，值为 1。程序（文件名为 ex2_8.c）如下：

```
#include <stdio.h>
int main( )
{
  printf("%d\n",  2.5+4 && 'A');
  return 0;
}
```

（2）逻辑非

逻辑非是一元运算符，结合原则为从右到左，其优先级别高于算术运算符、关系运算符、位运算符、逻辑运算符和赋值运算符等，要先计算。

例 2.9　求表达式!'A'-24||!18 的值。

解：先计算!'A'的逻辑值为 0，表达式 0-24 的逻辑值为 1，!18 的逻辑值为 0，1||0 的逻辑值为 1。程序（文件名为 ex2_9.c）如下：

```
#include <stdio.h>
int main( )
{
  printf("%d\n",  !'A'-24||!18);
  return 0;
}
```

（3）短路原理

在逻辑与组成的表达式中，逻辑与运算符（&&）的左边为 0 时，系统确定该表达式值为 0，逻辑与运算符右边的表达式不计算，保持原来的值不变。

例 2.10　已知整型变量 iA=5，iB=4，执行表达式 !iA && iB++后，求 iB 的值。

解：先计算表达式 ! iA，逻辑值为 0，根据短路原理，iB++不计算，维持原值，iB 的值仍为 4。编制程序（文件名为 ex2_10.c）如下：

```
#include <stdio.h>
int main( )
{
  int iA=5,iB=4,iC;
  iC = !iA && iB++;
  printf("iB=%d, iC=%d\n",iB, iC );
  return 0;
}
```

（4）开路原理

在逻辑或组成的表达式中，逻辑或运算符（||）的左边为 1 时，系统确定该表达式值为 1，逻辑或运算符右边的表达式不计算，保持原来的值不变。

例 2.11　已知整型变量 iA=5，iB=4，执行表达式 iA>iB || (iB = 0)后，求 iB 的值。

解：先计算表达式 iA > iB，逻辑值为 1，根据开路原理，(iB = 0)不计算，iB 保持原值不变，所以 iB 值为 4。编制程序（文件名为 ex2_11.c）如下：

```
#include <stdio.h>
int main( )
{
  int iA=5,iB=4,iC;
  iC=iA > iB || (iB = 0);
  printf("iB=%d, iC=%d\n",iB, iC );
  return 0;
}
```

2.3.3　位运算

计算机处理的数据和控制信号都是以二进制形式进行存储和传输的，C 语言提供了对二进制进行处理的功能。位运算是进行二进制位的运算，C 语言的位运算包括～（按位取反）、& (按位

与)、|（按位或）、^（按位异或）、<<（左移）和>>（右移）等位运算符。位运算符的功能如表 2-6 所示。其中短整型变量 iA = 0xE6，iB = 0x7A。

表 2-6 位运算符

位运算	位运算符	级别/目	结合性	示例	运算结果	说明
按位取反	~	2/单	右到左	~0xa8	FF57H	短整型 16 位按位取反
按位与	&	8/双	左到右	a & b	62H	E6H & 7AH = 62H
按位异或	^	9/双	左到右	a ^ b	9CH	E6H ^ 7AH = 9CH
按位或	|	10/双	左到右	a | b	FEH	E6H | 7AH = FEH
位左移	<<	5/双	左到右	a << 2	398H	E6H << 2 = 398H
位右移	>>	5/双	左到右	a >> 4	EH	E6H >> 4 = EH

例 2.12 已知短整型变量 iA = 0xE6，iB = 0x7A，短整型变量 iC = 0xa8，试用图解（竖式）计算表达式 iA & iB、iA ^ iB、iA | iB、~ iC、iA << 2 和 iA >> 4 的值。

解：短整型变量占 16 位，用竖式分别求解表达式 iA & iB、iA ^ iB 和 iA | iB 如下：

```
E6H&7AH = (     )        E6H ∧ 7AH = (     )       E6H | 7AH = (     )
  00000000 11100110        00000000 11100110         00000000 11100110
& 00000000 01111010      ∧ 00000000 01111010       | 00000000 01111010
  00000000 01100010        00000000 10011100         00000000 11111110
∴ E6H&7AH = (62)H        ∴ E6H ∧ 7AH = (9C)H       ∴ E6H | 7AH = (FE)H
```

用图解分别求解表达式～0xa8 为：

```
 0xa8: |0|0|0|0|0|0|0|0|1|0|1|0|1|0|0|0|   或 0 0 a 8
~0xa8: |1|1|1|1|1|1|1|1|0|1|0|1|0|1|1|1|   或 F F 5 7
```

用图解分别求解表达式 iA << 2、iA >> 4 如图 2-9 所示：

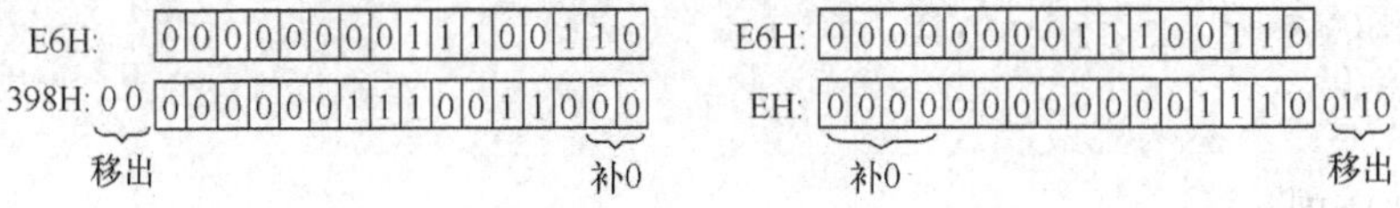

图 2-9 图解分析法

编制程序（文件名为 ex2_12.c）如下：

```
#include <stdio.h>
int main( )
{
  short  iA = 0xE6,iB = 0x7A, iC = 0xa8;
  printf("iA & iB = %x \n", iA & iB );
  printf("iA ^ iB = %x \n", iA ^ iB );
  printf("iA | iB = %x \n", iA | iB );
  printf(" ~iC = %hx \n", ~iC );
  printf("iA << 2 = %x \n", iA << 2 );
  printf("iA >> 4 = %x \n", iA >> 4 );
  return 0;
}
```

2.3.4 其他运算

1. 逗号表达式

逗号表达式是用逗号运算符分隔多个表达式，构成的表达式，其一般格式为：

表达式 1，表达式 2，……，表达式 n

逗号运算符的优先级为最低级，结合原则为从左至右，依次计算表达式 1 的值，表达式 2 的值，直到表达式 n 的值，整个逗号表达式的值为表达式 n 的值。

例 2.13　已知整型变量 iX = 1，iY = 4，执行语句"iY = (iX += 2, iX++, iX+4);"后，求 iX 与 iY 的值。

解：计算表达式 iX += 2 的值，iX 的值为 3，计算表达式 iX++，iX 的值为 4，iY 的值是表达式 iX+4 的值，值为 8。iX 的值不变，仍为 4。

编制程序（文件名为 ex2_13.c）如下：

```
#include <stdio.h>
int main( )
{
 int iX = 1,iY = 4;
 iY = (iX += 2, iX++, iX+4);
 printf("iX=%d, iY=%d\n", iX,iY);
 return 0;
}
```

2. 强制类型转换运算符

在 C 程序中，表达式在执行过程中不同类型的数据会自动地转换数据类型，以利于表达式的运算。此外，在编制程序过程中，需要强制转换数据类型，用强制类型转换运算符把表达式转换成所需类型。C 语言使用的强制类型转换的一般格式为：

（类型标识符）表达式

例如，已知整型变量 iA，iX，float 型变量 fY，分析下面强制类型转换运算符的功能。

```
(double)iA          （将 iA 转换成 double 类型）
(int）(iX+fY)       （将 iX+fY 的值转换成整型）
(float）(5%3)       （将 5%3 的值转换成 float 型）
```

例 2.14　读强制类型转换源程序，填写程序（文件名为 ex2_14.c）输出结果。

```
#include <stdio.h>
int main( )
{
 int iK;
 double  dX = 3.6;
 iK = (int) dX;
 printf("dX=%f, iK=%d/n", dX,  iK);
  return 0;
}
```

解：在 c 语言编译环境下运行该程序，结果如下：

dX=3.600000，iK = 3

dX 的类型仍为 double 类型，值为 3.600000。

3. 条件运算

条件运算符是三目运算符"?："，有 3 个操作数，即 3 个表达式，表达式 1 是条件表达式，判断条件是否成立，表达式 2 和表达式 3 是求值表达式，条件为真执行表达式 2，条件为假执行表达式 3。条件运算表达式的格式为：

表达式 1？表达式 2：表达式 3

条件运算符的优先级别为 13 级，优先于赋值运算符和逗号运算符，低于其他运算符，结合原则为从右至左。执行条件表达式时，先求表达式 1 的值，若为非 0，则再求表达式 2 的值，并把该值作为整个条件表达式的值，否则，求表达式 3 的值，并把该值作为整个条件表达式的值。

例 2.15 已知整型变量 iA = 2，iB = 3，试求表达式“iA > iB ? ++iA : iB--”的值。

解：执行表达式 iA > iB 的结果为假，值为 0，执行“:”后表达式 iB - - ，后置自减运算，整个表达式的值为 3，iB 的值为 2。编制程序（文件名为 ex2_15.c）如下：

```
#include <stdio.h>
int main( )
{
  int  iA = 2, iB = 3;
  printf("iA > iB ? ++iA : iB-- = %d \n", iA > iB ? ++iA : iB--);
  printf("iB=%d \n",iB);
  return 0;
}
```

4. sizeof 操作符

sizeof 是 C 语言中的一种单目操作符。sizeof 运算符的优先级为 2 级，sizeof 运算符以字节为单位，计算出各种类型操作数的存储空间大小，在字符串类型计算包括字符串中间或者末尾的特殊字符"\0"。sizeof 的操作数可以是一个表达式或括在括号内的类型标识符。操作数占用存储空间的大小取决于操作数的类型。sizeof 不是一个函数，所以它的操作数可以不加括号。但是出于稳定性考虑最好都加上()。sizeof 操作符使用的语法形式为：

sizeof(表达式 | 类型标识符)

例 2.16 读源程序，填写程序（文件名为 ex2_16.c）输出结果。

```
#include <stdlib.h>
#include <stdio.h>
int main( )
{
  int  iA = 45;
  char  chB = 'B';
  float  fC = 2.5;
  double dD = 4L;
  printf("sizeof(iA)= %d,  sizeof(int)= %d \n", sizeof(iA), sizeof(int));
  printf("sizeof(chB)= %d, sizeof(char)=%d \n", sizeof(chB) ,sizeof(char));
  printf("sizeof(dD) = %d, sizeof(double)=%d \n", sizeof(dD), sizeof(double));
  printf("sizeof(fC) = %d, sizeof(float)=%d \n", sizeof(fC), sizeof(float));
  printf("串 1 长=%d, 串 2 长=%d, 串 3 长=%d \n", sizeof("abc"), sizeof("ab\089"),
sizeof("ab\0123"));
  return 0;
}
```

解：将该程序在 VC 中编译、连接，运行该程序，输出结果为：

sizeof(iA) =4,　　sizeof(int) = 4

sizeof(chB) =1,　　sizeof(char) = 1

sizeof(dD) =8,　sizeof(double) = 8

sizeof(fC)　=4,　　sizeof(float) = 4

串 1 长=4，串 2 长=6，串 3 长=5

2.4　练习题

1．判断题（共 10 小题，每题 1 分，共 10 分）

（1）C 语言中，声明变量的数据类型是规定其占用的字节数及取值范围。（　　）

（2）C 语言中，字符串是一种基本数据类型。（　　）

（3）字符型指文字形式的数据类型，字符型数值为 ASCII 码值。（　　）

（4）存储在内存中的数据具有确定的数据类型，输出时不能改变其数据类型。（　　）

（5）变量指在程序运行和处理的过程中其值始终不能被改变的量。（　　）

（6）C 语言程序中的符号常量与变量必须做到“先声明，后使用”。（　　）

（7）整型数据以二进制补码形式存放于整型变量指定的存储区中。（　　）

（8）浮点型变量按照 IEEE-754 标准规定的单精度存储格式，存储为十进制数。（　　）

（9）sizeof 是 C 语言中的一种单目操作符，不是函数。（　　）

（10）关系运算是比较两个操作数的运算，运算结果是整型和字符型常量。（　　）

2．单选题（共 10 小题，每题 2 分，共 20 分）

（1）计算算术表达式 5.6+016+1/2+0x16 的值为（　　）。

A．41.600000　　B．42.100000　　C．37.600000　　D．38.100000

（2）计算算术表达式'A'*2−0x12*4−'b'%012 的值为（　　）。

A．120.000000　　B．50　　C．128　　D．28.500000

（3）已知 x=2，计算关系表达式 2<x<10 = = x>1 的值为（　　）。

A．2　　B．10　　C．1　　D．0

（4）计算逻辑表达式(x=2) && !x>1||(x=3)的值是（　　）。

A．2　　B．3　　C．0　　D．1

（5）已知 chA='A',chB='b'；计算复合赋值表达式“chB/=chA−=chB%=chA* =2”的值是（　　）

A．A　　B．b　　C．1　　D．3

（6）已定义 int x=2，y=4；计算表达式 x++<=5 && y−−<=3 && x+y++的值为（　　）。

A．2　　B．4　　C．0　　D．1

（7）已定义 int x=6，y=4；计算表达式（x% = 4）||（y=2）后，y 的值为（　　）。

A．2　　B．4　　C．6　　D．5

（8）已定义 int x=4,y=2；计算表达式 x++= =5 && ++y 后，y 的值为（　　）。

A．2　　B．4　　C．0　　D．1

（9）表达式（a=5, a*4, a+3）的值为（　　）。

A．3　　B．8　　C．23　　D．5

（10）已定义 int x=2,; 计算表达式 sizeof ((double)x) 的值是（　　）。

A．2　　B．4　　C．8　　D．1

3．填空题（共 10 小题，每题 2 分，共 20 分）

（1）在 VC 中，字符型分为（　　）字符型和（　　）字符型两类。

（2）C 语言的基本数据类型有字符型、整型和浮点型三种。其中（　　）型和（　　）型是数值型数据。

（3）C 语言表示数据对象的两个要素是数据（　　）和数据（　　）。

（4）VC 中整型变量占用的存储空间为（　　）个字节、长整型变量占用（　　）个字节。

（5）浮点型指带小数的实数类型，浮点型变量分为（　　）度（　　）度和长双精度三种。

（6）用 int iA; 声明变量后，确定了变量的（　　）为 iA，数据类型为（　　）。

（7）存储类型包括自动方式“auto”、静态方式“static”和寄存器方式“register”3 种存储方式，缺省的存储方式就是（　　），静态变量存储在（　　）存储区。

（8）表达式“(a=2*3, a*4),a+5”的值为（　　），变量 a 的值为（　　）。

（9）IEEE—754 规定，浮点数的存储格式分为符号位 s、（　　）、（　　）和尾数 M 4 个部分。

（10）表达式语句是由（　　）和（　　）构成的语句。

4. 解释运算符（共 10 小题，每题 1 分，共 10 分）

（1）++ ：　　　　（2）--：

（3）/ ：　　　　（4）% ：

（5）+= ：　　　　（6）== ：

（7）|| ：　　　　（8）>> ：

（9）^ ：　　　　（10）,：

5. 简答题（共 5 小题，每题 4 分，共 20 分）

（1）什么是数据？数据包括哪些要素？

（2）什么是整数类型？如何存储整数？

（3）什么叫短路原理？什么叫开路原理？

（4）什么是条件运算符？条件表达式的执行方法是什么？

（5）什么是表达式？

6. 分析题（共 5 小题，每题 4 分，共 20 分）

（1）已知变量的定义如下，试分析其存储码。

```
char chA = 'A',chB='b';
int  iA = -1;
short iB = 65535;
float  fA = 324.625f;
double  dB = 324.625;
```

（2）分析算术表达式 162-'a'+'c'*2.0/'B'-0.5*'b'的运算步骤。

（3）分析表达式 iC = 'A'<='a'= ='a'>'B'的运算步骤。

（4）已知整型变量 iX = 2，iY = 4，执行语句“iY+=(iX ++，iX+4，iX-= 2);”后，分析输出的结果。

（5）已知 iX = 2，iY = 2，分析逻辑表达式(iX=2) || (iY=4)的运算结果。

第3章 顺序结构程序设计

程序结构是指程序流程的控制结构，常用算法描述程序的控制流程，程序流程有三种基本结构：顺序结构、选择结构和循环结构。顺序结构是最基本、最简单的程序结构，顺序结构内各条语句是按照它们出现的先后次序依次执行的控制结构。下面从例3.1的程序案例入手，学习顺序结构程序设计。

例3.1　输入一个三位整数abc，试编程分离出这个数的百位数a、十位数b和个位数c，并将其合并成反转数cba，输出abc和反转数cba的值。

解：源程序（文件名为ex3_1.c）如下：

```
#include "stdio.h"                                    //  包含标准输入/输出头文件
#include <stdlib.h>                                   // 包含C语言标准库头文件
int main( )                                           //  主函数
{                                                     //  函数体开始
    int abc,a,b,c,cba;                                //  变量类型声明
    printf("Please  enter a three integers:\n");      //  输入数据前提示输入一个三位整数
    scanf("%d",&abc);                                 //  输入一个3位数
    a = abc / 100 ;                                   //  分离出百位数
    b = abc / 10 % 10 ;                               //  分离出十位数
    c = abc % 10;                                     //  分离出个位数
    cba=c*100+b*10+a;                                 //  反转数cba
    printf("abc = %d, 反转数 cba = %d \n",abc,cba);   // 输出abc和反转数cba的值;
    return 0;
}                                                     //  函数体结束
```

程序中各条语句按照其出现的先后次序依次执行，没有分支选择语句，也没有循环控制语句。顺序结构程序的逻辑顺序是先声明变量，再输入数据、处理数据，最后输出数据。程序中，输入输出采用标准函数调用语句；处理数据采用赋值语句，属于表达式语句。

本章主要学习算法及算法的描述方法，学习程序模块中的各种语句，学习表达式语句（如赋值语句）、函数调用语句等。

3.1　算法及算法描述

算法是为解决某一特定问题而进行一步一步操作过程的精确描述，是有限步、可执行和有确定结果的操作序列。算法不同于计算公式，计算公式是静态的、无限制的运算，满足规定的运算律，如四则运算的交换律、结合律、分配律等。算法是动态的、受限制的、可操作的，要受计算工具的制约。

3.1.1 算法的特征

算法具有如下特征：

① 可行性：算法受计算工具计算精度的限制，计算顺序的不同可能导致结果的不同。例如，iY=2E14 + 5 - 2E14 与 iY= 2E14 - 2E14 + 5 两个表达式运算的结果前者为 0，后者为 5。因为 5 远远小于 2E14，在 C++的计算精度达下被忽略掉，因此前者的算法是不可行的，后者的算法是可行的。

② 确定性。算法的每一步都有明确的含义，不含歧义，每一步命令只能产生唯一的一组动作。

③ 有穷性。每一个算法分成有限个操作步骤，每一步在有限的时间内完成。

④ 有效性。算法的每一步都能有效地执行，并输出确定的结果。只要有一个不可执行的操作，该算法无效。

⑤ 输入与输出特性。

有零个或多个输入：可以没有输入，可以有 1 个或多个输入。

有一个或多个输出：至少有一个输出，没有输出的算法是没有意义的。

3.1.2 算法的控制结构

算法的控制结构有三种基本结构：顺序结构、选择结构、循环结构。每种结构都只有 1 个入口和 1 个出口，执行时有 1 条从入口进入，执行语句块后到出口的路径。语句块是语句的集合，是满足这三种结构的基本单元。编制程序时，对任何复杂的问题都可以用三种基本结构来描述其算法，基本结构之间形成顺序执行的关系。

顺序结构：是最基本、最简单的程序结构，在此结构内各语句是按照它们出现的先后次序依次执行的。

选择结构：是先根据给定的条件判断条件是否为真（非 0），条件为真（非 0），选择满足条件的语句块执行；条件为假（为 0），选择不满足条件的语句执行。

循环结构：是一种重复处理的程序结构。当满足（或不满足）某个指定的条件时重复执行语句 A，否则跳出循环，执行循环体外的下一条语句。

使用这三种基本结构编制程序，不同基本结构之间的关系简单清晰，容易阅读、理解、维护、修改。

3.1.3 算法的描述方法

算法是解题方法和解题过程的精确描述，描述算法的工具很多，常用的工具有传统流程图、N-S 流程图等表示算法。

① 传统流程图。是用不同几何形状的线框、流线和文字说明来描述算法。传统流程图的常用符号及其意义如表 3-1 所示，传统流程图和 N-S 流程图的基本结构如表 3-2 所示。

表 3-1　　传统流程图常用符号及意义

符号	符号名称	意义	实例
（圆角矩形）	起止框	表示算法的开始或结束	开始　结束
（矩形）	处理框	表示算法的一个处理步骤	1⇒n

续表

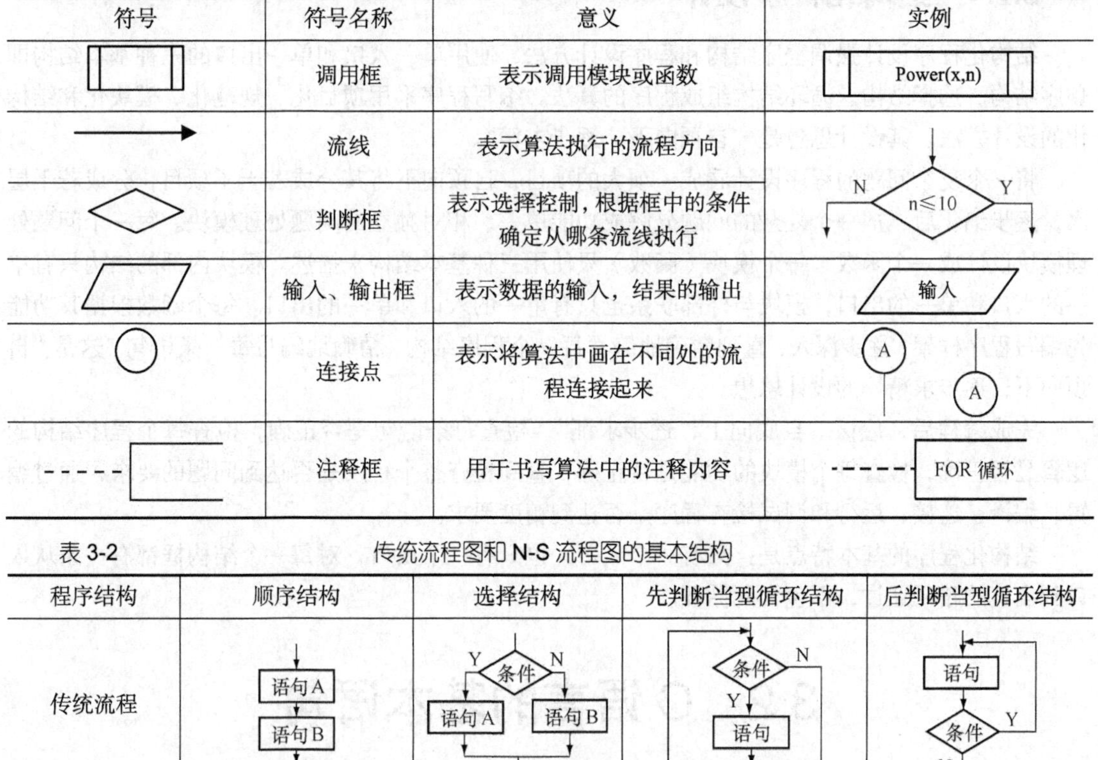

符号	符号名称	意义	实例
	调用框	表示调用模块或函数	Power(x,n)
	流线	表示算法执行的流程方向	
	判断框	表示选择控制，根据框中的条件确定从哪条流线执行	N n≤10 Y
	输入、输出框	表示数据的输入，结果的输出	输入
	连接点	表示将算法中画在不同处的流程连接起来	A A
	注释框	用于书写算法中的注释内容	FOR 循环

表 3-2 传统流程图和 N-S 流程图的基本结构

程序结构	顺序结构	选择结构	先判断当型循环结构	后判断当型循环结构
传统流程	语句A 语句B	Y 条件 N 语句A 语句B	条件 N Y 语句	语句 条件 Y N
结构化流程图	语句A 语句B	条件 Y N 语句A 语句B	当条件为真 语句	语句 当条件为真

② N-S 流程图。又称为结构化流程图，是根据美国 I.Nassi 和 B.Schneiderman 二学者提出的描述算法的基础上形成的结构化流程图，以他们的名字缩写命名故称 N-S 流程图。N-S 流程图由一系列矩形框顺序排列而成，各个矩形框只能顺序执行，每一个矩形框表示一个基本结构。矩形框内的分割线将矩形框分割成不同的部分，形成三种基本结构：顺序结构、选择结构和循环结构。N-S 流程图的基本结构如表 3-2 所示。

例 3.2 分别用传统流程图和 N-S 流程图画出求 1+2+3+4+5+6+7+…+10 的算法。

求和算法的传统流程图如图 3-1 所示，N-S 流程图如图 3-2 所示。

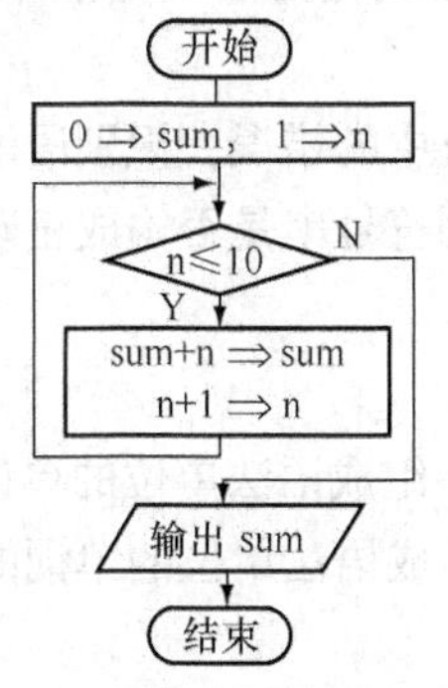

图 3-1 传统流程图描述的算法

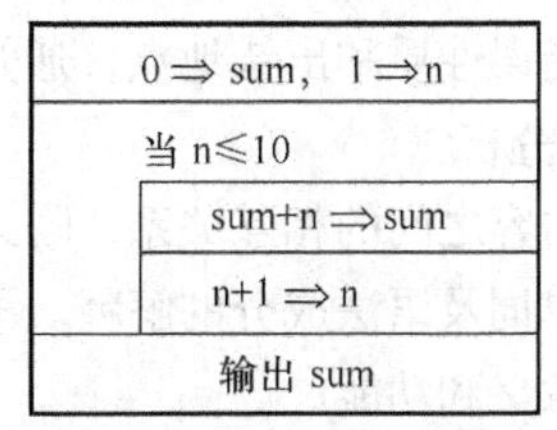

图 3-2 N-S 流程图描述的算法

3.1.4 结构化程序设计

结构化程序设计强调程序结构和程序设计方法，使用单一入口和单一出口的三种基本结构即顺序结构、选择结构、循环结构组成程序的算法。编写程序采用项目化、规范化、模块化和结构化的设计方法。其设计思想是“自顶向下，逐步求精”。

将一个复杂问题的程序设计看成一项大的项目，自顶向下将其分成若干子项目，分成若干层次，逐步细化后，把一个复杂的问题分解成功能单一、相对独立的问题处理模块。每一个问题处理模块设计成一个函数，每个模块（函数）只使用三种基本结构来描述。模块内部的结构只有单一的入口和单一的出口，模块与外部联系也只有单一的入口和单一的出口。每个函数根据其功能先编写程序框架，逐步深入，直到精确地编写每一个程序结构，精确地编写每一条语句。这是“自顶向下，逐步求精”的设计思想。

完成编程后，应该“自底向上，逐步求证”，检查每条语句是否正确，检查每个程序结构的逻辑是否正确，检查每个模块的功能是否正确，直到检查整个程序是否达到问题的要求，通过编辑、编译、连接、运行和调试检查程序是否达到精度要求。

结构化程序的基本特点是：只有一个入口，也只有一个出口，对每一个结构框都有一条从入口到出口的路径通过，不包含死循环。

3.2 C 语言的基本语句

3.2.1 C 语言的语法语义和语用

从语言学角度研究 C 语言：先划分 C 语言的语法单位，研究语法单位的构成成分，逐步将语法单位细分到语句、表达式；再从组成语法单位的基本字符集中识别和分离出单词，C 程序语言的单词包括分隔符、注释符、保留字、标识符、常量及运算符等六类，通过词法分析确定单词的类型及功能，在掌握词法分析的基础上，研究语法单位的语法、语义和语用。

C 程序设计语言的语法单位包括表达式、语句、标准函数、自定义函数和主函数等。前面介绍了表达式和表达式语句，本章介绍语句、标准函数等语法单位。

1．语法与语法分析

语法是符号与符号之间的相互关系，语法是对组成语法单位的单词之间的组织规则和结构关系的定义。语法规则是语法单位的形成规则，用形式化方法规定从单词形成语法单位的一组规则。

语法分析是从单词中识别各语法成分，检查语法成分中的错误，识别语法结构，判定语句条件，控制转移到应该处理的程序段去工作，确定整个单词符号串是否构成正确的语法单位，当发现语法错误，指出错误性质和出错地点，通知用户改正。

2．语义与语义分析

语义是符号与内容之间的相互关系，语义指 C 程序中组成语法单位的单词的含义，是对描述实体数据及运算的单词及语法成分的解释。语义反映了组成语法单位的单词的内涵和外延，同时反映出语法单位的意义和功能。

语义分析是按照 C 语言的规定对操作符、操作数、数据类型、类型的转换和数据的操作等进行检查和分析，检查源程序是否包含语义错误，收集类型信息供后面的代码生成阶段使用。运算符的优先级和结合性，操作符对操作数的要求，数据类型的检查，数据类型的转换，数据操作后的取值等都是语义分析的重要内容。

3. 语用

语用是符号与人之间的相互关系，语用指在程序设计语言环境中语句等语法单位的生成与对语句的理解，研究语句等语法单位或单词在使用过程中与主观思维的相互关系。

3.2.2　C 语言的基本语句

C 语言的基本语句包括声明语句、空语句、复合语句、控制语句、表达式语句和函数调用语句等基本语句，语句块是这些语句的集合。

1. 声明语句

声明语句为编译器提供指定变量或函数的存储类型、数据类型等信息。声明由声明说明符和声明符二部分组成：声明说明符用于描述声明的变量或函数的性质，由存储类型、类型限定符和类型说明符组成，C99 增加了 inline 函数说明符；声明符指定变量、数组和指针的名称及初始化式，指定函数的名称及参数等信息。在初学 C 语言期间，暂不讨论存储类型、类型限定符等内容，声明说明符只讨论类型说明符，类型说明符是用 [signed] char、unsigned char、[signed] short [int]、unsigned short [int]、[signed] int、unsigned int、[signed] long int、unsigned long [int]、float、double、long double、struct 结构体名、union 共用体名和自定义类型名等类型关键字或标识符表现的。

在 C 语言中，变量、数组和自定义函数等数据对象必须先定义后使用，变量等数据对象是用声明语句进行定义。声明语句是一种非操作的语句，编译时负责分配存储空间。对变量的声明必须出现在当前程序模块使用该变量的语句之前。习惯上将声明语句放置在程序模块的前面，程序模块的第 1 条语句是声明语句。声明语句可以放在程序模块以外的前面。

① 变量声明语句的格式为：

类型标识符　　变量名 1[=初值 1],变量名 2[=初值 2]…;

例如：

```
int   a = 1 , b = 0, c;
float  d = 2.0,  e, f ;
```

② 自定义函数声明语句的格式为：

类型标识符　被调用函数名（类型标识符 1 [形参 1],类型标识符 2 [形参 2]……）;

例如：

```
float  Max(float  x, float  y);
float  Add(float  , float  );
```

2. 空语句

空语句是只有一个分号组成的语句，其语法格式为：

```
;
```

程序运行时，空语句什么也不做。C 语言中引入空语句在以下 3 个方面起作用。

① 为了构造特殊控制结构的需要。例如：循环控制结构需要一条语句作为循环体，而循环执行的动作已全部由循环控制部分完成，这时就需要一个空语句的循环体。

② 在编程过程中设置一条空语句占位，等到细化程序时编写具体的代码。

③ 允许程序语句部分连续出现的多个分号。

3. 复合语句

在程序中，用一对{ }包括若干语句称为复合语句。复合语句内部，除了执行语句外，还有声明语句，声明语句一般放置在所有执行语句之前。因此，复合语句的语法格式为：

```
{
    声明语句;
    执行语句;
}
```

例如：

```
{
   int   t;
   t = x;x = y;y = t;
}
```

复合语句中的每一条语句（包括最后一条）末尾都有分号，复合语句在语法上作为一条单语句，复合语句可以嵌套，使用时要注意{}的配对。

4. 控制语句

在 C 语言中，控制语句指能完成一定的程序流程控制功能的语句。C 语言包括 9 种控制语句，它们分别是：

（1）if ()～else～ （两条分支的条件语句）
（2）for ()～ （for 循环语句）
（3）while ()～ （while 循环语句）
（4）do～while () （do～while 循环语句）
（5）continue （结束本次循环语句）
（6）break （中止执行多分枝或循环语句）
（7）switch （多分支选择语句）
（8）goto （无条件转移语句）
（9）return （函数返回语句）

这些控制语句可以构成选择结构、多分支选择结构和循环结构；可以控制循环的中止、程序的跳转及函数的返回等操作（见第 4 章介绍选择结构程序设计，见第 5 章介绍循环结构程序设计）。

5. 表达式语句与赋值语句

表达式语句是在表达式后面加分号，构成表达式语句。表达式能构成语句是 C 语言的一个重要特色。表达式语句的语法格式为：

<表达式>;

例如：

```
i++            //  表达式后面没有分号
i++;           //  表达式语句后面有分号
```

任何一个表达式都可以加上一个分号而成为一条语句，分号是 C 语句中不可缺少的一部分。缺少分号只是表达式而不是语句。

最典型的表达式语句是由赋值表达式构成的语句。在 C 语言中，赋值是一种运算符，赋值语句也是表达式语句。例如：

```
i = 8;
a = b = c = 6;
```

由赋值表达式后加分号构成赋值表达式语句，习惯上称这类表达式语句为赋值语句。赋值语句的主要功能是计算表达式的值，并将计算的结果赋值给变量，确定变量的内容。其语法格式为：

```
<赋值表达式>;
```

一般形式为：

```
<左值> = <表达式>;
```

其中“=”为赋值运算符，注意和“= =”（等于）相区别，赋值运算符的左端必须是变量名或数组元素，右端表达式允许为常量、变量、算术表达式、关系表达式及逻辑表达式等。注意表达式中的变量必须已经赋值，否则结果不确定。

例如，下列语句均是有效的赋值语句：

```
a = 1;
b = a+1;
c = a+b;
x = b > 1;
y = k = 10;
z = k = =10;
```

C 语言的赋值语句具有其他高级语言的赋值语句应具有的一切特点和功能。但它们又具有以下几个方面的不同。

① C 语言中的赋值号“=”是一个运算符，可以进行数据类型转换，而在其他大多数程序语言中赋值号不是运算符。

② C 语言中严格区别了赋值表达式与赋值语句两种概念，其他高级语言没有“赋值表达式”这一概念。赋值表达式作为表达式中的一种，可以包含在其他表达式之中，但赋值语句不可以。例如：

```
(a = b) > 3          （关系表达式中包含赋值表达式是合法的）
(a = b; ) > 3       （关系表达式中含有赋值语句是非法的）
```

由此可见，C 语言把赋值语句和赋值表达式区别开来，增加了表达式的种类，使表达式的应用几乎无处不在，能实现其他早期高级语言难以实现的功能。

6. 函数调用语句

函数调用语句可以调用自定义函数，例 1.3 中的语句“iC = iMax(iA,iB);”是自定义函数的调用语句。函数调用语句也可以调用标准函数（库函数），例如 1.2 中标准输入函数调用语句“scanf("%d,%d", &x, &y);”和标准输出函数调用语句“printf("max = %d\n",c);”。标准输入/输出函数是本章研究的重点。

3.3　输入/输出函数

输入/输出函数指 C 语言常用的输入/输出调用语句，主要包括格式化输出函数 printf、格式化输入函数 scanf、字符输入函数 getchar 和字符输出函数 putchar。

C语言中通过调用输入/输出函数实现数据的输入/输出功能，输入/输出函数在头文件<stdio.h>中定义。使用这些函数之前要用#include <stdio.h>或#include "stdio.h"预处理命令进行声明。考虑到 scanf 函数和 printf 函数在 C 语言中使用十分频繁，编译系统允许程序员在程序中不加编译预处理命令，由系统自动添加“#include <stdio.h>”包含文件。

3.3.1 格式化输出函数

格式化输出函数 printf 在前面章节已经用过，其功能是按照指定的格式向标准输出设备输出若干个指定类型的数据。

1. printf 函数的调用

（1）语法

printf 函数原型为：int printf(const char *format , ...);

printf 函数的返回值为整型，参数包括输出格式和变长参数，输出格式 format 是字符串指针，... 表示变长参数形成的表列。

printf 函数的一般调用形式为：

printf("输出格式",输出表列);

（2）语义

printf 函数是 fprint 函数的特例，printf 的参数中缺省了标准输出设备文件，函数的参数包括"输出格式"、输出表列两部分。

"输出格式"是用双引号括起来的字符串和格式说明符。字符串是普通字符，输出时按照原样输出指定的字符。字符串中包括可打印的字符和不可打印的转义字符两种。格式说明符由%和格式符组成，如%f、%d 等，其作用是指定输出数据的格式。格式说明总是由%字符开头，可以在格式符前加附加格式符。格式符如表 3-3 所示，附加格式符如图 3-3 所示。

输出表列由输出项 1，输出项 2，……，输出项 n 组成，每一个输出项可以是常量、变量或表达式。

例如：已知 iK = 5, fH = 4.2，printf 函数如下：

printf("iK = %d, fH = %f\n", iK , fH);

输出格式　　输出表列

语义分析如下：printf 函数按照指定的格式向标准输出设备输出数据，输出格式中的 iK =、fH = 是普通字符，“\n”为转义字符，代表换行，属于字符串直接输出；%d 和%f 为格式说明项，由%与格式符组成，iK 和 fH 是输出表项，格式说明符项与输出项按位置对应，iK 的值为 5，格式说明符%d 表示整型，fH 的值 4.2 格式说明符%f 表示单精度型，输出结果为：

iK = 5, fH = 4.200000

（3）语用

① printf 函数用于输出格式化数据，数据的格式由格式说明符指定，格式说明符项与输出项类型相匹配。

例 3.3 已知字符型变量 chK 初值为“A”，整型变量 iK 初值为 5，单精度型变量 fK 初值为 8.6F，双精度型变量 dK 初值为 4.2，长双精度型变量 ldK 初值为 6.0，执行下面语句后，分别输出 chW、iS 和 fX、dY、ldZ 的结果。

解：用 VC 编译器调试程序，double 和 long double 类型完全相同，Dev-C++开发环境使用的是 MingW32 编译器，long double 类型不能用 printf 函数输出。

编制程序（文件名为 ex3_3.c）如下：

```
#include <stdio.h>
int main()
{
  char chK = 'A',chW;
  int  iK = 5, iS;
  float fK = 8.6F,fX;
  double dK = 4.2,dY;
  long double ldK = 6.0, ldZ;
  chW = chK + 2;
  iS = iK + chK;
  printf("chW = %c, iS=%d \n", chW,iS);
  fX = fK -2.4F ;
  dY = dK * 2 ;
  ldZ = ldK / 1.50;
  printf("fX = %f, dY = %lf, ldK = %Lf \n ", fX,dY,ldZ);
  return 0;
}
```

② printf 函数用于输出格式化数据，数据的格式由格式说明符指定，格式说明符项与输出项按位置对应，由右到左配对。

例 3.4　已知变量 iK 初值为 5，iM 初值为 5；执行下面语句后，分析输出的结果。

```
printf("iK1 = %d, iK2 = %d \n", iK, ++iK);
printf("iM1 = %d, iM2 = %d \n", ++iM, iM);
```

解：编制程序 (文件名为 ex3_4.c) 如下：

```
#include <stdio.h>
int main()
{
  int  iK = 5,iM = 5;
  printf("iK1 = %d, iK2 = %d \n", iK, ++iK);
  printf("iM1 = %d,iM2 = %d \n ", ++iM,iM);
  return 0;
}
```

编译、运行该程序，输出结果为：

iK1 = 6, iK2 =6

iM1 = 6, iM2 =5

分析：执行语句 "printf("iK1 = %d, iK2 = %d \n", iK, ++iK);"，当 iK 的初值为 5 时，先配对右边的输出项++iK，iK1 为 6，iK2=6，再配对左边的输出项 k1=6。输出的结果为 k1=6，k2=6。执行语句 "printf("iM1 = %d,iM2 = %d \n ", ++iM,iM);"，当 iM 的初值为 5 时，先配对右边的输出项 iM，输出项 iM 为 5，再配对左边的输出项++iM 为 6。输出的结果为 iM1 = 6，iM2 = 5。

2. printf 函数的格式说明符

printf 函数的格式说明符包括格式符和附加格式符。

（1）格式符

C 程序设计语言中，printf 函数使用格式符指定输出不同类型数据，printf 函数的格式符如表 3-3 所示，已 iK = −1，iM = −1，chA= 'A'，strB = 'Hello! '，fC=4.0，dD=4.0，dE=4.0。

表 3-3 printf 函数格式符

格式符	说明	参数	输出结果
d,i	输出带符号的十进制整数（正数不输出符号）	"%d,%i",iK,iM	-1，-1
o	输出八进制无符号整数（不输出前导符 0）	"%o",iK	37777777777
x,X	输出十六进制无符号整数（不输出前导符 0x）	"%x",iK	ffffffff
u	输出无符号十进制形式整数	"%u",iK	4294967295
c	输出一个字符	"%c",chA	A
s	输出字符串	"%s",strB	Hello!
f	输出小数形式的单、双精度实数，隐含输出 6 位小数	"%f ",fC	4.000000
e,E	输出指数形式的实数，数字部分隐含 6 位小数	"%e",dE	4.000000e+000
g,G	选用 f 或 e 格式中输出宽度较短的一种，不输出无意义的 0	"%g",dD	4

例 3.5 试分析如下程序的输出结果，理解数据的存储与输出的方法，用十六进制数写出 VC 编译器下各变量的存储码（文件名为 ex3_5.c）。

```
#include <stdio.h>
int main()
{
    char chA='A', chB='\144',chC='\x42';
    int iK=98,iJ = 0123, iH=0x61;
    unsigned  uC = iJ ,uD=-1;
    printf ("%d,%u,%o,%x\n",chA,chA,chA,chA);
    printf ("%d,%u,%c,%x\n",chB,chB,chB,chB);
    printf ("%d,%u,%c,%o\n",chC,chC,chC,chC);
    printf ("%d,%u,%c,%o\n",uC, uC,uC, uC);
    printf ("%o,%u,%c,%x\n",iK,iK,iK,iK);
    printf ("%d,%u,%c,%x\n", iJ,iJ,iJ,iJ);
    printf ("%d,%u,%c,%o\n",iH,iH,iH, iH);
    printf ("%d,%u,%o,%x\n",uD,uD,uD,uD);
    return 0;
}
```

编译、运行程序，输出结果如下：

```
65，65，101，41                              // chA 的存储码为 41
100，100，d，64                              // chB 的存储码为 64
66，66，B，102                               // chC 的存储码为 42
83，83，S，123                               // uC 的存储码为 00000053
142，98，b，62                               // iK 的存储码为 00000062
83，83，S，53                                // iJ 的存储码为 00000053
97，97，a，141                               // iH 的存储码为 00000061
-1，4204967295，37777777777，ffff ffff       // uD 的存储码为 ffff ffff
```

（2）附加格式符

格式说明项以字符“%”开头，格式符结束，中间可以插入附加格式符。增加附加格式符的格式如图 3-3 所示。

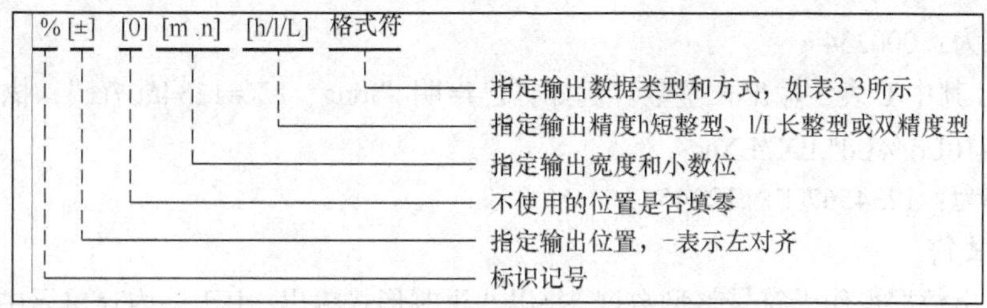

图 3-3　printf 函数的附加格式说明

printf 函数的附加格式符的含义如下：

① 指定输出数据类型和方式。格式说明中的格式符指定了输出项的输出形式，详见表 3-3。

② 指定输出精度。h/l/L：格式符 d、i、o、u、x 和 X 前可加 h，表示对应的输出项是短整型（short int）或无符号短整型（unsigned short int）；在格式符 d、i、o、u、x 和 X 前加 l，表示对应的输出项是长整型和无符号长整型；在格式符 e、E、f、g 和 G 前加 l，表示对应的输出项是 double 型。

③ 指定输出宽度。在输出实数时，m. n 中 m 指定了输出数全体占用的字符位置宽度，而 n 指定了输出数中小数部分的字符宽度（e 格式情况下，包括小数点位置，f 格式不包括）。

在输出字符串时，m. n 中的 m 指定了输出字符串占用的字符位置宽度，而 n 指定了实际输出的字符个数。

④ 指定不使用空位填零。这个指定仅用于输出数值时使用，当指定 0 时，不使用的输出位置自动填 0。不指定 0 时，不使用的输出位置为空白位。例如：% 0ld。

⑤ 指定输出位置。指定“+”号或省略该指定时，输出的字符靠到输出位置右端。若指定为“–”号时，则靠到输出位置的左端。

（3）其他应注意的问题

① 除了 X、E、G 外，其他格式符必须用小写字母，如“%d”不能写成“%D”。

② 可以在 printf 函数中的“输出格式”字符串包含转义字符，如“\n”“\r”“\b”和“\377”等。

③ 如需输出字符“%”，则应该在"输出格式"字符串中用连续两个%表示，如：

printf("%f%%",1.5);

输出结果为：1.500000%

3. 不同的格式符和附加格式说明符的用法

（1）d 格式符（或 i 格式符）

用于输出十进制整数，有以下几种用法：

① %d，按整数实际长度输出。例如，已经声明“int　iK = 2468;”，执行输出语句：

printf("%d",iK);

输出结果为：2468

② %md 和%-md，m 为正整数，用于指定输出位数。若数据实际位数小于 m，则左端补空格（%-md 是右端补空格），若数据实际位数大于 m，按实际位数输出，例如，已声明“int iK = 812,iJ=23456;”，执行输出语句：

printf ("%6d,%-6d,%3d",iK,iK,iJ);

输出结果为：□□□812,812□□□,23456

③ %0md，其中“0”表示用 0 填充没有输出数据的位置，m 为正整数，用于指定输出位数。如果数据实际位数小于 m，则左端补 0。例如，已声明“int　iK=234;”，执行输出语句：

printf("%06d",iK);

输出结果为：000234

④ %Ld，其中 L 表示输出长整数。例如，已声明“long　LX=1234567L;”，执行输出语句：

printf("%-10Ld,%Ld",LX, LX);

输出结果为：1234567□□□,1234567

（2）o 格式符

用于将输出数据视作无符号整型数据，并以八进制形式输出。由于将内存单元中的各位值（包括符号位，0 或 1）按八进制形式输出，输出的数值不带符号。例如，已声明“short　int　iK=025,iJ = 8;　long LM = -1L;”，执行输出语句：

printf("%o,%04o,%lo",iK, iJ ,LM);

输出结果为：25,0010,37777777777

（3）x 格式符（或 X 格式符）

用于将输出数据视作无符号整型数据，并以十六进制形式输出。与 o 格式符相同，符号位也作为十六进制数的一部分输出。对于 x 和 X 分别用字符 a~f 和 A~F 表示十进制数字 10~15。例如，已声明“short　int iK = 0xAB,iJ = 15; long LM=-1L;”，执行输出语句：

printf("%x,%-4x,%6LX",iK, iJ, LM)；

输出结果为：ab, f□□□, FFFFFFFF

（4）u 格式符

用于将输出数据视作无符号整型数据，以十进制形式输出。有符号数据和无符号数据都可使用 u.d.o.x 格式输出，它们值的类型转换按相互赋值规则处理。例如，已声明“int　iK = -1;　short unsigned　int　uA;long lM =-1l;”，执行输出语句：

uA = iK;

printf("%d, %4u, %lu",iK , uA, lM);

输出结果为：-1, 65535, 4294967285

（5）c 格式符

用于输出一个字符。一个整数，只要它的值在 0 ~ 255 范围内，也可以用字符形式输出，所输出的是 ASCII 码值为此数值的字符。反之，一个字符也可以用整数形式输出，输出的是该字符的 ASCII 码值。例如，已声明“int iK=97;　char chA='a';”，执行输出语句：

printf("%d,%c, %d,%c\n", iK, iK , chA-32, chA-32)；

输出结果为：97, a, 65, A

（6）s 格式符

用于输出一个字符串，有以下几种用法：

① %s，按实际字符串输出字符。例如：

printf("%s","example")；

输出结果为：example

② %ms（%-ms），m 为正整数，如果字符串字符个数大于 m，则照字符串实际输出，否则，左端补空格（%-ms 是右端补空格）。例如：

printf("%10s,%-10s\n","example","example");

输出结果为：□□□example, example □□□

③ %m.ns（%-m.ns），取字符串左端 n 个字符，按 m 列输出，若 n<m，则左端补空格（%-m.ns 是右端补空格），否则，m 取为 n 值，保证 n 个字符正常输出。例如：

printf("%5.3s,%-5.3s\n","example","example");

输出结果为：□□exa,exa□□

（7）f 格式符

以小数形式输出实型数据（浮点型数据），有以下几种用法：

① %f，实数整数部分直接输出，小数部分输出 6 位，对于单精度实数，有效位数为 7 位（包括整数和小数），对于双精度实数，有效位数为 16 位（包括整数和小数）。

例 3.6　已知程序如下，运行该程序，并分析计算结果（文件名为 ex3_6.c）。

```
#include <stdio.h>
int main()
{
    float  fA = 111111.111f,  fB = 222222.222f;
    double dX=1111111111111.111111111;
    double dY=2222222222222.222222222;
    printf("fA+fB=%f, dX+dY=%lf", fA+fB, dX+dY);
    return 0;
}
```

执行程序输出结果为：fA+fB = 333333.328125, dX+dY = 3333333333333.333000

显然，单精度超过 7 位，双精度超过 16 位的数字无意义。

② %m.nf（%-m.nf），指定输出列宽为 m 列（包括小数点），小数占 n 列，若实际数字位数小于 m，则左端补空格（%-m.nf 是右端补空格），否则，按实际数字位数输出；数字截取时有四舍五入情况。例如，已声明 "float fX = 123.4567f;"，执行输出语句：

pirintf ("%8.3f,%-8.3f,%05.0f,%.5f",fX, fX, fX, fX);

输出结果为：□123.457,123.457□,00123,123.45670

（8）e 格式符（或 E 格式符）

用于以指数形式输出实型数据。格式为：

[-]x.xxxxxxe ± xxx

说明：小数点前有 1 位非零数字。格式为%m.ne 时，数据输出共占 m 列，小数点及以后的数字个数为 n 个（n 缺省值为 6，第 n+1 位以后的数字四舍五入），字符 e（或 E）后接指数，占 4 列。例如，已声明 "float fA=123.4567f; "，执行输出语句：

printf ("%e, %10.2e, %-10.2E", fA, fA, fA);

输出结果为：1.234567e+002,□1.23e+002,1.23e+002

（9）g（或 G）格式符

用于输出实型数据，能根据表示数据所需字符的多少自动选择 f 格式或 e 格式输出。选择标准是以输出时字符宽度较少为原则，且不输出无意义的零。例如，已声明 "float　fA = 12.34f;double dB = 123.456789, dC = 123456.789; "　执行输出语句：

printf("%f,%g,%g,%g", fA, fA, dB, dC);

输出结果为：12.340000, 12.34, 123.457, 123457

3.3.2　格式化输入函数

格式化输入函数 scanf 是 C 语言的标准输入函数，功能是按照指定的格式从标准输入设备（如键盘）输入若干个数据，并将结果存储到变量名指定地址的内存单元中。

1．语法

scanf 函数原型：int scanf(const char *format , ...);

scanf 函数返回值为返回成功读入数据的项数，返回值为整型。参数包括输入格式和变长参数，输入格式 format 是字符串指针，...表示变长参数形成的地址表列。

scanf 函数的调用的一般形式为：

scanf("输入格式",输入地址表列);

例如，iK 为整型变量，fA 为单精度型变量，从键盘中输入整型变量 5，输入单精度变量 18.625，scanf 函数如下：

```
scanf ("%d, %f",   &iK ,&fA );
       └──┬──┘     └───┬───┘
       输入格式    输入地址表列
```

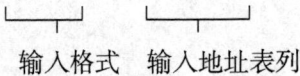

5,18.625↵

2．语义

标准输入函数 scanf "输入格式"是用双引号括起来的输入格式字符串和格式说明符，与 printf 函数的"输出格式"的含义基本相同。格式说明符包括格式符和附加格式符。

输入地址表列是由若干个地址所组成的表列，可以是变量的地址如&iK、&iJ、&fA，数组 iA[4] 的首地址 iA，数组元素的地址&iA[2]。

（1）格式符

格式符由%和格式符组成，如%f、%d 等，其作用是指定输入数据的格式，如表 3-4 所示。

表 3-4　　scanf 函数的格式符

格式符	说明	示例
d,i	输入有符号的十进制整数	scanf (" %d , %i ", &iK, &iJ) ;
o	输入无符号的八进制整数	scanf (" %o %o", &iK ,&iJ) ;
x,X	输入无符号的十六进制整数(大小写作用相同)	scanf (" %x , %X", &iK ,&iJ);
u	输入无符号十进制整数	scanf (" %u, %u", &uA , &uB);
c	输入单个字符	scanf (" %c, %c", &chC1,&chC2);
s	输入字符串(字符型数组)	scanf("%s", iA);
f	输入实数，可以用小数形式或指数形式输入	scanf("%f, %lf", &fX,&fY);
e,E,g,G	与 f 作用相同，e 与 f，g 可以互相替换（大小写相同）	scanf("%e, %g",&fX, &fY);

（2）附加格式符

附加格式符是用于修饰格式符的字符，具有明确限制性的含义。在格式符前允许加的附加格式符，如图 3-4 所示。输入数据时按照格式说明符指定的数据格式，输入相应的数据。

附加格式符的一般形式为：

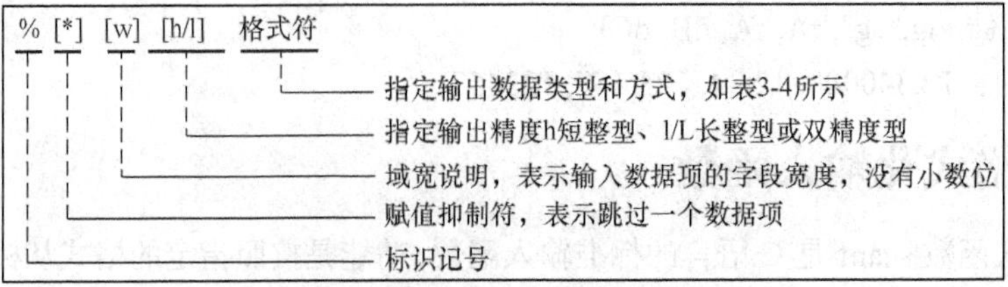

图 3-4　scanf 函数的附加格式符

scanf 函数的附加格式说明的含义如下：

*：赋值抑制符，按输入项格式要求输入数据，但输入数据不存储，表示跳过一个数据项。

w：域宽说明为整型常量，表示输入数据项的字段宽度。若实际字段宽度小于 w，取实际宽度。除格式符 c 和 s 外，输入域定义为从下一个非空白字符起到域宽说明的长度为止。

h/l：h 为短整型修饰符，修饰格式符为 d、i、o、u 和 x 时，表示读入的整数转换成短整型存储；l 为长整型/双精度修饰符，修饰格式符为 d、i、o、u 和 x 时，表示读入的整数转换成长整型存储；l 修饰格式符为 e、f 和 g 时，表示读入的实数按 double 型存储。

3. 语用

scanf 函数的作用是使用键盘输入格式化数据，程序运行该函数时，将等待用户从键盘输入对应格式的数据，输入的数据会在屏幕上回显出来，该函数要求以回显作为输入结果。scanf 函数输入数据的格式由函数参数中的格式说明符指定，各项格式说明符与输入地址项按位置对应；输入地址指变量的地址（如&k），不是指变量名 k。用户输入的数据应该与格式说明的各项相匹配，其中包括分割符相匹配、格式字符串相匹配等。从键盘读入数据，如不指定输入数据项的字段宽度，数据项和数据项之间用空格符、制表符或回车符分隔。用户输入的数据与格式说明的匹配关系如下：

① 分割符采用空格、逗号、冒号和分号等符号，输入数据的分割符应该与之匹配。例如，已声明“int　iK;　float　fH;”，执行输入语句：

```
scanf ("%d   %f ",   &iK ,&fH );          //  输入数据   5 □ 18.625↵
scanf ("%d，%f ",   &iK ,&fH );          //  输入数据   5 ,18.625↵
scanf ("%d：%f ",   &iK ,&fH );          //  输入数据   5 : 18.625↵
```

② 除%c 以外，格式说明符之间没有空格，输入数据时用空格分割；用%c 格式输入数据时，分隔符空格和换行都是有效输入字符。例如，已声明“int　iK;　float　fH; char　chA1, chA2, chA3; ”，执行输入语句：

```
scanf ("%d%f ",   &iK  ,  &fH );                //  输入数据   5 □ 18.625↵
scanf ("%c%c%c", &chA1, &chA2, chA3 );  //  输入数据  4a8↵ 不能输入 4□a□8↵
```

③ 输入格式中包含普通字符，输入数据时普通字符要原样输入串相匹配。

```
scanf ("iK = %d,fH = %f ", &iK, &fH );    //  输入数据   iK= 5,fH = 18.625↵
```

④ 格式说明中包括附加格式说明符说明数据宽度则输入可以不加空格，按指定的宽度分配数据。例如，已声明“int　iK , iJ ; ”，执行输入语句：

```
scanf ("%3d%3d",&iK,&iJ);                 //  输入数据：123456↵，则 iK=123,iJ=456
```

⑤ 如果两个输入格式符之间有 1 个以上的空格时，输入数据项之间的空格数只要有就行了，例如，已声明“int　iX,　iY ; ”，执行输入语句：

```
scanf ("%d □□□□ %d", &iX, &iY);           // 输入 20□30↵ 或更多空格
```

⑥ 执行输入语句时，在输出窗口按下<Ctrl+C>或<Ctrl+Break>键，非正常终止输入，返回编辑状态。

使用 scanf 函数格式符时注意以下几点：

① d 格式符，用来输入整型数据。将输入字符视作十进制形式的整型数据，将其转换成二进制后，存储到对应地址，当附加格式说明符中出现赋值抑制符“*”时，跳过指定宽度赋值抑制符的数据，执行后续的格式说明符指定的数据。例如，已声明“int iK, iJ; ”，执行输入语句：

```
scanf("%3d%*4d%d",&iK, &iJ);              //  输入 12345678↵，则 iK=123，iJ = 8。
```

其中数据 4567 因赋值抑制符“*”的作用被跳过。

② i 格式符，与 d 格式符一样，用来输入整型数据，当输入的数据字符列以 0 开头时，则视输入数据为八进制整数；若以 0x 或 0X 开头时，则为十六进制整数；否则，视输入数据为十进制整数。

③ o 格式符，除视输入字符流为八进制形式的整型数据外，其作用与 d 格式相同。例如，已声明“int　iK, iJ; ”，执行输入语句：

scanf ("%3o%o",&iK, &iJ);　// 输入 12345↵，则 iK=83（即 0123），iJ=37（即 045）。

④ x 格式符，与 o 格式符类似，将输入字符流视作十六进制形式的整型数据。例如：

scanf ("%x%x",&iK,&iJ);　　// 输入 12␣34↵，则 iK = 18（即 0x12），iJ = 52（即 0x34）。

⑤ u 格式符，用以输入整型数据，视输入字符流为无符号整型数据。

用以上格式为整型变量输入整数时，若变量类型为短整型，则必须在格式符之前加上附加说明字符 h；若变量类型为长整型，则必须在格式符之前加上附加说明字符 l。例如，已声明“unsigned uX; long lY;”，执行输入语句：

scanf("%u, %ld", &uX, &lY);　　// 键盘输入：40000,12345678↵

printf("\n%u,%ld",uX,lY);　　// 程序输出：40000,12345678

⑥ f 格式符，用以输入浮点数。输入单精度浮点为数用%f，输入双精度数用%lf，不要使用长双精度。

scanf("%f,%lf ",&fK, &dK);　　// 输入 1.23, 4.56↵，则 fK=1.23，dK = 4.56。

⑦ c 格式符，用以输入单个字符，键盘输入的任何输入字符都能被 c 格式读入，包括空格、回车等转义字符。

例 3.7　用 scanf 函数输入 3 个字符，printf 函数输出 3 个字符（文件名为 ex3_7.c）。

```
#include <stdio.h>
int main()
{
    char chA1,chA2,chA3;
    scanf ("%c%c%c",&chA1,&chA2, &chA3);
    printf("%c,%c,%c",chA1,chA2,chA3);
    return 0;
}
```

执行该程序，输入：a□b□c↵，程序输出：a,□, b。其中空格算一个字符。

⑧ s 格式符，用来输入字符串，对应的数据存储地址为字符数组的首地址，该数组必须大到足以容纳可能输入的最长字符串。

⑨ 使用 scanf 函数输入数值数据和字符串时应注意，遇以下情况，就认为该数据结束。输入数据后遇到空格符、制表符和换行符；已读入由宽度所指定的字符数。如“%4d”多至 4 个数字符；遇到非法的数据输入。

例 3.8　程序如下，运行此程序，scanf 函数输入数据为 A, b, 97, 0144, 0x42, 68 时，写出下面程序（文件名为 ex3_8.c）输出的结果。

```
#include <stdio.h>
int main()
{
   char chA, chB;
   unsigned uC, uD;
    int  iJ,iK;
```

```
    scanf ("%c,%c,%u,%o,%x,%i",&chA,&chB,&uC,&uD,&iJ,&iK);
    printf ("%c,%d,%u\n",chA,chA,chA);
    printf ("%c,%d,%u\n",chB,chB,chB);
    printf ("%c,%d,%u\n",uC, uC, uC);
    printf ("%c,%d,%u\n",uD,uD,uD);
    printf ("%c,%d,%u\n",iJ,iJ,iJ);
    printf ("%c,%d,%u\n",iK,iK,iK);
    return 0;
}
```

解：运行程序，输入

A, b, 97, 0144, 0x42, 68↵后，程序输出的结果为：

A, 65, 65

b, 98, 98

a, 97, 97

d, 100, 100

B, 66, 66

D, 68, 68

3.3.3　字符输入函数

字符输入函数 getchar 的函数功能为从标准输入设备（如键盘）上读取一个字符。

函数 getchar 的原型为：int getchar(void);

返回值：正常情况下为读取到字符的 ASCII 码值，出错时为-1。

函数调用的一般形式为：getchar( ) ;

语义：getchar( )单个字符输入函数，没有参数。

语用：getchar 函数从键盘等标准设备输入单个字符的 ASCII 码值，包括空格、回车等控制字符。getchar 函数没有参数，对它的每次调用，就返回一个输入字符的 ASCII 码值。源程序使用该函数，必须包含预处理命令“#include <stdio.h>”。使用单个字符的输入函数 getchar 和输出函数 putchar 之前必须加预处理命令。

例 3.9　认识输入函数 getchar( )的键盘输入方法。分别输入“ABC”“ A B C↵”“A,B ,C↵”和“A↵B↵”时的输出结果 (文件名为 ex3_9.c) 。

```
#include <stdio.h>
int main( )
{
    char chA1,chA2,chA3;
    chA1=getchar( );         /*输入第一个字符*/
    chA2=getchar( );         /*输入第二个字符*/
    chA3=getchar( );         /*输入第三个字符*/
    printf("chA1=%d, chA2=%d, chA3=%d\n",chA1,chA2,chA3);
}
```

该程序输入 3 个字符，并将输入字符以整数形式输出。运行该程序，分别键入下面三组不同字符，则程序对应的输出为：

ABC↵　　输出：　chA1=65,chA2=66,chA3=67

A B C↵　　输出：　chA1=65,chA2=32,chA3=66

A,B ,C↵　　输出：　chA1=65,chA2=44,chA3=66

A ↵B↵　　　　　　　　　输出：　chA1=65,chA2=10,chA3=66

其中，A 的 ASCII 码为 65，B 的 ASCII 码为 66，C 的 ASCII 码为 67，空格的 ASCII 码为 32，逗号的 ASCII 码为 44，回车的 ASCII 码为 10。

调用函数 getchar( )只能接收一个字符，得到的是该字符的 ASCII 码值，其返回值作为表达式的一部分，参加表达式的运算。可以将函数 getchar( )赋给变量，但不能赋给常量。

3.3.4　字符输出函数

字符输出函数 putchar 函数功能是将所给的 c 输出到标准输出设备上（通常是显示器屏幕）。

函数 putchar 的原型为：int　putchar(char c)；

返回值：正常情况下是的显示字符的 ASCII 代码值，出错时为-1。

函数 putchar 调用的一般形式为：putchar(c)；

语义：函数 putchar 是单个字符输出函数，参数 c 可以是一个整型或字符型的常量、变量和表达式。

语用：putchar 函数从屏幕等标准设备显示（输出）单个字符，参数 c 可以包括整数、字符、转义字符、字符表达式和回车等控制字符，参数可以包括函数 getchar( )，源程序使用该函数，必须包含预处理命令"#include <stdio.h>"。

例 3.10　阅读下面程序，输入并回显一个字符（文件名为 ex3_10.c）。

```
#include <stdio.h>
int main( )
{
 char chA = 'e';
 int  iK;
 iK = 'L';
 putchar('H');              /* 输出字符 H */
 putchar(chA);              /* 输出字符 e */
 putchar(iK+32);            /* 以字符形式输出整型表达式的值 l */
 putchar('\154');           /* 以八进制字符形式输出字符 l */
 putchar('\x6F');           /* 以十六进制字符形式输出字符 o */
 putchar(getchar( ));       /* 输出键盘输入的字符,如!号  */
 putchar('\n');             /* 输出一个换行符,光标移到下一行的开头 */
 return 0;
}
```

运行该程序将输出：Hello 并等待用户输入，用户输入!_屏幕显示!，光标移到下一行。

3.4　顺序程序设计

顺序程序设计指源程序的结构仅采用顺序结构的程序。

3.4.1　顺序结构

顺序结构是最简单的一种程序结构，程序的执行顺序就是程序的书写顺序，在顺序结构内各条语句是按照它们出现的先后次序依次执行的。现以语句 A 和语句 B 组成的顺序结构为例，用传统流程图和 N-S 结构化流程图（见图 3-5）描述其算法。

1. **顺序结构语法**

语句 A

语句 B

2. **顺序结构的流程图**

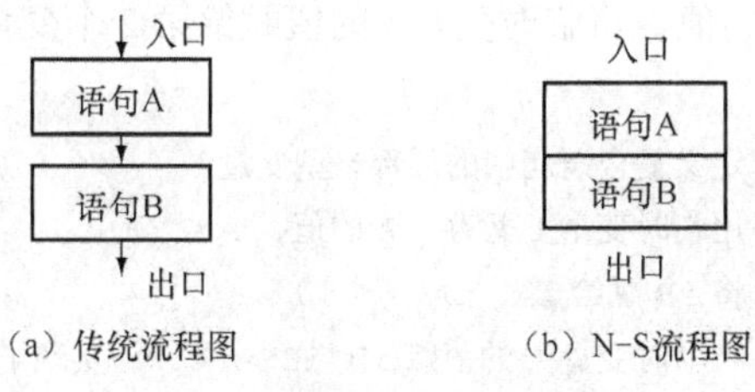

（a）传统流程图　　（b）N-S流程图

图 3-5　顺序结构的流程图

3. **语义**

从入口进入，先执行语句 A，再执行语句 B，从出口退出。

4. **语用**

顺序结构用于按语句的顺序依次执行的语句结构。

3.4.2　顺序结构的经典算法

顺序结构的程序虽然简单，但有些基本算法的分析方法是必须要掌握的。例如英文字母大小写转换算法、交换算法和分离数字算法等常用算法。

1. **英文字母大小写转换算法**

英文字母大小写转换算法是依据 ASCII 码表中字符排序值确定的，在 ASCII 码表中大写字母 A 的值为 65（41H）、B 为 66（42H）……Z 为 90（5AH）；小写字母 a 的值为 97（61H）、b 为 98（62H）……z 为 122（7AH）。可见将大写字母转换成小写字母，只需加 32（20H）；将小写字母转换成大写字母，只需减 32（20H）。算法如下：

```
chA = chA+32;            // 将大写字母转换成小写字母
chB = chB-32;            // 将小写字母转换成大写字母
```

例 3.11　试编写大小写字母转换程序，分别输入 1 个大写字母和 1 个小写字母，并将原大写字母转换为小写字母；将原小写字母转换成大写字母，输出这两个字母。

解：源程序（文件名为 ex3_11.c）如下：

```
#include <stdio.h>
int main()
{
   char chA,chB;
   scanf("%c, %c",&chA,&chB);
   putchar(chA+32);
   putchar(chB-32);
   return 0;
}
```

输入：A, b↵　，则输出为：aB

2. **交换算法**

交换算法指交换两个变量中数据的算法。

例 3.12　已知整型变量 iA 初值为 0x41H，变量 iB 初值为 0x44H，用复合语句写出交换变量

iA、iB 的值的基本算法。

解：实现交换两个变量 iA、iB 中数据的算法很多，下面提供 3 种算法，读者通过操作过程中观察其数据的变化，最后得到数据交换的结果。

算法 1：设置临时变量 t，用临时变量 t 暂存第 1 个变量的值，再将第 2 个变量的值赋给第 1 个变量，替换了第 1 个变量的值，将临时变量 t 的值赋给第 2 个变量。

```
{
 int   t;          //  定义复合语句中的局部整型变量 t
 t = iA;           //  用临时变量 t 暂存 iA 的值，t = 41H
 iA = iB;          //  将 iB 赋给 iA，iA = 44H
 iB = t;           //  将临时变量 t 的值赋 iB,iB = 41H，实现了 iA、iB 的交换
}
```

算法 2：用复合赋值语句的计算实现两个变量的交换。

```
{
 iA += iB;              //  iA = 41H + 44H; iA 的值为 85H
 iB = iA - iB;          //  iB = 85H - 44H; iB 的值为 41H
 iA - = iB;             //  iA = 85H - 41H; iA 的值为 44H。实现了 iA、iB 的交换
}
```

算法 3：用异或运算实现两个变量的交换。

```
{
 iA = iA ^ iB;          // iA = 41H ^ 44H; iA 的值为 05H
 iB = iB ^ iA;          // iB = 44H ^ 05H; iB 的值为 41H
 iA = iA ^ iB;          // iA = 05H ^ 41H; iA 的值为 44H。实现了 iA、iB 的交换
}
```

用算法 3 编制的程序（文件名为 ex3_12.c）如下：

```
#include <stdio.h>
int main( )
{
   int  iA, iB;
   scanf ("%d, %d", &iA, &iB);
   iA ^= iB;          //  iA = iA ^ iB;
   iB ^= iA;          //  iB = iB ^ iA;
   iA ^= iB;          //  iA = iA ^ iB;
   printf("iA=%d, iB=%d",iA, iB);
   return 0;
}
```

输入：65，68↵，输出结果为：iA = 68, iB = 65

3. 对小数的 n 位进行四舍五入的算法

例 3.13 输入两个四位小数浮点数，如 21.6457 和 64.7849，试编程将该数精确到小数点后二位的浮点数。

解：编制的源程序（文件名为 ex3_13.c）如下：

```
#include "stdio.h"                              //  包含标准输入头文件
int main()                                      //  主函数
{                                               //  函数体开始
```

```
    float  fA, fB;                           //  声明单精度变量类型
    double dA,dB;                            //  声明双精度变量类型
    scanf("%f, %lf",&fA,&dA);                //  输入一个浮点数如 21.6457 和 64.7849
    fB = (int)(fA*100+0.5)/100.0;            //  对小数点后第 3 位进行 4 舍 5 入的算法
    dB = (int)(dA*100+0.5)/100.0;            //  对小数点后第 3 位进行 4 舍 5 入的算法
    printf("fA= %f, dB=%lf\n", fB, dB);      //  输出精确到小数点后的二位浮点数
    return 0;
}                              // 函数体结束
```

编译、运行该程序，输入：21.6457, 64.7849↲，输出如下：

fB = 21.650000, dB = 64.780000

4. 分离数字算法

例 3.14　轮巡数 y 是一个六位数 142857，将该数分别乘以 1、2、3、4、5、6，结果仍然是这六个数字组成的数。输入小于等于 6 的整数 n，计算 y*=n;后，试编程求 y 各位数字之和。

解：编制的源程序（文件名为 ex3_14.c）如下：

```
#include <stdio.h>
 int main()
 {
   int y=142857,n,y1,y2,y3,y4,y5,y6,s;
   scanf("%d",&n);
   y*=n;
   y1=y/100000;
   y2=y/10000%10;
   y3=y/1000%10;
   y4=y/100%10;
   y5=y/10%10;
   y6=y%10;
   s=y1+y2+y3+y4+y5+y6;
   printf("s = %d \n",s);
   return 0;
}
```

编译、运行该程序，输入：3↲，输出如下：

s = 27

5. 简单计算公式

例 3.15　已知圆的面积为 s = 50.265480，试求圆的半径 r，圆内接正方形的面积 si，圆外切正方形的面积 so。

解：由圆的面积求半径“r=sqrt(s/PI);”，圆内接正方形“si = 2*r*r;”，圆外切正方形“so = 4*r*r;”，编制的源程序（文件名为 ex3_15.c）如下：

```
#include <stdio.h>
#include <math.h>
#define PI 3.1415926
int main()
{
   float s = 50.265480, r, si, so;
   r = sqrt(s/PI);
   si = 2*r*r;
   so = 4*r*r;
   printf("r = %f, si = %f, so = %f \n",r,si,so);
   return 0;
}
```

编译、运行该程序，输出结果如下：

r = 4.000000, si = 32.000000, so = 64.0000

3.5 练习题

1. 判断题（共 10 小题，每题 1 分，共 10 分）

（1）算法是指计算方法，是数值分析的一种分析方法。（ ）

（2）结构化流程图是用于描述结构化程序的算法，传统流程图是描述非结构化程序的算法。（ ）

（3）结构化程序只有一个入口，可以有多个出口，不包含死循环。（ ）

（4）语法是符号与符号之间的相互关系，语义是符号与内容之间的相互关系。（ ）

（5）在 C 语言中，变量、数组、自定义函数等数据对象必须先声明后使用。（ ）

（6）表达式与语句的差别在于语句是以分号结束，表达式没有分号。（ ）

（7）编译预处理命令不是 C 语句，变量声明是 C 语句。（ ）

（8）scanf 和 printf 语句的附加格式控制完全相同。（ ）

（9）getchar 的功能是将变量 chA 的字符输出到标准输出设备上。（ ）

（10）英文字母大小写转换算法是依据 ASCII 码表中字符排序值确定的。（ ）

2. 单选题（共 10 小题，每题 2 分，共 20 分）

（1）已知 i = 4294967295，执行 C 语句“printf("%i",i);”，输出的结果是（ ）。

A. −1　B. 4294967295　C. ffff ffff　D. 错误信息

（2）已知 iK = 4294967295，执行 C 语句“printf("%x", iK);”，输出的结果是（ ）。

A. −1　B. 4294967295　C. ffff ffff　D. 37777777777

（3）已定义变量 iK，执行 C 语句“scanf("iK=%o", &iK);”，输入的数据应该是（ ）。

A. 46　B. 046　C. iK=0x46　D. iK=46

（4）已定义变量 iK，执行 C 语句“scanf("iK=%u", &iK);”，输入的数据应该是（ ）。

A. iK=0x46　B. iK=46　C. 46　D. −46

（5）已定义“double d =−1;，执行 C 语句“printf("d=%d", d);”，输出的结果是（ ）。

A. d=0　B. d=−1　C. d=ffff ffff　D. d=1.0

（6）已定义“float　f =−1;”，执行 C 语句“printf("f=%f", f);”，输出的结果是（ ）。

A. f=0　B. f=−1.000000　C. f=ffff ffff　D. f =1.000000

（7）以下正确使用格式化输入函数 scanf 的语句是（ ）.

A. scanf("%f"，3.5);　B. scanf("a=%d ,b=%d");

C. scanf("%f"，&f);　D. scanf("%4.2f"，&f);

（8）C 语句“printf("%d", (a=2. && (b = −2);”的输出结果是（ ）。

A. 无输出　B. 0　C. −1　D. 1

（9）已定义 int x = 1，y = −1，则语句“printf("%d\n", x − − && + + y);”的输出结果是（ ）。

A. 1　B. 0　C. −1　D. 2

（10）执行 C 语句“printf("%d \n", 16 &016);”的输出结果是（ ）。

A. 0　B. 16　C. 012　D. 016

3. 填空题（共 10 小题，每题 2 分，共 20 分）

（1）程序流程包括顺序结构、（　　）和（　　）3 种基本结构。

（2）顺序结构程序的逻辑顺序是先（　　），再输入数据、处理数据，最后（　　）。

（3）在 C 语言中。赋值符是一种（　　）符，赋值语句属于（　　）语句。

（4）结构化程序设计采用项目化、规范化、（　　）和结构化的设计方法。其设计思想是“自顶向下，（　　）”。

（5）语法是对组成语法单位的（　　）之间的组织规则和（　　）的定义。

（6）语用是（　　）与人之间的相互关系，语用指在程序设计语言环境中语句等（　　）单位的生成与对语句的理解。

（7）C 语言的基本语句包括声明语句、（　　）、（　　）、控制语句、表达式语句和函数调用语句等基本语句。

（8）（　　）语句是一种非操作的语句，在编译时负责分配（　　）。

（9）复合语句由（　　）语句和（　　）语句两部分组成。

(10）函数调用语句用来调用（　　）函数以及调用（　　）函数。

4. 输入/输出格式符和附加格式符解释（共 10 小题，每题 1 分，共 10 分）

（1）i：　　　　（2）d：

（3）o：　　　　（4）x：

（5）u：　　　　（6）c：

（7）s：　　　　（8）f：

（9）w：　　　　（10）m.n：

5. 简答题（共 5 小题，每题 4 分，共 20 分）

（1）什么叫算法？算法具有哪些特点？

（2）什么叫传统流程图？什么叫结构化流程图？

（3）语言学的语法、语义和语用分别是指符号与哪些对象的相互关系？

（4）printf 函数的“输出格式”由哪些成分构成？

（5）什么叫标准函数？

6. 分析题（共 5 小题，每题 4 分，共 20 分）

（1）分析大小写字符、数字之间的相互关系。

例 3.16　已知字符变量 chA='U'；chB=chA−32；chC=chA+32；源程序如下，分析 chB 和 chC 的值（文件名为 zy3_1.c）。

```
#include <stdio.h>
int main( )
{
  char  chA='U',chB, chC;
  chB = chA-32;
  chC = chA+32;
  printf("chB=%c, chC=%c \n", chB, chC);
  return 0;
}
```

（2）分析下列程序中不是交换算法的语句块。

例 3.17　已知整型变量 a=24, b=36，分别判断模块 A、模块 B、模块 C 和模块 D 是否为交换算法（文件名为 zy3_2_1.c、文件名为 zy3_2_2.c、文件名为 zy3_2_3.c、文件名为 zy3_2_4.c）。

模块 A	模块 B	模块 C	模块 D

#include <stdio.h>
int main( )
{
  int a=24,b=36,t;
  {
    t = a++;
    a = b++;
    b = t;
  }
printf("a=%d,b=%d",a,b);
return 0;
}
a = 36, b=24
	#include <stdio.h>
	int main( )
	{
	 int a=34,b=36;
	 {
	   a += b;
	   b = a - b;
	   a - = b;
	 }
	printf("a=%d,b=%d",a,b);
	return 0;
	}
	a = 36, b=24
		#include <stdio.h>
		int main( )
		{
		 int a=34,b=36;
		 {
		   t = ++a ;
		   a = ++b ;
		   b = t ;
		 }
		printf("a=%d,b=%d",a,b);
		return 0;
		}
		a = 37, b=25
			#include <stdio.h>
			int main( )
			{
			 int a=34,b=36;
			 {
			   a = a ^ b;
			   b = a ^ b;
			   a = a ^ b;
			 }
			printf("a=%d,b=%d",a,b);
			return 0;
			}
			a = 36, b=24

（3）分析下面数字的分离与组合。

例 3.18 将两个两位数的正整数 a=41, b=23 合并形成一个四位整数放在 c 中，将 a 数的个位数和十位数依次放在 c 数的千位和个位上，b 数的十位和个位数依次放在 c 数的百位和十位上。源程序如下，分析数字的分离和组合过程，程序输出的结果为 c=1234（文件名为 zy3_3.c）。

```
#include <stdio.h>
int main()
{
 int  a=41,b=23,c;
 c=(a%10)*1000+(b/10)*100+(b%10)*10+a/10;
 printf("c=%ld\n",c);
 return 0;
}
```

（4）分析整数的存储与输出。

例 3.19 源程序如下，程序中无符号变量 chA=0x89ABCDEF，有符号变量 chB=016625031020，将 chA 与 chB 相加后，结果赋给 chC，分别用输出格式控制符%d, %u,%o,%x，分析输出变量 chC 的值（文件名为 zy3_4.c）。

```
#include <stdio.h>
int main( )
{
 unsigned  chA = 0x89ABCDEF;
 int chB=016625031020,chC;
 chC=chA+chB;
 printf("%d, %u,%o,%x \n ",chC,chC,chC,chC);
 return 0;
}
```

（5）分析字符的输入输出。

例 3.20 用 getchar( )函数输入三个字符，程序如下，运行程序时输入 a，b，c 回车后，试分析输出的结果（文件名为 sy3_20.c）。

```
#include <stdio.h>
int main( )
{
 int  ch1,ch2,ch3;
 ch1=getchar(); ch2=getchar();ch3=getchar();
 putchar(ch1);
 printf("%c,%c\n", ch2, ch3);
 return 0;
}
```

第 4 章 选择结构程序设计

选择结构用表达式作为判断的条件，通过计算表达式的值得出判断结果，根据判断的结果决定执行指定的语句，控制程序的流程。选择的方式分为二选一和多选一，二选一用 if-else 语句构成选择结构，包括 if 语句、if -else 语句和 if-else-if 语句等。多选一用 switch-case 语句构成选择结构。下面从例 4.1 的程序案例入手，学习选择结构程序设计。

例 4.1 编写学生成绩的源程序，输入学生成绩 iScore，决定学生的等级 chGrade，成绩大于等于 90 而小于等于 100 等级为 A（优 excellent），成绩大于等于 80 而小于 90 等级为 B（良 good），成绩大于等于 70 而小于 80 等级为 C（中 medium），成绩大于等于 60 而小于 70 等级为 D（及格 pass），否则等级为 E（不及格 fail）。

解：编制程序（文件名为 ex4_1.c）如下：

```
#include <stdio.h>
int main()
{
   int  iScore;
   char  chGrade;
   printf ("Please enter student achievement:\n" );
   scanf("%d",& iScore);
   if (iScore >=90 && iScore <=100) chGrade = 'A';
   else if  (iScore >=80 && iScore <90) chGrade = 'B';
       else if  (iScore >=70 && iScore <80) chGrade = 'C';
             else if  (iScore >=60 && iScore <70) chGrade = 'D';
                 else  chGrade = 'E';
   switch (chGrade)
   {
    case 'A': printf ("Academic  performance  as  excellent" ); break;
    case 'B': printf ("Academic  performance  as  good" ); break;
    case 'C': printf ("Academic  performance  as  medium" ); break;
    case 'D': printf ("Academic  performance  as  pass" ); break;
    case 'E': printf ("Academic  performance  as  fail" ); break;
   }
   return 0;
}
```

以上程序包括两类选择结构，一类是用 if-else-if 语句嵌套组成的选择结构；另一类是用 switch-case 语句组成的多选一的选择结构。这是本章要学习的主要内容。

4.1 if 语句构成的选择结构

用 if 语句构成选择结构，选择方式是二选一，根据条件表达式是否为真判断出应该执行的路径，当条件表达式为真，执行满足条件的语句（或复合语句）；否则执行不满足条件的语句（或复合语句）也可以什么也不做。if 语句主要有单边 if 语句、双边 if 语句和 if-else-if 语句三种。

4.1.1 单边 if 语句

单边 if 语句指不带 else 的 if 语句，其语法、语义和语用如下所述。

1. 语法

if（表达式）语句

2. 语义

if 是选择结构的关键字，引导出条件语句；表达式表示条件，合法的 C 语言表达式均可，通常为关系表达式或逻辑表达式，表达式两边的括号必不可少，语句可以是一条简单语句或者是复合语句。

例如：

if (iA<iB) {t = iA; iA = iB; iB = t; }

如果 iA<iB，那么交换 iA, iB，否则什么也不做。该选择结构的功能是 iA 保存大的数，iB 保存小的数。

3. 流程图

传统程序流程图和 N-S 流程图如图 4-1 所示。

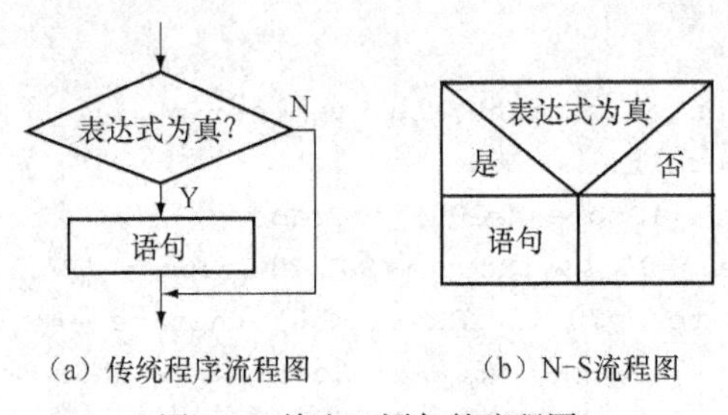

（a）传统程序流程图　　（b）N-S流程图

图 4-1　单边 if 语句的流程图

if 语句的执行过程为：先计算表达式的值，如果表达式的值为真（非 0），则执行语句，若表达式的值为假（0），则跳过 if 语句执行后续语句。

4. 语用

用于做还是不做的判断，当条件满足时执行语句，不满足则什么操作也不做。

例 4.2　试编写一个程序，输入 iA、iB 和 iC 三个整数，输出其中的最大值 iMax 和最小值 iMin。

解：先将 iA 分别赋给 iMax 和 iMin，然后再将 iB、iC 与 iMax 和 iMin 比较，将最大数存入 iMax，最小数存入 iMin，编制的源程序（文件名为 ex4_2.c）如下：

```
#include "stdio.h"                         // 包含标准输入/输出头文件
int main( )                                // 主函数
{                                          // 主函数开始
```

```
    int  iA,iB,iC,iMax=0,iMin=0;                    //  变量说明，程序中使用的必须先声明后使用
    printf("Enter iA, iB, iC");                     //  显示提示信息，这是一个良好的编程习惯
    scanf("%d, %d, %d",&iA, &iB, &iC );             //  scanf 的参数是地址&iA, &iB, &iC
    iMax = iA ;                                     //  将 iA 赋给 iMax，作为 iMax 的初值
    iMin = iA ;                                     //  将 iA 赋给 iMin，作为 iMin 的初值
    if(iB> iMax ) iMax = iB;                        //  比较 iA, iB，将大的整数赋给 iMax
    if(iB < iMin ) iMin = iB;                       //  比较 iA, iB，将小的整数赋给 iMin
    if( iC > iMax ) iMax = iC;           //  将 iA, iB 中的大数与 iC 比较，大的整数赋给 iMax
    if( iC < iMin ) iMin = iC ;          //  将 iA, iB 中的小数与 iC 比较，小的整数赋给 iMin
    printf("iMax = %d, iMin = %d\n", iMax, iMin );  //  输出 iMax 和 iMin
    return 0;
}                                                   //  主函数结束
```

4.1.2　双边 if 语句

双边 if 语句是指 if-else 语句，是带 else 的 if 语句。

1．语法

if（表达式）语句 1 else 语句 2

2．语义

if 是关键字，引导条件语句；表达式表示条件，表达式两边的括号必不可少；语句 1 是表达式的值非 0 时执行的语句或复合语句；else 是否定条件关键字，语句 2 是表达式为 0 时执行的语句或复合语句。如果表达式为真（不为 0），执行语句 1，表达式为假（为 0）执行语句 2。

例如：if (iA > iB) iMax = iA; else iMax = iB;

如果 iA ＞ iB，把 iA 赋给 iMax，否则 iB 赋给 iMax 。该选择结构的功能是将 iA 和 iB 中大的数赋给 iMax。

3．流程图

流程图如图 4-2 所示。

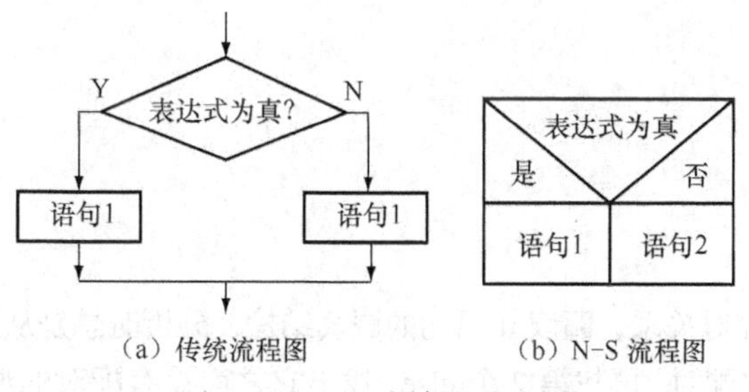

（a）传统流程图　　（b）N-S 流程图

图 4-2　if - else 语句的流程图

if-else 语句的执行过程为：先计算表达式的值，如果表达式的值为真（非 0），则执行语句 1，不用执行语句 2，从出口退出执行后续语句；若表达式的值为假（为 0），不执行语句 1 而执行语句 2，从出口退出，执行后续语句。

4．语用

if-else 语句用于双边 if 语句，即当条件满足执行语句 1，否则执行语句 2。使用时应注意以下几点：

① 语句 1、语句 2 可以为一条语句或复合语句，不能将几条语句不加花括号的放在一起，会破坏 if -else 语句结构。

② 语句 1 和语句 2 只能执行其中之一，不能同时被执行。

③ 当双边 if 语句中同时赋值给同一变量时可用三目运算表达式替代 if-else 语句。

例如：用三目表达式语句 “iMax = iA > iB ? iA: iB ;” 替代 “if (iA > iB) iMax = iA; else iMax = iB;”。

例 4.3 试编写一个程序，从键盘中输入 1 个整数，判断其是奇数还是偶数。

解：编制的源程序（文件名为 ex4_3.c）如下：

```
#include "stdio.h"                    // 包含标准输入/输出头文件
int main( )
{
  int iK;                             // 变量说明,变量 iK 为整数
  printf("Enter integer");            // 显示提示信息，输入一个整数
  scanf("%d",&iK);                    // scanf 的参数是地址&i
  if( iK%2 )  printf("奇数");         // 如果 i 整除 2 结果不为 0 表示真，输出奇数
  else   printf("偶数");              // 否则结果为 0 表示假，输出偶数
  return 0;
}
```

4.1.3 if 语句的嵌套

if 语句的嵌套指在 if 语句的任意一条分支中的语句仍是一条 if 子语句。即 if 语句结构中的子语句仍为 if 语句。if 子语句可以嵌套在 if 语句中，也可以嵌套在 else 语句中。编程使用 if 语句嵌套时应该注意 if 和 else 的配对使用，在 else 数少于 if 时可以补上空 else 语句。为了表述 if-else 语句的层次，方便阅读，在书写时最好采用缩进格式，将同层次的 if 和 else 对齐。例如：

```
if（表达式 1）
      if（表达式 2）
          语句 1
      else
          语句 2
else if（表达式 3)
          语句 3
      else
          语句 4
```

通过 if-else 之间的配对关系，阅读 if 语句的嵌套结构，分析时总是从第 1 个 else 语句开始，找它之前最近的 1 个 if 与之配对，再找第 2 个 else，找出它之前没有配对的最近 1 个 if 将其配对……依次将所有的 else 与 if 配对完毕。

阅读和分析选择结构的源程序，经常采用算法还原代入法，根据源程序绘制出传统流程图，代入数据找出程序执行的流向，直到获得最后结果。

例 4.4 选择结构源程序如下，已知 iA=4，iB=2，iC=1，iD=3，iE=5，执行以下程序，求 iY 的值（文件名为 ex4_4.c）。

```
#include "stdio.h"
int main( )
{
  int iA=4, iB=2 ,iC=1,iD=3, iE=5,iY;
```

```
    if (iA > iB )                            // if①
   {
    if (iA < iC ) iY = 1;                    // if②
    else  if (iC > iD) iY = 2;               // else①、if③
        else  iY = 3;
   }                                         // else②
    else if ( iB < iE ) iY = 4;              // else③、if④
        else  iY = 5;                        // else④
    printf ("iY=%d",iY);
    return 0;
   }
```

解：分析 if 语句多层嵌套的程序，根据 if-else 配对原则，先找第 1 个 else 与前面最近没有配对的 if 配对，即 else①与 if②配对；再找下一个 else，与前面最近没有配对的 if 配对，即 else②与 if③配对；再找第 3 个 else，与前面最近没有配对的 if 配对，即 else③与 if①配对；再找第 4 个 else，与前面最近没有配对的 if 配对，即 else④与 if④配对。配对完成后，画出传统程序流程图如图 4.3 所示，约定：判断框的流线左边画 Yes（Y），右边画 No（N）。将数据分别代入判断框，计算表达式的值并判断程序执行的控制流向，例如 iA>iB 代入数据，表达式 4>2 的值为 1，在 y 的方向标出箭头，依次类推。

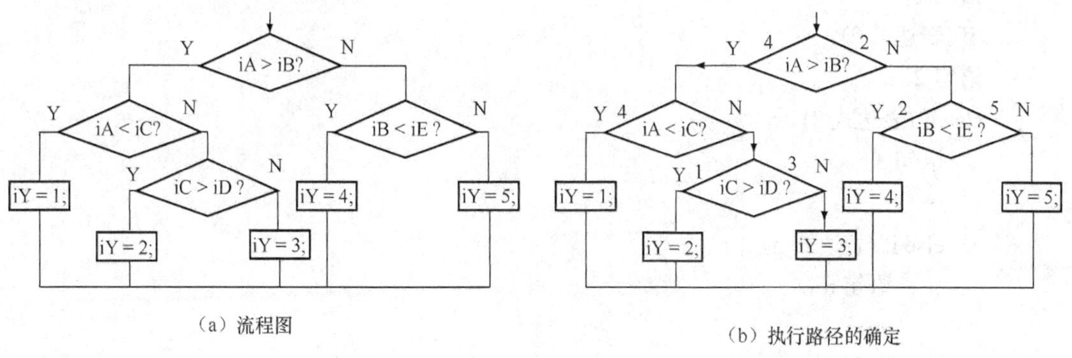

（a）流程图　　　（b）执行路径的确定

图 4-3　多层嵌套的 if 语句

计算 iA<iC，在 N 的方向标箭头，计算 iC>iD，在 N 的方向标箭头，确定好程序执行的路径，然后执行 iY=3，输出结果为：

iY = 3

本题根据 if-else 配对原则，从第 1 个 else 开始配对，else 总是与它前面最接近的未配对的 if 配对，如果 if 的数量多于 else，可以使用空 else ；与单个的 if 配对。例如：

```
① if (iA > iB)                 ② if (iA>iB)
     if (iB < iC) iC = iA;          if (iB<iC) iC=iA;
      else ;                        else
    else                             iC=iB;
      iC = iB;                    else;
```

使用嵌套的 if 语句必须注意 else 和 if 配对情况，else 总是与它前面最接近的未配对的 if 配对，因此，如果一条内嵌的 if 语句没有 else，即 else 与 if 的数目不一致时，应使用{}将其处理为复合语句。

例如：下面两种结构不同。

①
```
if (iA > iB)
    {
      if (iB < iC)
          iC = iA;
    }
  else
    iC = iB;
```

②
```
if (iA>iB)
    {
      if (iB<iC)
          iC=iA;
      else
          iC=iB;
    }
```

以上程序①是单边 if 子语句嵌套在 if-else 语句的 if 语句中；②是 if-else 子语句嵌套在单边 if 语句中。如果不加花括号则会混淆两种不同的类型。

4.1.4 if-else-if 语句

if 语句的嵌套中最经典的是 if-else-if 语句结构，这种语句结构逻辑清晰，结构完整，语句简单，易于理解，是最常用的 if 语句嵌套形式。

1. 语法

```
if (表达式 1)
    语句 1
else if (表达式 2)
    语句 2
    else if (表达式 3)
        语句 3
        …
        else if (表达式 n)
            语句 n
            else
            语句 n+1
```

2. 语义

if 是关键字,（表达式 1）是第 1 层条件，两边的括号（ ）必不可少，语句 1 是表达式 1 为真（值为非 0）时执行的语句，执行后退出整个 if 语句。else if 是第 1 层否定条件下的第 2 层条件关键字，语句 2 是表达式 2 为真（非 0）时执行的语句，执行后退出。一直到 else if 为第 n-1 层条件否定下的第 n 层条件关键字，语句 n 是表达式 n 为真（非 0）时执行的复合语句，执行后退出。else 是第 n 层否定关键字，语句 n+1 是表达式 n 为假（为 0）时执行的语句。

C 语言没有专门的逻辑值，对表达式的值是以非零为真，零为假进行判断的。

3. 流程图

流程图如图 4-4 所示。

if-else-if 语句的执行过程为：先计算表达式 1 的值，如果表达式 1 的值为真（非 0），则执行语句 1，执行之后退出整个 if 语句；若表达式 1 的值为假（0），计算表达式 2 的值，如果表达式 2 的值为真（非 0），则执行语句 2，执行之后退出整个 if 语句……直到计算表达式 n 的值，如果表达式 n 的值为真（非 0），则执行语句 n，否则执行语句 n+1，退出整个 if 语句。

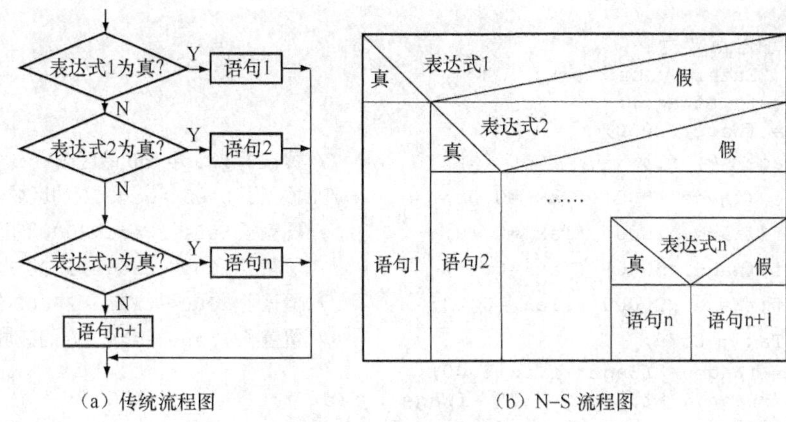

（a）传统流程图　　（b）N–S 流程图

图 4-4　if-else-if 语句的流程图

例 4.5　输入一个 ASCII 码赋给变量 chA，判断该字符的类型。

解：在 ASCII 码中，小于 32（或 20H）是控制字符，大于等于 48（30H）到小于等于 57（39H）为数字；大于等于 65（41H）到小于等于 90（5AH）为大写字母；大于等于 97（61H）到小于等于 122（7AH）为小写字母。

```
#include <stdio.h>
int main()
{
  char chA;
  printf("input a character:   ");
  chA = getchar();
  if(chA < 32)
    printf("This is a control character\n");
  else if(chA >= 48 && chA <= 57)
    printf("This is a digit\n");
  else if(chA >= 65 && chA <= 90)
    printf("This is a capital letter\n");
  else if(chA >= 97 && chA <= 122)
    printf("This is a small letter\n");
  else
    printf("This is an other character\n");
    return 0;
}
```

4. 语用

if-else-if 语句属于 if-else 语句多层嵌套的特例，是在各级否定的语句中嵌套 if-else 语句构成逻辑完整、格式规范的 if-else-if 语句。

if-else-if 语句具有实现多路分支选择的功能，在多种条件下的不同分支中选择一个分支来执行。

例 4.6　设工资收入与税收有如下关系，工资 2000 元以下免税；工资 2000 元到 2500 元，税率为 0.05；工资在 2500 元到 4000 元之间，税率为 0.10；工资在 4000 元到 7000 元之间，税率为 0.15；工资在 7000 元到 22000 元之间，税率为 0.20；工资在 22000 元之上，税率为 0.3。当输入工资 3500 元，求税后工资和税率。

解：编制的源程序（文件名为 ex4_6.c）如下：

```
#include "stdio.h"
int main()
```

```
{
  float  fWage, fTax;
  printf("Enter  your  wage:/n");
  scanf("%f",&fWage);
  fWage = fWage -2000;
  if (fWage <0) fTax =0;                    // 覆盖了 fWage <0 的区域
  else if (fWage <500) fTax =0.05;          // 覆盖了 0≤fWage<500 的区域
  else if(fWage <2000) fTax =0.10;          // 覆盖了 500≤fWage<2000 的区域
  else if(fWage <5000) fTax =0.15;          // 覆盖了 2000≤fWage<5000 的区域
  else if(fWage <20000) fTax =0.20;         // 覆盖了 5000≤fWage<20000 的区域
  else fTax = 0.30;                         // 覆盖了 fWage ≥20000 的区域
  fWage = fWage - fWage* fTax+2000;
  printf("wage = %f, tax = %f", fWage , fTax );
  return 0;
}
```

运行程序，程序提示：Enter your wage: 输入 3500↵，输出结果如下：

wage = 3350.000000, tax = 0.100000

使用 if-else-if 语句时要注意逻辑正确，覆盖完整，如上例覆盖的区域一环套一环，没有遗漏和重复的区域。下面是错误覆盖的例子。

例 4.7　如下程序是学生编程中经常出现的一种逻辑覆盖错误。

解：编制的源程序（文件名为 ex4_7.c）如下：

```
#include "stdio.h"
int main()
{
 int  iScore=82;
 if (iScore > 60) printf("pass" );          // 覆盖了 iScore > 60 的区域
 else if (iScore>70)printf("medium");       // 覆盖了 iScore ≤ 60 区域，逻辑覆盖错误
     else if(iScore > 80) printf("good " );
          else if(iScore > 90 && iScore <=100) printf("excellent " );
               else  printf("fail" );
 return 0;
}
```

执行程序，82>60，输出 pass 后退出 if-else-if 语句。语句“if (iScore > 60) printf("pass");”覆盖了 iScore > 60 的区域；语句“else if (iScore > 70) printf("medium");”，覆盖了 iScore <= 60 区域，而不存在 iScore > 70 的区域，逻辑覆盖错误。

4.2　switch-case 语句构成的选择结构

switch-case 语句是多选一的多分支选择结构，每一个分支语句后可以加上 break 语句跳出整个选择结构，若不加 break 语句，则执行下一语句标号的语句，直到执行到 break 语句，跳出整个选择结构，或者执行完剩下的分支语句后退出选择结构。

4.2.1　switch-case 语句

用 if-else-if 结构或嵌套的 if 语句可以解决多分支的选择问题，但产生判断条件太多，逻辑关系不够清晰，不易阅读理解。C 语言提供多分支选择语句 switch-case，专门用于解决多分支问题。

1. 语法

```
switch (表达式)
{
    case  常量表达式 1: 语句集合 1
    case  常量表达式 2: 语句集合 2
    case  常量表达式 3: 语句集合 3
      ……
    case  常量表达式 n: 语句集合 n
  default: 语句集合 n+1
}
```

2. 语义

switch 是多分支选择语句的关键字，表达式可以为整型或字符型或枚举型的表达式，表达式两边的括号不能省略。花括号括起的部分是 switch 的语句体。语句体中的 case 是分支关键字，与其后的常量表达式构成语句标号，语句标号由冒号结尾，常量表达式的类型与 switch 后的表达式类型相同，各 case 后常量表达式的值不能相同。关键字 default 以冒号结尾，起标号作用，是 case 标号以外标号的含义。语句集合表示多条语句，语句集合中的最后一条语句可以是 break；语句，执行语句集合的 break；语句，退出 switch-case 语句。

switch 语句执行过程：首先计算 switch 后表达式的值，然后依次与每个 case 后的常量表达式的值进行比较，若表达式的值与某个 case 后常量表达式的值相等，则称两者匹配，就执行该 case 标号后的语句集合，执行到 break 语句，退出 switch-case 语句。若 default 标号前的 case 标号均与表达式不匹配，则执行 default：标号后的语句集合。

3. 语用

使用 switch 语句要注意以下几点：

① switch 后的表达式必须与 case 后的常量表达式的类型一致，每个 case 后的常量表达式的值互不相等。当表达式的值与 case 后的常量表达式的值相匹配时，从该 case 标号的语句集合开始执行；当 default:标号之前所有 case 标号的常量表达式的值与表达式的值不匹配时，执行 default:标号后的语句集合。

② 各条分支的语句集合可以是一条空语句，可以是一条语句，也可以是多条语句。

③ 在 switch-case 语句中的任一分支语句集合的最后一条语句是 break；语句，执行到 break；语句立即退出 switch 语句，而不执行其后的其他分支语句集合。各个 case 出现的次序不影响程序的执行结果。

④ 多个 case 可以共用一条语句集合。见例 4.8。

例 4.8　在 switch 语句中，case 标号后的语句集合的最后一条语句是 break；语句时，执行到 break 语句退出 switch 语句。

解：编制的源程序（文件名为 ex4_8.c）如下：

```
#include "stdio.h"
int main( )
{
   int  iMonth;
   scanf("%d",&iMonth)
   switch (iMonth)
   {
     case 3: case 4: case 5: printf ("spring\n");break;
```

```
    case 6: case 7: case 8: printf ("summer\n"); break;
    case 9: case 10: case 11: printf ("autumn\n"); break;
    case 12:case 1: case 2: printf ("winter\n"); break;
    default: printf ("error\n");
  }
  return 0;
}
```

运行程序，输入 9↵，输出 autumn。

4.2.2 语句集合中不带 break;语句

在 switch-case 语句中分支的语句集合不带 break；语句时，没有自动退出 switch 语句的功能，要依次执行下一条 case 语句。直到遇到 break；语句或 switch-case 语句的结束。

不带 break；语句时，switch 语句执行过程：首先计算 switch 后表达式的值，然后依次与每个 case 后的常量表达式的值进行比较，若表达式的值与某个 case 后常量表达式的值相等，执行 case 标号后的语句集合，语句集合的最后一条语句中没有 break；语句，则执行下一 case 标号的语句集合，直到执行完所有分支或遇到 break 语句结束。若 default 标号前的 case 语句均与表达式不匹配，则执行 default：语句集合 n+1；中的所有语句。

例 4.9 根据输入月份，输出季节，试编写由不带 break 语句的 switch 语句组成的程序。

解：编制的源程序（文件名为 ex4_9.c）如下：

```
#include "stdio.h"
int main( )
{
  int  iMonth;
  scanf("%d",&iMonth);
  switch (iMonth)
  {
  case 3: case 4: case 5: printf ("spring\n");
  case 6: case 7: case 8: printf ("summer\n");
  case 9: case 10: case 11: printf ("autumn\n");
  case 12:case 1: case 2: printf ("winter\n");
  default: printf ("error\n");
  }
  return 0;
}
```

运行程序，输入 9↵，输出结果如下：

autumn

winter

error

使用 switch-case 语句要注意以下几点：

① 当执行 case 标号后的语句集合时，语句集合的最后一条语句中没有 break；语句，依次执行下一 case 标号的语句集合，直到执行完所有分支语句集合或遇到 break 语句结束。

② default：标号可以不放在最后，当表达式与所有的 case 常量表达式不匹配时，则与 default：匹配，default：标号后的“case 常量表达式：”只起语句标号的作用，语句集合要依次执行。

例 4.10 运行以下程序后，如果从键盘上输入整数 1，则输出结果为（　　）（文件名为 ex4_10.c）。

A. 0　　　　B. 1　　　　C. 2　　　　D. 4

```
#include <stdio.h>
int main()
{
    int iK=0;
    printf("Enter integer k\n");
    scanf("%d",&iK);
    switch (iK)
    {
    case 2: iK--;
    case 4: iK++;
    default:iK++;
    case 6: iK++;
    case 8: iK++;
    }
    printf("%d\n",iK);
    return 0;
}
```

解：正确的答案是 D，运行程序，输入整数 1，执行 default：标号的语句 iK++;，使 iK 的值为 2，继续执行 case 6：语句 iK++；则 iK 的值为 3，执行 case 8：语句，iK++；使 iK 的输出结果为 4。

③ 当表达式与 default：后的 case 常量表达式匹配时，default：不起作用。例 4.10 中，如果输入整数 6，表达式 iK=6，与 default 后 case 6 匹配，执行 iK++，继续执行 case 8：iK++;，此时 iK 的值为 8，输出 8；如果输入整数 8，则输出 9；如果输入整数 7，则与 default 匹配，输出 10；如果输入整数 3，则与 default 匹配，输出 6。

④ switch 语句可以嵌套。

例 4.11　写出下面程序的运行结果（文件名为 ex4_11.c）。

```
#include <stdio.h>
int main( )
{
   int  iX = 1, iY = 1, iA=0, iB=0;
   switch(iX)
   {
      case 1: switch(iY)
              {
                  case 0: iA ++; break;
                  case 1: iB ++; break;          //  iB=1
                  case 2: iA++;iB ++; break;
              }
      case 2: iA++; iB++; break;                 //  iA=1, iB=2
      case 3: iA--; iB--; break;
      default: iA++;iB--;
      }
   printf("\n iA =%d, iB =%d",iA,iB);
   return 0;
}
```

解：在外层 switch 语句中，case 1：的语句集合中没有 break 语句，因此，执行完后应该执行 case 2：标号语句集合，在 case 2：的语句集合中含有 break 语句，执行完后退出 switch 语句。在内层 switch 语句中，case 1:的语句集合中包括 break 语句，执行完后 iB=1，退出内层 switch 语句返回外层 case 2:的语句集合，iA=1，iB=2，执行 break 语句退出外层 switch 语句，结束。

4.3 编译预处理

C 语言源程序开始处的“#include <stdio.h>”等编译预处理命令是给编译器下的工作指令，这些编译预处理指令通知编译器在编译工作开始之前，先由预处理程序对源程序中这些特殊的命令进行预处理。编译预处理命令用“#”引导，包括宏定义、文件包含处理和条件编译三种形式。

预处理程序将根据源代码中的预处理指令来修改目标源程序。预处理程序读入待编译的源程序，查找源程序中的预处理命令（如#include、#define、#if-#endif 等），读入预处理命令指定的包含文件，对源程序中的被调用函数给出一个规范的描述，帮助应用程序从函数库中寻找相应功能函数的真正逻辑代码。预处理程序将宏和常量标识符用相应的代码和值代替；当源程序中出现条件编译命令（如#if-#endif 等），预处理程序将先判断条件，然后相应地修改源代码。完成以上操作将生成预处理后的源代码，供编译器编译。

预处理程序有许多功能，包括头文件、宏定义和条件编译等，可以在源代码中插入预定义的环境变量，打开或关闭某个编译选项等。

4.3.1 宏定义

宏定义是给字符串常量取个宏名，用标识符来代表这个字符串。在 C 语言中，用“#define”进行宏定义。定义宏名后在源程序中可以用宏名调用宏，C 编译系统的预处理程序在编译前将这些标识符替换成所定义的字符串称为宏展开。宏定义分为不带参数的宏定义和带参数的宏定义两类。

1. 不带参数的宏定义

不带参数的宏定义是用来指定一个标识符代表一个字符串常量。

（1）语法

不带参数宏的语法格式为：

```
#define  标识符  字符串
#define  PI  3.1415926
```

（2）语义

#define 是宏定义的标识符，标识符是宏的名字，简称为宏名如 PI，字符串是宏的替换正文如 3.1415926。

（3）语用

使用宏定义时应注意以下几点：

① 宏定义不是 C 语言的语句，不需要使用语句结束符“;”，如果使用了分号，则会将分号作为字符串的一部分一起进行替换。

② 宏名是一个常量的标识符，它不是变量，不能对它进行赋值，例如 PI 不能重新赋值。宏名一般用大写字母（也可以用小写字母），以便与程序中的变量名或函数名区分。

③ 字符串是不带双引号字符的集合、某个符号或为空，如果字符串为空，表示从源文件中删除已定义的宏名。例如：

```
#define  BOOL  short
#define  DO
```

④ 一般情况下，宏定义放在所有函数之前。宏的作用域是从定义的地方开始到本文件结束。也可以用#undef 命令终止宏定义的作用域。例如在程序中定义：

```
#define  ONE  1
```

撤消宏定义：

```
#undef  ONE
```

⑤ 宏定义可以嵌套定义。例如：

```
#define  N  5
#define  M  N*N
```

⑥ 宏定义的字符串不要用双引号括起来，如果使用了双引号括起来，则会将双引号作为字符串的一部分一起进行替换。

⑦ 宏替换是在编译之前进行的，由编译预处理程序完成，不占用程序的运行时间。在替换时，只是作简单的替换，不作语法检查。只有当编译系统对展开后的源程序进行编译时才可能报错。

2. 带参数的宏定义

带参数的宏由宏名、标识字符串和形式参数组成，是一个字符串的替换过程。预处理时，预处理程序不仅对定义的宏名进行替换，而且参数也要替换，定义形式参数的字符串在调用时用实参字符串替换。

（1）语法

带参数宏定义的一般形式为：

```
#define  标识符(参数表)  字符串
```

例如：

```
#difine  M(A)  A*A
宏调用：iS = M(1+2)
宏展开：iS = 1+2*1+2
#difine  MAX(iX,iY)   ((iX)>(iY)?(iX):(iY))
宏调用：iZ = MAX(3+4,5+6);
宏展开：iZ= ((3+4)  >  (5+6)  ?  (3+4)  :  (5+6));
```

带参数宏定义的展开过程是：按宏定义#define 中命令行指定的字符串从左向右依次替换，形参如 A、iX 和 iY 用程序中的相应实参 1+2、3+4 和 5+6 去替换。若定义的字符串中含有非参数表中的字符，则保留该字符，如本例中的“(”“)”“?”和“:”这些符号原样照写。

（2）语用

使用带参数宏定义时应该注意以下几点：

① 写带有参数的宏定义时，宏名与带括号参数间不能有空格。否则将空格以后的字符都作为替换字符串的一部分。

② 定义宏的参数要注意用括号将整个宏和各参数全部括起来，用括号完全是为了保险一些。

③ 带参数的宏定义的形式及特性与函数相似，但本质完全不同。宏不存在参数类型。函数调用在程序运行时，先求表达式的值，然后将值传递给形参；带参数宏展开只在编译预处理时进行简单字符置换，没有求表达式值的过程。函数调用在程序运行时进行处理，在堆栈中给形参分配临时的内存单元；宏展开是在编译预处理时进行，展开时不可能给形参分配内存，不进行“值传递”，也没有“返回值”。

④ 宏占用的是编译时间，函数调用占用的是运行时间。在多次调用时，宏使得程序变长，而函数调用不明显。

例 4.12 已知宏定义程序如下，试分析程序的输出结果。

```
#include <stdio.h>
#define  M  2
#define  N  5
#define  A  M+N
#define  S(A)  A*A
int main( )
{
  int iX=S(A);
  printf("iX = %d \n",iX);
  return 0;
}
```

带参数的宏定义 S(A)，参数 A 展开后宏为 S(M+N)，参数 M、N 进一步展开成 S(2+5)，宏展开为 2+5*2+5，结果为 17，将其作为 iX 的初值，程序输出 iX = 17。

4.3.2 文件包含处理

预处理程序中的“文件包含处理”是指一个源文件可以将另外一个源文件的全部内容包含进来，即将另外的文件包含到本文件之中。包含文件是模块化程序设计中常用的方法，在程序设计中，将一些常用的变量、函数的定义或说明以及宏定义等连接在一起，单独构成一个文件。使用时用#include 命令把它们包含在所需的程序中。这种方法设计的程序具有可移植性、可修改性等诸多良好的特性。例如，在 C 编译器中定义了许多宏，条件编译并保存在一个单独的头文件中，例如，TC 编译器的 26 个常用头文件，以及 SYS 文件夹中的 3 个头文件。

1. 语法

包含文件的命令格式有如下两种：

① 格式 1：#include <filename>

例如：#include <stdio.h>

② 格式 2：#include "filename"

例如：#include “stdio.h”

2. 语义

命令格式中的#include 是包含文件处理命令的命令标识，格式 1 中的尖括号< >是通知预处理程序，编译器从标准库目录开始搜索，按系统规定的标准方式检索文件路径。例如，使用系统的 PACH 命令定义了路径，编译程序按此路径查找指定文件 filename，一旦找到与该文件名相同的文件，便停止搜索。如果路径中没有定义该文件所在的目录，即使文件存在，系统也将给出文件不存在的信息，并停止编译。

格式 2 中使用双引号" "通知编译器从用户工作目录开始搜索，预处理程序首先在原来的源文件目录中检索指定的文件 filename；如果查找不到，则按系统指定的标准方式继续查找。

3. 语用

使用包含文件处理命令时应注意如下几点：

① 一个包含文件命令一次只能指定一个被包含文件，若要包含 n 个文件，则要使用 n 条包含文件命令。

② 使用包含文件命令时，用 #include <filename.h> 格式来引用标准库的头文件，编译器从

标准库目录开始搜索。用 #include "filename.h" 格式来引用非标准库的头文件，编译器从用户工作目录开始搜索。

③ 文件包含可以嵌套包含，在源文件中定义的包含文件中可以包含另一个包含文件。例如，用户建立的头文件“user.h”中包含“stdio.h”头文件。

4. 建立用户头文件

用文本编辑器建立用户头文件“user.h”，其中包括常用的头文件，如“stdio.h”“stdlib.h”“string.h”和“math.h”，一些常用的常数，如 PI、EI、FALSE、TRUE 和 NULL 等。

打开文本编辑器，输入如下编译命令：

```
#include  "stdio.h"
#include  "stdlib.h"
#include  "string.h"
#include  "math.h"
#define  PI  3.1415926
#define  EI  2.7182818
#define  FALSE  0
#define  TRUE  1
```

将文本用“user.h”的文件名存盘。当某程序中需要用到上面这些宏定义时，可以在源程序文件中写入包含文件命令：

```
#include  "user.h"
```

预处理程序在对 C 源程序文件扫描时，如遇到“#include "user.h"”命令，则将指定的 user.h 文件内容替换到源文件中的#include 命令行中。

例 4.13　输出用户定义头文件“user.h”中定义的数据。程序（文件名为 ex4_13.c）如下：

```
#include "user.h"
int main( )
{
 int  iA=TRUE;
 float  iX = PI;
 double  iY = EI;
 printf("iA=%d, PI = %f ,EI=%f \n",iA,iX,iY);
 return 0;
}
```

编译、运行该程序，输出结果如下：

```
A = 1, PI = 3.141593, EI = 2.718282
```

5. 包含其他文件

利用包含文件处理命令可以实现多文件的编译和连接。

例 4.14　试编制求三个数 a=18、b=39、c=26 中最大数（文件名为 ex4_14.c），要求编制一个求两个数中较大数的程序文件 iMax.c，源程序中用包含文件#include <iMax.c>命令引用 iMax.c 文件。

分别编制 iMax.c 文件和 ex4_14.c 文件如下：

```
// 源文件 iMax.c
int  iMax(int iX,  int iY)
{
   if(iX>iY) return (iX);
   else return (iY);
}
```

```
// 源文件 ex4_14.c
#include  <stdio.h>
#include  "iMax.c"
int main( )
{
 int a=18, b=39, c=26, s;
 s = iMax(iMax(a,b),c);
  printf("Max = %d \n",s);
  return 0;
}
```

在含有主函数的源文件 ex4_14.c 中，使用编译预处理命令“#include " iMax.c" ”将源文件 iMax.c 包含进来。编译前，编译预处理程序把文件 iMax.c 和 ex4_14.c 的内容连进来。编译、运行后，输出最大值 Max = 39。

4.3.3 条件编译

条件编译由C语言编译器的预处理程序根据不同的编译条件来决定对源文件中的哪一段进行编译，使同一个源程序在不同的编译条件下产生不同的目标代码文件。条件编译是对指定编译的条件进行判断，当条件满足时对一组语句进行编译，当条件不满足时则编译另一组语句。引入条件编译，可以将针对于不同硬件平台或软件平台的代码编写在同一程序文件中，从而方便程序的维护和移植。在进行软件移植的时候，可以针对不同的情况，控制不同的代码段被编译。

条件编译命令有以下几种常用形式。

1. # if-#else-#endif 形式

if-#else-#endif 形式是以表达式是否为真进行判断的条件编译，其作用是判断指定的表达式值为真（非 0）时，编译程序段 1，否则编译程序段 2。可以事先给定一定条件，使程序在不同的条件下执行不同的功能。

（1）语法格式

```
#if  <表达式>
   <程序段 1>
[#else
   <程序段 2>]
#endif
```

例如：

```
#if __STDC__                 //  如果是 C 兼容的编译器
#define _Cdecl               //  删除 C 和 C++ 程序的缺省调用方式
#else                        //  否则
#define _Cdecl  cdecl        //  定义 C 和 C++ 程序的缺省调用方式
#endif                       //  #if 结束
```

（2）语义

预处理程序扫描到#if 时，测试表达式值是否为真，表达式值为真（非 0），编译程序段 1；表达式值为假（为 0），编译程序段 2。[#else <程序段 2>]可以缺省，如果#else 部分被省略，则表达式值为假时什么语句也不编译。

（3）语用

① # if-#endif 必须成对使用，[#else <程序段 2>]可以缺省。

② <表达式> 为常量表达式。

③ <程序段 1> 和<程序段 2> 只能编译其中之一，不能同时被编译。

④ 使用条件编译可以减少被编译的语句，减少目标代码的长度。当条件编译段较多时，目标代码的长度减少，执行效率增高。

2. #ifdef – #else – #endif 形式或#ifndef – #else – #endif 形式

（1）语法

#ifdef - #else - #endif 形式是判断标识符是否存在（是否定义）的条件编译，存在（已定义）则编译<程序段 1>，不存在（未定义）则编译<程序段 2>。

语法格式 1：

```
#ifdef    <标识符>
    <程序段 1>
[#else
    <程序段 2>]
#endif
```

#ifndef - #else - #endif 形式也是判断标识符是否存在（是否定义）的条件编译，不存在（未定义）则编译<程序段 1>，存在（已定义）则编译<程序段 2>。

语法格式 2：

```
#ifndef  <标识符>
    <程序段 1>
[#else
    <程序段 2>]
#endif
```

（2）语义

语法格式 1 中的#ifdef、#else 和#endif 是存在（已定义）条件编译的命令标识，<程序段>可以是宏定义，也可以是语句。[#else <程序段 2>]表示可以缺省，#ifdef 和#endif 构成条件编译的命令括号。

语法格式 2 中的#ifndef、#else 和#endif 是不存在（未定义）条件编译的命令，#ifndef 和#endif 构成条件编译的命令括号。

预处理程序扫描到#ifdef（或#ifndef）时，判别其后面的<标识符>是否被定义过，对#ifdef 格式而言，若<标识符>在编译命令行中已被定义，则条件为真，编译<程序段 1>；否则，条件为假，编译<程序段 2>。对于#ifndef 的检测条件与#ifdef 恰好相反，若<标识符>没有被定义，则条件为真，编译<程序段 1>；否则，条件为假，编译<程序段 2>。#else 部分可以省略。

（3）语用

① #ifdef - #endif 必须成对使用，#ifndef - #endif 也必须成对使用，[#else <程序段 2>]可以缺省。

② 使用"#ifdef <标识符>"是判断<标识符>在编译命令行中是否已定义，已定义则条件为真，编译<程序段 1>。

使用"#ifndef <标识符>"是判断<标识符>在编译命令行中是否已定义，未定义则条件为真，编译<程序段 1>。

③ 通常同时使用#ifndef 和#define 命令，避免多次包含同一个头文件。在创建一个头文件时，用#define 指令定义一个唯一的标识符名称。通过#ifndef 指令检查这个标识符名称是否已被定义，

如果已被定义，则说明该头文件已经被包含了，不要再次包含该头文件；反之，则定义这个标识符名称，以避免以后再次包含该头文件。下述头文件就使用了这种技术：

```
#ifndef  __TIMEB_DEFINED
#define  __TIMEB_DEFINED
struct timeb {
            long  time;
            short millitm;
            short timezone;
            short dstflag;
            };
#endif
```

3. 头文件分析

打开 TC 编译器的 values.h 头文件，编译命令如下：

```
/*  values.h                        // 版本信息
    Symbolic names for important constants, including machine
    dependencies. A System V compatible header.
    Copyright (c) Borland International 1987,1988
    All Rights Reserved.
*/
#if __STDC__                        // 如果是 C 兼容的编译器
#define  _Cdecl                     // 删除 C 和 C++程序的缺省调用方式
#else                               // 否则
#define  _Cdecl  cdecl              // 定义 C 和 C++程序的缺省调用方式
#endif                              // #if 结束

#ifndef  _VALUES_H                  // 用#ifndef 和#define 命令组合
#define  _VALUES_H                  // 避免多次包含同一个头文件

#define  BITSPERBYTE  8             // 定义符号常量，下同
#define  MAXSHORT     0x7FFF
#define  MAXINT       0x7FFF
#define  MAXLONG      0x7FFFFFFFL
#define  HIBITS       0x8000
#define  HIBITI       0x8000
#define  HIBITL       0x80000000

#define  DMAXEXP      308
#define  FMAXEXP      38
#define  DMINEXP      -307
#define  FMINEXP      -37

#define  MAXDOUBLE    1.797693E+308
#define  MAXFLOAT     3.37E+38
#define  MINDOUBLE    2.225074E-308
#define  MINFLOAT     8.43E-37

#define  DSIGNIF      53
#define  FSIGNIF      24

#define  DMAXPOWTWO   0x3FF
```

```
#define FMAXPOWTWO  0x7F
#define _DEXPLEN    11
#define _FEXPLEN    8
#define _EXPBASE    2
#define _IEEE       1
#define _LENBASE    1
#define HIDDENBIT   1
#define LN_MAXDOUBLE     7.0978E+2
#define LN_MINDOUBLE    -7.0840E+2
#endif                          // #ifndef 的结束
```

阅读头文件中的命令，可以看出，块注释中介绍版本信息，正文开始设置编译器的缺省调用方式；接着用#ifndef 和#define 命令组合的条件编译，避免多次包含同一个头文件；然后定义 C 语言编译器使用的各种符号常量。

4.4 练习题

1. 判断题（共 10 小题，每题 1 分，共 10 分）

（1）if 语句和 switch-case 语句都是流程控制语句，能控制程序的流程。 （ ）

（2）if 语句中的表达式一定是关系和逻辑表达式，不能用其他表达式。 （ ）

（3）if 语句中的语句可以看成是一条简单语句或者是复合语句。 （ ）

（4）if 语句可以嵌套，但只能嵌套在 else 语句中，不能嵌套在 if 语句中。 （ ）

（5）嵌套的 if-else 语句之间存在配对关系，分析时先从第 1 个 else 语句开始。 （ ）

（6）使用 if-else-if 语句，能自动构成正确的逻辑关系，覆盖完整的区域，没有遗漏和重复的区域。 （ ）

（7）switch 语句的表达式可以为整型、字符型和枚举型的表达式，表达式两边的括号不能省略。花括号括起的部分是 switch 的语句体。 （ ）

（8）switch 语句体中的 case 与其后的常量表达式构成语句标号，语句标号由冒号结尾，常量表达式没有类型要求，各 case 后常量表达式的值可以相同。 （ ）

（9）default：表示 case 标号以外的标号，以冒号结尾，起标号作用。 （ ）

（10）default：标号必须放在 case 语句的最后，当表达式与所有的 case 常量表达式不匹配时，则与 default:匹配，default:起语名标号的作用。 （ ）

2. 单选题（共 10 小题，每题 2 分，共 20 分）

（1）已知 a = 4，b = 5，执行 C 语句 if (a<b) { a = b; b = a; }后，a、b 的值分别是（ ）。

A. 4，4　　B. 4，5　　C. 5，4　　D. 5，5

（2）已知 a = 4，b = 5，执行 C 语句 if (a<b) { a += b ; b = a−b ; a−= b ; }后，a、b 的值分别是（ ）。

A. 4，4　　B. 4，5　　C. 5，4　　D. 5，5

（3）已定义变量 iA = 2，iB = 4，iMax=0，执行 C 语句 if (iA < iB) iMax = iA++; else iMax = iB - -;后，iMax 的值分别是（ ）。

A. 0　　B. 1　　C. 2　　D. 4

（4）已定义变量 iA = 2，iB = 4，执行 C 语句 if (iA > iB && iB > 0) printf(" iA=%d",iA++, ; else printf(" iB=%d",iB - -); 后，输出的结果为（　　）。

A. iA = 1　　B. iA = 2　　C. iB = 3　　D. iB = 4

（5）已定义变量 iA = 2，iB = 4，执行 C 语句 if (iA > iB || iB > 0) printf(" iA=%d",iA++); else printf(" iB=%d",iB - -); 后，输出的结果为（　　）。

A. iA = 1　　B. iA = 2　　C. iB = 3　　D. iB = 4

（6）已定义变量 iA = 2，iB = 4，执行 C 语句 if (iA = 3) printf("%d",iA++); else printf(" %d", iB - -); 后，输出的结果为（　　）。

A. 1　　B. 2　　C. 3　　D. 4

（7）已知 a = −4，b = −5，执行 C 语句 if (a < b) {if (a > 0) c= a ; else c = b ;}else {if (b < 0) c= a++ ; else c = --b ;}后，c 的值是（　　）。

A. −3　　B. −6　　C. −5　　D. −4

（8）已知 ch1='a'，ch2='B'，ch3='5'，执行 C 语句 if (ch1 <= ch2) ch= ch1-32 ; else if(ch1 <= ch3) ch = ch3+16 ; else ch= ch2+32 ;后，ch 的值是（　　）。

A. A　　B. B　　C. a　　D. b

（9）已知 a = 4, b = 5, c =3， 执行 C 语句 y= a > b? a : b > c ? b : c ;后，y 的值是（　　）。

A. 0　　B. 3　　C. 4　　D. 5

（10）已知整型变量 a = 4, x=1, y=1, 执行以下 C 语句后，x 与 y 的值分别是（　　）。

```
switch(a%3)
{
    case 0:   x++;y++; break;
    default:   x++; break;
    case 1:   y++;
}
```

A. 1，2　　B. 2，1　　C. 2，2　　D. 2，3

3. 填空题（共 10 小题，每题 2 分，共 20 分）

（1）选择的方式分为二选一和多选一，二选一用（　　）构成选择结构，多选一用（　　）构成选择结构。

（2）单边 if 语句是指不带 else 的 if 语句。如果表达式为（　　），执行语句，表达式为（　　）则什么也不做。

（3）双边 if 语句是指由（　　）和（　　）构成的条件语句，如果表达式值为非 0 即真，执行语句 A，表达式值为 0 即假，执行语句 B。

（4）switch（　　）与 case 后的（　　）的值进行比较，两者的值和类型相同，则称两者匹配。

（5）switch - case 是（　　）的关键字，当表达式不与所有的 case 常量表达式匹配，则一定与（　　）匹配。

（6）宏定义分为（　　）的宏定义和（　　）的宏定义两类。

（7）宏定义是用（　　）命令定义（　　），不能定义变量和数组。

（8）包含文件是用（　　）命令包含（　　），用于定义变量、函数或宏定义。

（9）格式#include <filename>是按（　　）的标准方式检索文件路径。格式#include "filename" 先从（　　）目录中检索指定的文件，然后按标准方式检索文件路径。

（10）条件编译包括# if - #else - #endif 形式、（　　）和（　　）三种形式。

4. 条件语句与编译预处理命令解释（共 10 小题，每题 1 分，共 10 分）

（1）if 语句：　　　　（2）if-else：

（3）if-else-if：　　　　（4）switch-case：

（5） break 语句：　　　　（6）default 语句：

（7）#include：　　　　（8）#defin：

（9）# if - #else - #endif：　　　　（10）#ifndef - #else - #endif ：

5. 简答题（共 5 小题，每题 4 分，共 20 分）

（1）什么叫选择结构？选择的方式分为哪些几类？

（2）画出 if(iK%2) printf("奇数")；else#printf("偶数")；的传统流程图和结构化流程图。

（3）嵌套的 if-else 语句如何配对？

（4）简述 switch-case 语句执行过程。

（5）# if - #else - #endif 是什么命令？

6. 分析题（共 5 小题，每题 4 分，共 20 分）

（1）分析变量的定义域。

例 4.15　源程序如下，已知整型变量 x，输入 x 的值，如果 x<0，输出 y = −1。否则，如果 x<2，输出 y = 1，否则输出 y = 2，值域分析图如图 4-5 所示，分析图形和语句的关系（文件名为 zy4_1.c）。

```
#include <stdio.h>
int main( )
{
    int  x;
    scanf("%d",&x);
    if(x<0) printf("y=%d",-1);
    else if(x<2) printf("y=%d",1);
        else printf("y=%d",2);
    return 0;
 }
```

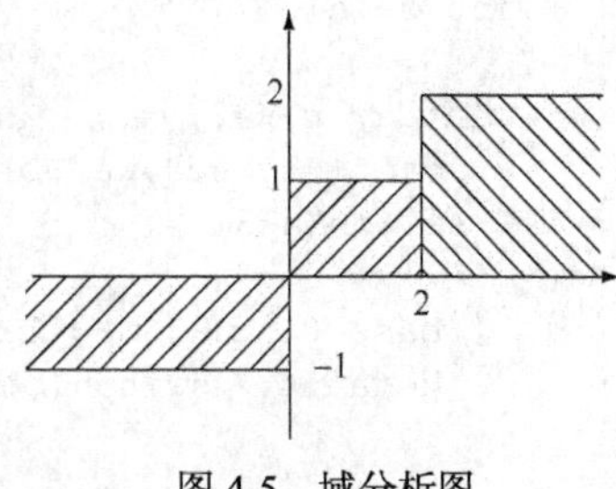

图 4-5　域分析图

（2）简单排序方法

例 4.16　输入 a、b、c 三个整型变量的值，将最大的数赋给 a，中间大小的数赋给 b，最小的数赋给 c，分析排序方法（文件名为 zy4_2.c）。

源程序如下：

```
#include"stdio.h"
int main()
{
  int a, b, c, t;
  scanf("%d, %d, %d, &a, &b, &c");
  if(a<b){t=a;a=b;b=t;}
  if(a<c){a+=c;c=a-c;a-=c;}
  if(b<c){b=b^c;c=b^c;b=b^c;}
  printf("a=%d,b=%d,c=%d/n",a,b,c);
  return 0;
}
```

（3）条件表达式的域分析

用条件表达式描述变量的作用域时，要正确地选择条件表达式，形成正确的定义域覆盖，用 if-else-if 的嵌套可以将变量的作用域根据取值的不同划分成不同的区域，获得正确的程序逻辑。

例 4.17　已知学生百分制成绩，将其评定为 A、B、C、D 和 E 五个等级，用 if-else-if 的嵌套编制的程序如下（文件名为 zy4_3.c）。分析定义域的覆盖情况。

```
#include <stdio.h>
int main()
{
    int score;
    Primetime("请输入考试成绩 0～100");
    scanf("%c", &score)
    if(score>100||score<0)
    Printf("请输入 0～100 之间正整数/n");
    else if(score>=90)Printf("A/n");
    else if(score>=80)Printf("B/n");
    else if(score>=70)Printf("C/n");
    else if(score>=60)Printf("d/n");
    else        printf("E/n");
    return 0;
}
```

（4）分析 switch-case 语句的嵌套

例 4.18 以下程序是由 switch-case 语句嵌套组成的程序，分析当输入 6、7 时，程序输出的结果；当输入 7、8 时，程序输出的结果；当输入 8、9 时，程序输出的结果（文件名为 zy4_4.c）。

```
#include <stdio.h>
int main()
{
 int a, b,x=0,y=0;
  scanf("%d,%d",&a,&b);
  switch(a%3)
  {
   case 0: x++;y++; break;
   default:  switch(b%2)
             {
              case 0: x++; break;
              case 1: x++;y++; break;
             }
   case 1: x++;
  }
 printf("x=%d,y=%d\n",x,y);
 return 0;
}
```

（5）分析带参数的宏

例 4.19 定义带参数的宏 S(X,Y)为 X*X+Y*Y，源程序如下，分析程序宏代换与程序输出结果（文件名为 zy4_5.c）。

```
#include  <stdio.h>
#include  <math.h>
#define  S(X,Y)  X*X+Y*Y
int main( )
{
   int a=6, b=8;
   double c;
   c=sqrt(S(a,b));
   printf("c = %f \n",c);
   return 0;
}
```

第 5 章 循环结构程序设计

循环结构是对同一程序段重复执行若干次的语句结构，被重复执行的程序段称为循环体，循环体是语句的集合；每循环一次需要进行判断，决定是继续循环，执行循环体，还是中止循环。决定循环继续还是中止的判断条件称为循环终止条件。循环结构的循环变量、循环终止条件和循环体称为循环结构的三要素。

C 语言保留了“if-goto 标号”构成循环结构，但并不提倡使用这种语句结构，因为 goto 语句的无条件跳转，容易破坏程序的结构化，产生不可预料的后果。C 语言专门提供了 while 循环、do…while 循环和 for 循环三种循环语句。下面从程序案例认识循环语句的编程方法。

例 5.1 分别用 while 循环求 iSum=1+2+3+…+10；用 do-while 循环求 $dPower=0.8^{10}$；用 for 循环求 iIn=8!。

```
#include <stdio.h>                          // 包含标准输入输出头文件
int  main( )                                // 主函数
{                                           // 函数体开始
    int  iK,iN,iSum,iIn;                    // 声明整型变量
    double dX,dPower;                       // 声明双精度型变量
    iK=1; iSum=0;                           // 循环之前，循环体中的变量赋初值
    while (iK<=10)                          //  while 循环的循环终止条件
    {
     iSum=iSum+iK;                          // 求和递推公式
     iK++;                                  // 修改循环变量
    }
    printf("Sum=%d\n", iSum);               // 输出 1+2+3+…+10 之和
    iN=1; dX=0.8; dPower=1.0;               // 循环之前，循环体中的变量赋初值
    do{                                     // 用 do-while 循环求幂
       dPower=dPower*dX;                    // 求幂递推公式
       iN++;                                // 修改循环变量
     }while(iN<=10);                        //  do-while 循环的循环终止条件
    printf("Power=%f\n",dPower);            // 输出 0.8^10
    iIn=1;                                  // 循环之前，循环体中的变量赋初值
    for(iK=1;iK<=8;iK++)                    //  for 循环的三表达式
      iIn=iIn*iK;                           // 求阶乘的递推公式
    printf("In=%d\n", iIn);                 // 输出 8!
    return 0;
}
```

C 语言中，使用 while 关键字的循环有两种，一种是 while 循环，另一种是 do-while 循环，两种循环终止条件的判断都是根据 while 后的表达式是否为真进行判断的，表达式为真（非 0）时执行循环体，表达式为假（为 0）时不执行循环体，退出循环。while 循环是先判断循环终止条件，再决定是否执行循环体；do-while 循环是先执行循环体，再判断循环终止条件，再决定是否执行循环体。while 循环和 do-while 循环都是在循环体中修改循环变量。for 循环是增量循环，由初值、循环终止条件和增量三表达式构成的循环语句，循环变量的修改是由表达式 3 完成的。

例 5.1 程序中，分别使用三种循环，用 while 循环求和，用 do-while 循环求幂，用 for 循环求阶乘，注意循环变量在循环体外赋初值，求和算法的初值为 0，阶乘和求幂算法的初值为 1。算法中重复计算的递推公式：求和算法的递推公式为“sum+=ik; ”，求阶乘算法的递推公式为“s*=ik;”，求幂算法的递推公式为“power*=x;”。在学习过程中要积累这些基本算法，提高自身的编程能力。

5.1 当型循环

当型循环是用 while 关键字引导循环终止条件的循环，是用 while（表达式）判断循环终止条件的循环，当表达式为真（非 0）执行循环体中的语句；当型循环包括 while 循环和 do-while 循环两种。

5.1.1 while 循环

while 循环是先判断循环终止条件，再执行循环体的语句。当表达式的值为非 0，条件为真，执行循环体的语句；当表达式的值为 0，条件为假，退出循环。

1. 语法

while（表达式） 语句

2. 语义

while 是循环关键字，一对圆括号内的表达式为循环终止条件，当表达式值为非 0，执行语句，表达式为 0 则退出循环。格式中的语句可以为空语句“;”，可以是一条可执行语句，可以是由花括号括起的复合语句，还可以是程序段，一般称为循环体，循环体是重复执行语句的集合。

3. 流程图

用传统流程图和 N-S 流程图表示，如图 5-1 所示。

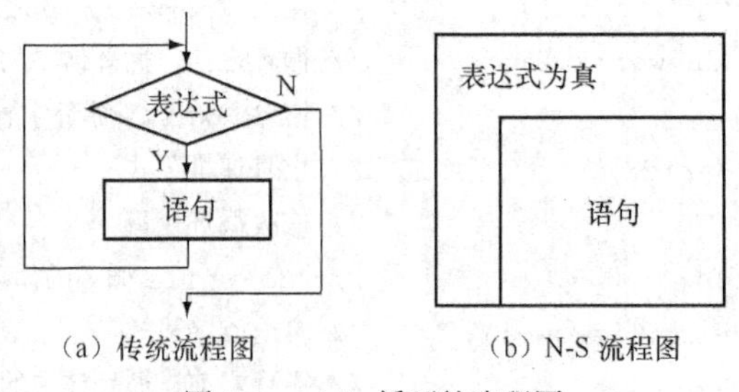

（a）传统流程图　（b）N-S 流程图

图 5-1　while 循环的流程图

while 循环的执行过程如下：

① 计算 while 后表达式的值，当表达式的值为非 0 时，执行步骤②；当表达式的值为 0 时，执行步骤④。

② 依次执行循环体中语句。

③ 转去执行步骤①。

② 退出 while 循环。

while 循环特点为：先判断表达式，再执行语句。

4. 语用

① while 循环是先判断后执行，当条件为真时执行循环体的一类循环，如果一开始的条件就为假，则循环体一次也不执行。

② while 后的表达式可以是 C 语言中任意的表达式，用于控制循环体是否执行，表达式的值为 0 时循环终止，退出循环，执行后续语句。因此，循环体内应有使循环趋于结束的语句，通过修改循环变量，使得表达式的值逐步趋于 0。否则形成死循环，即循环永不结束。例如，当循环体为空语句时的循环语句：

```
iK = 0 ;
while (iK <= 10);
```

循环体为空语句，不能修改循环变量 iK，表达式 iK <=10 的值常真，形成死循环。

③ 可以在 while 后的表达式中修改循环变量。例如：

```
while ( iK ++ <= 10);
```

在表达式中，循环变量的后置自增运算可以改变循环变量的值，判断一次表达式，iK 加 1，直到 iK = 11 时退出循环。

例 5.2　用 while 循环求 1+3+…+99 的值。

解：编制的源程序（文件名为 ex5_2.c）如下：

```
#include <stdio.h>
int main( )
{
    int  iK = 1, iSum;             /*  循环控制变量，初值为 1 */
    iSum=0;                        /*  循环之前为循环中的变量赋初值 0 */
    while(iK<100)                  /*  循环终止条件 */
    {
      iSum += iK;                  /*  重复执行 iSum = iSum +iK; 求累加和*/
      iK +=2;                      /*  修改循环变量*/
    }
    printf("sum=%d\n",iSum);       /*  输出累加和 */
    return 0 ;
}
```

程序运行后的输出结果如下：

sum=2500

5.1.2　do-while 循环

do-while 循环是先执行循环体，再判断循环终止条件的循环语句。

1. 语法

do

　　语句

while (表达式);

2. 语义

do 是循环的前导关键字，表示先执行循环体。格式中的语句称为循环体，可以为空语句 “;”，可以是一条可执行语句，可以是由花括号括起的复合语句，还可以是程序段。while 是循环终止条件引导关键字，一对圆括号内的表达式为循环终止条件，while（表达式）；放在循环体的后面，表示先执行循环体再判断循环终止条件，当表达式值为非 0，执行循环体，表达式为 0 退出循环。

3. 流程图

用传统流程图和 N-S 流程图表示，如图 5-2 所示。

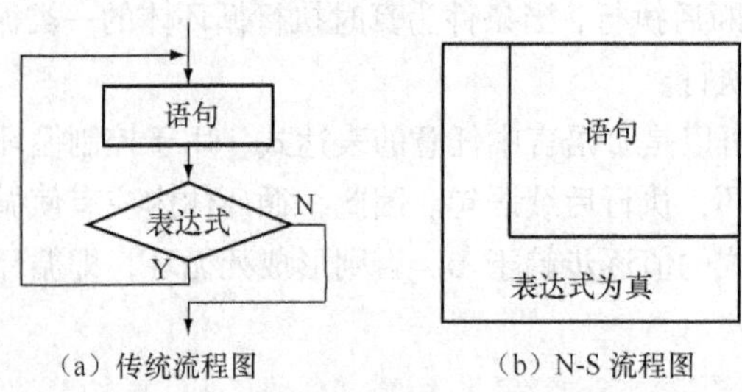

（a）传统流程图　　（b）N-S 流程图

图 5-2　do-while 循环的流程图

do-while 循环的执行过程如下：

① 先执行 do 后面循环体中的语句。

② 计算 while 后一对圆括号中表达式的值。当表达式的值为真（非 0）时，转去执行步骤①；当值为假（为 0）时，执行步骤③。

③ 退出 while 循环。

do-while 循环特点为：先执行循环体中的语句，再判断表达式的值。

4. 语用

① do-while 循环用于先执行一次循环体，然后再求表达式的值，因此，无论表达式的值是 0 还是非 0，循环体至少要被执行一次。

do-while 构成的循环与 while 循环十分相似，两者的控制方式都是：当条件满足时做循环体，条件不满足时退出循环。两者之间的主要区别是：while 循环的控制，出现在循环体之前，当 while 后面表达式的值为真（非 0）时，才执行循环体，为假（为 0）时循环体一次也不执行；do-while 循环的控制在循环体之后，循环体至少要被执行一次。

② 循环体内应有使循环趋于结束的语句，不形成死循环。

③ 可以在 while 后的表达式中修改循环变量。

④ do-while 循环的的关键字 do、while 相当于语句括号，do 表示循环的开始，用 while（表达式）后的分号表示 do-while 语句的结束。

例 5.3　已知字符变量 chA='C'，依次输出 8 个后继小写字符。

解：编制的源程序如下（程序名 ex5_3.c）：

```
#include "stdio.h"
int main( )
{
    int  iK=1;
    char  chA='C';
    chA+=32;
    do{
      printf("%c",++chA);
      }while (++iK <= 8);
    return 0;
}
```

运行程序，输出结果如下：

defghijk

5.2　for 循环

for 循环指由关键字 for 引导的一种自动增量循环。for 循环的括号中用两个分号分隔出三个表达式，依次为表达式 1；表达式 2；表达式 3，其中，表达式 1 表示循环变量的初值，表达式 2 表示循环变量的终值条件，没有到达终值，执行循环体；表达式 3 表示循环变量的增量，决定循环变量取值的变化方式。

5.2.1　for 语句

for 语句是由初值、终值条件和增量三表达式构成的循环语句。初值表达式是一个赋值表达式或逗号表达式，用来给循环变量赋初值；终值条件是一个关系表达式，根据表达式的值，确定是执行循环体还是退出循环；增量表达式是用于修改循环变量，每执行一次循环体后，根据增量表达式修改循环变量，使循环变量朝出口方向变化。

1. 语法

for 循环语句的语法格式如下：

for（表达式 1；表达式 2；表达式 3）语句

例如：

```
for (iK = 0; iK < 10; iK ++ ) printf("*");        //   打印"**********"
```

2. 语义

for 是循环关键字，for 后一对圆括号包含三个表达式，各表达式之间用“;”分隔，三个表达式可以是任意形式的表达式，用于 for 循环的控制：表达式 1 设定循环变量的初值；表达式 2 设定循环变量的终值条件；表达式 3 为增量，修改循环变量，使循环变量朝出口方向转化。格式中的语句称为循环体，可以为空语句“;”，可以是一条可执行语句，可以是由花括号括起的复合语句，还可以是程序段。执行循环的过程中，先计算表达式 1 作为初值，再计算表达式 2，判断循环终值条件，决定是否执行语句，执行语句后再计算表达式 3，修改循环变量，完成本次循环操作。

3. 流程图

用传统流程图和 N-S 流程图表示 for 循环的流程图如图 5-3 所示。

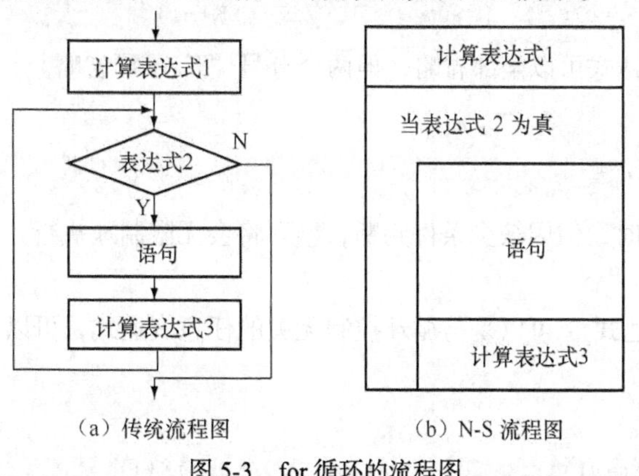

（a）传统流程图　　（b）N-S 流程图

图 5-3　for 循环的流程图

for 循环的执行过程如下：

① 计算表达式 1，确定循环变量的初值。

② 计算表达式 2，判断终值条件，若表达式 2 的值为非 0，转步骤③，若其值为 0，转步骤⑤。

③ 执行一次语句。

④ 计算表达式 3，修改循环变量，转向步骤②。

⑤ 结束循环，执行 for 循环之后的语句。

例 5.4 试用 for 循环编写求（1+1/2+1/3+1/4+…+1/20）之和。

解：求分数之和，值为单精度或双精度数，应该声明变量为单精度或双精度。求和程序如下（文件名为 ex5_4.c）：

```
#include "stdio.h"
int main( )
{
  int  iK;
  double dSum=0.0;
  for (iK = 1; iK <=20; iK++)  dSum += 1.0/iK;
  printf("sum=%f", dSum);
  return 0;
}
```

编译、运行该程序，输出结果如下：

sum=3.597740

4. 语用

使用 for 循环语句时就注意以下几点：

① 语法格式中表达式的功能如下：

for（循环变量赋初值；循环终值条件；循环变量增量）复合语句

② for 语句的表达式 1 可以省略。省略时，应在 for 语句前给循环变量赋初值。

例如：

```
iK=1;
for ( ; iK <=20; iK++)  dSum += 1.0/iK;
```

③ for 语句的表达式 2 可以省略，系统认为表达式 2 的值始终为真，循环不断执行下去，执行到循环体内的 break 语句退出，若无 break 语句、goto 语句，则形成死循环。

④ for 语句的表达式 3 可以省略。省略时，应在循环体内修改循环变量，使循环能正常结束。

例如：

```
for (iK = 1; iK <=20;  )  {dSum += 1.0/iK; iK++;}
```

⑤ for 语句中的表达式可以全部省略，但两个分号“;”不可省略。

例如：

```
for( ; ; )printf("*");
```

三个表达式均省略时，但因缺少条件判断，循环将会无限制地执行，而形成无限循环，相当于 while(1)。

⑥ 表达式 1 和表达式 3 可以是与循环控制无关的任意表达式，可以为逗号表达式，对多个变量进行操作。

例如：

```
for (iK = 1, dSum=0; iK <=20; dSum += 1.0/iK, iK++) ;
```

这时，表达式 1 和表达式 3 都是逗号表达式，循环体为空语句。

⑦ 表达式 2 可以是其他类型的表达式，只要其值不为 0，就可执行循环体。

例如：

```
for (iK=0; (chA=getchar())!= '#' ;iK++);
```

该行程序的功能是输入字符串，直至遇到'#'为止，iK 记录了字符的个数。

⑧ for 循环中可以用 continue 语句结束本次循环；可以用 break 语句跳出循环体。

⑨ for 循环可以嵌套 for 循环，for 循环也可以嵌套其他类型循环。

5.2.2　嵌套的循环结构

嵌套的循环结构是指循环语句的循环体内又包含另一个循环语句，形成循环套循环的语句结构。前面介绍的 while 循环、do-while 循环和 for 循环等循环类型都可以互相嵌套，循环的嵌套可以多层，但每一层循环在逻辑上必须是完整的。循环结构还可以与选择结构相互嵌套。

循环结构可以相互嵌套，但不能出现相互交叉的结构，循环结构的嵌套与交叉如图 5-4 所示。

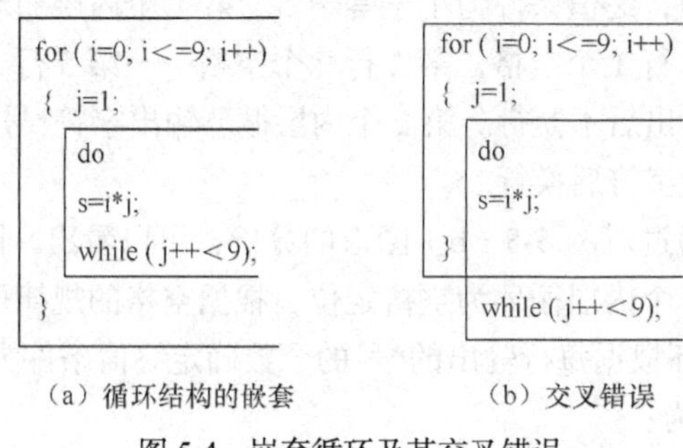

图 5-4　嵌套循环及其交叉错误

嵌套的循环结构可以分为相同类型循环结构的嵌套、不同类型循环结构的嵌套及循环结构与选择结构的嵌套等多种类型。双层相同类型循环结构的嵌套是最常用的嵌套类型，常用于二维平面坐标系的编程。

C 语言的二维平面坐标系由向右的 x 轴和向下的 y 轴组成，平面字符图形可以放在坐标平面中进行分析。本教程采用的图解分析法，在分析平面字符图形时，依据平面坐标系，建立循环结构程序分析样板，通过语句要素与坐标轴之间的对应关系，将嵌套的循环结构中外层循环与 y 轴的行对应，内层循环与 x 轴的列对应，每行首字符的位置用内层的循环语句输出空格来定位，绘图的字符与形状用内层的循环语句输出字符来确定。下面用图解法分析例题后进行编程。

例 5.5　用图解法编制如图 5-5 所示字符图形的程序，并在屏幕上打印输出。

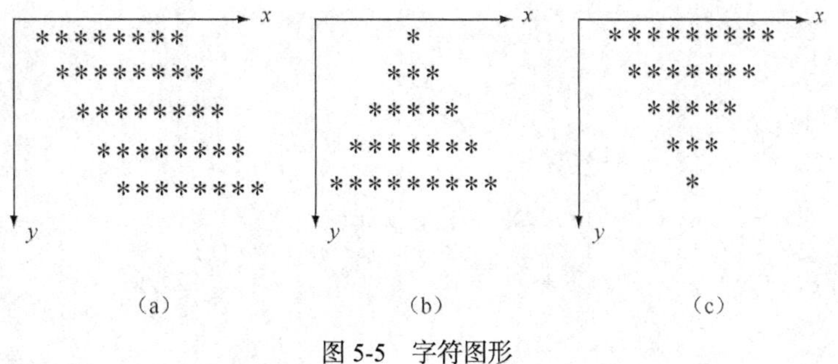

图 5-5　字符图形

解：根据字符图形的坐标图可知，图 5.5（a）有 5 行，外层循环从 1 到 5，内层循环包括两个并行的循环，第 1 个内层循环输出空格，用于输出空格定位，第 2 个内层循环用于输出字符*（文件名为 ex5_5_1.c）。

```
#include "stdio.h"
int main( )
{
  int  iX, iY;
  for (iY = 1; iY <= 5; iY++)                              //  外层循环控制行变化，5 行
  {
       for(iX=1;iX<=iY; iX++ ) printf(" ");               //  内层循环控制列变化，空格定位
       for (iX = 1;iX<=8;iX++)printf("*");                //  内层循环控制列变化，输出 8 个*号
       printf("\n");                                       //  每行换行一次
  }
  return 0;
}
```

将该程序看作平面字符图形的程序样板，根据字符图形的行数确定外层循环的初值和终值条件，图形有 5 行，初值为 1，终值条件为小于等于 5。第 1 个内层循环为空格定位，根据空格的规律决定定位的终值，第 1 行 1 个空格，第 2 行 2 个空格……第 5 行 5 个空格，因此，空格定位的终值为 iX <= iY，空格输出后不换行。第 2 个内层循环输出字符*号，每行有 8 列，初值为 1，终值为 iX<=8，输出完一行字符后换行。

使用以上程序样板，通过对图 5-5（b）图形的分析，可以看出，图形有 5 行，初值为 1，终值条件为小于等于 5。第 1 个内层循环为空格定位，根据空格的规律可知空格定位的终值条件为 iX<=5-iY。第 2 个内层循环根据每行输出的*号的个数确定终值条件为 iX<=2*iY-1，修改后的程序（文件名为 ex5_5_2.c）为：

```
#include "stdio.h"
int main( )
{
 int  iX, iY;
  for (iY = 1; iY<=5; iY++)                                //  外层循环控制行变化，5 行
  {
       for(iX=1;iX<=5-iY;iX++)printf("  ");               //  内层循环控制列变化，空格定位
       for (iX =1; iX <= 2*iY-1; iX++) printf("*");          //  内层循环输出每行的字符数
       printf("\n");                                           //  每行换行一次
  }
  return 0;
}
```

同理，通过对图 5-5（c）图形的分析，可知第 1 个内层循环的终值条件为 iX<=iY；第 2 个内层循环的终值条件为 11-2*iY，修改后的程序（文件名为 ex5_5_3.c）为：

```
#include "stdio.h"
int main( )
{
  int  iX, iY;
  for (iY = 1; iY <= 5; iY++)
  {
       for (iX = 1; iX <= iY; iX++ ) printf("  ");
       for (iX =1; iX <= 11-2*iY; iX++)  printf("*");
       printf("\n");
  }
  return 0;
}
```

5.2.3　break 跳出语句

C 语言中提供了跳出本级 switch 语句和跳出本层循环体的 break 语句，前面已经介绍了用 break 语句跳出本级 switch 语句。在循环结构中，用 break 语句可以跳出本层循环体，结束本层循环的执行。

1. 语法

break 跳出语句的语法如下：

break;

2. 语义

跳出本层循环或跳出本级 switch 语句。

例 5.6　阅读下面程序，试分析程序输出结果（文件名为 ex5_6.c）。

```
#include "stdio.h"
int main( )
{
 int  iK = 0, iS = 0;
 while(iK < 10)
 {
   iS += iK;
   if(iK = = 5) break;
   iK++;
 }
   printf("iK=%d,iS=%d",iK, iS);
   return 0;
}
```

解：运行以上程序，程序输出结果如下：

iK = 5, iS = 15

上例中，如果没有 break 语句，程序将进行 10 次循环。程序中增加了 if(iK= = 5) break;语句，当 iK=5 时，执行 break 语句，跳出 for 循环，提前终止循环。

3. 语用

使用 break 语句时应该注意以下几点：

① break 语句只能跳出本层循环体和本级 switch 语句。

② 当出现循环语句与 switch 语句的嵌套时及 break 出现在循环体中的 switch 语句时，其作用跳出本级 switch 语句；当 break 出现在 switch 语句的循环体中时，执行 break 后，跳出本层循环。

例 5.7　阅读下面程序，试分析程序输出结果（文件名为 ex5_7.c）。

```
#include <stdio.h>
int main( )
{
 int  iX = 1, iY = 1, iA = 0, iB = 0;
 switch(iX)
 {
   case 1: while(iY++<=2){ iA ++; break; iB ++;} //  iY=1 执行 iA++后跳出循环
   case 2: iA++; iB++; break;                    //  iA=2,  iB=1
   case 3: iA--; iB--; break;
   default: iA++;iB--;
 }
 printf("%d,%d\n ",iA, iB);
 return 0;
}
```

解：程序的输出结果如下：

2，1

本程序是 switch 语句内嵌套循环体语句，break 出现在 switch 语句的 while 循环体中，iY=1 执行 iA++后执行 break 语句，跳出循环，执行 case 2:语句，iA=2, iB=1。

5.2.4 continue 语句

continue 语句是跳过本次循环体中余下尚未执行的语句，继续下一次循环条件的判定。

1. 语法

continue 语句的语法格式为：

contiune;

2. 语义

语句由单独的 contiune 关键字组成，表示结束本次循环，不执行本次循环体中剩余的语句，直接检测下一次循环条件，判定是否执行循环体。

3. 语用

执行 contiune 语句并不终止循环语句的执行。在 while 和 do-while 循环中，continue 语句使程序直接跳到循环控制条件的测试部分，然后决定循环是否继续进行。在 for 循环中，遇到 continue 后，跳过循环体中余下的语句，但不跳过表达式 3，对表达式 3 求值后再进行表达式 2 的条件测试，最后根据表达式 2 的值来决定 for 循环是否执行。

例 5.8 阅读下面程序，分析 continue;和 break;语句功能，写出程序输出结果（文件名为 ex5_8.c）。

```
#include "stdio.h"
int main( )
{
  int  iK = 0, iS = 0;
  while(iK < 10)
  {
   iS += iK;
   if( iK++ < 2) continue;
   if( iK = = 5) break;
   iK++;
  }
  printf("iK=%d, iS=%d",iK, iS);
  return 0;
}
```

解：运行以上程序，程序输出结果为：iK = 5, iS = 7。结果分析表如表 5-1 所示。

表 5-1 例 5.8 结果分析表

<table>
<tr><td>循环每步 IK 值</td><td colspan="2">iK=0</td><td colspan="2">iK=1</td><td colspan="2">iK=2</td><td colspan="2">iK=4</td></tr>
<tr><td>iS+=iK;</td><td colspan="2">iS=0</td><td colspan="2">iS=1</td><td colspan="2">iS=3</td><td colspan="2">iS=7</td></tr>
<tr><td>if(iK++<2)continue;</td><td>continue;</td><td>iK=1</td><td>continue;</td><td>iK=2</td><td>—</td><td>iK=3</td><td></td><td>iK=5</td></tr>
<tr><td>if(iK= =5)break;</td><td colspan="2">—</td><td colspan="2">—</td><td colspan="2">—</td><td colspan="2">break</td></tr>
<tr><td>iK++;</td><td colspan="2">—</td><td colspan="2">—</td><td colspan="2">iK=4</td><td colspan="2"></td></tr>
</table>

5.3　经典算法

在程序设计中，有很多的经典算法是人们在生活实践中逐步积累起来的、逻辑严谨的算法，例如，求级数算法、分离数字算法、求水仙花数、求最大公约数最小公倍数、素数算法、字符图形算法和排序算法等。这些算法可以直接解决一些相对简单的实际问题，不需要从物理建模到数学建模，再采用数值分析方法编写算法的复杂过程。利用这些算法直接编程是学习计算机程序设计语言的最佳途径。下面用几个实例分别介绍用经典算法编制的程序。

5.3.1　求级数算法

求级数算法是经典算法中的一类常用算法，前面介绍的程序中求和、求阶乘和求幂等算法都属于求级数算法，这类算法可以写出其通项公式 t_n，再用递推公式求级数之和。

例 5.9　用近似公式 $\frac{\pi}{4}=1-\frac{1}{3}+\frac{1}{5}-\frac{1}{7}+\frac{1}{9}-\frac{1}{11}+\cdots$ 求 π 的近似值,直到最后一项的绝对值小于 10^{-7} 为止。计算 π 的值 。

解：用级数表示 π 的近似值，求级数的算法与求和、求阶乘和求幂属于同一类算法。根据求级数的递推公式 $pi_n=pi_{n-1}+t_n$，t_n 是通项，本例中通项公式 t=s/(n+2)，s 交替取+1.0 和-1.0，t 和 s 为双精度变量，t 的绝对值收敛，用极限的语言描述循环条件，任给 $\varepsilon>0$，如 ε=1e−7，存在项数 N，当 n>N 时，fabs(t)< 1e−7，退出循环。编写的源程序（文件名为 ex5_9.c）如下：

```
#include <stdio.h>                      // 包含输入/输出流头文件
#include <math.h>                       // 使用数学函数库
int main( )                             // 主函数的返回值为整型
{
  int n=1;                              // 声明符号变量为整型
  double t=1,s=1.0,pi=0;                // 声明循环变量、通项等变量为双精度型
  while((fabs(t))>1e-7)                 // 通项的绝对值小于一个给定的很小数值
   {
    pi=pi+t;                            // 递推公式
    n=n+2;                              // 修改通项分母
    s=-s;                               // 修改通项的符号
    t=s/n;                              // 通项公式
    }
    pi=pi*4;                            // 将求出的 4 分之 pi 转换成 pi
    printf("pi=%f",pi);
    return 0;
}
```

运行结果如下:

pi=3.141592

注意

理论上说浮点数的 0 是一个无限的过程。循环的判断条件不能为 0，根据序列极限理论，给定一个比较小的数如 1e-7，通项 t 的绝对值通过循环运算逐渐趋近于它。表达式 s/n 中 n、s 不能为同时为整型变量，否则，两个整数相除则为整除运算，不能表示浮点数为 0 的无限的过程。

5.3.2 分离数字算法

分离数字算法是将一个给定的数字分离出个位、十位、百位、……等数码，用于编程计算水仙花数、精确到小数点后第 n 位、交换数位等算法。

例 5.10 水仙花数指一个 3 位数，各位数字的立方和等于该数，例如 $153=1^3+5^3+3^3$。

解：求水仙花数采用分离数字算法，将一个三位数百位 a，十位 b 和个位 c 分离出来，判断各位数字的立方和等于该数（文件名为 ex5_10_1.c）。

```
#include <stdio.h>                      // 包含输入/输出流头文件
int main( )                             // 主函数的返回值为整型
{
 int abc,a,b,c;
 for(abc=100;abc<1000;abc++)
 {
    a=abc/100;                          // 分离出百位 a
    b=abc/10%10;                        // 分离出十位 b
    c=abc%10;                           // 分离出个位 c
    if(abc==a*a*a+b*b*b+c*c*c)          //  判断各位数字的立方和等于该数
    printf("abc = %d \t",abc);
 }
 return 0;
}
```

编译、运行后，输出结果如下：

abc = 153　　abc = 370　　abc = 371　　abc = 407

推广到 N 为 4 的花朵数，变量 abcd,a,b,c,d，满足花朵数的条件为：

abcd==a*a*a*a+b*b*b*b+c*c*c*c+d*d*d*d

编制求 N 为 4 的花朵数的程序（文件名为 ex5_10_2.c）如下：

```
#include <stdio.h>
int main( )
{
 int abcd,a,b,c,d;
 for(abcd=1000;abcd<10000;abcd++)
 {
   a=abcd/1000;
   b=abcd/100%10;
   c=abcd/10%10;
   d=abcd%10;
   if(abcd==a*a*a*a+b*b*b*b+c*c*c*c+d*d*d*d)
   printf("abcd = %d\n", abcd);
  }
  return 0;
}
```

编译、运行后，输出结果如下：

abcd = 1634

abcd = 8208

abcd = 9474

5.3.3　求最大公约数和最小公倍数算法

用辗转除法求最大公约数是以欧几里德算法作为数学基础的算法，设有 a、b 两个数（a>b），则 a/b 的商为 q，余数为 r，即 a/b=q……r，或写为 a=bq+r。a,b 的最大公约数等于 b、r 的最大公约数，记为（a,b）=（b,r）。例如：a=32，b=24，32/24=1……8，24/8= 3……0；所以 8 是 32 与 24 的最大公约数，即（32，24）=（24，8）。

例 5.11　分别用辗转除法和辗转减法求最大公约数，用辗转加法求最小公倍数。

解：用辗转除法求最大公约数（文件名为 ex5_11_1.c）：

```
#include <stdio.h>
int main()
{
 int a,b,t,r;
 scanf("%d,%d",&a,&b);
 if(a<b){t=a;a=b;b=t;}
 r=a%b;
 while(r!=0) {a=b;b=r;r=a%b;}
 printf("gcd=%d",b);
 return 0;
}
```

用辗转减法求最大公约数（文件名为 ex5_11_2.c）：

```
#include <stdio.h>
int main()
{
 int  a,b,t,r;
 scanf("%d,%d",&a,&b);
 while(a!=b)
 {
  if(a>b)a=a-b;
  else b=b-a;
 }
 printf("gcd=%d",b);
 return 0;
}
```

用辗转加法求最小公倍数（文件名为 ex5_11_3.c）：

```
#include <stdio.h>
int main()
{
 int  a,b,M,N;
 scanf("%d,%d",&a,&b);
 M=a;
 N=b;
 while(M!=N)
 {
  if(M<N)M=M+a;
  else N=N+b;
 }
  printf("%d",M);
  return 0;
}
```

5.3.4　素数算法

素数算法是通过遍除来寻找素数。当一个数只能被它自身和 1 整除时该数为素数。若能被其他整数整除，则不为素数。遍除时检测除数只需检查到 i*i<=m 即可。

例 5.12　寻找 21～100 之间的全部素数，并计算素数的个数。

解：编写程序（文件名为 ex5_12.c）如下：

```
#include <stdio.h>
#include <math.h>
int main()
{
 int m,i,n=0;
 for(m=21;m<=100;m=m+2)              // 判别 m 是否为素数，m 由 21 变化到 100，增量为 2
 {
  for(i=2; i*i<=m; i++)              // i*i<=m 等价于 i<=sqrt(m)，避免了开方运算
    if(m%i==0) break;                // m%i = = 0 则 m 不是素数，不用往下计算
  if(i*i >= m+1)                     // 遍除后，保持 i*i >= m+1，则 m 为素数
   { printf("%d ",m); n++;           // 输出素数，并计算素数的个数和 n
  if(n%10==0) printf("\n");}         // 输出 10 个素数换一行
 }
 printf("n=%d",n);                   // 输出素数的个数
 return 0;
}
```

5.3.5　字符表示数值的运算方法

在智力竞赛中，经常用字母表示不同的数值，通过给定算式，得出各字母表示的数值。这类算法中隐含着不同的字符表示不同的数值，数位的不同，权值不同。

例 5.13　下列乘法算式中：赛软件 * 比赛 = 软件比拼，每个汉字代表 1 个数字（0-9），相同的汉字代表相同的数字，不同的汉字代表不同的数字。试编程确定使得整个算式成立的数字组合，如有多种情况，请给出所有可能的答案。

解：分别用变量表示汉字：s-赛，r-软，j-件，b-比，p-拼，汉字乘法算式表示成：

(s*100+r*10+j)*(b*10+s) = = (r*1000+j*100+b*10+p)

相同的汉字代表相同的数字，不同的汉字代表不同的数字。用逻辑表达式表示如下：

s!=r && s!=j && s!=b && s!=p && r!=j && r!=b && r!=p && j!=b && j!=p && b!=p

编制程序（文件名为 ex5_13.c）如下：

```
#include <stdio.h>
int main()
{
 int s,r,j,b,p;
  for(s = 0; s <= 9; s++) {
     for(r = 0; r <= 9; r++) {
        for(j = 0; j <= 9; j++) {
              for(b = 0; b <= 9; b++) {
                   for(p = 0; p <= 9; p++) {
     if((s*100+r*10+j)*(b*10+s)==(r*1000+j*100+b*10+p) && s!=r && s!=j && s!=b
&& s!=p && r!=j && r!=b && r!=p && j!=b && j!=p && b!=p)
```

```
        printf("s = %d, r = %d, j = %d, b = %d, p = %d \n",s, r, j, b, p);
                                                                }
                                                            }
                                                        }
                                                    }
                                                }
        return 0;
}
```

编译、运行该程序，输出结果如下：

s = 4, r = 6, j =　5, b =　1, p = 0

乘法算式为：465 * 14 = 6510。

5.4　语句标号与 goto 语句

5.4.1　语句标号

语句标号的命名规则与标识符的命名规则相同，语句标号以冒号结尾，在语句标号和语句之间起分隔作用，例如："a1: ""b2:" 和 "abc" 等。不能使用数字（如 "6:"、"8:" 等）或数字开头的字符串（如 2ab）作标号，不能用关键字作标号。

5.4.2　goto 语句

goto 语句是无条件跳转语句，与语句标号搭配作用。

语法：goto　语句标号

语义：goto　无条件跳转语句的关键字，语句标号指跳转目标，表示跳转到标号指定的语句开始执行。

语用：使用 goto 语句可以跳转到程序中任意指定的位置继续执行，可以组成分支选择结构或循环结构。但该语句可以破坏程序结构，容易造成人们理解上的困难，是早期非结构化程序设计中常作用的语句，在结构化程序设计中尽量少用该语句。

5.4.3　使用 if-goto 构成循环

使用 if 语句判断循环的条件，条件为真，用 goto 语句实现向前跳转；条件为假，退出循环。

语法：

语句标号　语句

……

if (表达式) goto　语句标号

例 5.14　用 if/goto 构成循环计算 power=x^8。

解：编制的源程序（文件名为 ex5_14.c）如下：

```
#include <stdio.h>
int main( )
{
 int  iK=0 ;
 float  fX;
 double  dPower=1.0;
 scanf ("%f", &fX);
```

```
    start: iK++;
    dPower *= fX ;
    if (iK<8) goto start;
    printf ("power=%f", dPower);
    return 0;
}
```

运行程序，输入 0.8，输出结果如下：

power = 0.167772

5.5 练习题

1. 判断题（共 10 小题，每题 2 分，共 20 分）

（1）循环语句是指重复执行两次及两次以上的语句。 （ ）

（2）do-while 循环语句属于当型循环语句。 （ ）

（3）只要含有 goto 语句的程序都是非结构化程序。 （ ）

（4）每执行一次循环体，必须要修改循环变量，使循环变量朝出口条件变化。 （ ）

（5）do-while 循环与 while 循环的循环终止条件不同，do-while 循环是当表达式的值为 0 执行循环体，当表达式的值非 0，退出循环体。 （ ）

（6）for 循环中用 2 个分号分割三个表达式，分号是分割符不是表达式语句。 （ ）

（7）for 循环中的表达式 3 是在判断表达式 2 后，执行循环体之前执行。 （ ）

（8）for 语句中的表达式可以全部省略，但两个分号“;”不能省略。 （ ）

（9）break 语句只能用于循环结构，不能在其他结构中使用。 （ ）

（10）continue 语句是跳过本次循环体中余下未执行的语句，继续判断下一次循环条件。（ ）

2. 单选题（共 10 小题，每题 2 分，共 20 分）

（1）已知整型变量 a = 8，执行 C 语句 while (a -- >4) -- a; printf ("a = %d", a);后，输出的结果是（ ）。

A. a = 3　　B. a = 4　　C. a = 5　　D. a = 7

（2）已知整型变量 a = 8，执行 C 语句 while (a -- <4) -- a; printf ("a = %d", a);后，输出的结果是（ ）。

A. a = 3　　B. a = 4　　C. a = 5　　D. a = 7

（3）已知整型变量 num=0; 执行 C 语句 while (num<=2) { num++; printf("%d ",num);}后，输出的结果是（ ）。

A. 1　　B. 2 2　　C. 1 2 3　　D. 1 2 3 4

（4）已知整型变量 x=3; 执行 C 语句 do { printf("%3d",x-=2); } while (!(--x));后，输出的结果是（ ）。

A. 1　　B. 1 -2　　C. 3 0　　D. 死循环

（5）已知整型变量 i, sum=0，执行下面 C 程序后，输出结果是（ ）。

```
#include<stdio.h>                    //（文件名：zys_1,c）
int main()
{
int i, sum=0;
```

```
for(i=1;i<6;i++)  sum+=sum;
printf("%d/n",sum);
return 0;
}
```

A. 0　　B. 不确定　　C. 14　　D. 15

（6）已知整型变量 x=4; 执行 C 语句 while(x--); printf("%d\n", x);后，输出结果是（　　）。

A. -1　　B. 0　　C. 3　　D. 4

（7）下面程序的输出结果是（　　）。

A. 9　　B. 10　　C. 11　　D. 12

```
#include <stdio.h>                    // (文件名为 zy5_2.c)
int main()
{
 int k,j,s;
 for(k=2;k<6;k++,k++)
 {
  s=1;
  for (j=k;j<6;j++)s+=j;
 }
 printf("%d\n",s);
 return 0;
}
```

（8）以下程序段的输出是（　　）。

A. 12　　B. 15　　C. 20　　D. 25

```
#include <stdio.h>                    // (文件名为 zy5_3.c)
int main()
{
 int i,j,m=0;
 for (i=1;i<=15;i+=4)
 for (j=3;j<=19;j+=4)
 m++;
 printf("%d\n",m);
 return 0;
}
```

（9）下面程序的输出是（　　）。

A. 10　　B. 100　　C. 200　　D. 1024

```
#include <stdio.h>                    // (文件名为 zy5_4.c)
int main()
{
 int k=1,n=10,m=1;
 while (k<=n)
 {
  m*=2;k++;
 }
 printf("%d",m);
 return 0;
}
```

（10）执行下面的程序后，i 的值为（　　）。

A. 3　　B. 2　　C. 1　　D. 0

```
#include <stdio.h>              // （文件名为 zy5_5.c）
int main( )
{
 int i,j,s=0;
 for(i=0,j=4; i<=j+1; i++, j--)
 s+=i;
 printf("%d \n",i);
 return 0;
}
```

3. 填空题（共 10 小题，每题 2 分，共 20 分）

（1）循环结构的循环变量、循环（　　）和（　　）称为循环结构的三要素。

（2）（　　）循环语句和（　　）循环语句是当型循环语句，for 循环是增量循环语句。

（3）while 循环是先判断循环终止条件，当表达式的值（　　），执行循环体，当表达式的值（　　）退出循环的循环语句。

（4）do-while 循环是先（　　），再（　　）的循环语句。

（5）for 循环中的表达式 1 表示循环变量的（　　）;（　　）表示根据增量表达式修改循环变量。

（6）for 循环中的表达式 2 判断（　　）的关系表达式，表达式 2 可以与（　　）无关。

（7）嵌套的循环结构是指循环语句的（　　）又包含另一个（　　），形成循环套循环的语句结构。

（8）C 语言的平面坐标系由向（　　）的 x 轴和向（　　）的 y 轴组成的坐标系。

（9）在多分支结构中用 break 语句跳出（　　）。在循环结构中，用 break 语句跳出（　　）。

（10）（　　）是无条件跳转语句，与（　　）配合使用。

4. 简答题（共 5 小题，每题 4 分，共 20 分）

（1）什么叫循环结构？

（2）分析 while 循环与 do-while 循环的差异。

（3）什么是 for 循环？for 循环如何执行？

（4）分析 break 语句和 continue 语句的差异。

（5）什么是经典算法？

5. 编程题（共 5 小题，每题 4 分，共 20 分）

（1）求和算法

例 5.15 编写求 1-3+5-7+…-19+21 之值的程序。

（2）鸡兔同笼

例 5.16 鸡兔同笼有头 15 个，脚 40 只，试用循环查找求笼中鸡有多少只？兔有多少只？

（3）九九乘法表

例 5.17 编制九九乘法表，分别用矩形、上三角形和下三角形三种方式输出结果。

（4）分类统计字符

例 5.18 输入一字符串，分别统计出其中英文字母、空格、数字和其他字符的个数。

（5）分离数字算法

例 5.19 试编程求十进制轮巡数 142857 的 1 倍、2 倍、3 倍、4 倍、5 倍和 6 倍值的数码之和。

第 6 章 数　　组

数组是一组具有相同类型数据的有序元素的集合。数组属于构造类型，由基本类型数据按一定规则构造而成。数组有数组名和下标两个要素，数组名是数组整体的命名，表示数组的首地址。下标表示数组元素的序号，用方括号括起的序号表示下标，数组名和下标可以唯一地标识数组中的任意一个元素。

数组具有同类型属性，同一数组中的每一个元素都必须属于同一数据类型。声明数组类型的方法与声明变量类型的方法相同，可以在声明语句中同时声明数组与变量的类型并给数组与变量赋初值。数组必须先声明，后使用。声明了数组后，数组以数组名作为首地址在内存中占一片连续的存储单元，数组元素在内存中顺序、连续地存储数据，每一个元素根据数据类型占据相同长度的数据单元，例如，在 VC 中定义整型数组 iA[4]后，数组的 4 个元素，每一个元素都占 4 个字节。下面从程序案例认识数组的编程方法。

例 6.1　已知字符数组的初值 chA[7]={'A','B','C','D','E','!','\0'}，整型数组的初值 iB[6]={7, 3, 9, 8, 10, 0}，输出对应元素相加后字符数组的值。

解：编制程序（文件名为 ex6_1. c）如下：

```
#include "stdio.h"                                     // 包含标准输入/输出头文件
int main( )                                            // 主函数
{                                                      // 函数体开始
 char chA[7]={'A','B','C','D','E','!','\0'} ;          // 声明字符数组并赋初值
 int  iK, iB[6]={7, 3, 9, 8, 10, 0};                   // 声明整型变量与整型数组并赋初值
 for(iK=0; iK<6; iK++)chA[iK] += iB[iK] ;              // 对应数组元素相加产赋给字符数组
 printf("%s",chA);                                     // 输出字符数组
 return 0;
}                                                      // 函数体结束
```

编译、运行程序，输出窗口输出结果如下：

HELLO!

由以上程序可知，变量是指定类型的单个数据元素，数组是多个相同类型数据元素的有序集合，数组由数组名和下标组成，声明数组类型与声明变量类型的方法相同，可以给数组元素赋初值，声明数组元素时数组下标的值表示数组元素的长度；引用数组元素时，数组下标的值表示当前序号的数组元素，每个数组元素可以看成是一个变量进行计算和处理，用循环语句，构成对整个数组元素的运算。字符数组的输出用格式控制符“%s”，输出从数组首地址到'\0'前的字符串。

数组按其下标的个数可分为一维数组、二维数组和多维数组；按数组元素的数据类型可分为整型数组、实型数组和字符数组等。本章先讨论整型数组、实型数组，后讨论字符数组。依次

介绍数组的定义、数组的初始化、数组的存储、数组的引用、数组的输入输出，数组的应用等内容。

6.1 整型数组与实型数组

6.1.1 一维数组

1. 一维数组的定义

一维数组指只有 1 个下标的数组，与简单变量一样，数组也必须先声明，后使用。

（1）语法

声明一维数组的语法格式为：

类型标识符　数组名[整型常量表达式];

例如：int　iA[4];

（2）语义

类型标识符指定数组的类型，数组为整型，每个数组元素占 4 个字节，数组名是用户为数组整体命名，表示数组的首地址，是地址常量。一对方括号[]表示一维数组，方括号中整型常量表达式的值表示数组元素的个数，表示数组的长度。定义一个整型数组 iA，该数组有 4 个数组元素，元素的下标是从 0 开始计数，分别是 iA[0]、iA[1]、iA[2]、iA[3]，其数据类型都为整型，首地址为 iA，各元素在内存中顺序存放。

（3）语用

定义数组时应注意以下几点。

① 类型标识符表明数组中的每个元素具有相同的数据类型，常用的类型标识符有 int、float、double 和 char 等。

② 数组名的命名规则与标识符的命名规则相同。

③ 方括号中的整型常量表达式的值是正整数，表示数组的长度，即数组元素的个数。注意不要把方括号错用作圆括号。例如，下面用法是错误的：

```
int  iA(4);
```

④ 整型常量表达式可以使用包括符号常量，例如，允许用下列定义方式：

```
#define  N  4
int  iA[N];
```

⑤ C99 支持动态数组，允许对数组的长度作动态定义，将整型常量表达式扩展成整型变量。例如，下面是动态数组的程序：

```
#include "stdio.h"                  // 包含标准输入/输出头文件
int main( )                         // 主函数
{                                   // 函数体开始
   int iK;                          // 声明变量 iK
   scanf ("%d",&iK);                // 输入变量值，如 6
   int iA[iK];                      // 声明动态数组 iA
   scanf("%s",iA);                  // 输入字符串，如"Hello"
```

```
    printf("%s",iA);                    // 输出字符串
    return 0;                           // 程序正常结束
}                                       // 函数体结束
```

VC 6.0 不支持动态数组，不能用以上程序，Dev-C++支持动态数组，可以用以上程序。

⑥ 数据类型相同的数组、变量可以用一个类型标识符同时说明，数组和变量间用逗号分隔，例如：

```
char  chA[4], chB[3][3], chC;
float  fA[4], fB[8], fX, fY;
```

2. 一维数组的初始化

数组的初始化指在定义数组时，给数组元素赋初值，可以给部分元素赋初值，也可以给全部元素赋初值。

（1）语法

类型标识符　　数组名[整型常量表达式]={值 1, 值 2, 值 3,……, 值 n}；

（2）语义

一维数组定义部分的语义基本同前，用一对花括号括起各元素的数据初值，数据间使用逗号分隔。初值的个数可以少于元素的个数，各元素按顺序从前到后依次赋值，初值不足的元素赋 0 值。当给出全部初值时，方括号内的整型常量表达式可以缺省。

（3）语用

用户对数组初始化时，注意以下几点。

① 可以给全部数组元素赋值，例如：

```
short  int  siA[4] = {1, 2, 3, 4};
```

花括号{ }中的数据依次存储在内存中，每个存储单元占 2 个字节，不同的数据类型存储单元占据的字节数不同，图解表示时按单元存储数据。数组 siA 的存储状态图如图 6-1 所示。

siA[0]	siA[1]	siA[2]	siA[3]
1	2	3	4

图 6-1　数组 siA 的存储状态图

② 给全部数组元素赋初值，当列出全部的初值时，可不指定数组长度。例如：

```
int  iA[ ]= {1, 2, 3, 4};
```

此时，根据花括号中的 4 个数据，系统将自动定义数组 iA 的实际长度为 4，初始化后每个数据占 4 个字节。

③ 给部分数组元素赋初值，各元素按顺序从前到后依次赋值，初值不足的元素赋 0 值。例如：

```
float  fB[5]= {4.0, 2.0, 3.0 };
```

初始化后数组 fB 的存储状态如图 6-2 所示。

fB[0]	fB[1]	fB[2]	fB[3]	fB[4]
4.0	2.0	3.0	0.0	0.0

图 6-2　数组 fB 的存储状态图

可见，3 个数据依次初始化前 3 个数组元素 fB[0]、fB[1]和 fB[2]，未赋初值的后 2 个数组元素的初值自动定为 0。

对部分数组元素赋初值时，由于数组长度与提供的初值不相同，所以数组长度不能省略。如果 int fB[ ]= {4.0, 2.0, 3.0}，编译系统会认为初值是全部的，fB 数组的长度是 3 而不是 5。

④ 给数组元素赋相同值时，需要全部书写。例如，要使一个数组中全部元素为 1，可以写成：

```
int  iA[5]={1,1,1,1,1};
```

不能写成：int iA[5]={5*1}

3. 一维数组元素的引用

数组必须先定义，然后引用。

（1）语法

引用一维数组首地址：数组名

引用一维数组元素：数组名[下标]

引用一维数组元素地址：&数组名[下标]

（2）语义

数组名为已定义数组的名称，代表数组的首地址，方括号中的下标指元素的序号，从 0 开始计数，直到数组长度 N-1。

（3）语用

引用数组时，注意以下几点。

① 下标可以用整型常量或整型表达式。例如：

```
int   iA[8]={1,2,3,4,5,6,7,8};
iA[0] = iA[1] + iA[2*3] - iA[7];
```

② 引用数组时注意不要超越上、下界。例如：

```
int  iA[8] = {1,2,3,4,5,6,7,8};
iA[0 ] = iA[1] + iA[2*4] - iA[7];
iA[0] = iA[8]+iA[ 2*3 ]-iA[7];      iA[0 ]= iA[1]+iA[ -1 ];
```

根据数组定义，整型数组 iA[8]，数组的长度为 8，有 8 个元素 iA[0]、iA[1]、……、iA[7]，引用 iA[2*4]和 iA[8] 超越上界， iA[-1] 超越下界。

③ 数组名只代表数组的首地址，是地址常量，不代表整个数组中全部元素的值。不能将数组名与变量的值进行运算。例如：

```
int  iA[8]={1,2,3,4,5,6,7,8},iB;
iB = iA+2;         //  iB 是变量，iA 是数组的首地址，不能进行运算。
```

④ 引用数组应该逐个引用数组元素的值，用循环语句为数组赋值，例如：

```
for (iK=0; iK<=7; iK ++)  iA[iK] = ++iK;
```

4. 一维数组应用举例

（1）求最大值与最小值

例 6.2 任意输入 10 个学生某一课程的成绩，“88　86　65　90　76　78　79　92　83　74”，试编程求最高分和最低分。

解：编制源程序如下（文件名为 ex6_2. c）：

```
#include  "stdio.h"
int main( )
{
 int  iA[10], iK, iMax, iMin ;
  printf ("input 10 number ");
```

```
    for (iK=0; iK<10; iK++)  scanf("%d",&iA[iK]);
    iMax = iA[0] ;
    iMin = iA[0] ;
    for (iK=1; iK<10; iK++)
     {
       if(iA[iK]>iMax) iMax=iA[iK];
       if(iA[iK]<iMin) iMin=iA[iK];
     }
    printf("max=%d,min=%d\n",iMax,iMin);
    return 0;
}
```

运行程序，输入 10 个整数：88　86　65　90　76　78　79　92　83　74 后，程序运行结果如下：

max = 92, min = 65

（2）冒泡排序算法

冒泡排序算法是经典的排序算法，要将 n 个整数按由小到大升序排列可以使用冒泡排序算法。下面以 6 个整数{3 6 7 2 9 4}分析冒泡排序的设计思路，其基本思想是依次将 6 个数两两比较，通过比较决定是否交换，使小数浮起，大数沉下，第 1 轮比较将最大的数逐步“沉入”数组的底部；第 2 轮比较将剩下的 5 个数两两比较，将第 2 大的数沉到第 2 轮的底部；依此类推直到比较完毕。冒泡排序原理如图 6-3 所示。

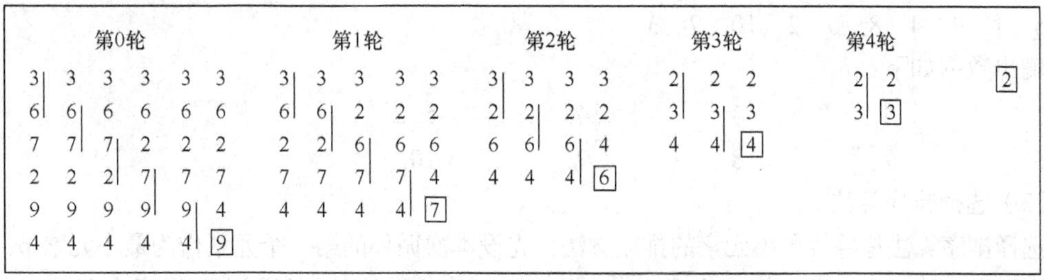

```
第0轮            第1轮          第2轮        第3轮      第4轮
3 3 3 3 3 3      3 3 3 3 3      3 3 3 3      2 2 2      2 2    [2]
6 6 6 6 6 6      6 6 2 2 2      2 2 2 2      3 3 3      3 [3]
7 7 7 2 2 2      2 2 6 6 6      6 6 6 4      4 4 [4]
2 2 2 7 7 7      7 7 7 7 4      4 4 4 [6]
9 9 9 9 9 4      4 4 4 4 [7]
4 4 4 4 4 [9]
```

图 6-3　冒泡排序原理图

冒泡排序算法：将 n 个整数放置在 n 个数组单元 iA[0]~iA[n−1]内。每 1 轮作为外层循环，从第 0 轮开始计数 iY=0，一共循环 n−1 轮，即外层循环终值 iY<n−1。每一步比较作为内层循环，执行每一元素与下一个元素的比较，内层循环从第 0 个元素开始计数 iX = 0，比较到 iX<n−1−iY 步，每步比较相邻两个元素 iA[iX]和 iA[iX+1]，若 iA[iX]>iA[iX+1]，两两交换，否则不变，使大数沉下。用程序描述上述算法为：

```
for (iY=0; iY<n-1; iY++)              //  外层循环从第 0 轮 iY=0 到 iY<n-1 轮
{
 for (iX=0; iX< n-1-iY; iX++)         //  内层循环从第 0 步 iX=0 到 iX<n-1-iY 步
      if (iA[iX]>iA[iX+1])            //  计算(iA[iX]>iA[iX+1])，为真交换，否则不变
         { t = iA[iX]; iA[iX] = iA[iX+1]; iA[iX+1]= t ; }      //交换 iA[iX]
                                                                和 iA[iX+1]
}
```

例 6.3　输入 10 个整数，试用冒泡排序算法编写程序，将 10 个整数按由小到大升序排列。

解：首先用循环语句输入 10 个整数，再用冒泡排序算法对数据排序，最后用循环语句按每行输出 5 个数据，每个数据占 10 个半角输出数据（文件名为 ex6_3. c）。

```
#include "stdio.h"
```

```
int main( )
{
 int  iA[10], iY, iX, t;
 printf ("input 10 number ");                        //   提示输入信息
   for (iX=0; iX<10; iX++)  scanf("%d",&iA[iX]);      //  输入 10 个整数
   for (iY=0; iY<9; iY++)                  //  外层循环从第 0 轮 iY=0 到 iY<n-1 轮
    {
      for (iX=0; iX< 9-iY; iX++)       //  内层循环从第 0 步 iX=0 到 iX<n-1-iY 步
      if (iA[iX]>iA[iX+1])        //  若(iA[iX]>iA[iX+1]，交换 iA[iX]和 iA[iX+1]，
否则不变
      { t = iA[iX]; iA[iX] = iA[iX+1]; iA[iX+1]= t ; }
    }
    printf("\n");              //  换行
    for (iX=0; iX<10; iX++)       //  用循环语句输出
    {
      if (iX%5 == 0) printf("\n");  //  每行输出 5 个数据
      printf("%10d",iA[iX]);         //  第个数据宽度为 10 个半角
   }
  return 0;
}
```

编译、运行程序，输入数据：

5 1 9 4 8 6 2 10 7 3

输出数据如下：

```
1          2          3          4          5
6          7          8          9          10
```

（3）选择排序算法

选择排序算法是寻找最小元素的排序方法，先设本次循环的第一个元素作为最小元素 p，依次将最小元素与第 2 个元素、第 3 个元素……第 n 个元素进行比较，只要当前元素小于最小元素，则将此元素作为当前最小元素与后面的元素进行比较，比较一轮后的最小元素与当前第一个元素交换位置，将最小元素保存在本轮第一个元素的位置。选择排序原理如图 6-4 所示。

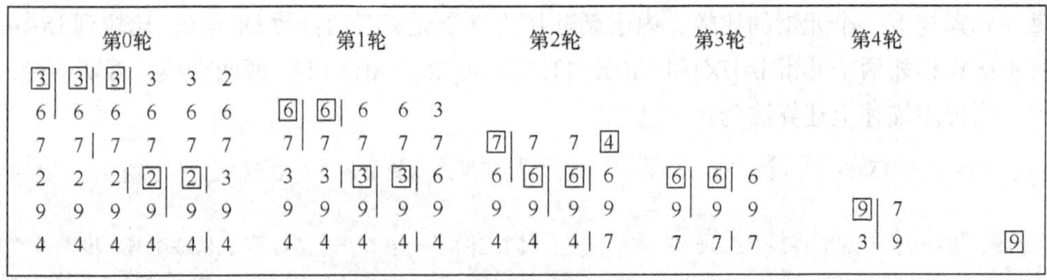

图 6-4 选择排序原理图

例 6.4 已知变量定义 int a[]={7,2,5,8,0,3,9,1,4,6}, b,i,j ; 用选择算法排序。

解：用选择算法排序编制程序（文件名为 ex6_4. c）如下：

```
#include <stdio.h>
#define N 10
int main()
{
```

```
int a[]={7,2,5,8,0,3,9,1,4,6},p,s, iY, iX ;
for(iY=0; iY<N; iY++)
{
    p=iY;
    for(iX=iY+1; iX<N; iX++)
    if(a[p]>a[iX]) { p=iX; }
       if(iY!=p)
          {s=a[iY];
           a[iY]=a[p];
           a[p]=s; }
           printf("%4d",a[iY]);
}
 printf("\n");
 return 0;
}
```

6.1.2　二维数组

具有两个下标的数组称为二维数组，数组的维数与下标个数对应，二维数组用于处理矩阵、平面图形等数据。与一维数组一样，二维数组也必须先定义，后使用。

1．二维数组的定义

（1）语法

类型说明符　数组名[整型常量表达式] [整型常量表达式];

例如：float　　fA [3] [4] ;

（2）语义

类型标识符指定数组的类型，数组名是用户为二维数组整体命名，表示二维数组的首地址，是地址常量。第 1 个方括号[ ]表示行标，方括号中整型常量表达式的值表示数组的行数。第 2 个方括号[ ]表示列标，方括号中整型常量表达式的值表示数组的列数。定义 fA 为 3 行 4 列的单精度型数组，共有 12 个数组元素，行和列的下标都是从 0 开始计数。12 个数组元素按行列顺序排列如图 6-5 所示。

fA[0][0]	fA[0][1]	fA[0][2]	fA[0][3]
fA[1][0]	fA[1][1]	fA[1][2]	fA[1][3]
fA[2][0]	fA[2][1]	fA[2][2]	fA[2][3]

二维表	[0]	[1]	[2]	[3]
fA[0]				
fA[1]				
fA[2]				

图 6-5　二维数组元素及二维表

二维数组元素存储的顺序按先行后列从低到高依次存储，数组 x 存储空间分配如图 6-6 所示。

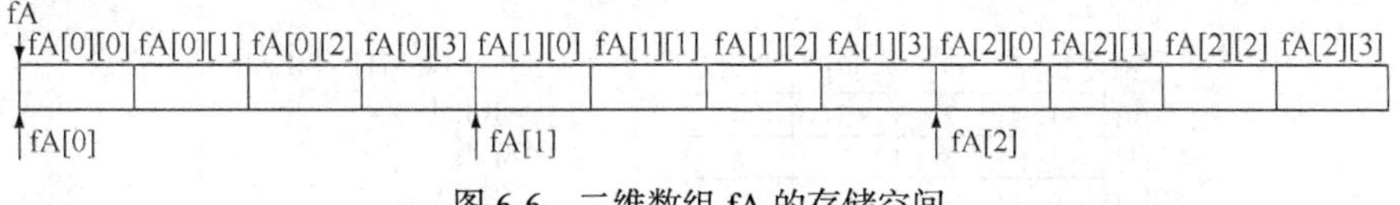

图 6-6　二维数组 fA 的存储空间

（3）语用

用户定义二维数组时，注意以下几点：

① 数组可以与变量同时定义，可以同时定义一维、二维和多维数组。例如。

```
float   fA[6], fB [3][4], fC[3][4][3], fD;
```

② 二维数组定义语句中下标不能写成 iX [3, 4]或 iX (3) (4)。

③ 定义二维数组 int　iX[3][4]后，可以把二维数组看作特殊的一维数组，把 iX 看作是一维数组，数组的 3 个行标 iX[0]、iX[1]和 iX[2]作为数组的 3 个元素。进而可以把 3 个行标看作 3 个一维数组名，每个一维数组名又有 4 个元素。例如，行标 iX[0]作为数组名，4 个元素分别为：

iX[0] [0]　　　iX[0] [1]　　　iX[0] [2]　　　iX[0] [3]

④ 根据二维数组的定义和存储可以推广到多维数组，如 int　iB[4][3][2]，多维数组的存储按下标位置和下标大小依次排序。

iB[0][0][0]→ iB[0][0][1] → iB[0][1][0] → iB[0][1][1] → iB[0][2][0]→ iB[0][2][1] → iB[1][0][0] → iB[1][0][1] →iB[1][1][0]→ iB[1][1][1] → iB[1][2][0] → iB[1][2][1] → iB[2][0][0]→ iB[2][0][1] → iB[2][1][0] → iB[2][1][1] → iB[2][2][0]→ iB[2][2][1] → iB[3][0][0] → iB[3][0][1] → iB[3][1][0]→ iB[3][1][1] → iB[3][2][0] → iB[3][2][1]

2. 二维数组的初始化

二维数组初始化时，数据可以全部连续地书写在一个花括号内，也可以在花括号内嵌套花括号，内层的花括号数取决于行标的值。

（1）语法

语法 1：类型标识符　数组名 [整型常量表达式] [整型常量表达式]={值 1, 值 2, 值 3,……, 值 n};

语法 2：类型标识符　数组名整型[常量表达式] [整型常量表达式]={ { …}, {…},……, {…} };

（2）语义

定义二维数组的同时，用一对花括号内的数据为二维数组赋初值，数据间使用逗号分隔。初值的个数可以少于元素的个数，各元素按存储顺序从前到后依次赋值，初值不够的元素赋 0 值。当给出全部初值时，行标的整型常量表达式可以缺省。

定义二维数组的同时，用花括号内嵌套花括号的数据为二维数组赋初值，第 1 个内嵌花括号的值依次赋给第 1 行，第 2 个内嵌花括号的值依次赋给第 2 行，……每对花括号中的数据可以少于元素的个数，各行元素按存储顺序从前到后依次赋值，该行初值不够的元素赋 0 值。当给出全部初值时，行标的常量表达式可以缺省。

（3）语用

用户对二维数组初始化时，注意以下几点：

① 将所有数组元素初值全部连续地书写在一个花括号内，之间使用逗号分隔，按数组元素在内存中的排列顺序对各元素赋值。例如：

int　iX[3][4]={1,2,3,4,5,6,7,8,9,10,11,12};　//　写成二维表或矩阵形式如图 6-7 所示。

二维表	[0]	[1]	[2]	[3]
iX[0]	1	2	3	4
iX[1]	5	6	7	8
iX[2]	9	10	11	12

（a）二维表描述

	[0]	[1]	[2]	[3]
iX[0]	1	2	3	4
iX[1]	5	6	7	8
iX[2]	9	10	11	12

（b）矩阵描述

图 6-7　二维数组的描述

② 若对数组全部元素都赋初值，则定义数组时，可缺省行标的常量表达式，不能缺省列标的常量表达式。例如：

int　iX[ ][4] = {1,2,3,4,5,6,7,8,9,10,11,12};

系统会根据花括号的 12 个数据和每行 4 列，确定数组为 3 行。不能写成：

int　iX[3][ ] = {1,2,3,4,5,6,7,8,9,10,11,12};　或 int　iB[ ][ ] = {1,2,3,4,5,6,7,8,9,10,11,12};

因为系统无法确定 iB 数组每行有几列或无法确定 iB 数组的行标、列标。

③ 可以只对部分元素赋值，初值不够的元素赋 0 值。

例如：

int　iX[3][4] = {1, 2, 3, 4, 5, 6};　　//　初始化的结果如图 6-8 所示。

二维表	[0]	[1]	[2]	[3]
iX[0]	1	2	3	4
iX[1]	5	6	0	0
iX[2]	0	0	0	0

（a）二维表描述

	[0]	[1]	[2]	[3]
iX[0]	1	2	3	4
iX[1]	5	6	0	0
iX[2]	0	0	0	0

（b）矩阵描述

图 6-8　部分元素初始化的描述

④ 分行为二维数组赋初值的方法清晰、直观。例如：

int　iX[3][4] = {{1,2,3,4},{5,6,7,8},{9,10,11,12}};

⑤ 可以只对数组的部分行赋初值。例如：

int　iX[3][4]= {{ 0 }, {5,6,7,8}, {9,10,11,12}};

int　iY [3][4]= {{1,2,3,4}, { 0 }, {9,10,11,12}};

int　iZ [3][4]={{1,2,3,4}, {5,6,7,8}};

初始化后，数组 x、y、z 中各元素值如图 6-9 所示。

	[0]	[1]	[2]	[3]
iX[0]	0	0	0	0
iX[1]	5	6	7	8
iX[2]	9	10	11	12

（a）数组 x

	[0]	[1]	[2]	[3]
iY[0]	1	2	3	4
iY[1]	0	0	0	0
iY[2]	9	10	11	12

（b）数组 y

	[0]	[1]	[2]	[3]
iZ[0]	1	2	3	4
iZ[1]	5	6	7	8
iZ[2]	0	0	0	0

（c）数组 z

图 6-9　对部分行赋初值

⑥ 可以只对数组的部分元素赋初值。例如：

int　iX [3][4]={{1, 0 ,3},{0 ,6,7},{0,0 ,11}};

int　iY [3][4]={{1,2},{ 0 },{9}};

int　iZ[3][4]={{1,2},{5,6 }};

初始化后数组 iX 各元素值如图 6-10 所示。

	[0]	[1]	[2]	[3]
iX[0]	1	0	3	0
iX[1]	0	6	7	0
iX[2]	0	0	11	0

（a）数组 x

	[0]	[1]	[2]	[3]
iY[0]	1	2	0	0
iY[1]	0	0	0	0
iY[2]	9	0	0	0

（b）数组 y

	[0]	[1]	[2]	[3]
iZ[0]	1	2	0	0
iZ[1]	5	6	0	0
iZ[2]	0	0	0	0

（c）数组 z

图 6-10　对部分行赋初值

⑦ 分行赋初值时，可以省略行标的长度，但不能缺省列标。例如：

int　iX [ ][4]={{1,2,3,4},{5,6,7,8},{9,10,11,12}};

int　iY [ ][4]={{1,2},{5},{0, 10}}

但不能写成：

int iX[3][ ]={{1,2,3,4},{5,6,7,8},{9,10,11,12}};

int iY [3][ ]={{1,2},{5},{0, 10}}

int iZ[ ][ ]={{1,2,3,4},{5,6},{0,10}}

⑧ 若定义二维数组时没有初始化，则每个下标中的常量表达式都不能省略。例如，下面定义都是错误的定义：

int iX [ ][4]; int iY [3][ ]; int iZ [ ][ ];

⑨ 三维数组的初始化可以定义为：

int iX [2][3][2]={ 1,2,3,4,5,6,7,8,9,10,11,12};

int iY[2][3][2]={ {{1,2},{3,4},{5,6}},{{7,8},{9,10},{11,12}}};

3. 二维数组元素的引用

引用二维数组与引用一维数组一样，必须对二维数组和多维数组先定义，后引用。

（1）语法

引用二维数组首地址：　　　数组名

引用二维数组元素：　　　　数组名[下标][下标]

引用二维数组行首地址：　　数组名[下标]

引用二维数组元素首地址：　&数组名[下标][下标]

例如：iA[1][0] = iA[1][1]+iA[1][2];

（2）语义

数组名为已定义二维数组的名称，代表二维数组的首地址，第 1 个方括号中的下标代表引用元素行的序号；第 2 个方括号中的下标代表引用元素列的序号。数组元素 iA[1][2] 引用的是 1 行 2 列的数组元素。

（3）语用

引用二维数组时，注意以下几点。

① 二维数组的两个下标可以用整型常量或整型表达式。例如：

iX[5-3][4*2-7];　　　iY[2*2-3][2+1];　　　iX[2][0] = iX[1+1][1]+iX[1][2+1];

② 引用二维数组的下标书写要规范，不要写成 iX[2，2]、iX(2)(3)等形式。

③ 引用二维数组元素时，每一维下标都不能越界。一个 M 行 N 列的二维数组，第一维和第二维下标的上限值分别是 M - 1 和 N - 1。

例如：定义“float fX[3][4]”的二维数组，引用 fX[0][4]、 fX[3][2] 或 fX[3][4]都产生越界错误。

④ 引用二维数组元素时，只能逐个引用数组元素的值，不能一次引用整个数组中的全部元素的值。通常用循环的嵌套处理数组中的每个元素。例如：用二重循环对二维数组进行初始化。

```
for ( i Y= 0; iY<3; iY++)                    /*  外循环控制行变化  */
  for (iX =0; iX<4; iX++)                    /*  内循环控制列变化  */
      c[iY][iX] = 0;                         /*  为每个数组元素赋 0 值 */
```

⑤ 引用三维数组元素的形式是：

数组名[下标][下标] [下标]

例如 iY[1][2][1]，iY[2*2 - 3][1+1][3 - 2]等，引用时每一维下标都不能越界。

4. 二维数组程序举例

例 6.5 求矩阵 iA、iB 之和，结果存入矩阵 iC 中，并按矩阵形式输出矩阵 iC（文件名为 ex6_5.c）

```
#include  "stdio.h"
int main( )
{
 int  iA[3][4]={{3,-2,7,5},{1,0,4,-3},{6,8,0,2}};
 int  iB[3][4]={{-2,0,1,4},{5,-1,7,6},{6,8,0,2}};
 int  iX, iY, iC[3][4];
 for(iY=0; iY<3; iY++)                          /*  外循环控制行变化  */
    for(iX=0; iX<4; iX++)                       /*  内循环控制列变化  */
     iC[iY][iX] = iA[iY][iX] + iB[iY][iX] ;     /*  求矩阵 iA 与 iB 之和，结果存入矩阵 iC
中  */
 for(iY=0; iY<3; iY++)
    { for(iX=0; iX<4; iX++)
      printf("%4d", iC[iY][iX]);
      printf("\n");              /*  输出一行后换行，按矩阵形式输出矩阵 iC*/
 }
 return 0;
}
```

运行后输出结果如下：

```
1   -2   8   9
6   -1   11  3
12  16   0   4
```

用循环语句处理二维数组元素时，通常用外循环控制行的变化，用内循环控制列的变化，这样处理，符合二维数组元素在内存中存储的顺序，直观清晰。

例 6.6 有一个 3*4 矩阵，寻找最小元素的值及其所在的行号和列号 (文件名为 ex6_6.c)，如图 6-11 所示。

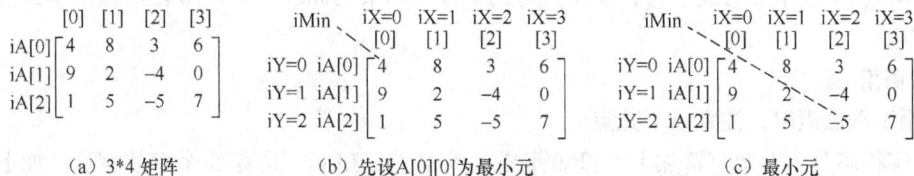

$$\begin{array}{c|cccc} & [0] & [1] & [2] & [3] \\ \hline iA[0] & 4 & 8 & 3 & 6 \\ iA[1] & 9 & 2 & -4 & 0 \\ iA[2] & 1 & 5 & -5 & 7 \end{array}$$

（a）3*4 矩阵

iMin → iA[0][0]

$$\begin{array}{cc|cccc} & & iX=0 & iX=1 & iX=2 & iX=3 \\ & & [0] & [1] & [2] & [3] \\ \hline iY=0 & iA[0] & 4 & 8 & 3 & 6 \\ iY=1 & iA[1] & 9 & 2 & -4 & 0 \\ iY=2 & iA[2] & 1 & 5 & -5 & 7 \end{array}$$

（b）先设A[0][0]为最小元

iMin → iA[0][0] → iA[1][1] → iA[1][2] → iA[2][2]

$$\begin{array}{cc|cccc} & & iX=0 & iX=1 & iX=2 & iX=3 \\ & & [0] & [1] & [2] & [3] \\ \hline iY=0 & iA[0] & 4 & 8 & 3 & 6 \\ iY=1 & iA[1] & 9 & 2 & -4 & 0 \\ iY=2 & iA[2] & 1 & 5 & -5 & 7 \end{array}$$

（c）最小元

图 6-11 寻找最小元

```
#include <stdio.h>
int main( )
{
 int iX,iY, iMin, iRow=0, iColum=0;
  int iA[3][4]={{4,8,3,6},{9,2,-4,0},{1,5,-5,7}};
  iMin = iA[0][0];
  for (iY=0; iY<=2; iY++)
   for (iX=0; iX<=3; iX++)
    if (iA[iY][iX] < iMin)
      {iMin=iA[iY][iX];  iRow=iY;  iColum=iX;}
  printf("min=%d, Row=%d, Colum=%d\n", iMin, iRow, iColum);
  return 0;
}
```

用二维数组 iA[3][4]表示 3*4 矩阵，图解分析时将二维数组用矩阵描述，放入座标系中，外层循环对应着行，内层循环对应列，如图 6–11（b）所示，先将 A[0][0]赋给 iMin，设为最小元，再依次从第一行开始，每列数据与 iMin 比较，若该数小于 iMin 则将该数赋给 iMin，检查完 3 行 4 列，最小元指向 3 行 3 列的-5，然后输出最小元，输出最小元所在和行与列。

6.2 字符数组

C 语言中有字符串常量，没有字符串变量，因此字符串即为字符串常量。字符串是由双括号括起的零个或多个字符的集合。通过数组或指针存储并处理字符数据。

C 语言中，字符变量只能存放字符常量，不能存放字符串常量，同时，C 语言中没有字符串变量的的概念。因此，用一维字符数组来处理一个字符串，用字符数组存储字符串。

6.2.1 字符串与字符串结束标志

字符串是用双引号括起来的若干有效字符序列。

1. 语法

字符串语法格式为："有效字符集合"

2. 语义

语法格式中的双引号" "为字符串定界符，“有效字符集合”指系统允许使用的字符集合，C 语言的字符串常量允许包括字母、数字、专用字符和转义字符等，但不包括双引号和反斜扛。例如：

"Turbo C", "Visual C++", "38.5","x=%d\n"等都是合法的字符串常量。

字符串常量在内存中存储时，系统自动在字符串常量后面加一个字符串结束标志，用字符'\0'表示。字符'\0'代表 ASCII 码值为 0 的字符，是一个非显示的“空操作符”。所以该字符不会产生附加操作，也不会增加有效字符，仅作为判别字符串结束的标志。字符'\0'在内存中单独占一个字符的位置。

3. 语用

使用字符数组时，注意以下几点。

① 字符串是由有效字符加上字符'\0'组成。例如 "HELLO" 共有 5 个有效字符，加上字符串结束标志'\0'，存储该字符串，在内存中占 6 个字节。

② 转义字符属于有效字符。例如：字符串"12\t3\123\n"在内存中占 7 个字节，分别为 1、2. \t、3、\123、\n 和\0。

③ 双引号括起来的单个字符为字符串，如"a"，为字符串，包括字符'a'和'\0'。

6.2.2 声明字符数组

用于存放字符数据的数组被称为字符数组，字符数组的每一个元素存放一个字符。一个一维字符数组可以存放一个字符串，一个二维字符数组可以存放多个字符串，又称字符串数组。

1. 语法

字符数组的语法格式为：

char 数组名[整型常量表达式];

char　　数组名[整型常量表达式] [整型常量表达式];

例如：char　chA[6],　chB[3][6]；

定义 chA 为一维字符数组，长度为 6，包含 chA[0]~chA[5]共 6 个元素，每一个元素相当于一个字符变量。chB 为二维字符数组，3 行×6 列，从 chB[0] [0] ~chB[2] [5]共 18 个元素。

2．语义

语法格式中类型标识符固定为字符型 char，数组名是用户为字符数组整体的命名，表示字符数组的首地址。只有 1 个方括号[ ]表示一维字符数组，方括号中整型常量表达式的值表示数组元素的个数。有 2 个方括号表示二维字符数组，第 1 个方括号表示行标，第 2 个方括号表示列标。

3．语用

定义字符数组首先满足数组定义的全部规则，还要注意以下几点。

① 字符数组的数组元素是一个字符变量，只能存取和处理一个字符常量，用单引号括起的单个字符。例如：

```
    chA[0]= 'H'; chA[1]= 'e'; chA[2]= 'l'; chA[3]= 'l' ; chA[4]= 'o'; chA[5]= '\0' ;
    chB[0][0]= 'W'; chB[0][1]= 'u'; chB[0][2]= 'H'; chB[0][3]= 'a' chB[0][4]= 'n';
chB[0][5]= '\0';
    chB[1][0]= 'H'; chB[1][1]= 'e'; chB[1][2]= 'F'; chB[1][3]= 'e' chB[1][4]= 'i';
chB[1][5]= '\0';
    chB[2][0]= 'X'; chB[2][1]= 'i'; chB[2][2]= 'A'; chB[2][3]= 'n' chB[2][4]= '\0';
```

② 在定义字符数组时，要保证数组长度始终大于字符串实际长度，因为字符串常量存入字符数组时，一般是连同字符串结束标志'\0'存入字符数组的。

③ 在数组定义语句中，用字符类型标识符同时说明变量、一维字符数组和二维字符数组，数组和变量间用逗号分隔。

6.2.3　字符数组的初始化

字符数组的初始化指在定义字符数组时，给数组元素赋初值，初值的形式为字符的集合或字符串。

1．一维字符数组的初始化

语法格式如下：

char　　数组名[整型常量表达式]={字符 1, 字符 2, 字符 3,……, 字符 n}；

例如：char　chTc[8] = {'T', 'u', 'r', 'b', 'o', ' ', 'c', '\0'};

char 数组名[整型常量表达式]={字符串} | 字符串　;

例如：char　chTc[8] = {"Turbo　c"};　　　　　　或　char　　chTc[8] = "Turbo　c";

2．二维字符数组的初始化

语法格式如下：

char　数组名[整型常量表达式] [整型常量表达式]={{字符集 1}, (字符集 2) ,……, {字符集 n}；

char　chS[3][4]={{`H`,`o`,`w`},{`a`,`r`,`e`},{`y`,`o`,`u`}};

char　数组名[整型常量表达式] [整型常量表达式]={字符串 1, 字符串 2,……, 字符串 n}；

char　chS[3][4]={ "How","are","you"};

二维字符数组的存储状态图如图 6-12 所示：

	[0]	[1]	[2]	[3]
chS[0]	H	o	w	\0
chS[1]	a	r	e	\0
chS[2]	y	o	u	\0

$$\begin{array}{c} \\ chS[0] \\ chS[1] \\ chS[2] \end{array}\begin{array}{cccc} [0] & [1] & [2] & [3] \\ \left[\begin{array}{cccc} H & o & w & \backslash 0 \\ a & r & e & \backslash 0 \\ y & o & u & \backslash 0 \end{array}\right] \end{array}$$

图 6-12　二维字符数组 s 的存储状态图

3. 语义

一维（或二维）字符数组的初始化是一维（或二维）数组的初始化的特例，语义基本相同。一维字符数组的初值可以用一对花括号括起的用单引号括起字符的集合，如{'A', 'B', 'C', '\0'},也可以是双引号括起的字符串；二维字符数组的初值是用花括号嵌套的用单引号括起字符的集合。也可以用一对花括号括起的用双引号括起字符串的集合。

4. 语用

用户对字符数组初始化时，注意以下几点。

① 将字符逐个赋给字符数组中的各元素，在初值的尾部写字符'\0'。例如：

```
char  chA[6] = {'H', 'e', 'l', 'l', 'o', '\0'};
```

② 当花括号内提供的字符个数与预定的数组长度相同时，在字符数组定义时可省略整型常量表达式，由字符个数确定字符数组长度。例如：

```
char  chTc[  ] = {'T', 'u', 'r', 'b', 'o', ' ', 'c', '\0'};
```

③ 定义字符数组的元素个数要大于初值的个数，如果花括号内提供的字符个数小于所定义的字符数组长度，则将字符逐个赋给数组中前面的元素，其余的元素自动赋予字符串结束符'\0'。例如：

```
char chB[8]= {'H', 'e', 'l', 'l', 'o', '\0'};
```

初始化后数组各元素的存储状态如图 6-13 所示。

chB[0]	chB[1]	chB[2]	chB[3]	chB[4]	chB[5]	chB[6]	chB[7]
H	e	1	1	o	\0	\0	\0

图 6-13　数组 ch 初始化后的存储状态

如果花括号内提供的字符个数大于所定义的字符数组长度，则按语法错误处理。

④ 用字符串对字符数组初始化时，系统自动在字符串常量后面加上了一个结束符'\0'。

```
char    chTc[8 ] = {"Turbo C "};
```

⑤ 用字符串对字符数组初始化时，可以省略花括号。例如：

```
char    chTc[8 ] =   "Turbo C";
```

⑥ 用字符串对字符数组初始化时，可以省略下标中的整型常量表达式。例如：

```
char    chTc[  ] = {"Turbo C "};   或   char    chTc[  ] =   "Turbo C";
```

⑦ 定义二维字符数组时，分行将字符逐个赋给数组中各元素，可以省略行标中的常量表达式，不能省略列标中的整型常量表达式。例如：

```
char    chS[2 ][6]={{ 'W', 'u','H','a','n', '\0'},{'H','e','F','e', 'i', '\0'}};
char    chS[  ][6]={{ 'W', 'u','H','a','n', '\0'},{'H','e','F','e', 'i', '\0'}};
```

⑧ 用多个字符串常量对二维字符数组赋初值，可以省略内层的花括号。例如：

```
char    chA[4][4] = { "How", "do","you","do"};
```

6.2.4　字符数组的引用

引用字符数组可以采用两种方式：一种是引用字符数组中的单个元素，在循环语句中引用单个的字符，形成对字符串的操作；另一种是用数组名引用整个字符数组，在输入/输出和字符串处理函数中常用数组名引用整个字符数组。

1. 语法

（1）一维字符数组引用的语法

引用一维数组首地址：　　　数组名

引用一维数组元素：　　　　数组名[下标]

引用一维数组元素地址：　　&数组名[下标]

（2）二维字符数组引用的语法

引用二维数组首地址：　　　数组名

引用二维数组元素：　　　　数组名[下标][下标]

引用二维数组行首地址：　　数组名[下标]

引用二维数组元素首地址：　&数组名[下标][下标]

例 6.7　定义一维数组 chA[6]与二维数组 chB[3][4]，将字母 abcde 和'\0'赋值给数组 chA，二维数组 chB 的值由键盘输入，二维数组中每一行末尾的'\0'用赋值语句赋值，试编制源程序输出 chA 和 chB[1]。

解：编制源程序如下（文件名为 ex6_7.c）：

```
#include <stdio.h>
int main()
{
 int  iX, iY ;
 char  chA[6],  chB[3][4];
 for (iX = 0; iX < 5; iX++ ) chA[iX] = 'a'+iX ;
 chA[5]='\0';
 for(iY = 0; iY < 3; iY++ )
    {
     for (iX =0 ; iX <3; iX++ ) chB[iY][iX] =getchar();
     chB[iY][3] = '\0';
    }
   printf("%s,%s", chA , chB[1]);
   return 0;
}
```

编译、运行源程序，键盘输入 ABCDEFGHI↵后，运行结果如下：

abcde，DEF

2. 语义

数组名为已定义字符数组的名称，代表字符数组的首地址，方括号中的下标指元素的序号，从 0 开始，直到数组长度 N-1。引用一维字符数组用数组名和 1 个下标构成一维下标变量，在一维下标变量中存储 1 个字符。引用二维字符数组用数组名和 2 个下标构成二维下标变量，在二维下标变量中也只能存储 1 个字符。 用数组名引用整个字符数组时，数组名是地址常量，表示数组的首地址，相当于指向数组的指针。

3. 语用

引用数组时，注意以下几点。

① 不论数组的下标有多小，每个下标变量是单个元素，引用的都是 1 个字符。例如：

```
chA[2]='A';  chB[2][1]= 'b';  chC[2][1][0]= '#';
```

② 用字符数组处理字符串时，每一个字符串的结束一定要在数组中加字符'\0'。例如：

```
for (iX = 0; iX < 5; iX++ ) chA[iX] = 'a'+iX ;
chA[5]='\0';
```

③ 字符数组名是地址常量，不是字符变量，不能进行自增、自减运算。定义字符数组 chA[6]后，chA++; ++chA; chA--; 和- - chA 都是错误的引用。

④ 当定义二维字符数组 “char chS[3][4]={"How","are","you"};” 后，chS 是字符串数组，数组的每一行是一个字符串，用数组名和行标作为字符串的首地址，如 chS[0]、chS[1]、chS[2]分别相当于一个一维数组名，是三个字符串的首地址，引用其中一个如 chS[1]，相当于引用一个字符串 “are”。

6.2.5 字符数组的输出

使用 printf 函数可以输出存放在字符数组中的一个或多个字符，也可以输出整个字符串。

1. 输出字符数组中的单个元素

使用 printf 函数的格式符"%c"，输出一个字符或逐个输出多个字符。例如：

```
char  chStr [ ]= "Visual C++";          //  定义字符数组 chStr 并赋初值。
printf ("%c", chStr[4]);                //  输出存放在 chStr[4]元素中的字符'a'。
```

利用循环语句中的下标变化，逐个输出字符数组中的多个字符。例如：

```
int  iX;
char  chStr [ ] =  "Visual C++";
for(iX=0; iX<6; iX++) printf ("%c",chStr[iX]) ;
……
```

该程序片断输出数组 chStr[0] ~ chStr[5]中的 6 个字符 “Visual”。

2. 输出存储在字符数组的整个字符串

使用 printf 函数的格式符"%s"，通过数组名引用整个数组，输出存放在字符数组中的整个字符串。输出从数组名开始，直到串结束符'\0'停止输出。例如：

```
char  chStr [ ]= "Visual C++";
printf ("%s", chStr);                //  输出结果为字符串"Visual C++"。
```

3. 注意事项

输出字符数组中的字符或字符串，应该注意以下几点。

① 使用 printf 函数时，格式符"%c"与数组元素配合输出字符；格式符"%s"与数组名配合输出整个字符串，切不可相互混淆。例如下面错误的配合：

```
printf ("%c",chStr );          //  与格式符"%c"配合的是数组元素如 chStr [3]。
printf ("%s",chStr [3] );      // 与格式符"%s"配合的是数组名 chStr 或&chStr [3]。
```

② 无论字符数组定义的长度比字符串实际长度大多少，输出字符串时，遇串结束符'\0'就停止输出。所以只输出'\0'前的字符串有效字符，不输出'\0'及其后的字符。

③ 如果一个字符数组中包括多个串结束符'\0'，则遇第一个串结束符'\0'就停止输出。例如：

```
char  chStr[20] = " abc\144\0\B1234\0":
printf ("%s", chStr);                //  输出字符串"abcd"。
```

6.2.6 字符数组的输入

字符数组输入初值的方法较多，除了用初始化方法获得初值外，常用 scanf 函数为字符数组输入字符或字符串。字符数组的输入方法分为单个字符输入和字符串输入两种方法。

1. 单个字符输入

使用 scanf 函数的格式符'%c'，向字符数组元素输入一个字符，例如：

```
char   chStr[8];
scanf ("%c",&chStr[2]);          //  表示向数组元素 chStr[2]输入一个字符
```

用循环语句依次向字符数组中的多个元素输入字符。例如：

```
int  iX;
char  chStr[8];
for ( iX=0; iX<5; iX++) scanf ("%c", &chStr[i]);
……
```

向数组 chStr[0] ~ chStr[4]依次输入 5 个字符。

2. 字符串输入

使用 scanf 函数的格式符"%s"，向字符数组一次输入整个字符串。例如：

```
char   chStr[6];
scanf ("%s", chStr ) ;           //  用数组名引用
```

3. 注意事项

字符数组输入应该注意以下几点。

① 在 C 语言中数组名代表字符数组的首地址，所以 scanf 函数中输入项直接写数组名 chStr，不能写为&chStr。例如：

```
scanf ("%s",&chStr);      //  错误地使用&chStr，应该直接用数组名 chStr。
```

② 输入字符串时，输入完字符串后加上一个串结束符'\0'。因此，字符串长度应小于已定义的字符数组的长度。如果字符串长度等于已定义的字符数组的长度会引起程序运行错误。例如：

```
char   chStr[6];
scanf ("%s", chStr ) ;           //定义字符数组 chStr[6]，执行"scanf ("%s", chStr ) ; "
```

从键盘上输入：Turbo↵

系统自动在 Turbo 后添加一个串结束符'\0'，正好是 6 个字符，分别放置到 chStr[0] ~ chStr[5]中。如果输入 6 个字符：BASICA↵，则会引起程序运行错误。

③ 使用 scanf 函数输入字符串时，C 语言规定以空白字符如“空格”符、“TAB”符或“回车”符作为字符串的分隔符，分隔符后的字符与下一个字符数组匹配。因此，使用 scanf 函数不能完整地输入带有空格的字符串。例如：

```
char   chT[8];
scanf ("%s", chT);
```

如果输入：Turbo□C↵

结果并没有把字符串常量"Turbo C"和串结束符'\0'都输入到数组 chT 中，而只是将空格前的"Turbo"和'\0'共 6 个字符输入到了数组 chT 中，如图 6-14 所示。

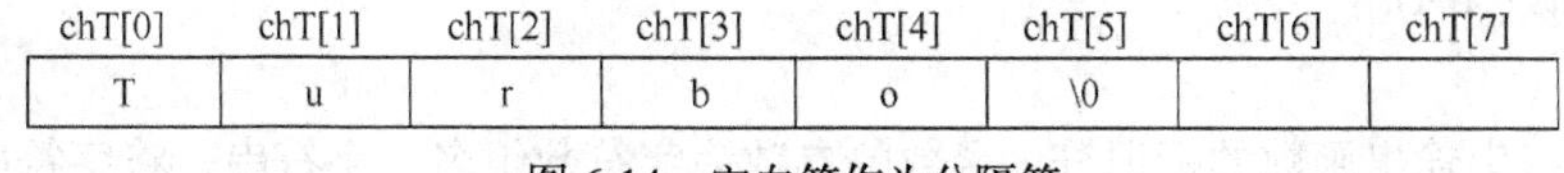

图 6-14　空白符作为分隔符

6.2.7 处理字符串的标准函数

在C语言的标准函数库中，提供了大量处理字符串的标准函数，同时，C语言提供了许多头文件如“stdio.h”“string.h”等，头文件中包含了大量标准函数的函数原型，在“stdio.h”头文件中包含常用输入/输出标准函数的函数原型，如字符串输入函数 gets 函数原型、字符串输出函数 puts 函数原型；在“string.h”头文件中包含字符串复制函数 strcpy、字符串比较函数 strcmp、字符串连接函数 strcat、求字符串长度函数 strlen、转换为小写函数 strlwr、转换为大写函数 strupr 和查找子串函数 strstr 等函数原型。使用C语言标准函数库中的标准函数，只需要在程序的起始位置加上包含这些函数原型的头文件的预译预处理命令，不需要在程序中声明函数原型就可以直接引用标准函数。包含头文件的预处理命令为：

```
# include  < stdio.h>                    // 包含标准输入/输出头文件
# include  <string.h>                    //  包含字符处理串处理头文件
```

1. 字符串输入函数 gets

字符串输入函数 gets 是从标准输入设备（键盘）获得一个字符串到字符数组，返回的函数值为字符数组的起始地址。

（1）语法

函数原型：char *_Cdecl gets （char 字符数组名）；

函数调用格式：gets（字符数组名）；

返回值：该函数执行成功返回字符数组的起始地址，不成功返回空指针 NULL。

（2）语义

gets 为字符串输入函数的关键字，函数的参数为字符数组名，函数值为字符数组的首地址，字符数组中保存键盘输入的字符串和串结束符'\0'。

（3）语用

用于为字符数组输入字符串，当程序运行到该函数时，等待用户从键盘输入字符串，并用回车键结束输入，输入的字符串存入字符数组中，字符串中可以包括空格符、TAB 符。例如：

```
char  chA[20];
gets (chA) ;
```

从键盘输入：How are <Tab 键>you<回车>

其中 How are 之间为空格符，are 和 you 之间为“TAB”符，将“How□are '\t'you”连同'\0'共12个字符输入字符数组 chA 中。

2. 字符串输出函数 puts

字符串输出函数 puts 是将字符串或字符数组中的字符串（以`\0`结束的字符序列）输出到标准输出设备（显示器）上，字符串末尾的`\0`不输出，输出完毕后换行。

（1）语法

函数原形：int _Cdecl puts (const char 字符数组名|字符串);

函数调用格式：puts (字符数组名| 字符串)

返回值：输出成功，该函数返回值为 0；输出失败，该函数返回值为 EOF。

例如：puts (chA);

（2）语义

puts 为字符串输出函数的标识符，函数的参数为字符数组名、字符串，将字符串中第 1 个串结束符'\0'之前的字符和空白符输出到标准输出设备上，不输出串结束符'\0'。

（3）语用

使用 puts 函数应该注意以下几点。

① puts 函数的参数为字符数组名、字符串或字符型指针（见第 8 章）三者之一。例如：

```
char  chA[20] ;
puts (chA) ;或puts("Hello! ");
```

不能错误地用作 puts（chC1, chC2）;

② 可以用 gets（chT）函数作为 puts 函数的参数，例如：

puts（gets（chT））;

输入：Turbo□C↵

输出：Turbo□C

③ 当定义二维数组 chB[2][8]时，可以用数组名和行标如 chB[0]、chB[1]构成一维数组名作为 puts 函数的参数。

例 6.8 定义二维数组 chB[2][8]，用数组名和行标构成一维数组名作为 gets 函数和 puts 函数的参数，分析及运行如下程序。

```
#include <stdio.h>
int main()
{
 int iX;
 char chB[2][8];
 for(iX=0;iX<2;iX++)gets(chB[iX]);
 puts (chB[0]);
 puts (chB[1]);
 return 0;
}
```

解：该程序用 for 循环配合 gets 函数输入两个字符串，用数组名和行标构成一维数组名 chB[0]和 chB[1]作为 gets 函数的参数，输出函数 puts 的参数也是一维数组名 chB[0]和 chB[1]。运行程序，输入“Turbo C”↵和“Visual C++”↵后，程序的运行结果如下：

Turbo C

Visual C++

3. 字符串复制函数 strcpy

在 C 中不能用赋值语句把一个字符串常量或字符数组直接赋给另一个字符数组，C 提供字符串复制函数 strcpy 进行字符串与字符数组间的复制，将源字符串复制到目标字符数组中。

（1）语法

函数原型：char *_Cdecl strcpy (char *dest, const char *src);

函数调用格式：strcpy（字符数组 1，字符数组 2|字符串 2）

返回值：该函数执行成功返回字符数组 1 的首地址，不成功返回空指针 NULL。

例如：char chStr1[12]="Turbo C",chStr2[]="Visual C++";

strcpy(chStr1, chStr2); // 或用 strcpy (chStr1, "Visual C++") ;

执行后，数组 chStr1 各元素状态如图 6.15 所示。

chStr1[0]	chStr1[1]	chStr1[2]	chStr1[3]	chStr1[4]	chStr1[5]	chStr1[6]	chStr1[7]	chStr1[8]	chStr1[9]	chStr1[10]	chStr1[11]
V	i	s	u	a	l		C	+	+	\0	\0

图 6-15 数组 chStrl 各元素状态

（2）语义

strcpy 是字符串复制函数的标识符；字符数组 1 为目标字符数组名，保存复制后的结果，字符串 2 可以是字符串或字符数组名，是源字符串，表示将字符串 2 的所有字符包括字符结束符'\0 '依次复制到字符数组 1 中去。操作后字符串 2 的字符覆盖字符数组 1 中的原来字符。

（3）语用

使用字符串复制函数 strcpy 要注意以下几点。

① “字符数组 1” 为数组名（如 chStr1 或二维数组的数组名和行标 chB[0]、chB[1]）或字符型指针变量，“字符数组 2|字符串 2” 可以是数组名（如 chStr2），也可以是字符串常量（如 “Visual　C++”）。

② 字符数组 1 的长度应不小于字符数组 2 的长度，应大于字符串 2 的实际长度，因为 strcpy 是连同'\0'一起复制。

③ 不能企图用赋值语句把一个字符串常量或字符数组直接赋给一个字符数组，这是编程中很容易犯的一个错误。例如：

chStr1={"Turbo C"};

chStr1=chStr2;　　　　　或　　chStr1 ="Turbo C"

都不合语法规定。赋值语句只能将字符常量赋给字符变量或字符数组元素。字符串的复制要用 strcpy 函数。

例 6.9　声明字符数组 chStr1[12] 并赋初值"Turbo C"，字符数组 chStr2[]的初值为 "Visual C++"，将数组 chStr2 复制到 chStr1，用 puts 函数输出字符数组 chStr1 和 chStr2。

解：字符串的复制用 strcpy 函数，编制程序如下：

```
#include <stdio.h>
#include <string.h>
int main()
{
  char chStr1[12]="Turbo C",chStr2[]="Visual  C++";
  strcpy(chStr1, chStr2);
  puts (chStr1);
  puts (chStr2);
  return 0;
}
```

④ 字符串复制函数 strcpy 是将字符串整体复制，若要复制字符串前 n 个字符，应该使用字符函数 strncpy。复制字符串前 n 个字符函数 strncpy 的语法格式：

strncpy（字符数组 1，字符串 2, n）

举例：strncpy (chA, "Hello"，2);

4.　字符串比较函数 strcmp

字符串比较函数 strcmp 是用来比较两个字符串大小，比较结果由函数值带回。

（1）语法

函数原型：int　　_Cdecl strcmp (const char *s1, const char *s2);

strcmp（字符串 1，字符串 2）

返回值：该函数返回字符串 1 和字符串 2 之间第一个不同字符的 ASCII 码比较所得的结果，当字符串 1 中字符的 ASCII 码值大于字符串 2 中字符的 ASCII 码值，返回 1；当字符串 1 中字符的 ASCII 码值等于字符串 2 中字符的 ASCII 码值，返回 0；当字符串 1 中字符的 ASCII 码值大于字符串 2 中字符的 ASCII 码值，返回−1。

例如：strcmp(chStr1, chStr2);

（2）语义

strcmp 是字符串比较函数的标识符，字符串 1 与字符串 2 均可为字符数组名、字符串。

字符串的比较规则如下：

① 按字符 ASCII 码值的大小，将两个字符串从左到右逐个字符相比较，若两串对应字符出现不同或遇到'\0'，则结束两串比较。

② 如果两个串全部字符相同，则认为两串相等，返回值为 0；若第两串对应字符在第 i 位出现不同，第一个串当前字符的 ASCII 码值大于第二串当前字符的 ASCII 码值，返回值为 1，第一个串当前字符的 ASCII 码值小于第二串当前字符的 ASCII 码值，返回值为-1。

（3）语用

使用 strcmp 时注意以下几点。

① 字符串 1 与字符串 2 均可为字符数组名、字符串。

strcmp (chStr1,　chStr2);

strcmp (chStr1,　"Turbo C") ;

strcmp ("Turbo C", "Visual　C++") ;

② strcmp 函数比较结果由函数值带回。

如果字符串 1 大于字符串 2，函数值为 1；反之，函数值-1。

如果字符串 1 等于字符串 2，函数值为 0。

③ 比较两个字符串，应该用 strcmp 函数，不能用相等比较表达式。例如，比较字符串语句容易出现以下错误形式：

if (chStr1 = = chStr2)　printf ("yes");

正确的字符串比较语句为：

if (strcmp (chStr1, chStr2) = = 0)　printf("yes");

例 6.10　声明字符数组 chStr1[12] 并赋初值"Hello"，分别为字符数组 chStr2 输入字符串“He”“Hello”和“hello”，用变量 s 保存比较结果，输出 s 的值。

解：字符串的比较用 strcmp 函数，编制程序如下：

```
#include <stdio.h>
#include <string.h>
int main()
{
  char chStr1[12]="Hello",chStr2[12];
  int s;
  scanf("%s",chStr2);
  s=strcmp(chStr1,chStr2);
  printf ("%d\n",s);
  return 0;
}
```

编译、运行程序，输入字符串“He”时，屏幕输出 1；输入字符串“Hello”时，屏幕输出 0；输入字符串“hello”时，屏幕输出-1。

5. 字符串连接函数 strcat

字符串连接函数 strcat 是连接两个字符数组中的字符串，把字符串 2 连接到字符串 1 的后面，连接后的新字符串存放在字符数组 1 中，函数的返回值是字符数组 1 的地址。

（1）语法

函数原型：char　*_Cdecl strcat (char *dest, const char *src);

函数调用格式：strcat (字符数组 1，字符数组 2)

返回值：该函数执行成功返回字符数组 1 的首地址，不成功返回空指针 NULL。

（2）语义

strcat 是字符串连接函数的标识符；字符串 1 是放置在前面的字符串，字符串 2 是连接在字符串 1 之后的字符串，连接时覆盖字符串 1 后面的'\0'，将整个的字符串 2 包括'\0'都连接到字符串 1 的后面。

（3）语用

使用 strcat 函数注意以下几点。

① 两个字符串连接时，字符串 1 后面的第 1 个'\0'开始依次复制字符串 2 指定的字符形成新字符串，在新字符串的后面保留字符串 2 的'\0'作为新字符串的串结束符。

② 字符数组 1 的长度应能容纳下连接后的新字符串（包括新字符串的'\0'）。

例 6.11 用 strcat 函数将字符串 chStr2 连接到 chStr1 之后，编制并运行该程序。

解：编制程序如下：

```
#include <stdio.h>
int main()
{
    char chStr1[15]= "Visual  ";
    char chStr2[15]= "C++  " ;
    strcat(chStr1,  chStr2);
    strcat(chStr2, "Language" );
    puts(chStr1);
    printf("%s\n",chStr2);
    return 0;
}
```

编译、运行程序，输出结果如下：

Visual C++

C++ Language

字符数组 chStr1 和 chStr2 存储的数据如下：

chStr1[0]	chStr1[1]	chStr1[2]	chStr1[3]	chStr1[4]	chStr1[5]	chStr1[6]	chStr1[7]	chStr1[8]	chStr1[9]	chStr1[10]	chStr1[11]	chStr1[12]	chStr1[13]	chStr1[14]
V	i	s	u	a	l		\0	\0	\0	\0	\0	\0	\0	\0

chStr2[0]	chStr2[1]	chStr2[2]	chStr2[3]	chStr2[4]	chStr2[5]	chStr2[6]	chStr2[7]	chStr2[8]	chStr2[9]	chStr2[10]	chStr2[11]	chStr2[12]	chStr2[13]	chStr2[14]
C	+	+		\0	\0	\0	\0	\0	\0	\0	\0	\0	\0	\0

连接后，字符数组 chStr1 和 chStr2 存储的数据如下：

chStr1[0]	chStr1[1]	chStr1[2]	chStr1[3]	chStr1[4]	chStr1[5]	chStr1[6]	chStr1[7]	chStr1[8]	chStr1[9]	chStr1[10]	chStr1[11]	chStr1[12]	chStr1[13]	chStr1[14]
V	i	s	u	a	l		C	+	+		\0	\0	\0	\0

chStr2[0]	chStr2[1]	chStr2[2]	chStr2[3]	chStr2[4]	chStr2[5]	chStr2[6]	chStr2[7]	chStr2[8]	chStr2[9]	chStr2[10]	chStr2[11]	chStr2[12]	chStr2[13]	chStr2[14]
C	+	+		L	a	n	g	u	a	g	e	\0	\0	\0

6. 字符串长度测试函数 strlen

字符串长度测试函数 strlen 用来测试字符串的实际长度（不包括`\0`），其值由函数返回。

（1）语法

函数原型：size_t _Cdecl strlen (const char *s); // size_t 表示内存大小，以字节为单位

或者 unsigned strlen (const char *s);

函数调用格式：strlen（字符数组|字符串）

返回值：该函数的返回值为字符串的长度，不包括串结束符'\0'的 字符串的长度。

例如：char chStr[ ]= "Turbo C";

printf ("%d\n", strlen(chStr));

输出结果是字符串的实际长度 7 而不是 8。

（2）语义

strlen 是字符串长度测试函数的标识符；函数参数指待测定长度的字符数组或字符串。

（3）语用

用于测定字符串不包括串结束符的实际长度。

7. 小写字符串字母转换函数 strlwr

字符串字母转换函数 strlwr 是将字符串中大写字母转换成小写字母的函数。

（1）语法

函数原型：char *_Cdecl strlwr (char *s);

函数调用格式：strlwr（字符数组名|字符串）

返回值：该函数返回与字符串相对应小写字母。

例如：strlwr("ABCdeFG; ")

输出结果为： abcdefg

（2）语义

strlwr 是字符串字母转换函数的标识符；函数参数可以为字符数组名、字符串。

（3）语用

将字符串转换为小写字母的集合。

8. 大写字符串字母转换函数 strupr

字符串字母转换函数 strupr 将字符串小写字母转换成大写字母。

（1）语法

函数原型：char　*_Cdecl strupr (char *s);

函数调用格式：strupr（字符数组名|字符串）

返回值：该函数返回与字符串相对应大写字母。

例如：strupr(chStr1);

（2）语义

strupr 是大写字符串字母转换函数的标识符；函数参数可以为字符数组名、字符串。

（3）语用

将字符串转换为大写字母的集合。

9. 查找子串函数 strstr

查找子串函数 strstr 是在第 1 个字符串中查找第 2 个字符串（称为子串）首次出现的位置。

（1）语法

函数原型：char　*_Cdecl strstr (const char *s1, const char *s2);

函数调用格式：strstr（字符串 1，字符串 2）

返回值：查找成功，该函数返回字符串 2 在字符串 1 中首次出现的位置指针；查找不成功，返回 NULL。

例如：char chStr1[15]= "Visual ",*p = chStr1;　　//　指向字符数组 chStr1 字符指针 p p = strstr(chStr1, "sua");　　　　　// strstr 函数返回值赋给字符指针 p

（2）语义

strstr 是查找子串函数的标识符；字符串 1 是被查找字符串，字符串 2 是要查找的子串，字符串 1 和字符串 2 可以为字符数组名、字符串和字符型指针。从字符串 1 中从左到右查找字符串 2，查找成功，返回字符串 2 在字符串 1 中首次出现的位置。

（3）语用

用于查找子串，确定子串在主串中的位置。

6.3　练习题

1．判断题（共 10 小题，每题 2 分，共 20 分）

（1）数组属于构造类型，可由不同类型的数据构成。　（　）

（2）数组名为地址变量，数组名和下标组成下标变量。　（　）

（3）数组必须先声明，后使用。声明数组时可以为数组赋初值。　（　）

（4）声明数组时，下标表示数组的长度，即数组元素的个数。　（　）

（5）数组只能一个元素一个元素地引用，不能整体引用。　（　）

（6）数组的下标可以用方括号，也可以用圆括号表示。　（　）

（7）声明一维数组并为其赋初值，下标中的长度可以缺省，数组的长度取决于初值的个数。　（　）

（8）字符串储存于数组之中，最后的字符是文末符'\0'。　（　）

（9）两个字符串或者字符数组进行比较，要使用 strcmp 函数。　（　）

（10）使用标准字符串函数时应该在程序的开头增加"#include <stdio.h>"。　（　）

2．单选题（共 10 小题，每题 2 分，共 20 分）

（1）已声明数组 int　a[4] = {1,2,3,4}，引用第 1 个数组元素，数组元素的值为（　　）。

A．a[0] = 1　　B．a [0]= 0　　C．a[1] = 0　　D．a[1] = 1

（2）已声明变量和数组“int　a=2, i=0, b[4] = {1,2,3,4};”，下面错误的引用语句为（　　）。

A．a++;　　B．b++;　　C．i++;　　D．b[i++] =2;

（3）已声明数组 int　a[4] = {1,2,3,4}，下列选项中错误的引用是（　　）。

A．a[0] = 1;　　B．a [1]= 0;　　C．a[4] = 1;　　D．a[3] = 0;

（4）给全部数组元素赋初值，可不指定数组长度。下列选项中不能为 5 个元素赋相同值的声明是（　　）。

A．int　a[3], b[ ] = {1, 2, 3, 4};　　B．int　a[3], b[4] = {1, 2};

C．int　a[3]={3,4}, b[4] = {1, 2};　　D．int　a[ ], b[4] = {1, 2, 3, 4};

（5）已定义宏#define　N　4，声明变量 int　n;，输入“scanf ("%d",&n);”后，下列选项中正确的数组声明是（　　）。

A．int　iA[iK];　　B．int　a[n];　　C．int　iA[N];　　D．int　a[-4];

（6）给数组元素赋初值，下列选项中错误的声明是（　　）。

A．int　iA[5]={0};　　B．int　iA[5]={5*1}

C．int　iA[5]={0,0};　　D．int　iA[5]={0,0,0,0,0}

（7）已定义宏#define N 6，声明变量“int i,n=4, iA[N];”，下列选项中错误的引用数组的选项是（　　）。

A. iA[N] = 2;　　B. iA[n] = 3;　　C. iA[2*2] = 4;　　D. iA[N/2] = 2;

（8）定义二维数组时，可不指定数组的长度，下列选项中错误的声明是（　　）。

A. int　x[3][4];　　B. int y[2][] = {1,2,3,4};

C. int　z[2*2][2];　　D. int a[][2] = {1,2,3,4};

（9）声明二维数组 int x[3][4]; ，引用二维数组时，两个下标表示错误的是（　　）。

A. x[2][0]=3;　　B. x[5-3][4*2-7]=5;

C. x[2, 2]=2;　　D. x[2*2-3][2+1]=4;

（10）已定义字符数组 char　chA[2];　chB[2][1];　正确引用字符数组元素的选项为（　　）。

A. chA[2]=A;　　B. chB[2][1]= "ab";

C. chA[2]= "A";　　D. chB[2] ='b';

3. 填空题（共 10 小题，每题 2 分，共 20 分）

（1）数组由（　　　　）和（　　　　）组成，下标用方括号括起数字表示。

（2）数组输入数据的方法包括为字符数组（　　　　），用循环语句（　　　　）赋给数组。

（3）只有一个（　　　　）的数组称为一维数组，数据类型为（　　　　）的数组称为字符数组。

（4）给部分数组元素赋初值，各元素（　　　　）依次赋值，初值不足的元素赋（　　　　）。

（5）字符串是用双引号括起来的若干有效字符的集合。（　　　　）是常量，（　　　　）是下标变量。

（6）一维字符数组是指数组的（　　　　）为字符型，只有一个（　　　　）。

（7）有两个下标的数组称为二维数组，第一个下标表示（　　　　），第二个下标表示　（　　　　）。

（8）声明二维数组的语法格式为：（　　　　）（　　　　）[常量表达式] [常量表达式]。

（9）二维数组的图解方法包括（　　　　）表示法与（　　　　）表示法。

（10）（　　　　）是字符串长度测试函数，用来测试字符串不包括（　　　　）的实际长度，返回字符串的长度值。

4. 简答题（共 5 小题，每题 4 分，共 20 分）

（1）举例声明一维整型数组 a[4]，并为变量赋初值 1、3、5、7，说明定义的下标变量。

（2）写出声明二维数组并对数组初始化的语法格式。

（3）什么叫字符串？如何将字符串存入字符数组？

（4）什么叫字符串数组？

（5）简述查找子串函数 strstr 的功能。

5. 分析题（共 5 小题，每题 4 分，共 20 分）

（1）一维数组的输入与输出

一维数组的输入可以用循环语句依次读取元素的值，也可以使用初始化的方式为数组赋初值。一维数组的输出使用循环语句依次输出每个元素的值。

例 6.12　为一维数组输入一组数据{1, 2, 3, 4, 5, 6}，程序如下表所示，分析程序的输入方法和输出数据（文件名为 zy6_1_1.c、zy6_1_2.c、zy6_1_3.c）。

<table>
<tr><th>（1）用循环语句和 scanf 函数</th><th>（2）用循环语句和赋值语句</th><th>（3）用初始化的方式输入数据</th></tr>
<tr><td><pre>#include <stdio.h>
int main()
{
 int a[6], i;
   printf("输入数组元素的值:");
  for(i=0;i<6;i++)
   scanf("%d",&a[i]);
  for(i=0; i<6; i++)
   printf("%d,",a[i]);
  printf("\n");
  return 0;
}</pre></td><td><pre>#include <stdio.h>
int main()
{
  int a[6], i;
   for(i=0;i<6;i++)
     a[i]=i+1;
   for(i=5;i>=0;i--)
     printf("%d,",a[i]);
   printf("\n");
   return 0;
}</pre></td><td><pre>#include <stdio.h>
int main()
{
   int [6]={1,2,3,4,5,6};
     int i;
   for(i=3;i>0;i--)
     printf("%d,",a[i]);
   printf("\n");
   return 0;
}</pre></td></tr>
</table>

（2）字符串的输出

例 6.13 下面程序已声明字符数组 char c[ ]="Visual C++\0Dev C++";，试分析输出结果（文件名为 zy6_2.c）。

```
#include<stdio.h>
int main()
{
 char c[ ]="Visual C++\0Dev C++";
 printf("%s\n",c);
 return 0;
}
```

（3）二维数组分析

例 6.14 含二维数组的程序如下，分析程序的输出结果。（文件名为 zy6_3.c）

```
#include <stdio.h>
int main()
{
 char ch[2][5]={"135a","234B"};
 int  i, j, s = 0;
 for (i=0; i< 2; i ++)
 for (j=0; ch[i][j] >= '0' && ch[i][j] <='9' ;j += 2 )
 s=10*s + ch[i][j]-'0';
 printf("%d\n",s);
 return 0;
}
```

（4）字符数组分析

例 6.15 下面程序中包含字符数组，按照程序要求交换数组中的元素，试用图解法分析程序结果（文件名为 zy6_4.c）。

```
#include <stdio.h>
#include <string.h>
int main()
{
 char ch[8]={"abcdefg"};
 int  i, j, t;
 i=0;  j=strlen(ch)-1;
  while(i<j)
  {
```

```
    t=ch[i++];
    ch[i]=ch[j--];
    ch[j]=t;
   }
  puts(ch);
  return 0;
 }
```

（5）八进制字符串转换成十进制数

例 6.16　将无符号八进制数字构成的字符串转换为十进制整数。例如，输入八进制字符串为6352，试分析输出的结果（文件名为 zy6_5.c）。

```
#include <stdio.h>
int main()
{
 char  s[5]={"6352"};
 int i=0, d;
 d=s[i++]-'0';                    // 取第 1 位字符的数值 6
 while( s[i]!='\0')               // 当没有到字符串的末尾，执行循环体
 d=d*8+s[i++]-'0';                // 将前一位和当前位的八进制数转换为十进制数
 printf("%d \n",d);               // 输出十进制数
 return 0;
}
```

第7章 函数

C语言是使用函数进行编程的语言，一个C源程序由一个主函数和若干个用户自定义函数构成。函数包括标准函数和自定义函数两类：标准函数是C系统提供的库函数，用户不必自己定义标准函数，可以在程序中直接引用标准函数；自定义函数指用户自己定义的函数，二者在使用上地位等同，习惯上将自定义函数简称为函数。

C语言的函数是模块划分的基本单位，每一个函数是一个完整的程序模块。在结构化程序设计中，将要编制的源程序按功能划分成若干个程序模块，每个相对独立、经常使用的功能抽象成程序模块，编制成函数，供其他函数调用，程序从主函数开始执行程序语句，到主函数结束程序。主函数通过依次调用函数，执行程序流程，传输和处理数据，获得完整的程序功能。主函数可以调用函数，函数之间也可以互相调用；一个函数可以被一个或多个函数调用任意多次。调用其他函数的函数被称为主调函数，被其他函数调用的函数称为被调函数。

在第1章的1.2节C语言程序的构成中，考查例题1.3的程序，若将主函数放在程序的前面，函数放在主函数的后面，需要对函数进行声明，下面从例7.1程序案例认识函数的定义，函数的说明与函数的调用。

例 7.1 试按照先编写主函数，后编写函数的方式编写满足如下条件的源程序，当输入两个整数时，输出较大的一个数（文件名为ex7_1.c）。

解：先编写主函数，后编写子函数的源程序，需要在主函数的调用子函数语句之前说明函数类型及参数类型。

```
#include<stdio.h>                /* 包含标准输入/输出头文件*/
int main( )                      /* 主函数*/
{                                /* 函数体开始 */
  int  iA, iB, iC;               /* 声明主函数中使用的变量 iA, iB, iC */
  int  iMax(int  , int );        /* 函数声明，说明函数 iMax 的类型及参数类型*/
  scanf("%d%d",&iA,&iB);         /* 用格式输入函数输入两个整数 */
  iC = iMax(iA, iB);             /* 调用函数 iMax，实参 iA,iB 是已知数 */
  printf("max = %d\n",iC);       /* 用格式输出函数 printf 输出最大值 */
}                                /* 函数体结束 */
int  iMax(int iX , int iY)       /* 用户定义函数 iMax ，形参 iX,iY 分别为整型 */
{                                /* 函数体开始 */
  int  iZ;                       /* 声明函数中使用的变量 iX, iY, iZ */
  if(iX > iY) iZ=iX;             /* 如果 iX>iY 那么把 iX 的值赋给 iZ */
  else  iZ=iY;                   /* 否则把 iY 的值赋给 iZ */
```

```
    return (iZ);                    /* 返回计算结果*/
    return 0;
}                                   /* 函数体结束 */
```

考查函数的形态，可以将其分为函数的定义、函数的声明和函数的调用三种形态。函数的定义是确定函数的功能，指定函数类型、函数名、形参和函数体。定义一个完整的、独立的函数单位，包括定义主函数 main( )和定义函数 int iMax(int iX , int iY)，函数定义中的参数 iX、iY 称为形参或虚参 。

函数的声明是对引用在前、定义在后的函数进行的前向说明，如 int iMax(int , int)；说明后面将要定义函数的返回值类型为整型，两个参数的类型为整型。函数的调用遵循“先定义，后调用”的原则，若定义在调用函数之后，则应该在调用函数之前用函数原型声明函数。

用函数名调用函数，调用的函数名与定义的函数名完全相同，如 iMax(iA, iB)，参数 iA、iB 是已经确定值的实参，调用函数与定义函数之间的参数传递是按位置实参与虚实对应传递参数，将 iA 的值传送给 iX，iB 的值传送给 iY，执行完函数，并将返回值代回到主调函数，参加表达式的运算。

7.1 函数的定义与调用

7.1.1 函数概述

一个 C 源程序由一个或多个程序模块及其数据定义等组成，可以将整个程序保存为一个源程序文件，用扩展名为“.c”表示 C 源程序。也可以将每一个程序模块保存为一个源程序文件。开发较大的应用程序一般以程序模块为单位，分别存放在若干个源文件中，再由若干源程序文件组成 C 应用程序。一个应用程序拆分成多个源程序文件，每一个源程序文件可以为多个 C 程序公用。分别编写、分别编译和分别调试各个源程序可起到化繁为简的作用，提高调试效率。

在程序编译时，是以源程序文件为单位编译程序，而不是以函数为单位编译程序。一个源程序文件是一个编译单位，编译成目标模块后供其他应用程序调用。一个应用程序只有一个主函数 main，C 程序的执行是从 main 函数开始的，如是在 main 函数中调用其他函数，在调用结束后流程返回到 main 函数，在 main 函数中结束整个程序的运行。所有函数的相互关系都是平行关系，函数之间互相独立，一个函数不从属于另一函数。因此，在定义函数过程中，分别定义各个函数，函数不能嵌套定义。函数的调用，由系统调用主函数，主函数调用函数，函数之间可以互相调用，同一个函数可被一个或多个函数调用任意次。

研究函数包括研究函数类型、函数名、函数参数和函数返回值等要素。函数的类型是指函数返回值的类型，无返回值的函数要用 void 说明。函数名应该反映出函数的功能，让读者见名知意。函数参数在定义时称为形参（或虚参），用类型说明符说明参数的类型；在调用时的参数称为实参，参数当前的值是已知的值。函数返回值是函数调用后的结果，当被调函数为表达式中参加运算的量时，函数返回值作为函数值参加表达式的运算。

7.1.2 函数的定义

函数定义由函数头和函数体两部分组成。函数头用于定义函数的名称、函数返回值的类型，函数的形式参数及其类型。用类型 void 说明函数不返回任何值，相当于程序模块中的过程。函数分为有参函数和无参函数，无参要用 void 表示没有参数。

函数体用于描述函数的功能，由声明语句、执行语句和 return 语句组成。

1. 语法

函数定义的语法为：

```
[类型说明符]  函数名([含类型说明符的形参表])
{
   声明语句
   执行语句
   [return 语句]
}
```

例 7.2 编写求两个整数的加权平均值的函数（文件名为 ex7_2.c）。

```
#include "stdio.h"                    /* 编译预处理，包含标准输入输出头文件 */
double  dAv(int iX, int iY)           /* 函数头 */
{                                     /* 函数体开始 */
  int  iA = 3, iB = 4 ;               /* 声明整型变量 iA , iB */
  double  dC;                         /* 声明双精度型变量 dC */
  dC = (iX*iA+iY*iB)/2.0 ;            /* 执行语句，计算加权平均值 */
   return dC ;                        /* return 语句 */
}                                     /* 函数体结束 */
int main( )                           /* 主函数 */
{                                     /* 主函数的函数体开始 */
   int  iA=4, iB=9;                   /* 声明部分 */
   printf("%f",dAv(iA, iB));          /* 语句部分，函数 dAv 的引用 */
   return 0;
}                                     /* 主函数的函数体结束 */
```

2. 语义

函数头开始的类型说明符指函数返回值的类型，在 C 语言中若缺省了类型说明符，则隐含说明函数类型为整型。对于没有返回值的函数，用函数类型标识符 void，说明该函数为过程模块。函数由用户按照望文知意的原则为函数命名。函数名后的一对括号不能缺省，用于标识括号内的形式参数列表。含类型说明符的形参表由多个参数说明符构成，用逗号分隔。每个参数说明符由类型说明符和形式参数两部分组成，类型说明符和形式参数之间用空格分隔，形式参数说明符可以缺省，表示无参函数。

函数体用花括号{}括起来，分别表示函数体开始和函数体结束。函数体中的声明语句用于说明在函数执行时存在的变量、数组和函数，只能在本函数内使用它们。执行语句是描述函数功能的语句集合，一般用 return 语句返回函数处理的结果。return 语句的一般形式为：

return（表达式）　　　或：return　表达式　　　或：return

return 语义说明如下：

① 一个函数中可以有多个 return 语句，但调用一次函数时只能执行其中的一个 return 语句。当执行到某个 return 语句时，程序的控制流程返回主调函数，并将 return 语句中表达式的值作为函数值带回。

② return 语句可以缺省，缺省 return 语句的函数是 void 类型。执行该类型函数时，一直执

行到函数体的末尾，然后返回主调函数，这时也有一个不确定的函数值被带回。此时，一般是通过指针或外部（全局）变量来进行数据的传递。

③ 若确实不要求带回函数值，则应将函数定义为 void 类型。这样就能禁止在主调函数中使用被调函数的返回值。

④ return 语句中表达式的类型应与函数声明的类型一致。不一致时，该表达式的类型转换成函数的类型，由系统按赋值兼容的原则进行处理。对于数值型数据，进行自动类型转换，返回值的类型转换为函数类型。

3. 语用

使用函数定义要注意以下几个方面。

（1）形参单独说明

早期 C 语言使用 ANSI 老标准，函数的形式参数说明放在下一行，例如：

```
double  dAv( iX, iY )                          /*  函数的函数头 */
int  iX,  iY ;                                 /*  说明形参类型 */
{  int  iA = 3, iB = 4;                        /*  函数的函数体，声明语句 */
  return ((iX*iA+iY*iB)/2.0);  }               /*  函数的函数体，执行语句 */
```

现代的 C 都不采用行式参数单独说明，但这种说明方式在 TC、VC++等编译系统都可以编译通过。

（2）有参函数

指函数定义时包含有形式参数，主调函数与被调函数之间的参数按位置对应，类型相同，将实参按位置传递给虚参。例如，double dAv(int iX, int iY) {}为有参函数。

（3）无参函数

无参函数用于执行一组特定的操作。无参函数的定义中不包括形式参数，主调函数不向被调函数传递数据。无参函数的语法格式为：

```
类型说明符  函数名（ ）              或        类型说明符  函数名（void）
{                                              {
   声明语句                                    声明语句
   执行语句                                    执行语句
}                                              }
```

例 7.3 用“*”号组成字符图形。若输入 iK=3，输出三角形；若输入 iK=4，输出平行四边形，并输出行数的值；输入其他数字不输出图形（文件名为 ex7_3.c）。

解：先定义三角形、平行四边形字符图形函数，然后在主函数中调用这些函数。

```
#include <stdio.h>
void thr( )                                    // 无返回值函数
{
   int iX, iY, iN=5;
   for(iY=0; iY<iN; iY++)
   {
   for(iX=0; iX<9-iY; iX++)
         printf("  ");
      for(iX=0; iX<2*iY+1; iX++)
         printf(" *");
      printf("\n");
   }
}
```

```
int  four(void)                         // 返回整型值的函数
{
   int  iX, iY,iN=5;
   for(iY=0; iY<iN; iY++)
   {
      for(iX=0;iX<iY;iX++)
        printf("  ");
     for(iX=0; iX<8; iX++)
        printf(" *");
     printf("\n");
   }
     return ( iY );                     // 返回 iY 的值
}
int main()
{
   int  iK;
   scanf("%d",&iK);
   if(iK = = 3) thr();
   if(iK = = 4)printf("%d\n",four());
   return 0;
}
```

输入 3，即 iK=3，输出如下三角形；　　　　　输入 4，即 iK=4，输出如下平行四边形，换行后输出 5。

```
          *                    ********
         ***                    ********
        *****                    ********
       *******                    ********
      *********                    ********
```

（4）函数的返回值

函数的返回值是通过函数定义中的 return 语句获得的。return 语句将被调用函数中的一个确定值带回主调函数中去。在定义函数时指定函数值的类型，return 语句中的表达式的类型与函数类型一致，保持数据类型直接把表达式的值返回主调函数。如果函数值的类型和 return 语句中表达式的值不一致，则将表达式的类型自动转换为函数类型，返回主调函数。例 7.3 中子函数 int four（void）是返回整型值的函数，函数的返回值是 5。

（5）无返回值函数

无返回值函数又称无类型函数，指函数类型用“void”定义的函数，在函数体中不得出现 return 语句。该函数用来执行一组操作，不带回函数值。用“void”定义无返回值函数，系统禁止在调用函数中使用被调用函数的返回值。无返回值函数定义的语法如下：

void　函数名（[含类型说明符的形参表]）
{　声明语句
　执行语句
}

在例 7.3 中子函数 void thr( )是无返回值函数，执行完打开三角形字符图形的操作，不返回任何函数值。

（6）空函数

函数体中没有说明语句、执行语句和 return 语句的函数被称为空函数，例如：

```
void   fun1(void )
{    }
```

（7）主函数的参数

主函数的参数是在命令行方式下输入的命令和参数。如 DOS 的命令行格式：

命令名　命令参数表

命令名指命令行状态下的可执行程序的名称，C 源程序经过编译、连接后形成可执行文件。编制源程序名为 City.c 的程序，编译、连接后形成可执行文件 City.exe，在命令行的命令名是 City，命令参数是由空格分隔的字符串。例如：

D:\VC>City　Beijing　Shanghai　Shenzhen

City 是命令名，Beijing、Shanghai 和 Shenzhen 是命令参数表列。City.exe 的源程序中，主函数 main 的函数头部为：

int main(int argc,char *argv[ ])

函数参数包括计数器 argc 和指针数组*argv[ ]。指针数组的功能与使用方法在下一章详细介绍。

argc 记录命令参数的个数。上例中 argc = 4。

argv 指针数组的起始地址，可以用下标法表示指针数组各元素的指针，如 argv[0]、argv[1]、……、argv[n]。

第一个参数是命令名 “City” 字符串，首地址保存在指针数组 argv[0]中，第二个参数 “Beijing” 字符串，首地址保存在指针数组 argv[1]中，依次类推。即：argv[0]= City；argv[1]= Beijing；argv[2]= Shanghai；argv[3]= Shenzhen。

例 7.4　试编写从命令行中输入主函数参数的程序，并输出命令参数。

解：源程序如下（文件名为 ex7_4.c）：

```
#include <stdio.h>
int main(int argc, char *argv[])
{
  while(argc-->0)
  {
  argv++;
    printf("%s",*argv);
  }
  return 0;
}
```

编译、连接之后，在命令行下输入如下字符串：

D:\VC\debug>City Beijing　Shanghai　Shenzhen

运行 City 程序，输出结果如下：

Beijing　Shanghai　Shenzhen　<null>

主函数 main 的函数参数有计数器 argc、字符数组指针 argv 和环境变量参数 env 三类。

包含三类函数参数的主函数头部为：

int main(int argc, char * argv[], char * env[])

其中，环境变量参数 env 由系统的当前环境变量设置决定。

例 7.5　编写输出系统的当前环境变量的程序（文件名为 ex7_5.c）。

```
#include <stdio.h>
int main(int argc,char * argv[],char * env[])
{
      int iK;
      printf("The environment srings  are : \n");
```

```
    for(iK=0;* env!=NULL;iK++)
    printf("env[%d] = %s\n",iK, *env++);
    return 0;
}
```

运行该程序，屏幕显示系统当前设置的环境变量。

7.1.3 函数声明

声明函数的语句放在调用函数的前面，采用函数原型声明函数的类型、函数名称、形参的个数和形参的类型。声明的作用是把函数类型、函数名、形参个数、形参类型和顺序等信息通知编译系统，在调用函数时，编译系统识别和检查函数及其参数在调用过程中是否正确、合法。

1. 语法

函数原型的一般形式为：

函数类型　函数名(形参类型 1　[形参名 1][，形参类型 2　[形参名 2]……]);

示例：int　iMax (int,　int) ;

2. 语义

函数原型的函数类型指函数返回值的类型，函数名用于标识被调函数的名称，函数名后的一对括号不能缺省，用于标识括号内的形参类型，形参名可以缺省，形参类型不能缺省，形参类型之间用逗号分隔，形参类型出现的顺序是不能改变的。函数声明以分号"；"结尾。

3. 语用

从函数原型可以看出，形参名是可缺省的，而形参类型和个数是必不可少的，并且形参类型出现的顺序是不能改变的。编译系统在用该函数时要按照函数原型进行对照检查，保证函数及参数在运行过程中的正确性。

引用函数应遵循"先定义，后调用"的原则。当被调函数定义出现在主调函数的调用之前，不需要函数声明，如例 7.3 所示。当被调函数定义出现在主调函数的调用之后，编译系统无法预知函数的类型和参数的类型，无法识别和检查函数及其参数是否正确、合法。因此，函数声明提供函数原型供编译系统进行对照检查，确保正确地引用函数。

例 7.6　编写一个求两数之间较大值的函数，要求主调函数在前，被调函数的定义在后。

解：主调函数在前，被调函数的定义在主调函数的后面，因此在主调函数的声明部分应增加函数的声明（文件名为 ex7_6.c）。

```
# include <stdio.h>
int main( )
{
    float  fX, fY, fZ ;                      /* 变量声明 */
    float  fComp( float , float );           /* 函数声明 */
    scanf("%f,%f",&fX, &fY);
    fZ = fComp (fX, fY);                     /* 函数的调用 */
    printf(" the  max is  %f\n", fZ);
}

float fComp(float fA, float fB)              /* 函数的定义 */
{
    if (fA>=fB)   return  fA;
    else  return  fB;
    return 0;
}
```

根据上例可知，被调函数的定义出现的位置，决定函数声明是否使用。

① 若被调用函数的定义在主调函数之后出现，必须在主调函数中用被调函数原型作为函数声明；反之，则无需声明。

② 若被调用函数和主调函数不在同一编译单位，则用被调函数原型作为函数声明。

③ 若在所有函数之前声明了被调函数原型，则在本程序的任何位置均可调用被调函数。

7.1.4　函数的调用

函数的调用是计算机动态执行程序模块的操作过程，这种动态操作过程中使用栈的数据结构实现参数的传递和函数的运行。栈是一种后进先出的数据结构，栈分配一个存储区，固定一端作为栈底，另一端为活动端称为栈顶，有一个栈顶指针指向栈的栈顶。用户对栈顶操作，向栈顶添加数据称为压栈（Push），压栈以后，栈顶指针自动指向新加入的数据项。用户从栈中取走数据称为弹栈（pop），弹栈后，栈顶指针指向下一个元素，即新的栈顶。

1. 函数调用机制

当程序执行到一个函数调用语句时，系统执行以下操作：

① 开辟一个栈空间，固定栈底，栈顶指针指向栈顶。

② 保护现场，主调函数的运行状态和返回地址压栈。

③ 为被调函数中形式参数和局部变量分配空间，按照 C 函数调用的约定（用__cdecl 标识符说明），参数采用从右至左的顺序压栈，由调用者维护栈，实现参数传递。

④ 执行被调函数的函数体，直到 return 语句结束。

⑤ 释放被调函数中局部变量占用的栈空间。

⑥ 恢复现场，取出主调函数的运行状态及返回地址，释放栈空间，继续执行主调函数后续语句。

2. 函数调用的一般形式

当定义了函数，或声明了函数原型后，可以调用函数。

（1）语法

调用函数的语法格式如下：

函数名（实参表列）

例如: fZ = fComp(fX, fY);

（2）语义

函数名为已定义函数或声明函数原型中的函数名称，表示被执行的函数；一对圆括号不能缺省，与函数名一起构成函数标识；实参表列可以缺省，表示没有参数传送，实参表列可以有多个实参，各参数用逗号分隔。实参的个数、类型必须与函数定义中的形参一致，否则编译程序虽不报错，但可能导致出现错误结果。

（3）语用

调用函数必须注意先定义、后使用。若调用在前，而被调函数定义出现在主调函数之后，必须用函数原型声明函数类型及参数的类型。程序中引用了标准函数，要标注相关的头文件，因为头文件中包含了标准函数的函数原型。常用的头文件包括以下几种。

标准输入/输出函数使用的头文件为：#include　"stdio.h"

大部分字符串操作的函数，使用的头文件为：#include　"string.h"

数学函数，使用的头文件为：#include "math.h"

被调函数出现的位置和形态，代表函数调用的方式，函数调用的方式主要有三种。

① 函数表达式。用函数表达式方式调用函数，函数是参加表达式运算的量，任何允许使用表达式的位置皆可使用函数。函数必须有确定的返回值，返回值参与主调函数中表达式的运算，例如：

```
fZ = 2*fComp(4, 6) - 5;
```

② 函数语句。用独立的函数调用语句，执行函数的操作过程。例如：

```
four();                                     /* 调用函数 */
scanf ("%d",  &iA );                        /* 调用标准输入函数 */
printf ("%d", iA);                          /* 调用标准输出函数 */
```

③ 函数参数。用函数作为函数的参数。例如：

```
iY = fComp (5, fComp(4, 6));
```

函数调用时采用栈的方式传送数据，C 系统对函数的参数采用从右至左的顺序压栈，因此，参数按自右向左的顺序求值。

例 7.7 分别调用自定义函数和标准输出 printf 函数，分析参数的传递过程。

解：源程序如下（文件名为 ex7_7.c）：

```
#include "stdio.h"
fun(int iA, int iB, int iC)
{
  printf("%d,%d,%d\n",iA,iB,iC) ;
}
int main()
{
   int  iX = 4,iY = 4;
   fun(iX, ++iX,++iX);
   printf("%d,%d,%d\n",iY,++iY,++iY);
   return 0;
}
```

执行结果如下：

6,6,5

6,6,5

分析：调用自定义函数 fun(iX, ++iX,++iX);和调用标准函数一样，参数传递的次序是从右到左，先将 iX=4 的值传送给最右边的表达式++iX，执行后 iX = 5，再将当前 iX 值传送给中间表达式++iX，iX = 6，最后传送给左边参数 iX 操作，iX = 6，结果为 6，6，5。

3. 函数调用的执行过程

用户编制一个 C 语言源程序，经过编译之后，生成目标模块，连接后生成可执行代码，形成扩展名为.exe 的可执行文件，存放在硬盘、U 盘等外存储器上。运行程序时，先从外部存储器中将程序装入内存，程序从主函数 main 开始运行，依次执行程序语句，当程序执行过程中出现函数调用语句，则暂停当前函数语句的执行，保存返回地址，保存现场，然后，转到被调函数的入口地址执行被调函数，当被调函数结束或遇到 return 语句，将返回值带回主调函数，恢复现场，并从原来保存的返回地址开始继续执行，直到 main 函数结束。例 7.6 函数调用程序的执行过程和返回过程，如图 7-1 所示。

4. 函数的嵌套调用

C 语言的函数定义是相互独立、相互平行的程序模块，不允许在一个函数的定义之内，又包含另一个函数的定义，出现嵌套定义。

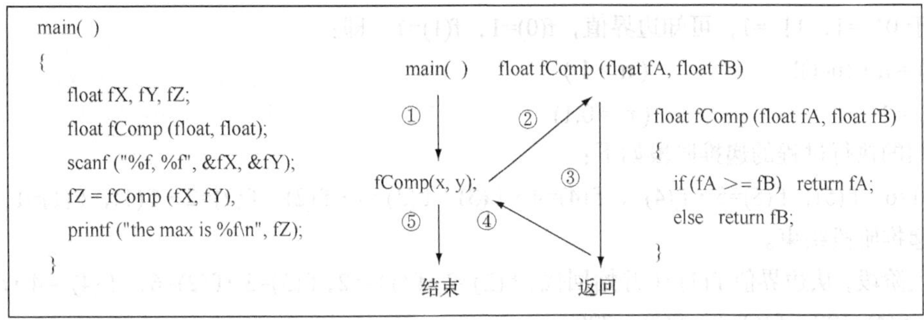

图 7-1 函数调用和返回的过程

一个程序的函数模块中，只有一个主函数，主函数 main 可以调用任何函数。函数允许嵌套调用，即在调用一个函数的过程中，执行到另外的函数调用语句，可以调用另外的函数。在例 7.8 中，main 函数调用了函数 1，函数 1 调用了函数 2，形成了函数的嵌套调用。

例 7.8 求两个正整数的最大公约数（文件名为 ex7_8.c）。

解：采用辗转除法求最大公约数，在主函数中调用 Companies 函数，在 Companies 函数中调用 tad 函数，tad 函数用辗转除法计算最大公约数。

```
#include "stdio.h"
int Companies(int, int );
int tad(int, int);
int main( )
{
  int  iA, iB, iC;
  scanf("%d,%d", &iA, &iB );
  iC = Companies(iA, iB);
  printf("%d\n",iC);
  return 0;
 }
int Companies(int  iM, int iN)
{
  int  t;
  if(iM < iN) {t = iM; iM = iN; iN = t;}
  t = tad(iM, iN);
  return t;
 }
int tad(int iA, int iB)
{
 int  iR=1;
  while(iR!=0) {iR = iA % iB; iA = iB; iB = iR;}
  return iA;
}
```

5. 函数的递归调用

递归是一种数值分析方法，递归函数是用数理逻辑的方法定义在自然数集上的可计算函数。程序设计语言中的递归是指函数直接或间接地调用自身，称为递归调用。递归函数具有边界值，这个边界值是递归函数的出口，函数递归调用过程中朝出口方向转化称为递归下降。递归的执行过程分为递推和回代两个阶段，在递推阶段，通过递归下降，把较复杂问题的求解递推到比原问题简单一些问题的求解，一直递推到边界值。回代阶段，从边界值的代入逐步根据递推公式求出相应的值。例如求 f(n)=n!，求 n=6 时的值。递推公式如下：

$f(n)=n\cdot(n-1)!$　　　　$n>1$

iA = 4, iB = 8

在函数 swap 中，iX、iY 为形参，类型为 int 型，主调函数中用 swap(iA, iB)来调用该函数；iA、iB 为实参，类型同样为 int 型，实参与形参类型、个数一致。在进行函数调用时，采用的是单向的值传递，形参 iX 取 iA 的值 4，iY 取 iB 的值 8，如图 7-2 所示。在函数内部，利用三个赋值运算，iX 与 iY 进行了交换，形参发生交换却对实参 iA、iB 不起作用。函数调用结束后，释放函数及参数，回到 main 主函数，iA 的值仍是 4，iB 的值仍是 8，如图 7-3 所示。

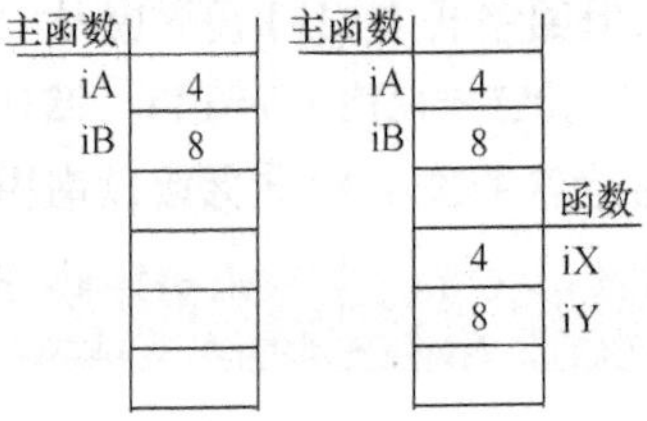

图 7-2　函数调用的值传送

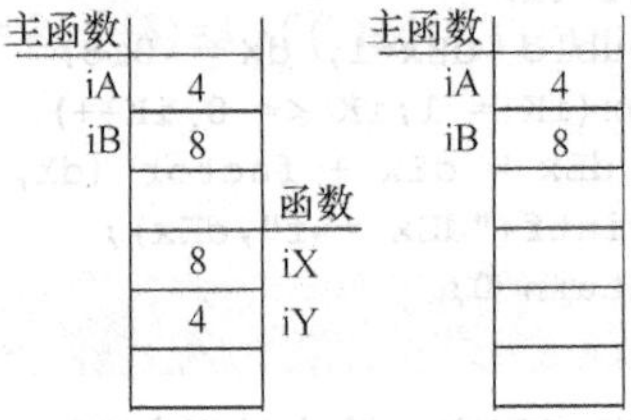

图 7-3　交换后释放函数

例 7.12　有两个数组 iA[4]={1,1,1,1}，iB[4]={2,2,2,2}，将各个数组元素作为函数参数，在被调函数中交换次序，验证传送方式仍为值传送。

程序如下（文件名为 ex7_12.c）：

```
#include <stdio.h>
void swap(int iX, int iY)
{
   int  iZ;
   iZ = iX;   iX = iY;   iY = iZ;
}
int main( )
{
   int  iK;
   int  iA[4]={1,1,1,1}, iB[4]={2,2,2,2};
   for(iK=0; iK<4; iK++)
     swap(iA[iK], iB[iK]);
   for(iK=0; iK<4; iK++)
     printf("result:iA[%d]=%d,iB[%d]=%d\n",iK, iA[iK],iK,iB[iK]);
     return 0;
}
```

执行该程序，输出结果如下：

```
result: iA[0]=1, iB[0]=2
result: iA[1]=1, iB[1]=2
result: iA[2]=1, iB[2]=2
result: iA[3]=1, iB[3]=2
```

单个的数组元素作为函数参数，数据传递的作用仍为值传送，随着被调函数帧栈的释放，参数也随之释放，被调函数的参数没有带回主调函数。

7.2.2　实参和形参之间的地址传递方式

1. 地址传递

数组名是地址常量，表示数组的首地址。数组名作函数实参时，不是把数组元素的值传递给形参，而是把实参数组的起始地址传递给形参数组，两个数组占用共同的内存单元，实参的数组名和形参数组名同时指向共同的数组单元，这种传递方式称为地址传递。

地址传递是双向的数据传送方式。实参数组名与形参数组名指向同一段内存单元，在被调函数的执行过程中，对形参数组元素数据的修改，就是对实参数组元素数据的修改。被调函数执行完毕，释放函数及参数，同一段内存单元修改后的数据代回主调函数。这样，可以通过传递一个地址值（如数组名）的方法来达到修改实参的数据，被调函数根据地址将数据写入对应的存储单元。

例 7.13　有两个数组 iA[4]={1,1,1,1}，iB[4]={2,2,2,2}，将数组名作为函数的实参，在被调函数中交换两个数组中所有元素的次序，验证传送方式为地址传送。

解：用图解法分析数组名作为函数的实参和形参，传送数组的首地址，如图 7-4 所示。

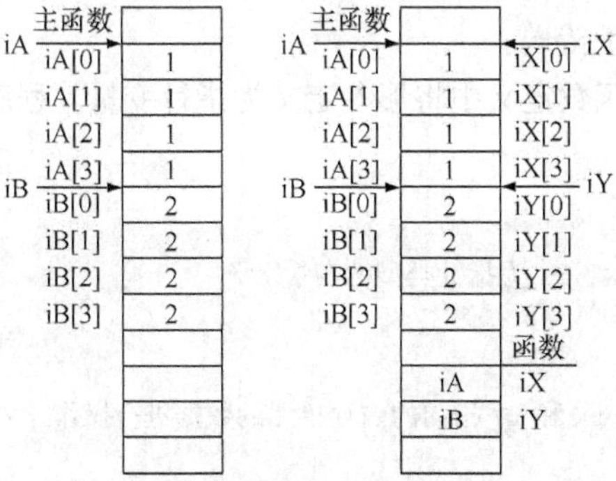

图 7-4　函数调用的地址传送

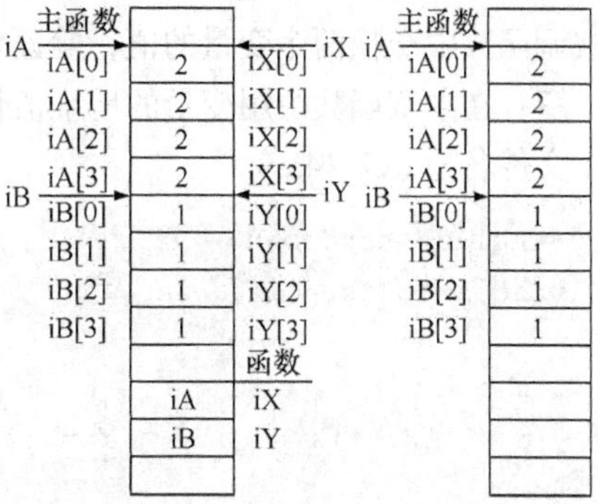

图 7-5　交换后释放函数

在被调函数中交换两个数组中所有元素的次序，改变数组 iX 和数组 iY 的值，数组 iX 指向 iA，数组 iY 指向 iB，主函数中数组 iA 和数组 iB 的各元素的值随之改变，释放函数和参数后，主函数中数组 iA 和数组 iB 中各元素的值为改变后的值。

编制程序如下（文件名为 ex7_13.c）：

```
#include <stdio.h>
void swap(int  iX[4], int iY[ ] )
{
  int iK, t;
  for(iK=0; iK<4; iK++)
  {
  t = iX[iK];  iX[iK] = iY[iK]; iY[iK] = t;
  }
}
int main(  )
{
    int  iK;
    int  iA[4]={1,1,1,1}, iB[4]={2,2,2,2};
    swap(iA, iB);
    for(iK=0; iK<4; iK++)
       printf("result:iA[%d]=%d,iB[%d]=%d\n",iK,iA[iK],iK,iB[iK]);
       return 0;
 }
```

执行该程序，输出结果如下：

```
result: iA[0]=2, iB[0]=1
result: iA[1]=2, iB[1]=1
result: iA[2]=2, iB[2]=1
result: iA[3]=2, iB[3]=1
```

2. 地址参数

可以作为地址参数的数据种类包括变量的地址、指针、数组名、字符串、函数名和指向函数的指针等。地址实参与地址形参之间类型要一致，数据种类要匹配。一般地址实参与地址形参的匹配关系如下：

*① 变量的地址值作为实参，相应的形参定义为同类型的指针变量。利用这种地址传送，可以改变实参变量的内容。在函数的声明语句中，*表示指针定义符，表示该变量是指针类型的变量。在函数的执行语句中，*表示运算符，表示取指针变量的内容，即指针指向内存单元的数据。

例 7.14 有两个变量 iA=2，iB=4，将变量的地址作为函数的实参，声明指针变量作为形参在被调函数中交换两个变量的值，验证传送方式为地址传送。

解：在主调函数中用变量的地址值作为实参，在函数定义中将形参定义为指针变量。程序如下（文件名为 ex7_14.c）：

```
#include <stdio.h>
void swap(int *iX,  int *iY)      /* 定义 iX、iY 为指针类型的变量 */
{
  int  t;
  t = *iX; *iX = *iY; *iY = t;    /* 分别对 iX 和 iY 指向的内存单元的数据进行操作 */
}
int main( )
{
  int  iA=2, iB=4;
  swap(&iA, &iB);              /* 变量的地址值作为实参  */
  printf("iA=%d, iB=%d\n",iA,iB);
  return 0;
}
```

执行该程序，输出结果为：iA=4, iB=2

② 指针变量或变量的地址作为实参，函数的形参声明为同类型的指针变量。

③ 一维数组名作实参时，函数的形参声明为与其类型一致的一维数组或指针变量。形参声明有三种定义方式：形参声明为一维数组，如例 7.13 中的 int iX[4]；形参声明为缺省长度的一维数组，如例 7.13 中的 int iY[ ]；形参声明为指针变量。

例 7.15 有两个数组 iA[4]={1,1,1,1}，iB[4]={2,2,2,2}，将数组名作为函数的实参，在被调函数中用指针变量交换两个数组中所有元素的次序，传送方式为地址传送。

解：编制程序（文件名为 ex7_15.c）如下：

```
#include "stdio.h"
void swap(int  *iX,  int  *iY)
{
  int  iK, t;
  for( iK = 0; iK < 4; iK ++)
  { t = *iX;  *iX++ = *iY;  *iY++ = t;  }
}
int main( )
{
    int  iK;
    int  iA[4]={1,1,1,1}, iB[4]={2,2,2,2};
    swap(iA, iB);
    for(iK=0; iK<4; iK++)
```

```
        printf("result:iA[%d]=%d,iB[%d]=%d\n",iK,iA[iK],iK,iB[iK]);
        return 0;
  }
```

执行该程序，输出结果如下：

```
result: iA[0]=2, iB[0]=1
result: iA[1]=2, iB[1]=1
result: iA[2]=2, iB[2]=1
result: iA[3]=2, iB[3]=1
```

也可以将一个形参声明为指针变量，另一个参数声明为一维数组，例如：

```
void swap(int  *iX,  int  iY[])
{
  int iK, t;
  for(iK=0; iK<4; iK++)
  { t = *iX;  *iX++ = iY[iK];  iY[iK] = t;   }
}
```

*④ 二维数组名作实参时，相应的形参声明为与其类型相同的二维数组或指针数组。形参声明有三种方式：

a. 形参声明为二维数组，例如在例 7.16 定义的 double dC[3][3]。

例 7.16 三名学生的三门课程的平时成绩 iP[3][3]={86, 82,78,65,84,90,54,86,76 }，考试成绩 iE[3][3]={76,65,83,78,84,88,72,69,80 }，按平时占 30%，考试占 70%求总评成绩 dG[3][3]。

解：程序（文件名为 ex7_16.c）如下：

```
#include "stdio.h"
void we(int  iA[][3],int (*iB)[3],double dC[3][3])
{
  int  iX,iY;
  for(iY=0; iY<3; iY++)
      for(iX=0; iX<3; iX++)
          dC[iY][iX]=0.3*iA[iY][iX]+0.7*iB[iY][iX];
}
int main( )
{
   int  iX,  iY;
   int  P[3][3]={86,82,78,65,84,90,54,86,76 },iE[3][3]={76,65,83,78,84,88,72,69,
80 } ;
   double  dG[3][3];
   we(iP, iE, dG);
   for(iY=0; iY<3; iY++)
     { for(iX=0; iX<3; iX++)
         printf("dG[%d][%d]=%f    ",iY,iX, dG[iY][iX]);
         printf("\n");
     }
     return 0;
}
```

执行该程序，输出结果如下：

```
dG[0][0]=79.000000    dG[0][1]=70.100000    dG[0][2]=81.500000
dG[1][0]=74.100000    dG[1][1]=84.000000    dG[1][2]=88.600000
dG[2][0]=66.600000    dG[2][1]=74.100000    dG[2][2]=78.800000
```

b. 形参声明为行标可变的二维数组，列标不能缺省。例如在例 7.16 定义的 int-iA[ ][3]。

c. 形参声明为指针数组，例如在例 7.16 定义的 int (*iB)[3]。

⑤ 多维数组名作为函数参数，函数的形参声明为与其类型相同的多维数组或指针数组。声明方式与前大致相同。

⑥ 字符串作为实参，函数的形参声明为字符数组或字符串的指针变量。

C 语言中有字符串常量，没有字符串变量，通过字符数组或指针变量存储和处理字符串。用一维字符数组来处理一个字符串，用二维字符数组存储多个字符串。字符串作实参，相应的形参定义与一维数组或二维数组基本相同。

*⑦ 函数名或指向函数的指针作实参，函数的形参声明为指向同类型函数的指针。这时传递的是函数的入口地址。

*⑧ 主调函数用数组名或指针作为函数的实参，被调函数中声明的形参数组或指针和实参类型一致，二者的数组长度、指针的位置可以不一致。

例 7.17 已声明字符串 s 并赋初值 chars[20]="a1b2c3d4e5f6g7h8i9";，编制函数 fun(*s)，将字符串 s 中数字依次放在前，小写字母放在后。

解：先分离字符串 s 中的数字和小写字母，将数字保存在字符数组 t1 中，小写字母保存在字符数组 t2 中，再将数组 t1、t2 合并到字符串 s 中。

```
#include  <stdio.h>
#include  <string.h>                         // 使用 strcpy、strcat 函数要声明头文件
void fun(char  *s)                          // 无返回值函数，参数为字符串指针
{
   int  i, j=0, k=0;                         // 声明函数中使用的循环变量
   char  t1[20], t2[20];                     // 声明存放数字和小写字母的数组 t1 和 t1
   for(i=0; s[i]!='\0'; i++)                          // 循环执行到 s 的'\0'为退出
   {   if(s[i]>='0' && s[i]<='9') t1[j++]=s[i];      // 数字存入 t1
       if(s[i]>='a' && s[i]<='i')  t2[k++]=s[i]; } // 小写字母存入 t2
   t1[j]=0;  t2[k]=0;                                 // 为数字和小写字母字符串加'\0'
  for(i=0; i<=j; i++)  s[i] = t1[i];                  // 将数字存入字符串 s
//  strcpy(s,t1);
  for(i=0; i<=k; i++)  s[j+i] = t2[i];                // 将小写字母接在数字之后
  s[j+k]=0;                                           // 为 s 的结果串加'\0'
//  strcat(s,t2);
}

int main()
{
   char  s[20]="a1b2c3d4e5f6g7h8i9";
   printf("\nThe original string is :  %s\n",s);
   fun(s);
   printf("\nThe result is :  %s\n",s);
   return 0;
}
```

这是在操作考试中常见的考题类型，可以将些题作为字符串重组操作的样板，循环语句 for(i=0; s[i]!='\0'; i++)中的表达式 2 为 s[i]!='\0'，表示扫描到字符串的结束。用 if(表达式) t[j++]=s[i];语句将满足条件的元素存入数组 t，j 的初值为 0，每增加一个元素，j 要自增。t[j]=0; 为 t 数组加'\0'表示字符串结束。将数组 t1、t2 合并到字符串 s 中可以使用“strcpy(s,t1);”和“strcat(s,t2);”，使用字符串处理函数，要在程序开始加头文件#include <string.h>。

7.3 变量的属性

变量的属性可以分为位置属性和存储属性。变量的位置属性决定变量的作用域，即决定变量的有效范围，根据变量放置的位置可以分为局部变量与全局变量，若以函数为单位，按变量放置的位置划分可以分成内部变量和外部变量。变量的存储属性决定变量的数据类型和变量的生成周期，局部变量的存储方式分为自动方式 auto、静态方式 static 和寄存器方式 register 三种存储方式。

7.3.1 内部变量与局部变量

在程序设计中，带有结构性的语法单位包括复合语句（或称语句块）、函数、单个源程序文件和多个源程序文件等。首先，以某一级语法单位作为参照，另一级语法单位作为对象，然后，在指定的对象下将变量、函数划分成内部和外部、局部和全局等多种形式。在此基础上讨论变量和函数等概念。习惯上以单个源程序文件这种语法单位作为参照，研究单个源程序文件下的函数对象，以变量在函数对象的位置划分内部或外部、局部或全局等概念。

1. 变量的作用域

变量的有效范围称为变量的作用域。变量有 4 种不同的作用域，包括文件作用域（含多文件作用域）、函数作用域、语句块作用域和函数原型作用域。除了变量之外，任何以标识符代表的实体都有作用域，概念与变量的作用域相似。

2. 内部变量

变量必须先声明后使用，声明变量的位置在一个函数的内部称为内部变量，例如，声明函数的形参是一种内部变量，变量的有效范围（作用域）是整个的函数；函数体中声明的变量是内部变量，变量的有效范围是整个的函数体；复合语句中声明的变量也是一种内部变量，变量的有效范围是复合语句之内。

3. 局部变量

局部变量是相对于全局变量而言的，在不同的语法单位下声明的变量为局部变量，在它上一级语法单位之前声明的变量则看成全局变量。例如，在复合语句中声明的变量是局部变量，在复合语句范围内有效，而在函数体开始声明的变量，相对于复合语句而言则看成全局变量。在函数体内声明的变量称为局部变量，是相对于函数体外前面声明的全局变量而言的。这样就有了在语法单位中局部变量屏蔽全局变量一说。

例 7.18 已知主函数的函数体声明整型变量“int iA=1, iB=2;”，在复合语句中声明整型变量“int iA=4, iB=5;”，先在复合语句中输出 iA、iB，然后在复合语句下面输出 iA、iB。

解：编制程序如下（文件名为 ex7_18.c）：

```
#include <stdio.h>
int main()
{
    int  iA = 1, iB = 2;
    {
        int iA = 4, iB = 5;
        printf("iA1=%d, iB1=%d\n",iA,iB);
    }
    printf("iA2=%d, iB2=%d\n",iA,iB);
    return 0;
}
```

执行以上程序，运行结果如下：

iA1 = 4, iB1 = 5;

iA2 = 1, iB2 = 2;

局部变量只能在声明变量的语法单位中使用，它上一层次的语法单位不能使用该局部变量。在函数中定义的局部变量，是内部变量，只在本函数范围内有效，不能在函数外的其他函数中使用。主函数中定义的局部变量也只能在主函数中使用，不能在其他函数中使用。其他函数中定义的局部变量，也不能在主函数中使用。

例 7.19 程序如下所示，分析各语法单位定义变量的作用域（文件名为 ex7_19.c）。

解：按照变量先声明后使用的规定，各语法单位变量的作用域如下所示：

```
#includ"stdio.h"
int fun(ing  x[],int i,int j)
{
  int a=j;
  if(i<j)
  {
     int t;
     t=x[i]; x[i]=x[j];x[j]=t;      t 作用域     a 作用域     x[],i,j 作用域
     fun(x,++i,--j);
  }
  return a;
}
int main()
{
  int e[]={1,2,3,4,5,6,7,8},k,b;
  b=fun(e,1,6);
  for(k=0;k<8;k++)
    printf("%d",e[k]);                              e[],k,b 作用域
  printf(",%d\n",b);
  return 0;
}
```

运行该程序，输出结果如下：

17654328,6

4．局部变量的特点

① 以函数对象研究变量，局部变量就是内部变量；以复合语句为对象研究变量，局部变量指复合语句中的变量，函数体中的变量可以看作全局变量。

② 主函数 main 中声明的变量只在主函数中有效，例 7.19 中的 e[]、k 和 b，对其他函数无效。其他函数中声明的局部变量只在声明他的函数中有效，例 7.19 中的 a、t，对主函数和其他函数无效。

③ 不同语法单位中可以使用同名的变量，他们代表不同的对象，互不影响。下层语法单位的局部变量屏蔽上层语法单位的全局变量。

④ 可以在一个函数内的复合语句中声明变量，例如 7.19 中的 int　t，这些变量只在本复合语句中有效，这种复合语句也称为语句块。

⑤ 形式参数也是局部变量，例如 7.19 中的 x[]、i 和 j，函数 fun 中的形参只在 fun 函数中有效，在其他函数中无效。

⑥ 函数声明中的参数名可缺省，编译系统忽略函数声明中的参数名，在调用函数时不为函数声明中的参数名分配存储单元。例如，

```
int max(int iA, int iB);          /*  函数声明中出现的 iA、iB 编译系统忽略  */
  ⋮
int max(int iX, int iY)           /*  函数定义，形参是 iX、iY  */
{ printf("%d,%d", iA, iB); }      /*  错误的参数引用，iA、iB 在函数体中无效  */
```

编译时认定 max 函数体中的 iA 和 iB 未定义。

7.3.2　外部变量与全局变量

1. 外部变量与外部变量声明

程序的编译单位是源程序文件，一个源程序文件可以包含一个或若干个函数。在函数外面声明的变量称为外部变量，一个源程序文件可以引用另一个源程序文件的外部变量。外部变量的作用域是从变量声明处开始到源程序文件的末尾。声明外部变量后，每个函数都可以使用外部变量传递数据，增加函数之间数据的耦合性。

用关键字 extern 声明外部变量称为外部变量声明。当函数使用后面声明的外部变量或其他源程序文件的外部变量时，使用 extern 声明外部变量。用 extern 声明外部变量，可以将外部变量的作用域扩展到其他源程序文件，这是以多个程序文件作为参照的。

例 7.20　程序如下，写出程序输出结果，分析 extern iB;语句的功能（文件名为 ex7_20.c）。

```
#include "stdio.h"
int  iA=1;
int main()
{
 extern  iB;
 int fun(int iA, int iB);
 printf("iA=%d,iB=%d,",iA,iB);
 printf("fun=%d\n",fun(iA,iB));
}
int  iB=2;
int fun(int iX, int iY)
{
 return(iX*iA+iY*iB);
 return 0;
}
```

解：执行程序后，输出结果为：iA = 1, iB = 2, fun = 5。外部变量声明 extern　iB;语句说明函数引用的外部变量 iB 将在后面定义。

2. 全局变量

全局变量指被研究对象的上一层语法单位声明的变量，如研究的对象是函数，上一层的语法单位是源程序文件，外部变量就是全局变量，局部变量就是内部变量；多个源程序文件之间，一个程序文件声明的外部变量，在另一个程序文件中使用 extern 声明外部变量，作用域扩展到另一个源程序文件，可以看成多个源程序文件之间的全局变量。一般研究的对象是函数，习惯上称外部变量为全局变量，内部变量为局部变量。

例 7.21　源程序如下，分析全局变量 iA、iB、iX、iY 和局部变量 iA、iB、iX、iY 的关系（文件名为 ex7_21.c）。

```
#include "stdio.h"
int  iA=1,iB=2;                   /* 声明全局变量 iA、iB  */
void fun1(int iX, int iY)         /* 实参 iA 的值 8 传送给 iX，实参 iB 的值 9 传送给 iY */
```

```
  {
   int iA=3,iB=4;                         /* 声明局部变量 iA、iB,局部变量屏蔽了全局变量 */
   printf("iA1=%d, iB1=%d\n",iA,iB);      /* 输出局部变量的"iA1=3, iB1=4"  */
   printf ("iX1=%d, iY1=%d\n",iX,iY);     /* 输出参数传送的"iX1=8, iY1=9"  */
  }
  int  iX=5, iY=6;                        /* 声明全局变量 iX、iY */
  void fun2(int iY, int iX)               /* 实参 iA 的值 8 传送给 iY,实参 iB 的值 9 传送给 iX */
  {                                       /* 实参与形参按位置虚实对应   */
   printf("iA2=%d, iB2=%d\n",iA,iB);      /* 输出全局变量的"iA2=1, iB2=2"  */
   printf ("iX2=%d, iY2=%d\n",iX,iY);
  }                                       /*输出"iX2=9, iY2=8" 屏蔽全局变量 iX、iY*/
  void fun3(int  iB, int iA)              /* 实参 iA 的值 8 传送给 iB, 实参 iB 的值 9 传送给 iA */
  {                                       /* 实参与形参按位置虚实对应, 与变量名称无关  */
   printf("iA3=%d, iB3=%d\n", iA, iB);/* 输出"iA3=9, iB3=8", 屏蔽全局变量 iA、iB*/
   printf ("iX3=%d, iY3=%d\n", iX,iY);/* 输出全局变量的"iX3=5, iY3=6"  */
  }
  int main( )
  {
   int iA=8,iB=9;                         /*  声明局部变量 iA、iB */
   fun1 (iA,iB);                          /*  实参 iA、iB  */
   fun2 (iA,iB);
   fun3 (iA,iB);
   return 0;
  }
```

解：将程序中全局变量、局部变量的声明，参数的传送、全局变量和局部变量的相互关系列于程序右边的注释栏中。运行该程序，运行结果如下。

iA1=3, iB1=4

iX1=8, iY1=9

iA2=1, iB2=2

iX2=9, iY2=8

iA3=9, iB3=8

iX3=5, iY3=6

全局变量使用说明如下：

① 全局变量能增加函数间数据联系的渠道，增加函数间的耦合性。

② 全局变量少用为佳，建议尽量不要使用全局变量，理由有以下三点：

a. 全局变量在程序的全部执行过程中都要占用存储单元，不是在函数执行时才开辟存储单元。

b. 全局变量增加了函数间的耦合性，降低了程序的内聚性、通用性、可靠性和独立性。

c. 过多使用全局变量，会降低程序的清晰度，修改程序容易出错。因此，要限制使用全局变量。

③ 如果在同一个源文件中，全局变量与局部变量同名，则在局部变量的作用范围内，全局变量被屏蔽，即全局变量不起作用。

④ 在同一个源文件中，出现形参名与全局变量同名，则形参屏蔽全局变量，在该函数中全局变量不起作用。

⑤ 关键字“extern” 对变量进行声明。它不是定义符，不能定义变量，只是声明某变量在

下面或另外的源程序文件中定义，声明后可以直接使用该变量。

7.3.3　变量的存储方式

变量存储属性包括变量的空间属性和变量的存储期（生命期）等时间属性。变量的存储属性取决于程序使用存储空间的方式，内存中供用户使用的存储空间分为程序区、静态存储区和动态存储区三个部分。源程序存储在存储空间的程序区，数据分别存放在静态存储区和动态存储区中。存储方法分为静态存储和动态存储两大类，分别用关键字 auto（自动）、static（静态）、register（寄存器）和 extern（外部）说明存储类型。在声明变量时，存储类型说明符放在类型标识符的前面。语法格式如下：

[存储类型说明符]　类型标识符　变量表列

静态存储区中存放静态数据和全局数据，在程序开始执行时为静态数据和全局数据分配存储单元，程序执行完毕后释放这些存储空间。在程序执行过程中静态数据和全局数据占据固定的存储单元，不能动态分配和释放，这种存储方式称为静态存储方式。静态存储区中还存放加静态说明 static 的内部变量。

动态存储区中存放函数的局部变量和形式参数，在调用函数时给局部变量和形参分配存储空间；函数中定义的自动变量、寄存器变量；函数调用时现场保护和返回地址等数据。这些数据在函数调用开始时分配动态存储空间，函数结束时释放这些空间。在程序执行过程中，这种分配和释放是动态进行的，当一个程序两次调用同一函数，则函数要进行两次分配和释放，后一次分配给函数中局部变量的存储空间地址与前一次分配的地址可能不相同，这种存储方式称为动态存储方式。

变量的存储期是指变量在程序运行期间在内存中存在的时间，是指变量的存储空间从分配到释放所占用的时间。存储期分为静态存储期和动态存储期。

根据变量的存储类型不同可以分为自动变量、静态变量、寄存器变量和外部变量。

1. 自动变量

自动变量指用关键字 auto 说明存储属性的变量，是用动态存储方式分配存储空间的变量，意指自动释放存储空间的变量。语法格式为：

[auto]　类型标识符　变量表列

例如：auto　int　iA[4], iX, iY;　　　/*　存储类型说明符 auto 在类型标识符之前　*/

存储类型说明符 auto 放在数据类型 int 的前面，存储类型的关键字可以缺省，缺省了存储类型的关键字，系统默认为自动存储类型。

例如：int　iA[4], iX, iY;　　　/*　缺省了存储类型，系统默认为 auto 类型　*/

由此可见，在前面的大量例题中，都缺省类型说明符，都是隐含说明为自动存储类型。

函数中，没有用关键字 static 说明的内部变量、函数的形参、包括在复合语句中定义的变量，编译系统按动态存储方式分配存储空间，在函数调用时，执行到变量定义语句时动态地分配存储空间，数据存储在动态存储区中，在函数调用结束时就自动释放这些存储空间。

2. 静态变量 static

静态变量指用关键字 static 说明存储属性的变量，静态变量分为静态内部变量和静态外部变量。一般讨论的静态变量都指静态内部变量，是用静态存储方式分配存储空间的变量，意指在一个函数中定义的静态变量不能在另外函数中引用，编译系统在静态存储区中保留存储单元，保留该变量上一次函数调用结束时的值。语法格式为：

static　类型标识符　变量表列

例如：static　int　iX, iY;

例 7.22 在函数 fun 中定义 iC 为静态变量，程序如下，试分析程序运行结果（文件名为 ex7_22.c）。

```
#include "stdio.h"
int  iA=1;                          /*  定义 auto 类型全局变量 iA  */
int fun(int iB)                     /*  定义 fun 函数，iB 为形参  */
{
  static int iC=3;                  /*  定义 iC 为静态变量  */
  iC+=iA+iB;
  return iC;
}
  int main( )
{
    int  iD=2, iK;                  /*定义 auto 类型变量 iD、iK */
    for(iK=0; iK<3; iK++)
    printf("%d,",fun(iD));
    return 0;
 }
```

解：执行源程序，输出结果为 6, 9, 12,

函数中定义变量 iC 为静态变量，初值为 3，iA 为全局变量值为 1，实参 iD=2，传递到形参 iB 的值为 2，计算 iC+=iA+iB;结果为 6。在存储区中保留静态变量 iC 的值为 6，作为下一次函数调用时静态变量 iC 的初值，第二次调用，计算 iC+=iA+iB;结果为 9，第三次调用，计算 iC+=iA+iB;结果为 12。

对静态内部变量作如下说明：

① 静态变量分配的存储单元在静态存储区内，在程序整个运行期间都不释放静态变量。

② 在编译时为静态变量赋一次初值，在程序运行时函数的静态变量已有初值，在函数调用时不赋初值，函数调用结束后保留静态变量的值。以后每次调用函数时都不再重新赋初值，保留上次函数调用结束时静态变量的值。自动变量赋初值不是在编译时进行的，而是在函数调用时进行，每调用一次函数重新给一次初值，相当于执行一次赋值语句。

③ 当定义静态变量时没有赋初值，编译系统自动为静态变量赋初值，对数值型变量赋初值 0，对字符型变量赋初值为空字符。对自动变量而言，如果不赋初值，则其值不确定。

3. 寄存器变量

寄存器变量指用 register 声明的变量，为提高程序的执行效率，C 允许将局部变量的值存放在 CPU 的寄存器中，需要用时直接从寄存器取出参加运算，不必再到内存中去存取，这种变量叫做寄存器变量。使用寄存器变量，使用户不能获得变量的地址。在 VC++中，寄存器变量与自动变量的汇编代码相同，处理方法一样，只是不允许查看变量的地址。

例 7.23 使用寄存器变量 iM 求 1+2+3……100，用寄存器变量 iN 求 10!。

解：用 register int iM=0, iN=1; 声明寄存器变量，编制程序如下（文件名为 ex7_23.c）：

```
#include "stdio.h"
int main()
{
   register int iM=0,  iN=1;
   int   iK;
   for(iK=1;iK<=100; iK++) iM+=iK;
   printf("%d,",iM);
   for(iK=1; iK<=10; iK++) iN *= iK;
   printf("%d\n",iN);
```

```
//  printf("%x\n",&iM);
}
```

编译、运行程序，输出结果为：5050,3628800

若编译语句“printf("%x\n",&iM);”，系统提示 error C2103: '&' on register variable。

7.4 练习题

1. 判断题（共 10 小题，每题 2 分，共 20 分）

（1）C 语言是函数型语言，主程序、子程序等模块都称为函数。（　　）

（2）函数可以嵌套定义，可以嵌套调用。（　　）

（3）函数的使用必须遵循“先定义或先声明，后调用”的原则。（　　）

（4）函数是一个值，函数具有类型，函数必须返回一个值。（　　）

（5）函数调用时实参与形参之间按位置虚实对应，与变量名称无关。（　　）

（6）函数原型用于声明函数的名称、形参的个数和形参的类型，函数原型中必须指定参数。（　　）

（7）函数的递归调用是指函数直接或间接地自己调用自身。（　　）

（8）一个函数是一个编译单位，形成一个目标代码。（　　）

（9）自动变量指用关键字 auto 说明存储属性的变量，缺省存储属性的变量为静态变量。（　　）

（10）全局变量和静态变量存储在静态存储区，函数调用后，不释放存储单元。（　　）

2. 单选题（共 10 小题，每题 2 分，共 20 分）

（1）已知函数调用的语句为“func(4, 6);”，下列选项中正确的定义是（　　）。

A. void　func (int x, int y)　　B. double (int x, y);

C. int　func (int x, int y)　　D. func (x,　y)

（2）函数调用语句“f((e1,e2), (e3,e4,e5));”中参数的个数是（　　）。

A. 1　　B. 2　　C. 4　　D. 5

（3）将函数值 f 返回主调函数的语句是（　　）。

A. break f ;　　B. continue　　C. return f ;　　D. exit f ;

（4）C 语言中用无返回值函数实现过程模块的功能，其类型说明符是（　　）。

A. int　　B. float　　C. double　　D. void

（5）函数调用语句中的实参为数组名 a 和变量 m，函数定义语句中的形参为数组 b[ ]和变量 x，函数参数之间的数据传送是（　　）。

A. 地址传送　　B. 值传送　　C. 混合传送　　D. 用户指定传送

（6）存储方法分为静态存储和动态存储两大类，分别用静态、自动、寄存器和外部说明存储类型。系统缺省的存储类型是（　　）。

A. static　　B. auto　　C. register　　D. extern

（7）下列选项中，主函数的参数说明不包括的选项是（　　）。

A. int　N　　B. int　argc　　C. char * argv[ ]　　D. char * env[ ]

（8）已声明 double　a[3], b[3], d;，已知函数调用的语句为 d = func(a[0], b[0]);，下列选项中正

确的定义是（　　）。

A. void　func (int x, int y)　　B. double (double　x , double　y)

C. void　func (double　x,　double y)　　D. int　func (double　x, double　y)

（9）下列选项中，C 语言中的函数允许使用的定义或调用方法不包括（　　）。

A. 直接递归调用　　B. 嵌套调用　　C. 嵌套定义　　D. 间接递归调用

（10）数组名作为参数传递给函数，作为实际参数的数组名被处理为（　　）。

A. 该数组的长度；　　B. 该数组的元素个数；

C. 该数组中各元素的值；　　D. 该数组的首地址

3. 填空题（共 10 小题，每题 2 分，共 20 分）

（1）函数包括（　　）函数和（　　）函数两类。

（2）调用其他函数的函数被称为（　　）函数，被其他函数调用的函数称为（　　）函数。

（3）函数的形态分为函数的定义、函数的（　　）、函数的（　　）三种形态。

（4）函数定义由函数头和函数体两部分组成，函数体用于描述函数的功能，由（　　）和（　　）两部分组成。

（5）函数调用的方式包括函数表达式、函数（　　）和函数（　　）。

（6）C 语言支持递归调用，递归调用的执行过程分为（　　）和（　　）两个阶段。

（7）函数定义时包含有形式参数的函数称为（　　）函数，不包括形式参数的函数称为（　　）函数。

（8）主函数的两个主要参数包括（　　）和（　　）。

（9）栈是一种后进先出的数据结构，栈分配一个存储区、固定一端作为（　　），另一端为活动端称为（　　）。

（10）以函数作为语法单位，函数内部定义的变量是局部变量，存储在（　　）区，函数外部定义的变量是全局变量，全局变量和静态变量存储在（　　）区。

4. 简答题（共 5 小题，每题 4 分，共 20 分）

（1）函数定义的作用是什么？试写出函数定义的语法格式。

（2）函数原型的作用是什么？试写出函数原型的语法格式。

（3）什么是值传送？什么是地址传送？什么是混合传送？

（4）内存中存储空间分如何划分？各个区域存放什么类型数据？

（5）什么是变量的作用域？变量有哪几种作用域？

5. 分析题（共 5 小题，每题 4 分，共 20 分）

（1）值传送

例 7.24　分析下列值传送程序的输出结果（文件名为 zy7_1.c）。

```
#include <stdio.h>
void fun(int m, int n)
{
  int t;
  t = m*10+n;
  n = n*10+m;
  m = t;
  printf("m = %d, n = %d\n",m,n);
}
main()
```

```
{
    int a = 4, b = 6;
    fun(a,b);
    printf("a = %d, b = %d\n",a,b);
}
```

（2）地址传送

例 7.25　分析下列地址传送程序的输出结果（文件名为 zy7_2.c）。

```
#include <stdio.h>
fun(char x[10],char y[10])
{
  int i,j=0;
  for(i=0;i<10;i++)
    if(x[i]!=x[i-1]) y[j++]=x[i];
  y[j++]='\0';
}
int main()
{
    char a[10]={"112444566"},b[10];
    fun(a,b);
    printf("%s ",b);
    printf("\n");
    return 0;
}
```

（3）混合传送

例 7.26　分析下列混合传送程序的输出结果（文件名为 zy7_3.c）。

```
#include <stdio.h>
f(int b[],int n)
{
  int i;
  for(i=1;i<=n;i++)
      b[i]*=2;
  n++;
}
int main()
{
    int i,k=4,a[6]={1,2,3,4,5,6};
    f(a,k);
    for(i=0;i<6;i++)
    printf("%d, ",a[i]);
    printf("%d \n",k);
    return 0;
}
```

（4）全局变量

例 7.27　分析下列程序中全局的值，计算输出结果（文件名为 zy7_4.c）。

```
#include <stdio.h>
int k = 24;
int  fun(int m, int n)                          // m=z,n=4
{
    k = n * 10 + m;                             // k=42
    return k;
}
```

```
int main()
{
    int a,b,f;
    a = k / 10;                          // a=2
    b = k % 10;                          // b=4
    f = fun(a,b) * 2;                    // f=42*2=84
    printf("f = %d, k = %d \n", f, k ) ;
    return 0;
}
```

（5）静态变量

例 7.28 分析下列程序中的全局变量和静态变量的值，计算输出结果（文件名为 zy7_5.c）。

```
#include <stdio.h>
int a=2;
int  fun(int m, int n)
{
   static int b=2;
   int k;
   a += m; b += n;
   k = a * 10 + b;
   printf("a = %d, b=%d \n",a,b);
   return k;
}
int main()
{
   int i,f;
   for(i=1;i<3;i++)
   f = fun(a,i);
   printf("f = %d, a = %d \n",f,a);
   return 0;
}
```

第 8 章 指　　针

指针的概念与内存的地址相关，要理解指针，首先要了解内存地址。在计算机中，所有的数据都是存放在存储器中的。一般把存储器中的一个字节称为一个内存单元，不同的数据类型所占用的内存单元数不等，如 VC 编辑器的短整型数据占 2 个单元，整型和长整型数据占 4 个单元，字符数据占 1 个单元，单精度型数据占 4 个单元，双精度型占 8 个存储单元等。编译器为每个使用的内存单元编号，内存单元的编号又称为内存单元的地址。根据内存单元的地址可准确地找到该内存单元。用户不能直接使用内存的绝对地址访问内存空间，只能通过指针这种数据类型实现对内存地址的访问。下面从程序案例认识指针的使用方法。

例 8.1　在源程序中定义短整型变量 a1=1、a2=2，整型变量 b=3，字符型变量 c='A'，单精度变量 f=4.0，双精度变量 d=5.0 等，定义指针变量，并查看变量的地址。

解：编制源程序（文件名为 ex8_1.c）如下：

```
#include <stdio.h>
int main()
{
  short  int a1=1, a2=2, *pa1=&a1, *pa2=&a2;
  int  b=3, *pb=&b;
  char  c='A', *pc=&c;
  float  f=4.0, *pf=&f;
  double  d=5.0, *pd=&d;
  printf("&a1=%x:\t %d\n",pa1,a1);
  printf("&a2=%x:\t %d\n",pa2,a2);
  printf("&pa1=%x:\t %x\n",&pa1,pa1);
  printf("&pa2=%x:\t %x\n",&pa2,pa2);
  printf("&b=%x:\t %d\n",pb,b);
  printf("&pb=%x:\t %x\n",&pb,pb);
  printf("&c=%x:\t %c\n",pc,c);
  printf("&pc=%x:\t %x\n",&pc,pc);
  printf("&f=%x:\t %f\n",pf,f);
  printf("&pf=%x:\t %x\n",&pf,pf);
  printf("&d=%x:\t %f\n",pd,d);
  printf("&pd=%x:\t %x\n",&pd,pd);
  return 0;
}
```

编译、运行程序，屏幕输出数据如下：

```
&al=12FF7C:     1
&a2=12FF78:     2
&Pal=12FF74:    12FF7C
```

```
&Pa2=12FF70:        12FF78
&b=12FF6C:          3
&pb=12FF68:         12FF6C
&c=12FF64:          A
&pc=12FF60:         12FF64
&f=12FF5C:          4.000000
&pf=12FF58:         12FF5C
&d=12FF50:          5.000000
&pd=12FF4C:         12FF50
```

编译系统为变量分配的内存单元如图 8-1 所示。

地址	内容	变量
0012FF7C	1	a1
0012FF78	2	a2
0012FF74	0012FF7C	pa1
0012FF70	0012FF78	pa2
0012FF6C	3	b
0012FF68	0012FF6C	pb
0012FF64	A	c
0012FF60	0012FF64	pc
0012FF5C	4.0000000	f
0012FF58	0012FF5C	pf
0012FF50	5.0000000	d
0012FF4C	0012FF50	pd

图 8-1　屏幕输出数据与变量存储单元

由此可见，使用指针，用集成开发环境 IDE 可以查看 C 程序为变量分配的存储单元。指针变量存放的是变量的地址，在变量声明中“short int a1=1,a2=2,*pa1=&a1,*pa2=&a2;”定义了指针变量 pa1、pa2，当 IDE 为变量和指针分配地址，变量 a1 的地址为 12FF7C，变量 a2 的地址为 12FF78，指针变量 pa1 的地址为 0012FF74，为指针变量初始化，将定义变量 a1 的地址&a1 赋给指针变量 pa1，则把 a1 的地址 12FF7C 存入指针变量 pa1 的内存单元，pa1 的内存单元存储 a1 的地址 0012FF7C；同理，指针变量 pa2 的地址为 0012FF70，初始化指针变量，pa2 的内存单元存储 a2 的地址 0012FF78；变量声明中“int　b=3, *pb=&b;”，变量 b 分配的内存单元为 0012FF6C，指针 pb 的地址为 0012FF68，pb 的内存单元中存储整型变量 b 的地址 0012FF6C，变量 c 分配的内存单元为 0012FF64，指针 pc 的内存单元存储字符变量 c 的地址 0012FF64，pf 的内存单元存储单精度型变量 f 的地址 0012FF5C，pd 的内存单元存储双精度变量 d 的地址 0012FF50。地址都是占 4 个字节的整数，指针变量的数据类型是间接定义指针变量所指向变量的数据类型，表示指针变量指向内容的数据类型。

8.1　指针的定义与引用

8.1.1　指针变量的概念

1. 变量的地址与内存单元

C 语言规定，每个变量的地址是该变量所占存储单元的第 1 个字节的地址，例如，整型变量占 4 个字节，只标示第 1 个字节的地址，变量 a1 的地址为 0012FF7C，b 为 0012FF6C，c 为 0012FF64，f 为 0012FF5C，d 为 0012FF50 等。不过，这些分配的内存单元必须等程序运行后，由集成开发环境 IDE 确定该程序中变量的地址，不能在源程序中使用地址值。但可以用取地址运算符“&”表示各变量的地址，例如，&a1 表示变量 a1 的地址，&b 表示变量 b 的地址，&c 表示变量 c 的地址，&f 表示变量 f 的地址，&d 表示变量 d 的地址。

变量是符号表示和存储表示的统一体，变量名 a1、a2、b、c 和 d 等符号表示指定地址的内存单元，源程序中对变量名的直接存取操作，IDE 根据变量名和存储地址之间一一对应的关系，访问指定的存储单元并存取数据。变量的地址用取地址运算符“&”表示，如&a1、&a2、&b、&c 和&d 表示各存储单元的首地址，即变量的地址。

2. 指针与指针变量

C 语言提供了一种特殊的数据类型称为指针，是存放内存地址值的一种数据类型。指针类型不同于其他基本类型表示内存单元占用的字节数，指针类型表示一种间接存取方式，指针定义的内存单元存放的是另一存储单元的地址，这个地址指向存放数据的内存单元。

例 8.2　定义两个整型变量 a、b，初值分别为 2、3，设 IDE 分配变量 a 的地址为 0022FF74，变量 b 的地址为 0022FF70，设有一指针 p，地址为 0022FF6C，存放的内容为变量 a 的地址 0022FF74，试作存储分析。

解：程序运行后变量分配的地址 a、b、p，如图 8-2 所示：

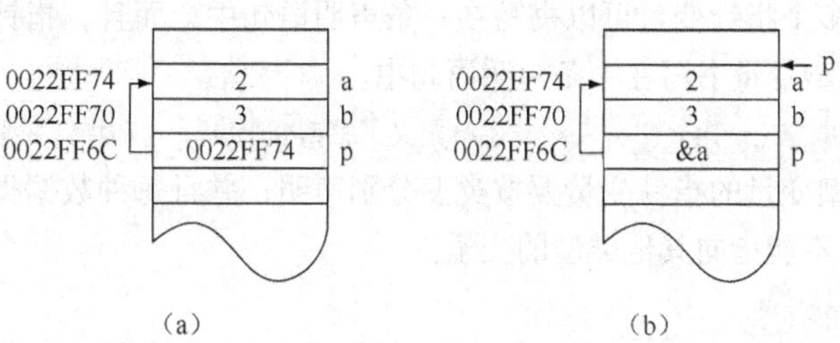

图 8-2　指针类型与存储分析

变量 p 存放的是变量 a 的地址，&a = 0022FF74，由 a 的地址 0022FF74 找到 a 的内存单元，a 的内存单元中存放整型数 2，构成了间接访问的数据类型，如图 8-2（a）、图 8-2（b）所示。这种数据类型构成指针的第一层含义。

根据 C 语言的定义，一个变量的地址称为这个变量的指针，指针是一个静态地址值的概念，变量 a 的地址值 0022FF74 就是变量 a 的指针，变量地址值是指针的第二层含义。用来存放变量地址的变量称为指针变量。变量 p 存放的是变量 a 的地址，称变量 p 为指向变量 a 的指针变量，指针变量 p 指向变量 a 的存储表示如图 8-2（b）所示。

3. 声明指针变量

声明指针变量是通过声明语句确定指针变量的名称、指针变量的数据类型、指针变量和指针变量指向内存单元中数据的存储方式等。指针变量指向的内存单元存放的数据称为指针的内容。

（1）语法

声明指针变量的语法格式为：

[存储类型]　类型标识符　*指针变量名；

例如：
```
auto  int  *p, *q;          /* 定义指针变量 p、q */
```

（2）语义

[存储类型]　指 auto、static、extern 和 register 等存储类型，方括号表示可缺省，缺省时的存储类型为 auto 类型。

类型标识符指基本数据类型的类型名，可以是字符型、整型、单精度型和双精度类型等基本数据类型。指针变量存放的是地址，直接可知地址的数据类型为整型，占 4 个字节，不需要专门讨论指针变量本身的类型，指针变量所指向的数据的类型才是研究的重点。因此，在声明语句中，声明指针变量的数据类型是间接定义指针变量所指向变量的数据类型，表示指针变量指向内容的类型。上例中指针变量 p、q 指向整型变量。

“*”表示指针说明符，用来说明其后的指针变量。

指针变量名是表示变量地址的形式符号，具有地址的特征，是地址变量，习惯上称为指针，这是指针的第三层含义。

（3）语用

使用指针变量时应该注意以下几点：

① 指针变量定义时，存储类型是可选项，为 auto 时可省略。

例如：`int  *pointer;`

② 在指针的声明语句中，“*”是指针说明符，不要与执行语句中的指针运算符 *相混淆。指针变量名前的“*”起标识作用，而非变量名本身，该指针变量名为 pointer 而不是*pointer。

③ 指针变量名遵循 C 语言标识符命名规则。

④ 同一类型的多个指针变量可以书写在一条声明语句中，而且，指针变量可以和其他同一数据类型的非指针类型变量书写在一条声明语句中。

例如：`int a, b, * pa, * pb;        /*定义了整型变量 a 、b 和指针变量 pa, pb */`

⑤ 指向不同类型变量的指针变量要按类型分别声明；并且每种数据类型的指针变量只能指向同一类型的变量，不能指向其他类型的变量。

例如：
```
char   *pchA;
float  *pfB;
```

指针变量声明后，指针变量只能指向同一类型的变量，可以用强制类型转换方法，把被指向变量的类型强制转换成该指针变量定义的数据类型。

8.1.2 指针变量的初始化

指针变量的初始化与其他数据类型一样，可以在声明变量的时候为指针变量赋初值，也可以先声明指针变量，后初始化。赋初值的方法仍用赋值语句，初值为地址值。

指针变量在定义变量的同时赋初值的语法格式为：

[存储类型] 类型标识符 * 指针变量名 = 地址值;

例如：`int a=3, *p=&a;`

初始化指针变量时应注意以下几点：

① 为指针变量名赋的初值必须是集成开发环境 IDE 已分配存储空间的变量的地址、数组名、指针等地址值，不能用常量为指针变量赋初值。

例如：`int *p=0x0022FF00;        // 错误，不能将一个常量赋值给一个指针变量。`

② 初始化指针变量的赋值表达式右边的地址值必须先声明，可以分行声明，也可以在同一行声明，声明的数据项在指针项之前先声明，指针项在数据项之后声明。

```
float x[3] = {2.0, 6.0, 5.0};
float *px = x;
```

或 `float x[3] = {2.0, 6.0, 5.0},*px = x;`

③ 不能用与指针类型不同的地址值为指针变量赋初值。例如：

```
int n=6;            /* n 为整型变量  */
float t; *pt=&n;    /* 错误，不能用整型变量的地址为单精度型指针变量赋初值*/
```

④ 对于静态和外部存储类型的指针变量，若定义时没有初始化，则 IDE 将自动将指针变量

初始化为 NULL。自动存储类型的指针变量，若没有进行初始化，IDE 不自动为其设置 NULL 的初值，其值不可知。可以由用户将指针变量初始化为空指针。例如：

int *ip = NULL;

8.1.3　指针变量的引用

引用指针变量的过程中，引用的要素有两种：一种是引用指针变量的地址，即引用指针；另一种是引用指针指向变量的数据，即引用指针的内容。

引用指针变量用到两个基本运算符号，一个是取地址运算符&，另一个是指针运算符*，在引用指针变量的过程中，用这两种运算符存取指针变量和存取指针的内容。

1．取地址运算符 &

（1）语法

& <变量|数组元素>

例如：int　y = 6, *p；　p =&y;

（2）语义

&为取地址运算法，取变量或数组元素的地址。该地址由 IDE 在程序运行时分配。

（3）语用

取变量地址时应注意以下几点：

① 取地址运算符 &是单目运算符，优先级为 2 级，结合方式为从右到左，对已定义了的变量或数组，取变量或数组元素的地址。例如：

```
int x = 4, y[3]={1,2,3}, *px, *py ;   /* 定义整型变量 x，数组 y，指针变量 px、py */
px = &x ;                             /* 将变量 x 的地址赋给指针变量 px  */
py = &y[2]                            /* 将数组元素 y[2]的地址赋给指针变量 py  */
```

其中，&x 取变量 x 的地址；&y[2]取数组元素 y[2]的地址，不能用&y，因为数组名 y 是地址常量，指定数组元素的首地址。

② 取地址运算符&适用于变量和数组元素和结构体成员，不能作用于常量和表达式。例如：当 a 为整型变量，& (a + 4)是错误的取地址运算，表达式没有地址，不能取表达式地址。&2 是错误的取地址运算，不能取常量的地址。

2．指针运算符*

指针运算符*用于存取指针的内容，指针运算表达式可以作为赋值语句的左值。

（1）语法

指针运算表达式语法：* <指针变量>

例如：`*pa = 5;`

（2）语义

*为指针运算符，用于存取指针变量指向的内存单元中的数据。指针运算符出现在函数体的执行语句部分。

（3）语用

使用指针运算符时应注意以下几点：

① 指针运算符*是单目运算符，优先级别为第 2 级，结合方式从右到左。要先对已定义的指针变量赋初值（地址值），然后才能对指针的内容进行存取存取操作。例如：定义 int　i, *p = &i;

后，整型指针 p 指向整型变量 i，执行*p = 4;语句后，指针变量 p 指向的内存单元的数据为 4。

② 用*指针变量引用指针的内容，必须保证指针变量指向正确的数据类型。若两者类型不同，IDE 显示出错信息。

③ 指针运算符*是取地址运算符&的逆运算，两者的作用完全相反，指针运算符*只能作用于指针（或变量的地址），不能直接作用于变量。

例如：定义 int a=2, *p=&a;后，不能用*a，也不能用&*a，因为 a 不是指针；可以用*p 和*&a，因为 p 是指针，&a 是变量的地址。

&a 运算，先考虑运算符的优先级别，两者的优先级别相同，结合方向是自右到左的结合方向。所以，计算的次序为(&a)。

运算过程如下：先由&a 计算变量 a 的内存地址，如图 8.2 的 0022FF74，然后，由*作用于该地址&a，查出地址 0022FF74 的内容为 2，求出存放在该地址（0022FF74）的内容 2，就是变量 a 的值。

例 8.3 已知整型变量与整型指针声明为“int a=4,b=6,k,*pa=&a,*pb=&b,*p;”，单精度型变量、单精度型数组和单精度型指针声明“float s=0.0,x[3]={4.0,6.0,5.0},*px=x;”，当 a < b 时交换*pa 和*pb 指向的数据，将 p 指向 pa，输出 a、b、*p；用指向数组的指针 px 计算数组元素之和 s。

解： 编制程序（文件名为 ex8_3.c）如下：

```
#include <stdio.h>
int main()
{
    int a=4,b=6,k,*pa=&a,*pb=&b,*p;
    float s=0.0,x[3]={4.0,6.0,5.0},*px=x;
    if(a<b){ k=*pa; *pa=*pb; *pb=k;}
    p=pa;
    printf("a=%d,b=%d,*p=%d\n",a,b,*p);
    for(k=0;k < 3;k++)
    s+=*px++;
    printf("sum=%f\n",s);
}
```

8.1.4 指针变量的赋值运算

指针变量的运算有两种：一种是指针变量的地址运算，即指针运算，指针运算包括指针的赋值运算、指针的加减运算和指针的关系运算；另一种是指针所指向变量的数据运算，即指针内容运算，指针内容运算与其他变量的运算相同。在此仅介绍赋值运算，其他的运算在后面逐步介绍。

指针变量是存放其他变量地址的变量，C 程序设计语言允许向指针变量赋值的地址包括变量的地址、数组元素的地址、数组名和函数的地址等含有地址的量。把这些地址赋给指针的运算，称为指针的赋值运算。

例 8.4 试分析下面程序中指针的赋值运算（文件名为 ex8_4.c）。

```
#include "stdio.h"
int main( )
{
  int a[4]={1,2,3,4}, x=3,*pa,*px,*p;
  pa=a;                              /* 数组名 a 为数组首地址赋给指针 pa  */
  px=&x;                             /* 变量 x 的地址赋给指针 px  */
  p=&a[1];                           /* 数组元素 a[1]的地址赋给指针 p  */
```

```
    x=*pa+*px+*p;                    /* 指针*pa 的值为 a[0]的值，px 指向 x    */
    printf("*pa=%d,*px=%d,*p=%d,x=%d\n",*pa,*px,*p,x);
    return 0;
}
```

解：执行以上程序，输出结果为：*pa = 1, *px = 6, *p=2, x = 6

指针的赋值运算的功能如语句右边注释所示。执行程序过程中*pa = 1, *px =3, *p = 2, 结果为 6，因为 px 指向 x，x 值为 6，所以 px 的值为 6。

8.2　指针与数组

指针与数组是两个完全不同的概念，却有着异常密切的关系，C 程序设计语言对数组的处理，就是通过指针地址的运算，得到数组元素的地址。由于这种内在的联系，将数组与指针紧密地结合在一起。数组与指针的表示方法相互渗透、相互替代，数组可以用指针法表示，指针也可以用下标法表示。

8.2.1　数组元素的指针

数组在内存中按顺序存放在一段连续的存储区域中，数组名就是这片连续内存区域的首地址。指针变量既然可以指向变量，当然也可以指向数组元素，将某一元素的地址放到一个指针变量中。所谓数组元素的指针就是数组元素的地址。

例如：

```
int a[10];                    //定义 a 为包含 10 个整型数据的数组
int *p;                       //定义 p 为指向整型变量的指针变量
p=a;                          //把数据的首地址赋给指针变量，a 等价于&a[0]
```

8.2.2　指针的加减运算

在 C 程序设计语言中，指针变量只有加和减两种算术运算，其中包括自增和自减运算。因为地址的运算在内存空间表示为指针的向前或向后移动，两指针间相差一个常数，运算结果要反映指针的地址特征，不出现与地址无关的操作。如：不能出现指针加上或减去一个其他类型的数据，不能出现两个指针相加，不能出现指针参与乘法、除法、取余及字位运算等操作。

1．指针变量与整数 n 的加减运算

设 p 和 q 是具有相同数据类型的指针变量，n 为正整数，指针变量 p、q 可执行的算术运算包括 p+n、p-n、p++、p--、++p、--p 和 p-q，如表 8-1 所示。已知变量的定义为：

int a[4]={1,2,3,4},m=4,n=2,*p=a,*q=&n;

表 8-1　　指针的加减法运算

算术运算	表达式	功能	引用指针语句
加 n	p+n	p+n*sizeof(type)后移 n 个元素	q = p+4;
减 n	p-n	p-n*sizeof(type) 前移 n 个元素	q = p-2;
后置自增	p++	p 先运算，后 p+sizeof(type)	q = p++;
后置自减	p--	p 先运算，后 p-sizeof(type)	q = p--;

续表

算术运算	表达式	功能	引用指针语句
前置自增	++p	p+sizeof(type)，后运算	q = ++p;
前置自减	--p	p-sizeof(type)，后运算	q = --p;
指针相减	q - p	指 q 与 p 之间元素的个数	m= q - p;

2. **指针变量运算的优先级与结合性**

引用指针变量用到的取地址运算符&和指针运算符*的优先级别为 2 级，结合方式为从右到左，在同一级别和相同结合方式的运算符包括++（前置）、--（前置）、sizeof（长度计算）、&（取地址）、*（指针）、+（正号）、-（负号）、！（逻辑非）和~（位取反）等运算符。变量的后置自增++、后置自减--运算，优先级属于 1 级，结合方式为从左到右。当指针运算符*与自增自减运算符在一个表达式中，要根据优先级别和结合方向确定运算的先后次序。

例 8.5 已知 int a[4]={1,2,3,4},*pa=a,*pb,*p1,*p2;当运行该程序时数组 a 分配的首地址为 12FF70，试分析 pa=a;，pb=&a[1];，p1=pa++;，p2=pb+2;，p1=++pa;，p2-=3;时程序的运行结果。

解：编制程序如下（文件名为 ex8_5.c）：

```
#include "stdio.h"
int main( )
{
  int a[4]={1,2,3,4},*pa,*pb,*p1,*p2;       // 声明数组、变量与指针
  pa=a;                                      // 将数组 a 的首地址赋给指针 pa
  printf("pa=%x,pa[0]=%x,pa[1]=%x,pa[2]=%x,pa[3]=%x\n",pa,pa[0],pa[1],pa[2],pa
[3]);
  pb=&a[1];                                  // 将数组 a 元素 a[1]的地址赋给指针 pb
  printf("pb=%x,pb[0]=%x,pb[1]=%x,pb[2]=%x\n",pb,pb[0],pb[1],pb[2]);
  p1=pa++;                                   // pa 首地址赋给 p1，pa 指向 a[1]
  p2=pb+2;                                   // pb 后移 2 位赋给 p2
  printf("p1=%x,pa=%x,p2=%x,pb=%x\n",p1,pa,p2,pb);
  p1=++pa;                                   // pa 后移 1 位赋给 p1
  p2=--pb-2;                                 // pb 先前移 1 位，后移 2 位赋给 p2
  printf("p1=%x,pa=%x,p2=%x,pb=%x\n",p1,pa,p2,pb);
  return 0;
}
```

程序指针的变化见语句右边的注释，运行程序，输出结果如下。

pa=12ff70，pa[0]=1, pa[1]=2, pa[2]=3, pa[3]=4

pb=12ff74，pb[0]=2, pb[1]=3, pb[2]=4

p1=12ff70，pa=12ff74，p2=12ff7c，pb=12ff74

p2=12ff78，pa=12ff78，p2=12ff68，pb=12ff70

8.2.3 指针与一维数组

1. **一维数组的存储**

一维数组是一个线性表，数组名是线性表的表名，线性表中的各个元素依次被存放在一片连续的内存单元中。数组名是地址常量，表示数组的首地址，数组的下标表示相对于首地址的相对偏移量，即数组元素的个数。在 C 程序设计语言中，数组元素定义为：

类型标识符　　数组名[整型常量表达式];

例如：int a[2*2];

根据数据类型确定数组元素所占用存储单元的字节数，称为扩大因子，在 VC 中，不同数据类型的扩大因子分别是：字符型为 1，短整型为 2，整型和长整型为 4，单精度型为 4，双精度和长双精度型为 8，例中整型的扩大因子为 4。数组名表示数组的首地址，例如 12ff70。下标中的整型常量表达式的值为整型值，简称标号。在定义数组时，标号表示数组元素的个数，例如 2*2=4，确定数组元素的个数为 4。在引用数组元素时，标号表示数组元素的序号，例如，4 个数组元素分别为 a[0]、a[1]、a[2]，a[3]。每个元素的地址为数组名加标号*扩大因子，整型数组的扩大因子为 4，例如，数组元素 a[0]的地址是 IDE 为数组分配的首地址，例如 0012ff70，a[1]的地址是 0012ff74，a[2]的地址是 0012ff78，a[3]的地址是 0012ff7C。

对数组的引用可以通过数组名对整个数组进行引用，例如 a；可以通过数组名[整型常量表达式]对某一数组元素进行引用，例如 a[2]或 a[i]，IDE 计算数组元素 a[i]的地址 a + i，得到要访问的数组元素的地址，再对数组元素的内容*(a + i)进行访问，其值参加表达式的运算。

在 C 程序设计语言中，通过一维数组的存储可以知道数组与指针之间的内在联系，因此，在表示方法上也可以相互替代，数组和指针的表示方法有下标法和指针法两种，如表 8-2 所示。

表 8-2　数组和指针的表示法

定义	首地址	下标法		指针法	
		元素地址	元素内容	元素地址	元素内容
int a[2*2];	数组名 a	&a[i]	a[i]	a+i	*(a+i)
int *p = a;	指针 p	&p[i]	p[i]	p+i	*(p+i)

2. 下标法

下标法又称数组法，下标法分为数组下标法和指针下标法两种表示方式，下标法的语法格式为：

引用数组下标法：　数组名[整型常量表达式]

引用指针下标法：　指针[整型常量表达式]

两种表示方法形式相同，但含义完全不同。数组采用下标法，声明数组后，数组名表示数组的首地址，是地址常量，指针采用下标法，为指针赋值后，指针指向变量或数组的某一元素，指针是地址变量，可以改变其指向的变量或数组元素，当指向数组元素某一元素时，指向该数组元素的下标编号为 0，下面数组元素依次编号。改变指针指向的数组元素，指针下标重新编号。

例 8.6　已知数组 a 有 8 个元素，用下标法依次将前 4 个元素与后 4 个元素相加，结果保存在数组 a 前 4 个元素中，后 4 个元素不变。

解：定义一个指针变量，将指针 p 指向第 5 个元素&a[4]，用下标法表示指针，编制程序如下（文件名为 ex8_6.c）：

```
#include "stdio.h"
int main()
{
  int a[]={1,2,3,4,5,6,7,8};
  int i,*p=&a[4];              /* 指针 p 指向第 5 个元素，p[0]=a[4]; p[1]=a[5];…… */
  for(i=0;i<4;i++)
     a[i]=p[i]+a[i];           /* a[0]=a[4]+a[0]; a[1]=a[5]+a[1];……  */
  p=&p[-4];                    /* 指针 p 移到 a[0]处 */
  for(i=0;i<8;i++)
  printf("a[%d]=%d ,  ",i,p[i]);
  printf("\n");
  return 0;
}
```

运行该程序，输出结果如下。

a[0] = 6, a[1] = 8, a[2] = 10, a[3] = 12, a[4] = 5, a[5] = 6, a[6] = 7, a[7] = 8

3. 指针法

指针法是将数组名看成指针，用指针加下标表示数组元素或指针指向元素的方法。指针一般都采用指针法，定义指针 p 后，用赋值语句 p=a 将指针指向数组的首地址，用指针加标号 p+i 表示将指针 p 下移 i 个元素，即数组元素 a[i]的地址，用*(p+i)表示指针下移 i 个元素指向的内容，即数组元素 a[i]的内容。

数组的指针法是将数组名 a 直接看成指针，用 a+i 表示数组元素 a[i]的地址，即&a[i]，用*(a+i ）表示数组元素 a[i]的内容，例如数组元素 a[2]，用指针法表示其地址为 a+2，表示其内容为*(a+2)。用指针法表示数组为数组元素提供指针运算方法，简化数组的编程和应用。

例 8.7 已知数组 a 有 8 个元素，用指针法编程，依次将前 4 个元素与后 4 个元素相加，结果保存在数组 a 前 4 个元素中，后 4 个元素不变（文件名为 ex8_7.c）。

```
#include "stdio.h"
int main()
{
  int a[]={1,2,3,4,5,6,7,8},i,*p=a+4;
  for(i=0;i<4;i++)
     *(a+i)=*(p+i)+*(a+i);
  p=a;
  for(i=0;i<8;i++)
  printf("a[%d]=%d,",i,*(a+i));
  return 0;
}
```

运行该程序，输出结果如下：

a[0] = 6, a[1] = 8, a[2] = 10, a[3] = 12, a[4] = 5, a[5] = 6, a[6] = 7, a[7] = 8

4. 指针和一维数组的相互关系

指针和一维数组之间的关系非常密切，两者都可以用下标法或指针法进行表示，表示方法灵活，两种表示方法可以相互替代。但是指针和一维数组是完全不同的两个概念，概念的不同会产生本质上的不同。在例 8.6 中数组 a 和指向它的指针 p 具有本质上的不同：数组 a 是地址常量，在程序声明时确定的数组，程序运行时编译系统为数组 a 分配起始地址，程序运行过程中 a 是不变的，表达式“a+=2;”或“a++;”都是非法的；而 p 是指针变量，p 的值可以改变，如：p+=2; p++; 等均为正确的表达式语句。

当指针 p 指向数组 a 的起始地址时，指针变量 p 的值为数组的首地址，*（p+i）或 p[i]才和 a[i]或*(a+i)等价。当 p 的值不指向数组的首地址时，如 p=a+4，则 p[i]与 a[i+4]等价，即 p[1]与 a[5]等价。指针的下标表示是以指针当前位置为 p[0]。

指针变量可以进行前置或后置的++、--运算和赋值运算，运算时要注意优先级与结合方式。

8.2.4 指针与二维数组

二维数组与多维数组元素的访问也可以使用指针来描述，但在概念的理解上多维数组的指针要复杂，因此先看多维数组地址的表达形式。

1. 二维数组的存储

二维数组元素存储的顺序按先行后列从低到高依次存储，例如数组声明如下：

float x[3][4];

数组 x 存储空间分配如图 8-3 所示，数组元素按照先行后列的方式排列，排完 1 行的 4 列后，再排下 1 行。二维数组的数组名与行标组成一维行数组，如 x[0]、x[1]、x[2]，行数组 x[i]分别表示各行元素的首地址，指向每一行的第 1 个元素，即 x[0]代表&x[0][0]、x[1]代表&x[1][0]、x[2]代表&x[2][0]。数组名与行标 x[i]又可以作为一个整体标识称为行数组名，行数组名与列标组成二维数组元素，例如，用行数组名 x[1]与列标组成二维数组第 2 行元素 x[1][0]、x[1][1]、x[1][2]、x[1][3]。

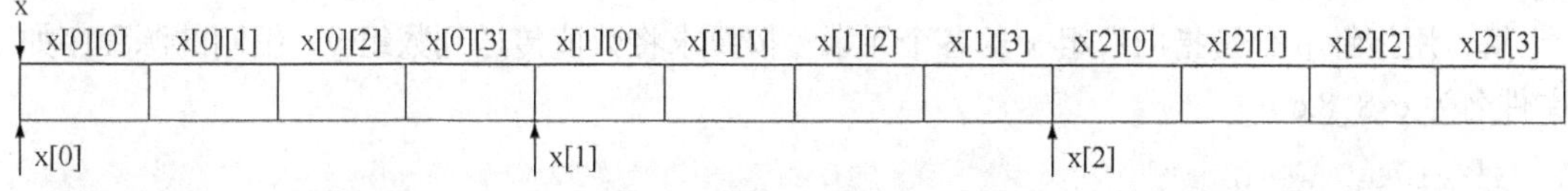

图 8-3 二维数组 x 的存储空间

2. 二维数组的表示方法

二维数组的表示方法包括下标法、指针法、混合法、行表达式法和元素表达式法 5 种方法，如表 8-3 所示。

表 8-3 二维数组的表示方法

方法	地址	地址引用举例	内容	内容举例
首地址	数组名 x	x, *x	int x[3][4];	定义 3×4 数组
下标法	&x[i][j]	&x[1][2]	x[i][j]	x[1][2]
指针法	*(x+i)+j	*(x+1)+2	*(*(x+i)+j)	*(*(x+1)+2)
混合法	x[i]+j	x[1]+2	*(x[i]+j); (*(x+i))[j]	*(x[1]+2); (*(x+1))[2]
行表达式法	x[0]+n*i+j	x[0]+4*1+2	*(x[0]+n*i+j)	*(x[0]+4*1+2)
元素表达式法	&x[0][0]+n*i+j	&x[0][0]+4*1+2	*(&x[0][0]+n*i+j)	*(&x[0][0]+4*1+2)

引用二维数组的下标法是指行标与列标均用下标表示二维数组的方法。设整型二维数组 x 定义成 3×4 数组：

```
int  x[3][4];          /*  定义 x[0][0]、x[0][1]……x[2][2]、x[2][3]等元素 */
```

数组下标的行号 i 与列号 j 的计数均从 0 开始。

用下标法引用数组元素 x[i][j],行标与列标均为下标，表示第 i 行第 j 列数组元素的内容，用&x[i][j]表示第 i 行第 j 列元素的地址，通常用二重循环语句引用二维数组。

指针法是将数组名看成指针，表示数组的首地址；用指针加行号（x+i）表示 i 行的首地址；用*(x+i)表示第 i 行第 0 列元素的地址，*(x+i)与 x[i] 完全等价。用*(x+i)+j 表示第 i 行第 j 列元素的地址；用*(*(x+i)+j) 表示第 i 行第 j 列元素的内容。

混合法是将数组的两个下标，一者用下标法表示，另一者用指针法表示。由于数组行标 x[i]与*（x+i）完全等价，两者分别与另一种表示方法的列标组合在一起，构成混合法。例如，混合法表示的地址有 x[i]+j；混合法表示的内容有*(x[i]+j)和(*(x+i))[j]。

行表达式法是利用一维行数组表示元素的开始，用表达式计算元素所在的行与列，其中 n 为二维数组的列号。例如，用 x[0]+4*1+2 表示从第 0 行开始计数，在第 1 行的第 2 列元素的地址。

用行表达式法表示数组元素的内容为*(x[0]+4*1+2)。

元素表达式法表示从第 0 行第 0 列开始，用表达式计算元素所在的行与列，例如，用&x[0][0]+4*1+2 表示从二维数组首地址开始计数，在第 1 行的第 2 列元素的地址；用元素表达式法表示元素的内容为*(&x[0][0]+4*1+2)。

例 8.8 已知数组声明 int x[2][3]={1,2,3,4,5,6},y[2][3]={0,0,0,0,0,0}；试将二维数组 x 中列号 j 大于行号 i 元素的值直接传送到二维数组 y 中，将其余元素用 6 减去 x 中元素的值传送到二维数组 y 中，输出数组 y。

解：用指针 p 分别指向数组 x 的各个元素，按要求将数值传送到数组 y，编制的源程序如下（文件名为 ex8_8.c）：

```
#include "stdio.h"
int main()
{
  int x[2][3]={1,2,3,4,5,6},y[2][3]={0,0,0,0,0,0};
  int i,j;
  for(i=0;i<2;i++)
  { for(j=0;j<3;j++)
     {
      if(j>i) y[i][j]=x[i][j];
      else y[i][j]=6-x[i][j];
    printf("y[%d][%d]=%d    ",i,j,y[i][j]);
     }
  printf("\n");
  }
  return 0;
}
```

运行该程序，输出结果如下：

y[0][0] = 5　　y[0][1] = 2　　y[0][2] = 3
y[1][0] = 2　　y[1][1] = 1　　y[1][2] = 6

将例 8.8 程序中的循环体作如表 8-4 所示的替换练习，查看输出结果。

表 8-4　　循环体的替换练习

指针法	混合法	行表达式法	元素表达式法

p = *(x+i)+j;
if(j > i)
((y+i)+j)=*p;
else　*(*(y+i)+j)=6-*p;
	p = x[i]+j;
	if(j > i)　*(y[i]+j)=*p;
	else　(*(y+i))[j]=6-*p;
		p = x[0]+3*i+j;
		if(j > i)　*(y[0]+3*i+j)=*p;
		else　*(y[0]+3*i+j)=6-*p;
			p = &x[0][0]+3*i+j;
			if (j > i)
			*(&y[0][0]+3*i+j)=*p;
			else　*(&y[0][0]+3*i+j)=6-*p;

3. 二维数组的指针变量

指针变量只有 1 个指向二维数组元素的指针，通过二重循环依次移动指针，实现遍历二维数组。例 8.8 中定义的指针 p，通过二重循环，用赋值语句“p=&x[i][j];”不断改变指针指向的地址。如果同时对二维数组中的多个元素进行计算，则需要定义多个指针变量，还可以定义行指针和指针数组来计算二维数组各元素的值。

4. 行指针

二维数组的一维行数组 x[i]是由数组名与下标组成，代表二维数组的各行的首地址，可以将 x[i]看成一维数组。将二维数组的数组名与行标看成一个整体标识称为行数组名，当前的 x[0]、x[1]、x[2]分别是一个行数组名，行数组名与列标组成二维数组元素，这是一种将整体划分成局部分析问题的方法，先将数组名与行标结合，然后再与列标结合。

C 程序设计语言提供指向行数组的指针称为行指针，行指针是一种指针变量的数组，行指针的下标与二维数组的列对应。

（1）语法

行指针声明的语法格式如下：

[存储类型]　类型标识符　（*指针）[整型常量表达式];

例如：int (*p)[4];

（2）语义

缺省的存储类型为 auto 类型。类型标识符使用基本数据类型，包括整型、实型、字符型和数组类型等基本数据类型。*为指针说明符，p 为指针变量，p 不是数组名，(*p)[4]中的括号不能缺省，下标[整型常量表达式]如[4]是列标，整型常量表达式的值是整型常量，与二维数组的列标对应。

（3）语用

使用行指针时注意以下几点：

① 定义 int （*p）[4];时，括号不能缺省，若缺省括号 int *p[4];根据表达式的运算的级别下标[ ]运算符高于指针*运算符，p 先与下标[4]结合，再与*结合，则定义 p 是一维数组，数组元素包含 4 个指向整型数据的指针，这是指针数组的概念，不是行指针的概念。

② 引用时行指针指向行数组的地址，例如：

int　a[3][4],（*p）[4];

p=a;

③ 引用指针元素可以用下标法、指针法、混合法、行表达式法和元素表达式法等方法引用。

例 8.9　已知数组声明 “int x[2][3]={1,2,3,4,5,6}, (*p)[3];”，试将二维数组 x 中列号 j 大于行号 i 元素的值直接传送到二维数组 y 中，将其余元素用 6 减去 x 中元素的值传送到二维数组 y 中，输出数组 y。用行指针编制程序（文件名为 ex8_9.c）。

```
#include "stdio.h"
int main()
{
  int x[2][3]={1,2,3,4,5,6}, (*p)[3];
  int i,j;
  p=x;
  for(i=0;i<2;i++)
  {
     for(j=0;j<3;j++)
     {
       if(j>i) x[i][j]=p[i][j];                          /* 用下标法引用行指针  */
       else x[i][j]=6-p[i][j];
    printf("x[%d][%d]=%d",i,j,x[i][j]);
    }
  printf("\n");
  }
  return 0;
}
```

程序运行结果如下：

x[0][0] = 5　　x[0][1] = 2　　x[0][2] = 3

x[1][0] = 2　　x[1][1] = 1　　x[1][2] = 6

可用指针法、混合法、行表达式法和元素表达式法表示行指针，将例 8.9 程序中的循环体用如表 8-5 的替换练习，输出结果与例 8-9 相同。

表 8-5　　　　循环体的替换练习

指针法	混合法	行表达式法	元素表达式法
if(j>i)x[1][j]=*(*(p+i)+j); else x[i][j]=6-*(*(p+i)+j);	if(j>i)x[i][j]=*(p[i]+j); else x[i][j]=6-* ((p+i))[j]);	if(j>i)x[i][j]=*(p[0]+3*i+j); else x[i][j]=6-*(p[0]+3*i+j);	if(j>i)x[i][j]=*(&p[0][0]+3*i+j); else x[i][j]=6-*([0]p[0]&+3*i+j);

8.2.5　字符串与字符指针

对于 C 语言而言只有字符串常量，字符串常量是用双引号括起来的若干有效字符序列；没有字符串变量，使用字符数组或字符指针处理字符串。

1. 字符串

字符串常量简称字符串，是用英文双引号括起来的若干有效字符序列。有效字符序列包括字母、数字、专用字符和转义字符等。例如："Turbo　C"、"Visual C++"等。

在源程序中使用字符串，IDE 在静态存储区为字符串安排存储空间，存储整个字符串，并自动在字符串的末尾添加字符串结束符'\0'，字符串结束符不是数字'0'，而是 ASCII 码为 0 的字符<null>，字符串实际存储的字节数比字符序列的个数多一个'\0'。字符串存储在静态存储区，整个程序运行过程中始终占用的存储空间。

在 C 语言中字符串的操作处理使用字符数组和指针。

2. 字符数组

用于存放字符型数据的数组被称为字符数组，字符数组的每一个元素存放一个字符。一个一维字符数组可以存放一个字符串，一个二维字符数组可以存放多个字符串，又称字符串数组。

（1）字符数组的定义

一维字符数组的语法定义为：

char　　数组名[整型常量表达式];

字符串数组定义为：

char　　数组名[整型常量表达式] [整型常量表达式];

例如：char　c[6],　ch[3][6] ;

字符数组在定义过程中可以进行初始化，例如：

```
char s[] = "VC++ Program!";
```

对字符串进行初始化时由字符的个数加上 1 个'\0'，构成数组的长度，所以下标可以缺省，单个字符初始化时最后要加'\0'，例如：

```
char  VC[8] = {'V', 'C', '+', '+', '\0'};
```

对二维数组初始化时，字符串数组的初值已知，可以缺省行标，但不能缺省列标。

```
char  s[ ][4 ]={ "How","are","you"};
```

（2）字符数组的输出

用 printf 函数可以输出存放在字符数组中的一个或多个字符，也可以输出整个字符串。使用 printf 函数的格式符"%c"，输出一个字符或逐个输出多个字符。例如：

```
int i;
char s[ ] =  "Visual C++";
for(i=0; i<6; i++) printf ("%c",s[i]) ;  /* 输出数组 s[0] ~ s[5]中的 6 个字符"Visual"*/
```

使用 printf 函数的格式符"%s"，通过数组名引用整个数组，输出从数组名开始，直到串结束符'\0'的整个字符串。例如：

```
char  c[ ]= "Visual C++";
printf ("%s", s);                               /*  输出结果为字符串"Visual C++"*/
```

如果一个字符数组中包括多个串结束符'\0'，则遇第一个串结束符'\0'就停止输出。例如：

```
char  s[20] = " A144\144\0\B144\0";
printf ("%s", s);                               /*  输出字符串"A144d" */
```

（3）字符数组的输入

字符数组可以在初始化时输入初值，可以用 scanf 函数为字符数组输入字符或字符串。用 scanf 函数的格式符"%c"，向字符数组元素输入一个字符，例如：

```
char  s[8];
for ( i=0; i<6; i++) scanf ("%c", &s[i]);  /*  向数组s[0]～str[5]依次输入6个字符*/
```

用 scanf 函数的格式符"%s"，向字符数组一次输入整个字符串。例如：

```
char  s[8];
scanf ("%s", s) ;                               /*  用数组名输入整个字符串*/
```

字符数组不能用赋值语句输入字符串，例如：

```
char  s[8];
s = "abcde";                                /* 错误的赋值语句*/
```

3. 字符指针

字符指针是指向字符型数据的指针，在变量定义语句中表示字符型指针类型，字符指针变量中存放的是字符型数据地址，而不是存放字符串的字符序列。在语句中引用字符指针，表示字符型数据对象的地址特征，用于地址的分析与计算。字符指针就是指针，只是指向的存储单元的数据类型是字符型。

声明指向字符串的指针变量时，可以直接将字符串的首地址作为指针的初值。例如：

char *p = " Visual C++ " ;

指针变量 p 中存放的不是字符串 " Visual C++ " 的值，而是在内存中存放该字符串的首地址。指针变量是地址变量，而数组名是地址常量，两者有本质的不同。字符串存储于常量区，字符数组存储于变量区，指向字符串的指针变量只能读出，不能改写字符串。例如，给*p 或 p[0]赋值的操作都是错误的。因为字符串存储在内存的常量区，在这个区域的字符不允许被修改。

定义指向字符数组的指针变量时，初始化之前要先定义数组，用数组名作为指针的初值。

例如：char str[]="abc123",*sp=str;

指向数组的指针变量可以用下标法、指针法引用数组中的数据。可以用赋值语句将字符串的首地址赋给指针，例如：char *ps;，语句 ps = "Hello";将字符串的首地址赋给指针。指针变量中存放的是字符串的地址，不是字符串的字符序列。当指针 ps 指向字符串常量时，不能使用 scanf("%s",ps)输入字符串。

例 8.10　复制一个字符串，并将其小写字母转换成大写字母，不复制数字字符。

解：编制源程序（文件名为 ex8_10.c）如下：

```
#include "stdio.h"
int main()
{
  char uper[20], *p="123ABC456def789ok";
```

```
    int i=0;
    while (*p!=0)
    {
       if (*p>='A'&& *p<='Z')                /* 如果字符串中是大写字母 */
       uper[i++] = *p++;                     /* 将大写字母复制到数组 uper  */
       else if(*p>='a'&& *p<='z')            /* 否则如果字符串中是小写字母 */
            uper[i++] = *p++-32;             /* 小写转换成大写字母复制到数组 uper */
           else  p++;                        /* 否则不币制  */
    }
    uper[i]=0;                               /* 将'\0'写入数组 uper */
    puts(uper);                              /* 输出数组 uper 中的字符串  */
    return 0;
}
```

运行结果如下：

ABCDEFOK

8.2.6 指针数组

指针数组是指针变量的集合，是将每个数组元素定义为指针，数组是相同数据类型的元素的集合，指针数组也是相同数据类型的元素的集合，指针数组中每一个元素都是指针。

1. 语法

声明指针数组的语法格式为：

[存储类型] 类型标识符 * 数组名[整型常量表达式];

例如：char *pa[4];

2. 语义

存储类型可缺省，缺省时的存储类型为 auto 类型。类型标识符是基本数据类型的类型名，包括整型、实型、字符型和数组类型等基本数据类型。在声明语句中，*是指针说明符，[ ]是数组说明符，说明符*和[ ]声明的级别和结合方式与运行符的级别相同。*pa[4]根据运算的优先级别，下标运算符[]的运算级别高于指针运算符*，即*（pa[4]），数组名 pa 先与下标运算符[]结合，形成一个有若干元素的数组，pa[0]、pa[1]、pa[2]、pa[3]，通项为 pa[i]；然后再与指针运算符*结合，形成每个元素都是指针变量 pa[i]的指针数组。指针数组的地址分别用 pa[i]，i=0,1,2,3；表示，指针数组的内容分别用*pa[i]，i=0,1,2,3；表示。

3. 语用

指针数组与行指针两者不同，使用指针数组时应该注意以下几点：

① 声明指针数组的语句"char *pa[4]; "与声明行指针的语句"int（*p）[4]; "不同，两者的含义不同，指针数组的 pa 是数组名，行指针的 p 不是数组名，而是指针名。

② 指针数组的 pa[i]是数组元素，该元素是指向第 i 个数组元素的地址。行指针的（*p）[i]的下标是表示列标。

③ 指针数组用于处理长度不同的字符串数组。

例 8.11 定义数组指针 char *pa[4] = {"08510021","wangfeng","male","wuhan"}; 试编程输出字符串。

解：源程序如下（文件名为 ex8_11.c）：

```
#include "stdio.h"
int main()
{
  char *pa[4]={ "08510021","wangfeng","male","wuhan"};
  int i;
  for(i=0;i<4;i++)
  printf("%s\n",pa[i]);
  return 0;
}
```

运行该程序，输出结果如下：

08510021

wangfeng

male

wuhan

指针数组的元素可以指向新的字符串，例如，pa[2]="female"; ，但不能修改原来字符串，例如，*pa[2]="female"是错误的语句。

4. 主函数参数中的指针数组

在 C 中，主函数的参数在源程序中声明，在命令行方式下输入命令和参数，参数存储在静态存储区，整个程序运行过程中始终占用存储空间。主函数 main 的函数头部为：

int main(int argc,char *argv[])

在命令行方式（如 DOS）下，以编译源程序文件并连接成可执行文件的文件名作为输入命令，在命令行中输入命令和参数，例如：

D:\TC>City　Beijing　Shanghai　Shenzhen

City 是命令名，Beijing, Shanghai, Shenzhen 是参数表列。主函数的参数 argc 计数器，记录命令及参数的个数 argc = 4，参数*argv[ ]是指针数组，存储命令及参数中的字符串。例如，指针数组的元素指针 argv[0]指向字符串"City"，argv[1] 指向字符串"Beijing"，argv[2] 指向字符串"Shanghai"，argv[3]指向字符串"Shenzhen"。

8.2.7 指针的指针

指针的指针含义是指向指针的指针。一个指针变量可以指向一个字符型、整型、单精度型和双精度型的数据单元，当指针指向一个指针型数据，指针变量指向的仍然是下一级地址，由下一级地址再指向其他类型的数据单元。定义指针的指针的语法格式为：

[存储类型]　类型标识符 **指针名;

例如：int a = 2, *p=&a,**s = &p;

在声明语句中，先定义整型变量 a，初值为 2，在 VC 中执行后，设 IDE 为变量 a 分配的地址为 0022FF74；定义整型指针 p，初值为变量 a 的地址，IDE 为指针变量 p 分配的地址为 0022FF70，指针变量 p 存放变量 a 的地址，&a=0022FF74；定义整型指针的指针 s，设 IDE 为指针变量 s 分配的地址为 0022FF6C，指针的指针 s 存放指针变量 p 的地址，&p = 0022FF70，由此可知，指针的指针 s 指向指针变量 p，指针变量 p 指向变量 a，即指针的指针 s 通过指针 p 指向变量 a（见图 8-4）。上例中指针的指针 s、指针变量 p、变量 a 数值之间的关系有：**s =*p=a=2。地址关系有*s=p=&a。

例 8.12　数组 a、变量 b、变量 c、指针 p 和指针的指针 s 的定义如程序所示，计算“c=**s+*(a+1);”，并输出 c（文件名：ex8_12.c）。

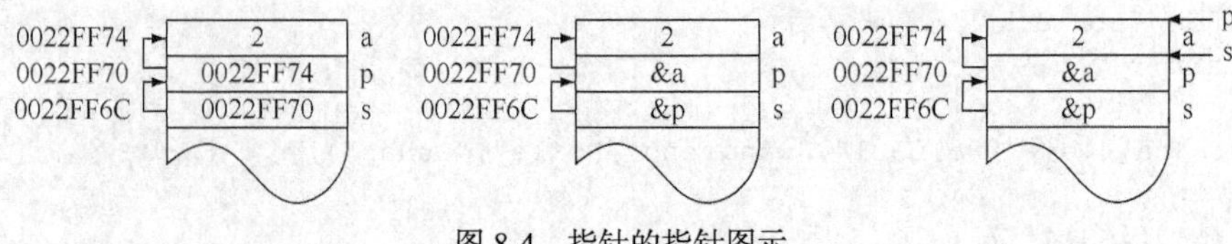

图 8-4　指针的指针图示

```
#include "stdio.h"
int main()
{
  int a[3] ={2,3,4},b = 5,c;
  int *p=&b, **s=&p;
  c=**s+*(a+1);
  printf("c=%d\n",c);
  return 0;
}
```

执行源程序，输出结果如下:

c = 8

8.3　指针与函数

指针是一种数据类型，函数在定义和调用的过程中都涉及到数据类型，因此，也不可避免地涉及到指针。可以为函数定义一个指向该函数的指针变量，称为指向函数的指针；函数定义时，用类型标识符说明函数的参数，当数据类型为指针时，称形参为指针；当调用函数时，函数的实参是一个指针变量，称实参为指针变量；用指向函数的指针变量作函数的参数，称形参为指向函数的指针；当函数的返回值是指针变量，称该函数为返回指针的函数。函数的基本要素包括函数名、函数参数和函数返回值等要素均可以用指针表示。

8.3.1　指向函数的指针

定义一个函数时，要声明函数的数据类型，函数名和形参表列，IDE 编译程序时，为每个函数分配一个首地址，该地址是函数第一条指令的地址，称这个地址为函数的指针。对于一个或多个有相同数据类型的函数及形参表列，用相同数据类型的指针变量及形参表列声明一个指向这类函数的指针变量，称为指向函数的指针。

1．指向函数的指针

指向函数的指针是声明一个指针变量，将一个函数的地址赋给指向函数的指针变量，可以用指向函数的指针替代函数进行操作，用指针变量调用函数，指针指向函数的首地址。

（1）语法

声明指向函数的指针变量的语法格式为:

[存储类型]　类型标识符 (*指针变量名称) (形参表列);

例如：int (*p)(int x, int y);

（2）语义

类型标识符用基本数据类型进行定义，包括整型、实型、字符型和数组类型等基本数据类型，（*指针变量名称）的圆括号不能省，表示指针变量，形参表列与要替代函数的形参表列相同。返回值的数据类型为声明的数据类型，如上例中的整型。

（3）语用

用指向函数的指针变量替代函数时注意以下几点：

① 语句“float (*p)(float x, float y);”定义了一个指向函数的指针变量。若定义子函数“float avg (float x, float y);”或“float　gavg (float x, float y);”后，执行语句“p=avg;”将指针指向函数名 avg，用(*p)(a,b)引用“avg　(a,b);”。同理，执行语句“p=gavg;”后将指针指向函数名 gavg，用(*p)(a,b)引用 gavg (a,b)。

② 指向函数的指针变量(*指针变量名称)是一个完整的统一体，如(*p)，在引用的过程中始终保持(*p)的书写形式，圆括号不能省，去掉括号的定义 float　*p(float x, float y); 语句声明了一个函数 p，p 的形式参数为(int x, long y)，返回值为一个 float 型的指针。意指函数 p 的返回值为 float 型的指针。

③ 语法定义中的数据类型是函数返回值的类型，形式参数列表是函数的形式参数列表。指向函数的指针的数据类型和形式参数列表必须和已定义函数的数据类型和形参表列的类型完全相同。

```
float  avg (float x, float y);
float (*p)(float x, float y);
```

声明指向函数的指针变量的声明，实质上是用(*p)替换函数名。

④ 声明指向函数的指针时，形参的变量名可以缺省。例如：

```
float (*p)(float,  float);
```

⑤ 语句"p=avg;"将 avg 函数的首地址值赋给指针变量 p，p 指向函数 avg 的首地址。不要写括号和函数参数。

例 8.13　定义指向函数的指针变量 p，使用指针变量分别调用类型相同名称不同的函数。

解：编制源程序如下（文件名：ex8_13.c）：

```
#include "stdio.h"
#include "math.h"
double max(double x, double y)
{
   return x>y?x:y;
}
double min(double x,double y)
{
   return x<y?x:y;
}
double sum(double x, double y)
{
   return  x+y;
}
double avg(double x, double y)
{
   return  (x+y)/2;
}
int main()
{
  double a=3, b=4, c;
  double (*p)(double x, double y);    /* 或用 double (*p)(double , double ); 声明*/
 p=max;                               /* p 指向 max 函数首地址 */
```

```
    c=(*p)(a,b);                         /* 执行 c = max(a,b)  */
    printf("max=%f\n",c);
    p=min;                               /* p 指向 min 函数首地址 */
    c=(*p)(a,b);                         /* 执行 c = min(a,b)*/
    printf("min=%f\n",c);
    p=sum;                               /* p 指向 sum 函数首地址 */
    c=(*p)(a,b);                         /* 执行 c = sum(a,b)  */
    printf("sum=%f\n",c);
    p = avg;                             /* p 指向 avg 函数首地址 */
    c=(*p)(a,b);                         /* 执行 c = avg(a,b)   */
    printf("avg=%f\n",c);
    return 0;
  }
```

程序运行的结果如下：

max = 4.000000

min = 3.000000

sum = 7.000000

avg = 3.500000

2. 指向函数的指针作为函数参数

指向函数的指针变量可以作为参数传递到其他函数。

例 8.14 已经定义子函数 avg、gavg 和 sum，用指向函数的指针(*p1)指向 avg、用(*p2)指向 gavg 作为函数 sum 的参数，求平均值和几何平均值之和（文件名：ex8_14.c）。

```
  #include "stdio.h"
  #include "math.h"
  double avg(double x, double y)
  {
     return  (x+y)/2;
  }
  double gavg(double x, double y)
  {
     return  sqrt(x*x+y*y);
  }
  double sum(double x, double y)
  {
     return  x+y;
  }
  int main()
  {
    double a=3, b=4, c;
    double (*p1)(double x, double y);
    double (*p2)(double , double );
    p1 = avg;                              /* p1 指向 avg 函数首地址 */
    p2 = gavg;                             /* p2 指向 gavg 函数首地址 */
    c=sum((*p1)(a,b),(*p2)(a,b));          /* 执行 c = sum(gsv(a,b),gavg(a,b)) */
    printf("sum=%f\n",c);
    return 0;
  }
```

运行程序，输出结果如下：

sum = 8.500000

8.3.2 返回指针值的函数

返回指针值的函数是定义一个函数，该函数的返回值是数据的指针，将数据的地址返回给主调函数。定义返回指针值的函数的语法格式为：

数据类型 *函数名(形参表列)

{ 函数体 }

例如：int *max (int x, int y)

{ return x+y； }

1．语义

数据类型用基本数据类型进行定义，包括整型、实型、字符型和数组类型等基本数据类型，*为指针定义符，定义返回值为指定类型的指针，指针指向数据的地址；函数名由用户命名，形参表列指函数的参数，由类型名和变量组成的表列。

2．语用

用返回指针值的函数的定义时，须注意以下几点：

① 返回指针值的函数是函数定义，不是声明指针变量，包括函数头与函数体。

② 返回指针值的函数如函数 max 执行后，返回一个指向整型数据的指针值。而指向函数的指针 int (*max)( )的声明中的 max 是指针变量名。

③ 返回指针值的函数的指针指向的是数据的地址，指向函数的指针指向的是函数的首地址。

例 8.15 已知 x=3，y=4，编制一个子函数，返回大值的地址，在主函数中输出大值。

解：编制源程序（文件名为 ex8_15.c）如下：

```
#include "stdio.h"
int *max(int a,int b)
{
    return a>b ?&a :&b;
}
int main()
{
  int *p,x=3,y=4;
  p=max(x,y);
  printf ("max(%d,%d)=%d\n",x,y,*p);
  return 0;
}
```

8.3.3 指针变量作为函数的参数

指针变量可以指向变量、字符串、数组、函数和指针等数据单元。指针变量作为函数的参数，形参与之相应的实参之间数据的类型应该一致。指针变量传送的是地址，可以将多个数据带回到主调函数。

1．指向变量的指针作为函数的参数

指向变量的指针作为函数的形式参数，调用语句的参数要用变量的地址。

例 8.16 已知 x=3，y=4，编制一个子函数，形参用指针变量，交换两个数，并返回两数之和（文件名为 ex8_16.c）。

```
#include "stdio.h"
int fun(int *a,int *b)
{
   int t;
```

```
    t=*a;*a=*b;*b=t;
    return (*a+*b);
}
int main()
{
  int x=3,y=4,z;
  z=fun(&x,&y);
  printf("x=%d,y=%d,z=%d\n",x,y,z);
  return 0;
}
```

运行程序，输出结果如下。

x = 4, y = 3, z = 7

实参与形参之间是地址传送，交换了两地址的内容。地址传送可以传送多个数据，返回值只能返回一个数据。

2. 指向数组的指针作为函数的参数

前面已经学习了用数组名作为函数参数，实参和形参都是数组，传递的是数组的地址，可以在主调函数与被调函数之间进行双向地址传送。指向数组的指针与数组名都表示数组的地址，两者之间的地址存在对应关系，因此，可以实现地址传送。

考虑数组与指向数组的指针作为函数的参数，可以分为 4 种方式：第 1 种方式形参与实参均为数组；第 2 种方式形参为数组，实参为指针；第 3 种方式形参为指针，实参为数组；第 4 种方式形参和实参均为指针。

例 8.17 用指向数组的指针作编制程序，函数为求数组的最小值，试用指向数组的指针作为函数参数，分别用 4 种方式传递参数（文件名为 ex8_17.c）。

① 形参和实参均为数组：程序见表 8-6 第 1 列。

② 形参为数组，实参为指针：程序见表 8-6 第 2 列。

③ 形参为指针，实参为数组：程序见表 8-6 第 3 列。

④ 形参和实参均为指针：程序见表 8-6 第 4 列。

表 8-6 指向数组的指针作为函数的参数

形参和实参均为数组	形参为数组、实参为指针	形参为指针、实参为数组	形参和实参均为指针

#include "stdio.h"
int fun(int x[], int n)
{
int i,min=4;
for(i=0;i<n;i++)
if(x[i]<min) min=x[i];
return min;
}
	#include "stdio.h"
	int fun(int x[], int n)
	{
	int i,min=4;
	for(i=0;i<n;i++)
	if(x[i]<min) min=x[i];
	return min;
	}
		#include "stdio.h"
		int fun(int *x, int n)
		{
		int i,min=4;
		for(i=0;i<n;i++)
		if(x[i]<min) min=x[i];
		return min;
		}
			#include "stdio.h"
			int fun(int *x,int n)
			{
			int i,min=4;
			for(i=0;i<n;i++)
			f(x[i]<min) min=x[i];
			return min;
			}

int main()
{
int a[8]={4,6,3,2,1,5};
int *p=a,i;
for(i=0;i<6;i++,p++)
a[i]=a[i]+fun(p,3);
for(i=0;i<6;i++)
printf("%d",a[i]);
return 0;
}
	int main()
	{
	int a[]={4,6,3,2,1,5};
	int *p=a+1,i;
	for(i=0;i<6;i+=2)
	a[i]=a[i]+fun(p,3);
	for(i=0;i<6;i++)
	printf("%d",a[i]);
	return 0;
	}
		int main()
		{
		int a[]={4,6,3,2,1,5};
		int *p=a,i;
		for(i=0;i<6;i++,p++)
		a[i]=*p+fun(a+3,3);
		for(i=0;i<6;i++)
		printf("%d",a[i]);
		return 0;
		}
			int main()
			{
			int a[]={4,6,3,2,1,5};
			int *p=a+3,i;
			for(i=0;i<6;i+=2)
			a[i]=a[i]+fun(p,3);
			for(i=0;i<6;i++)
			printf("%d",a[i]);
			return 0;
			}

输出：796659	输出：665235	输出：574327	输出：564225

3. 指向字符串的指针作为函数的参数

在 C 语言中没有字符串变量，使用字符数组或指针存储和处理字符数据。字符数组的数组名代表字符数组的首地址，例如，定义数组名 str：

char str[20] = " Visual C++ Program "

数组名 str 是字符数组的首地址，字符数组 str 中保存了字符串的所有字符，包括字符串后的串结束符'\0'。

指向字符串的指针变量中存放的是字符串的首地址，例如，定义 p 为字符指针，将字符串常量 " Visual C++ Program " 赋值给指针变量 p:

```
char *p;
p = " Visual C++ Program ";
```

指针变量 p 中存放的是该字符串常量在内存中存放的首地址，而不是字符串 " Visual C++ Program " 的值。

指向字符串的指针变量 p 表示地址，数组名 str 表示字符数组的首地址，将指向字符串的指针变量或数组名作为函数的参数，在主调函数与被调函数之间实现字符串传送，使用字符数组名或指向字符串的指针变量作为函数的参数也分为 4 种方式：第 1 种方式形参与实参均为字符数组；第 2 种方式形参为字符数组，实参为字符串指针；第 3 种方式形参为字符串指针，实参为字符数组；第 4 种方式形参和实参均为字符串指针。

例 8.18　已知字符串定义 char str[]="a1b2c3d4",*sp=str;，用指向字符串的指针和字符数组作为函数参数编制程序，将字符串中的小写字母、数字分离出来，试分别用四种方式传递参数。程序如表 8-7 所示（文件名为 ex8_18.c）。

表 8-7　　　指向字符串的指针和字符数组作为函数的参数

<table>
<tr><th>形参与实参均为字符数组</th><th>形参为字符数组，实参为字符串指针</th></tr>
<tr><td><pre>#include <stdio.h>
#include <string.h>
void func(char s[],int n)
{
  char a[10];
  int i,j=0,k=0;
  for(i=0;s[i]!='\0';i++)
  {
  if(s[i]>='0' && s[i]<='9')
    a[j++]=s[i];
  else if(s[i]>='a' && s[i]<='z')
     s[k++]=s[i];
}
a[j]='\0';
s[k]='\0';
strcat(s,a);
}</pre></td><td><pre>#include <stdio.h>
#include <string.h>
void func(char s[],int n)
{
  char a[10];
  int i,j=0,k=0;
  for(i=0;s[i]!='\0';i++)
   {
  if(s[i]>='a' && s[i]<='z')
      a[j++]=s[i];
  else if(s[i]>='0' && s[i]<='9')
        s[k++]=s[i];
  }
 a[j]='\0';
 s[k]='\0';
 strcat(s,a);
}</pre></td></tr>
<tr><td><pre>int main()
{
  char str[]="a1b2c3d4",*sp=str;
  func(str, sizeof(str));
  puts(str);
  return 0;
}</pre></td><td><pre>int main()
{
  char str[]="a1b2c3d4",*sp=str;
  func(sp, sizeof(str));
  puts(str);
  return 0;
}</pre></td></tr>
<tr><td>输出：abcd1234</td><td>输出：1234 abcd</td></tr>
</table>

续表

<table>
<tr><th>形参为字符串指针，实参为字符数组</th><th>形参和实参均为字符串指针</th></tr>
<tr><td><pre>#include<stdio.h>
void func(char *s,int n)
{
  char *p=s;
  while (*s)
  {
  if(*s>='0' && *s<='9')
  *p++ = *s++;
  else s++;
  }
  *p='\0';
}</pre></td><td><pre>#include<stdio.h>
void func(char *s,int n)
{
  char *p=s;
  while (*s)
  {
  if(*s>='a'&&*s<='z')
  *p++=*s++;
  else s++;
  }
  *p='\0';
}</pre></td></tr>
<tr><td><pre>int main()
{
  char str[]="a1b2c3d4",*sp=str;
  func(str,sizeof(str));
  puts(str);
  return 0;
}</pre></td><td><pre>int main()
{
  char str[]="a1b2c3d4",*sp=str;
  func(sp,sizeof(str));
  puts(str);
  return 0;
}</pre></td></tr>
<tr><td>输出：1234</td><td>输出：abcd</td></tr>
</table>

8.4　练习题

1．判断题（共 10 小题，每题 2 分，共 20 分）

（1）指针变量是指向确定数据类型，用于存放该类型数据地址的变量。（　　）

（2）在声明指针变量的同时可以为指针变量赋初值，初值可为绝对地址。（　　）

（3）通常称指针变量的变量名为指针，表示指针变量的地址。（　　）

（4）声明指针变量但没有初始化时，指针自动指向同类型的一个变量。（　　）

（5）指针必须先声明后使用，初始化指针变量的赋值表达式右边的地址值必须前面先声明的地址值。（　　）

（6）指针可以参与加、减、乘、除运算，不能参与其他运算。（　　）

（7）将二维数组的行看成一个元素称为行数组，指向行数组的指针称为行指针。（　　）

（8）指针的指针是指向一个指针型数据类型，只能用于指向二维数组的地址。（　　）

（9）指针数组是指针变量的集合，是将每个数组元素定义为指针。指针数组常用于处理长度不同的字符串数组。（　　）

（10）指向函数的指针表示函数的返回值是指针变量。（　　）

2．单选题（共 10 小题，每题 2 分，共 20 分）

（1）有声明语句“int a, *pa=&a;”，以下 scanf 语句中能正确为变量 a 读入数据的是（　　）。

A．scanf("%d",pa);　　B．scanf("%d",a);

C．scanf("%d",&pa);　　D．scanf("%d",*pa);

（2）已声明数组和指针 int a[10]={1,2,3,4,5,6,7,8,9,10},*p=a+2;，则*(p+3)的值是（　　）。

A．3　　B．6　　C．2　　D．5

（3）已声明 int a[3],*p=a;，则正确引用数组 a 元素内容的选项是（　　）

A．*&a[3]　　B．a+2　　C．*(p+2)　　D．*(a+3)

（4）声明语句“int a=10, b=5, *p1=&a, *p2=&b;”，执行语句*p1=*p2，则 a 和 b 的值为（　　）。

A. 10 5　　B. 5 10　　C. 10 10　　D. 5 5

（5）若已声明 int a[9]，*p=a；并在以后的语句中未改变 p 的值，不能表示 a[1]地址的表达式是（　　）。

A. p+1　　B. a+1　　C. a++　　D. p++

（6）以下语句中，能正确进行字符串赋值的是（　　）

A. char *sp;　*sp="right";　　B. char *sp = "right";

C. char s[ ];　*s="right";　　D. char s[10];　s="right";

（7）已声明“char　ch[2][3] ={"VC","TC"}，(*p)[3] = ch;”，下面选项中正确的调用语句是（　　）。

A. p[1][1]= 'D'　　B. p[1]= 'D'　　C. p = 'D'　　D. *p ='D'

（8）已声明"char　**pstr; "，下面选项中正确的引用语句是（　　）。

A. pstr = "Hi";　　B. *pstr="Hi";　　C. pstr+2 = 'Hi';　　D. **pstr = "Hi ";

（9）已声明 char　*p[2]={"VC","TC"}; 下面选项中正确的引用语句是（　　）。

A. p[1][1] = "De";　　B. p = "De";　　C. p[1] = "De";　　D. **p ="De";

（10）已声明“int (*p)(int x, int y);”，“p = max;”，下列选项中正确的函数调用语句是（　　）。

A. *max(x,y);　　B. p(x,y);　　C. *p(x,y);　　D. (*p)(x,y);

3. 填空题（共 10 小题，每题 2 分，共 20 分）

（1）声明指针的语句中，（　　）是指针定义符，指针变量名表示（　　）。

（2）引用指针变量用到两个运算符号，一个是（　　），另一个是（　　）表示取指针变量的内容。

（3）指针变量只有（　　）和（　　）两种算术运算，其中包括自增和自减运算。

（4）指针变量的初始化是用已定义相同类型变量的（　　）赋给（　　）。

（5）一维数组的表示法包括（　　）、（　　）两种。

（6）指向行数组的指针称为（　　），其下标与二维数组的（　　）对应。

（7）字符指针是指向（　　）的指针，字符串指针是指向字符串的指针，字符串指针存放字符串的（　　）。

（8）指针数组是（　　）的集合，指针数组中的每一个元素都是（　　）。

（9）（　　）存储的是地址的地址，声明时用（　　）作为定义符。

（10）用指向函数的指针变量作函数的参数，称形参为（　　）；当函数的返回值是指针变量，称该函数为（　　）。

4. 简答题（共 5 小题，每题 4 分，共 20 分）

（1）什么是指针？

（2）什么是指针变量？写出声明指针变量的语法格式。

（3）如何初始化指针变量？

（4）什么是指向函数的指针？写出声明指向函数的指针的语法格式。

（5）什么是返回指针值的函数？写出定义返回指针值的函数的语法格式。

5. 分析题（共 5 小题，每题 4 分，共 20 分）

（1）指向变量的指针

例 8.19　分析以下程序运行的结果（文件名为 zy8_1.c）。

```
#include <stdio.h>
void fun(int  x,  int  *y)
{ *y = x++;  (*y)++; }
int main()
{
   int  a1=2, a2=4, *p1=&a1, *p2 = &a2;
   p2 = p1;
   fun(a1, p2);
   printf("a1=%d, a2=%d \n",a1,a2);
   return 0;
}
```

（2）指向数组的指针

例 8.20 下列程序是计算数组中奇数之和与偶数之和，分析程序的计算结果 (文件名为 zy8_2.c) 。

```
#include <stdio.h>
void  fun(int *p )
{
  int  i, os=0,es=0;
  for(i=0;i<8;i++)
    if(p[i]%2==0)es += p[i];
    else os += p[i];
  p[0] = es;   p[1] = os;
}
int main( )
{
   int  a[8] ={2,4,5,6,7,8,9,10 };
   fun(a);
   printf("es = %d, os = %d \n", a[0],a[1]);
   return 0;
}
```

（3）指向字符数组的指针

例 8.21 下面程序是给定一个字符串 ch[22]={"palindrome}，以字符串的 e 为中心，对称复制其余字符，形成回文 ch[22]={"palindromemordnilap"}，试分析程序的执行过程（文件名：zy8_3.c）。

```
#include <stdio.h>
void  fun(char  *s,int n)
{  int  i;
  char  *s1 =s+n-1,*s2=s+n+1;                    // s1 指向 s 的前一位，s2 指向后一位
  for(i=n-1;i>=0;i--)                            // 循环用倒序从 n=1 到 0，依次递减
      *s2++ = *s1--;                             // 将 s 前一位的字符复制到 s 的后一位
      *s2='\0';                                  // 复制完后一定要加上文本结束符'\0'
}
int main( )
{  char  ch[22]={"palindrome "};
   fun(ch,strlen(ch)-1);
   printf("%s\n",ch);
   return 0;
}
```

（4）返回指针值的函数

例 8.22 下面是一个返回指针值的函数，分析程序运行的结果（文件名为 zy8_4.c）。

```
#include "stdio.h"
int *fun(int a, int b)
{
   int c;
   c = a * 10 + b;
   return &c;
}
int main()
{
  int *p,x=3,y=4;
  p= fun(x,y);
  printf ("*p=%d\n", *p);
  return 0;
}
```

（5）行指针与二维数组

例 8.23 用行指针指向二维数组的程序如下所示，试分析程序的输出结果（文件名为 zy8_5.c）。

```
#include "stdio.h"
int main( )
{
  int i,j,a[][3]={3,2,1,4,2,0,5,1,2},(*p)[3]=a;
  for(i=0;i<3;i++)
    for(j=i+1;j<3;j++) p[j][i]=0;
    for(i=0;i<3;i++)
   {
  for(j=0;j<3;j++) printf("%d ",a[i][j]);
  printf("\n");
  }
  return 0;
}
```

第 9 章 自定义数据类型

C 语言程序设计中的基本数据类型，如整型、字符型、单精度型和双精度型等数据类型，以及数组类型和指针类型都是 IDE 直接规定的数据类型，是 IDE 命名的简单数据类型，其数据类型是由 IDE 定义的，用户直接使用类型名声明变量，不需要定义数据类型。对于复杂的实际问题，这些简单的数据类型往往不能满足用户的使用要求，C 语言允许用户根据需要构造出适合实际问题的数据类型，这类数据类型称为自定义数据类型。

自定义数据类型包括结构体（struct）、共用体（union）、枚举（enum）和定义类别名（typedef）等数据类型，这些数据类型是由简单的数据类型复合而成，并为类型命名。结构体和共用体类型是由用户定义数据类型及其成员结构，再用这些类型声明相同类型的变量、数组等。下面从程序案例认识结构体和共用体的使用方法。

例 9.1 分别定义一个结构体类型与一个共用体类型，并声明结构体变量 stE 和共用体变量 unF，将结构体变量中的成员变量分别赋值给共用体，分别查看结构体变量与共用体变量的成员变量的值（文件名为 ex9_1.c）。

```
#include <stdio.h>
int main( )
{
    struct  stType                          // 定义结构体类型
   { char chA;                              // 定义字符型成员
    short shB;                              // 定义短整型成员
    int iC;                                 // 定义整型成员
    float fD;                               // 定义单精度型成员
   } stE = {'A', 1, 2, 18.75};              // 声明结构体变量 stE
   union  unType                            // 定义结构体类型
   { char chA;                              // 定义字符型成员
     short int  shB ;                       // 定义短整型成员
     int  iC ;                              // 定义整型成员
     float fD;                              // 定义单精度型成员
     } unF;                                 // 声明共用体变量 unF
   unF.fD=stE.fD;                           // 将结构体单精度成员变量赋值给共用体
   printf("%f,%f\n",stE.fD,unF.fD);         // 输出结构体与共用体单精度成员变量
   unF.iC=stE.iC;                           // 将结构体整型成员变量赋值给共用体
   printf("%d,%d\n",stE.iC,unF.iC);         // 输出结构体与共用体整型成员变量
   unF.shB=stE.shB;                         // 将结构体短整型成员变量赋值给共用体
```

```
    printf("%d,%d\n",stE.shB,unF.shB);      // 输出结构体与共用体短整型成员变量
    unF.chA=stE.chA;                        // 将结构体字符型成员变量赋值给共用体
    printf("%c,%c\n",stE.chA,unF.chA);      // 输出结构体与共用体字符型成员变量
    printf("%d,%d\n",stE.shB,unF.shB);      // 共用体短整型变量保持字符成员变量的值
    printf("%d,%d\n",stE.iC,unF.iC);        // 共用体整型变量保持字符成员变量的值
    printf("%f,%f\n",stE.fD,unF.fD);        // 共用体单精度型变量保持字符成员变量值
    return 0;
}
```

编译、运行程序，输出结果如下。

18.750000,18.750000

2, 2

1, 1

A, A

1, 65

2, 65

18.750000,0.000000

由以上程序可以看出，结构体类型与共用体类型的声明形式相同，但两者的存储空间和使用方法完全不同，结构体每个成员按其类型分配存储空间，整个结构体占用的存储空间是各成员占用存储空间与对齐填充之和；共用体的每个成员变量共同使用同一段存储单元，把不同类型成员的数据存放在内存的同一段存储单元之中，各成员的数据后者覆盖前者，引用的结果是最后保存在共用体变量中的数据。例题中，最后保存在共用体变量中的数据是'A'，因此此后输出的 unF.shB、unF.iC、unF.fD 的值都是来源于字符'A'。

9.1　结构体类型

结构体类型由多个不同类型的成员（或称为域）组合而成，在有些程序设计语言中称为记录。本节研究的主要内容包括结构体类型声明、结构体变量的定义、结构体变量的初始化、结构体变量的引用、结构体数组和指向结构体类型数据的指针等。

9.1.1　结构体类型定义及结构体变量的声明

1. 结构体类型定义

结构体类型定义用关键字 struct 标识结构体类型，定义结构体名，在一对花括号下声明结构体各个成员及类型，最后以分号结束。

（1）语法

定义结构体类型的语法为：

struct　结构体名

{　类型名 1　成员名 1;

类型名 2　成员名 2;

……

类型名 n　成员名 n;

};

（2）语义

struct 为结构体类型关键字，结构体名由用户命名，标识结构体的类型，struct 和结构体名一起构成类型名，等同于系统提供的基本数据类型，与 int、char 等类型具有相同的功能，都是用来声明变量或数组的类型。一对花括号作为结构体的定界符，表示结构体内成员定义的开始与结束；最后的分号必不可少，表示类型定义的结束。

结构体与数组相比较，数组元素的类型必须完全相同，结构体成员的类型可以不同；结构体必须先定义结构体类型，再声明结构体变量；数组直接使用基本类型进行定义。

例 9.2 以学生借贷信息组织结构体类型，如表 9-1 所示。成员包括学号、姓名、性别、年龄、地址、借贷，成员的数据类型分别为学号（Num）为整型，姓名（Name）为字符型，性别（Sex）为字符型、年龄（Age）为整型、地址（Addr）为字符型、借贷（Loan）为单精度型。

表 9-1 学生借贷情况表

学号（Num）	姓名（Name）	性别（Sex）	年龄（Age）	地址（Addr）	借贷（Loan ）
08182112	LinFeng	M	18	Wuhan	8000. 00

解：定义学生借贷的结构体如下（文件名为 ex9_2.c）：

```
struct  StuLoan                 /*  定义一个结构体类型 struct  StuLoan  */
{  int  Num;                    /*  学号为整型变量 Num  */
   char  Name[16];              /*  姓名为字符数组 Name[16]，可以容纳 16 个字符  */
   char  Sex;                   /*  性别为字符变量 Sex  */
   int  Age;                    /*  年龄为整型变量 Age   */
   char Addr[20];               /*  地址为字符数组 Addr[20]，可以容纳 20 个字符  */
   float  Loan ;                /*  借贷为单精度型变量 Loan  */
};                              /*  结构体类型结束  */
```

（3）语用

定义结构体类型注意以下几点。

① 结构体名作为结构体类型的标志。struct 和结构体名一起构成类型名，二者一起作为类型，声明变量的结构类型。

② 结构体名可以缺省，在定义结构体类型后直接定义结构体变量。

③ 定义一个结构体类型时必须对各成员都进行类型声明，即：

类型名　成员名;

每一个成员也称为结构体中的一个域（field），成员表列又称为域表。成员名的命名规则与变量名的命名规则相同。在 C 语言中，结构体的成员只能是数据成员，不能为函数成员。

④ 定义结构体类型的位置一般在文件的开头，在所有函数（包括 main 函数）之前，方便当前文件中所有的函数利用该类型定义变量。

⑤ 结构体类型定义中可以嵌套，即结构体中的成员类型是一个结构体类型。

例 9.3 若定义贷款为结构体类型，包括贷款银行、借贷、贷款日期等成员，数据类型分别为贷款银行为字符型，借贷为单精度型，贷款日期为整型，并将借贷结构体嵌套在学生借贷结构体中。学生借贷结构体中的成员类型如表 9-2 所示。

表 9-2　　结构体类型嵌套声明的数据类型

学号 Num	姓名 Name	性别 Sex	年龄 Age	地址 Addr	贷款 Lending		
					贷款银行 Bank	借贷 Loan	贷款年限 year
08182112	LinFeng	M	18	Wuhan	IACB 工商银行	8000.00	5

解：定义借贷款结构体如下（文件名为 ex9_3.c）：

```
struct  Lending              /*  定义借贷结构体类型名 struct  Lending   */
{  char  Bank[16];           /*  姓名为字符数组 Bank [16]，可以容纳 16 个字符  */
   float  Loan ;             /*  借贷为单精度型变量 Loan  */
   int  year;                /*  贷款年限为整型变量 year    */
};
```

在学生借贷结构体中嵌套贷款结构体的结构定义如下：

```
struct  StuLoan                 /*  定义学生借贷结构体类型 struct  StuLoan  */
{  int  Num;                    /*  学号为整型变量 Num  */
   char  Name[16];              /*  姓名为字符数组 Name[16]，可以容纳 16 个字符  */
   char  Sex;                   /*  性别为字符变量 Sex  */
    int  Age;                   /*  年龄为整型变量 Age   */
    char Addr[20];              /*  地址为字符数组 Addr[20]，可以容纳 20 个字符  */
    struct  Lending  borrower;/*  借款人 borrower 为贷款结构体类型   */
};                              /*  结构体类型结束  */
```

⑥ 结构体类型定义中可以递归定义，即成员的数据类型就是结构体类型。

定义链表时嵌套在结构体中的类型就是整个结构体的类型，例如，链表节点的定义：

```
struct  Lending                 /*  定义贷款结构体类型 struct  Lending   */
{  float  Loan ;                /*  借贷为单精度型变量 Loan  */
   struct  Lending  *next;      /*  指向下一节点的指针为贷贷款结构体    */
}
```

2. 结构体变量声明

定义结构体类型后，用 struct+结构体名作为结构体类型名声明结构体变量。声明结构体类型的变量有下面 3 种方法。

① 先定义结构体类型，再声明变量名。语法格式为：

struct　结构体名　变量名表;

struct　结构体名组成结构体类型名，用结构体类型名定义变量，用逗号分隔各个结构体变量。

在例 9.2 中，已经定义了学生借贷结构体类型名 struct　StuLoan，用该类型名定义变量 c1、c2、s1、s2，定义指针变量 p，q 的方法如下：

```
struct  StuLoan  c1, c2, s1,s2;
struct  StuLoan  *p,*q ;
```

声明后的变量 c1, c2, s1,s2 均具有 struct　StuLoan 结构体类型。指针变量*p,*q 可以指向 struct　StuLoan 结构体类型的变量。

② 在定义结构体类型的同时，声明结构体变量。语法格式为：

struct 结构体名

{　成员表列
}变量名表列;

先定义结构体类型，在结构体类型结束的花括号后直接声明变量名表列，用逗号分隔各个结构体变量。例如：

```
struct  StuLoan
{  int  Num;
    char  Name[16];
    char  Sex;
    int  Age;
    char Addr[20];
    float  Loan ;
}c1, c2, s1,s2 ;      /*  结构体类型结束后定义变量表列  */
```

以上定义的学生借贷结构体类型可以继续声明其他的结构体变量或指针。例如：

struct　StuLoan　s, *p, *q;

③ 采用无结构体名，不写结构体名，直接声明结构体变量。语法格式为：

struct　　　　　/*　注意没有结构体类型名　　*/
{　成员表列
}　变量名表列;

无结构体名由关键字 struct 开头，没有结构体名，一对花括号括起成员表列，在结束的花括号后声明变量，用逗号分隔各个结构体变量。例如：

```
struct
{  int  Num;
   char  Name[16];
   char  Sex;
    int  Age;
    char Addr[20];
    float  Loan ;
}   c1, c2, s1,s2, *p, *q ;   /*  变量之间用逗号分隔，以分号结束变量定义  */
```

在无名结构体类型定义结束的花括号后，直接声明变量表列，该类型不能继续定义其他的结构体变量或指针。

使用结构体变量应该注意以下几点。

a. 结构体类型是由用户构造的一种数据类型，每一种结构体类型根据用户的需要构造其成员及其类型，结构体类型具有多样性。

b. 结构体类型与结构体变量是完全不同的概念，不能混淆。结构体类型一经定义后，不能改变，只能给结构体变量中的成员赋值，不能对结构体类型赋值。在编译时，是不会为类型分配空间，只为变量分配空间。

c. 结构体中的成员，可以单独引用，单独引用的结构体成员的作用与地位相当于普通变量或数组。

d. 结构体中成员名可以与程序中的变量名相同，但二者无关，互不影响。

e. 结构体类型可以嵌套定义，可以递归定义，结构体成员可以是一个结构体变量。例 9.3 声定义的结构体，在学生借贷结构体中嵌套贷款结构体，定义的结构体变量的成员中包括了结构体变量成员 struct　Lending　borrower;。

f. 声明结构体变量 struct　StuLoan　stlb; 后，结构体变量 stlb 的成员结构如表 9-2 所示。

9.1.2　结构体变量的初始化及引用

1. 结构体变量的初始化

结构体变量的初始化是在声明结构体变量的同时，可直接将初值赋给结构体变量中的各个成员，用花括号括起初始值，初始值与成员的顺序和类型相匹配。

例 9.4　声明表 9-1 的结构体变量 s，并给结构体变量赋初值（文件名为 ex9_4. c）。

```
struct  StuLoan
  {  int  Num;
     char Name[16];
     char Sex;
     int  Age;
     char Addr[20];
     float Loan;
  }s={20081812,"LinFeng",'M',18,"Wuhan",8000.00},*p=&s;
  struct  StuLoan c={20081810, "WangYin", 'F', 18, "Nanjing", 10000.00};
```

结构体中嵌套结构体成员的结构体变量初始化时，嵌套的结构体用花括号括起数据。

```
  struct  StuLoan  s={20081812,"LinFeng",'M',18,"Wuhan",{"IACB",8000.00,5}}
```

2. 引用结构体变量中成员

C 程序设计语言中提供了两种用于引用结构体成员的运算符，一种是成员运算符，用圆点“.”表示；另一种是指向成员运算符，用箭头“－>”表示，箭头是由减号“－”和大于号“>”构成。运算符左边为结构体变量名如 s，或指向结构体变量指针的内容如(*p)，或结构体数组的数组元素，运算符右边为成员名。形成 3 种引用结构体变量中成员的引用方式：

① 结构体变量名.成员名　　　　例如：s.Num，s.Name

② 指针变量名－>成员名　　　　例如：p->Sex，p->Age

③ (*指针变量名).成员名　　　　例如：(*p).Addr，(*p).Loan

结构体变量 s 有多个成员，但整体是一个变量，结构体指针 p 赋初值时应该用变量的地址&s 为 p 赋初值。引用结构体变量中成员与引用一般变量相同，可以用输出语句直接输出结构体变量中成员的值。

引用结构体中嵌套结构体成员的结构体变量中的数据时，要逐步从结构体的外层到内层结构体，用成员运算符进行连接，直到最内层的成员变量。例如，引用 stlb 结构体中 borrower 结构体成员的 Bank 变量的一般形式为：

stlb.borrower.Bank

例 9.5 分别用 3 种引用结构体变量中成员的方式，引用结构体中嵌套结构体成员的变量，输出例 9.3 所定义结构体变量 s 各成员的值（文件名为 ex9_5.c）。

```
  #include "stdio.h"
  int main()
  {
   struct  Lending
    {  char  Bank[16];
       float Loan ;
       int   year;
  };
     struct  StuLoan
     {  int  Num;
```

```
        char Name[16];
        char Sex;
        int  Age;
        char Addr[20];
        struct  Lending  borrower;
    } stlb = {20081812,"LinFeng",'M',18,"Wuhan",{"IACB",8000.00, 5}}, *p = &stlb;
    printf("%d,%s,%c,%d,%s\n",stlb.Num,p->Name,(*p).Sex,p->Age,(*p).Addr);
    printf("%s,%f,%d\n", stlb.borrower.Bank, (*p).borrower.Loan, stlb.borrower.
year);
    return 0;
}
```

执行程序，屏幕输出结果如下：

20081812, LinFeng, M, 18, Wuhan

IACB, 8000.00, 5

3. 结构体变量的存储与长度

结构体变量根据成员类型确定占用的存储空间，用函数 sizeof（结构体成员变量）可以算出结构体成员变量的长度。结构体变量的长度是各成员类型长度与对齐填充之和。

例 9.6 运行下列程序，写出输出结果（文件名为 ex9_6.c）。

```
#include "stdio.h"
int main()
{  struct  Type
   {char  chA;
   short  shB;
   int  iC;
   double dD;
   } stE = {'A', 1, 2, 3.0};
   printf("%d, %d, %d", sizeof(stE. chA), sizeof(stE. shB), sizeof(stE.iC));
   printf("%d, %d\n",sizeof(stE.dD), sizeof(stE));
   return 0;
}
```

编译、运行程序，输出结果如下：

1，2，4，8，16

在例 9.6 中，结构体变量 t 的成员包括字符型变量 chA 长度为 1，短整型变量 shB 长度为 2，短整型变量的长度比字符型变量的长度长 1 倍，在字符型变量 chA 后填充 1 个字节，使短整型变量 shB 的低地址与存储器的低地址重合，整型变量 iC;长度为 4，双精度变量 dD 长度为 8，总长度为各成员类型长度之和 1+1（填充）+2+4+8 = 16。

9.1.3 结构体变量的应用

结构体变量和指向结构体变量的指针可以参加表达式的运算，可以作为函数的参数。下面着重讨论结构体变量的输入与输出，结构体变量的整体赋值，结构体变量成员的赋值，引用结构体变量成员的地址，自增与自减运算等。

1. 结构体变量的输入与输出

结构体变量的输入与输出是将结构体变量中的成员看成一个变量或数组，根据变量或数组的输入与输出操作，实现结构体变量成员的输入与输出。C 语言不允许把一个结构体变量作为一个整体进行输入和输出。例如，定义了结构体变量 s、c 以后，下面的语句都是错误的：

```
scanf("%d", &s);
```

```
printf("%s\n", c);
```

因为结构体变量中有多个不同类型的数据项，每一种类型占用的存储单元不同，整体读入难以分辨各个成员的数据，造成编程困难。将结构体变量中的成员看成普通变量，逐个输入或输出，直接可以用变量的格式符指定数据格式，方法简单适用。

例 9.7　结构体变量成员的输入与输出函数如程序所示，当设备号为 1234、设备名为 lathe、价格为 12000 时输入以上数据，并写出输出结果（文件名为 ex9_7.c）。

```
#include "stdio.h"
int main()
{  struct  device
   {  int  num ;
      char  name [15] ;
      float  price
   } eq , *p=&eq;
   printf("input eq.num, eq.name, eq.price \n");
   scanf ("%d  %s  %f", &eq.num, eq.name, &eq.price ) ;     /*  输入结构体变量成员的值  */
   printf ("%d, %s, %f\n", p->num, eq.name , (*p). price);/*  输出结构体变量成员的值  */
   return 0;
}
```

运行该程序，屏幕显示输入提示信息：input eq.num, eq.name, eq.price

根据格式控制符%d%s%f 分别输入数据：1234　lathe　12000

注意格式控制符中使用空格分隔符，执行程序，输入的数据之间用空格分隔，输入完数据后回车，屏幕显示如下：

1234, lathe, 12000.000000

结构体变量的输入与输出是将结构体中的成员看成变量或数组，用 scanf 、printf 函数的格式控制符输入或输出各成员数据。输入函数 scanf 的格式控制符中格式符之间用空格分隔，变量表列要求成员的地址&eq.num、&eq.price，成员项为数组名 eq.name 本身就是地址，不加取地址符&，不能写成&eq.name。输入函数 scanf("%d %s %f",&(p->num),p->name,&(*p).price); 用指针引用结构体变量中的成员。

printf 函数可以输出结构体变量成员的数据，可以输出结构体变量的地址，即结构体变量的首地址；可以输出结构体变量成员的地址，例如：

```
printf ("%x, %x, %x, %x\n", &eq, &eq.num, eq.name, &eq.price ) ;
```

2. 结构体变量的赋值

在定义了结构体变量以后，可以对结构体变量整体赋值，可以对单个成员赋值，可以将结构体变量的地址赋给结构体指针变量，也可以将结构体成员的地址赋给指针变量。

例 9.8　结构体变量的赋值举例（文件名为 ex9_8.c）。

```
#include "stdio.h"
int main()
{
  int i,*pu;
  char *pn;
  float *pf;
  struct  device
```

```
{ int  num ;
char  name [15] ;
float  price;
}eq1={1122,"lathe",12000.0},eq2,*p; /*  声明结构体变量和指针，并对 eq1 初始化  */
eq2 = eq1;                          /*  将结构体变量 eq1 整体赋给 eq2  */
printf("%d,%s,%f\n", eq2.num,eq2.name,eq2.price);   /*  输出结构体变量 eq2 */
p=&eq1;                             /*  结构体指针指向结构体变量 eq1*/
eq1.num=1001;                       /*  修改 eq1.num 的值为 1001  */
(*p).price=11000;                   /*  修改 eq1.price 的值为 11000*/
printf("%d,%s,%f\n",p->num,p->name,p->price);   /*  输出修改后结构体变量 eq1*/
pu=&eq1.num;                        /* 整型指针指向结构体整型成员 num  */
*pu=1101;                           /* 通过整型指针 pu 赋值给成员 num */
pf=&eq1.price;                      /* 单精度型指针 pf 指向结构体整型成员 price   */
*pf=20000;                          /* 通过单精度型指针 pf 赋值给成员 price  */
pn="planer";                        /* 字符型指针 pn 指向字符串"planer"的首地址  */
for(i=0;*pn!='\0';i++)
p->name[i]=*pn++;                   /* 将字符串赋给成员数组 name[i]  */
printf("%d,%s,%f\n", (*p).num,(*p).name,(*p).price);
return 0;
}
```

运行该程序，输出数据如下：

1122, lathe, 12000.000000

1001, lathe, 11000.000000

1101, planer, 20000.000000

分析以上程序，可以得出如下结论：

① 可以将一个结构体变量整体赋给另一具有相同类型的结构体变量。例如：

eq2 = eq1;

② 将结构体变量的地址赋给结构体指针变量，使结构体指针指向结构体变量。例如：

p=&eq1;

③ 可以为单个的成员赋值，成员可以采用三种引用方法。例如：

eq1.num=1001; 或 p->num=1001; 或(*p).price=11000;

④ 可以将结构体成员的地址赋给同类型的指针变量。例如：

pu = &eq1.num;   或 pf =&p->price;

3. 表达式中的结构体变量成员

在表达式中，结构体变量成员可以看成一个变量或数组参加表达式的运算，成员运算符的级别为第 1 级，因此，结构体的成员运算总是一个整体，不会被运算符割裂。变量名可以与结构体中成员变量同名，两者代表不同的数据对象。

例 9.9 参与表达式运算的结构体变量成员举例（文件名为 ex9_9.c）。

```
#include "stdio.h"
int main()
{
 char a='a';
 short b=8;
 int c=7;
 float d=6.0;
 struct  Type
```

```
  { char a;
  short b;
  int c;
  float d;
  }t={'A',1,2,3.0}, m, *p = &t;
  m.a=++t.a;
  m.b=p->b++;
  m.c=--(*p).c;
  m.d=p->d--;
  printf("%c,%d,%d,%f\n",a, b, c,d);
  printf("%c,%d,%d,%f\n",m.a, m.b, m.c,m.d);
  printf("%c,%d,%d,%f\n",p->a,(*p).b,p->c,(*p).d);
  return 0;
}
```

运行程序，输出结果如下：

a, 8, 7, 6.000000

B, 1, 1, 3.000000

B, 2, 1, 2.000000

变量 a、b、c、d 与结构体类型的成员 a、b、c、d 同名，编译系统按照两种不同的数据类型进行存储，引用方法不同，不会产生歧义，这种命名方法没有错误。

9.1.4　结构体数组

结构体数组指每个元素都是结构体类型的数组。结构体类型定义之后，可以用来声明结构体变量，声明指向结构体的指针变量，声明结构体数组。

声明结构体变量只是定义了一个对象的一组不同类型的数据。声明结构体数组则定义了结构体类型相同的多个对象的数据，数组中每个元素都是一个结构体变量。

1. 结构体数组的声明

声明结构体数组与声明结构体变量完全相同，可以同时声明结构体变量、结构体数组与指向结构体变量的指针变量。声明结构体数组的方法有三种如下。

① 先定义结构体类型，再声明结构体变量与数组。例如：

```
struct  device
{  int  num ;
   char  name [15] ;
   float  price
};
struct  device  eq[4] , eq1, eq2, *p = eq;
```

以上声明的结构体数组 eq，有 4 个元素，每个元素的类型都是 struct　device ，每个数组元素的成员如表 9-3 所示。

表 9-3　　结构体数组成员

ArrayElement	num	name	price	eq[i].num	p = &eq[0];	p = &eq[2];
eq[0]	20081201	lathe	12000	eq[0].num	p-> name	eq[0]. name
eq[1]	20081202	planer	8000	eq[1].num	eq[1]. name	eq[1]. name
eq[2]	20081203	milling	84000	eq[2].num	eq[2]. name	(*p). name
eq[3]	20081204	grinder	35000	eq[3].num	eq[3]. name	eq[3]. name

② 在定义结构体类型的同时，声明结构体数组。例如：

```
struct  device
```

```
{  int  num ;
   char  name [15] ;
   float  price
  } eq[4];
```

③ 用无名结构定义结构体类型，并直接声明结构体数组。例如：

```
struct
{  int  num ;
   char  name [15] ;
   float  price
  } eq[4] , eq1, eq2, *p = eq;
```

2. 结构体数组的初始化

对结构体数组初始化时，用花括号嵌套花括号的方法，将每个数组元素的数据括起来。外层花括号是结构体数组初始值的定界符，内层花括号依次括起各数组元素成员的数据。例如，表 9-3 数据的初始化为：

```
   struct  device
   {  int  num ;
      char  name [15] ;
      float  price
   } eq[4] = {{20081201, "lathe", 12000 },{20081202, "planer", 8000},{20081203,
"milling", 84000 },{20081204, "grinder", 35000 }};
```

为数组元素赋初值，当数组元素的个数与初值数据组的个数相等时，则可以缺省数组元素的下标，例如：

```
   struct  device  eq [ ] = {{20081201, "lathe", 12000 },{20081202, "planer",
8000},{20081203, "milling", 84000 },{20081204, "grinder", 35000 }};
```

IDE 根据初始值数组的个数自动确定 eq 数组的大小。当提供的初始化数组的个数少于数组元素的个数，定义结构体数组时不能缺省数组元素的个数。依次从提供初值的数据开始处对元素赋初值，没有赋初值的剩余元素，系统规定：对数值型成员赋零；对字符型成员赋 NULL，即"\0"。

3. 结构体数组应用举例

例 9.10 已知 4 名学生的平时成绩和考试成绩，如表 9-4 所示。按平时成绩占 30%，考试成绩占 70%，计算总评成绩，然后打印成绩表（文件名为 ex9_10.c）。

表 9-4　　C 语言成绩表

s[i]	name	num	peacetime	test	score
s[0]	WangTao	20081201	86	84	84.6
s[1]	ZangHua	20081202	87	90	89.1
s[2]	LiFang	20081203	84	87	86.1
s[3]	ZhaoLin	20081204	75	78	77.1

```
   #include  "stdio.h"
   struct  results
   {
     char  name[15];
     int  num;
     float  peacetime;
     float  test;
     float  score;
   };
```

```
int main()
{
   Struct results stu[4]={{"WangTao",20081201,86,84},{"ZangHua",20081202,87,90},
{"LiFang", 20081203, 84, 87},{"ZhaoLin",20081204,75,78}},*p=stu;
   int  i;
   for(i=0;i<4;i++,p++)
   {stu[i].score=p->peacetime*0.3+(*p).test*0.7;
   printf("%s\t%f\t%f\t%f\n",stu[i].name,stu[i].peacetime,p->test,(*p).score);}
   return 0;
}
```

运行程序，输出结果如下：

WangTao	86.000000	84.000000	84.599998
ZangHua	87.000000	90.000000	89.099998
LiFang	84.000000	87.000000	86.099998
ZhaoLin	75.000000	78.000000	77.099998

9.1.5　线性链表

链表和数组都是线性表，数组是静态分配内存空间的数据结构，在数组类型声明中指定数组的类型和长度如“int　x[8]={0,1,2,3,4,5}；”，集成开发环境 IDE 根据类型确定每个数组元素占据的字节数，按照数组元素的序号，连续、顺序的分配存储单元，x[0]、x[1]、x[2]……x[7]，依次存放线性表{0,1,2,3,4,5，…}中的元素 x[0]=0、x[1]=1、x[2]=2、x[3]=3、x[4]=4……当增加或删除线性表中的某一元素，如删除 x[3]=3 元素中的 3，存储在数组中的其后所有元素必须随之移动，x[3]=4、x[4]=5、……，当其后元素越多，运算步骤越多，降低程序执行效率。

链表是动态地进行存储分配的一种数据结构，由节点链接而成。链表节点由数据域和指针域两部分组成，数据域存放数据，指针域存放下一节点的地址。链表在程序执行阶段才分配所需的内存空间，链式存储结构是一种在存储单元上非连续、非顺序的存储结构，链表的存储节点是不连续的和无序的，靠每一节点的指针查找下一元素。

1．单向链表的节点结构

单向链表的节点由数据域和指针域两部分组成，数据域用于存放数据元素的值，指针域用于存放指针，如图 9-1（a）所示。单向链表有一个头指针 Head、一个头节点和一个尾节点^，头指针指向头节点，头节点的数据域不存储数据，头节点可以缺省，缺省头节点，头指针直接指向数据节点，如图 9-1（b）所示。尾节点的数据域和存放最后的数据，尾节点的指针域存放的链表结束符“^”，如图 9-1（c）所示。

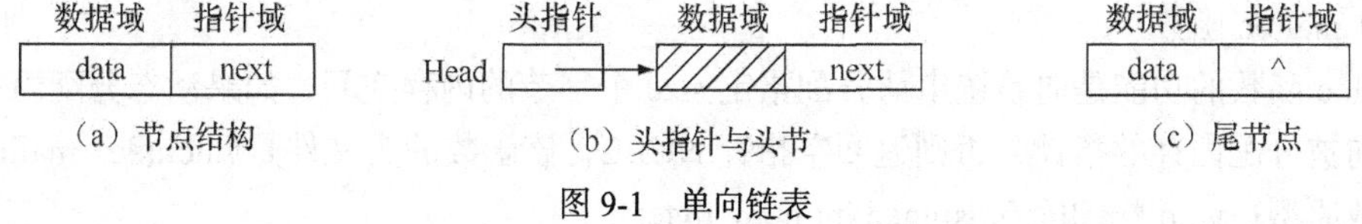

图 9-1　单向链表

2．单向链表

单向链表由头指针指向头节点，头节点指针域存放的指针，指向第 1 个数据节点，第 1 个数据节点的指针域存放的指针，指向第 2 个数据节点，各存储节点的指针域依次存放下一节点的地址，形成单向链表。单向链表中的最后一个元素没有后继，因此，单向链表中最后一个节点的指针域为空“^”（或 NULL），表示单向链表终止。单向链表的节点结构如图 9-2 所示。

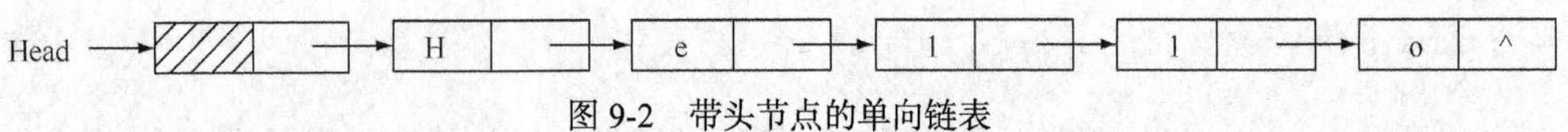

图 9-2　带头节点的单向链表

若单向链表中没有数据，称为空单向链表，如图 9-3 所示。若不带头节点，指针直接指向第 1 个数据元素，如图 9-4 所示。

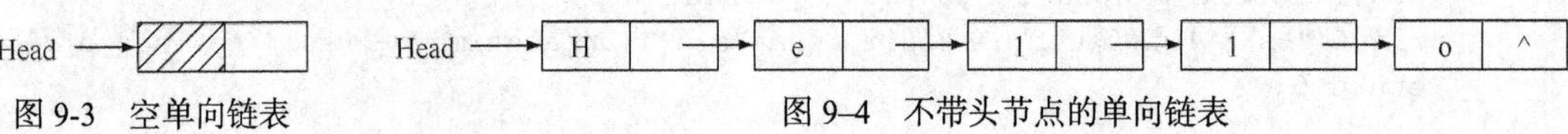

图 9-3　空单向链表　　图 9–4　不带头节点的单向链表

3. 单向链表的节点结构

定义单向链表的节点结构,采用一种特殊的结构体——引用自身的结构体定义结构体的类型，该结构体包含两类成员，一类是数据域成员，另一类是指针域成员，指针域成员的类型就是结构体的自身类型，例如：

```
struct  node
{
   char  ch;
   struct  node  *next ;
};
```

在单向链表中使用 malloc()函数动态分配节点的存储空间，为了简化类型，可以为结构体类型起一个别名 linklist，用 typedef 定义如下：

```
typedef  stuct node
{
   char  ch;
   struct  node  *next ;
}linklist;
```

再用结构体类型声明结构体变量和结构体指针，结构体变量包括数据域和指针域，数据域存放节点的数据，指针域存放下一节点的地址。结构体指针指向结构体变量，用结构体指针和结构体变量依次生成单向链表中的各个节点。例如：

```
struct  node   a,b,c,*h,*p;
linklist  chA,*head,*rear,*q;
```

4. 动态分配和释放内存

C 语言集成开发环境提供了动态分配内存和释放内存的函数主要有 malloc、calloc、free、realloc 等函数，下面只学习 malloc 函数和 free 函数。

（1）malloc 函数

malloc 函数的功能是向系统申请分配指定 size 个字节的内存空间，如果动态分配内存成功则返回指向被分配内存的指针，否则返回空指针 NULL，该函数的头文件是#include <malloc.h>。

函数原型：void *malloc(unsigned int num_bytes);

返回类型：是 void* 类型。void　* 表示未确定类型的指针。C 语言规定，void* 类型可以强制转换为任何其他类型的指针，因此，在该函数之前由用户指定转换的指针类型。

动态分配内存函数总是与强制类型转换的指针结合在一起，因此动态分配链表节点的一般形式为：(强制类型 *)malloc(sizeof(类型));

例如：(linklist *)malloc(sizeof(linklist));

或者：(struct　node *)malloc(sizeof(strut　node));

(int *)malloc(sizeof(int));

返回值：如果动态分配内存成功返回指向被分配内存的指针，否则返回空指针 NULL。一般将返回值赋给节点指针。例如：

```
linklist *head, *p,*rear;
head = (linklist *)malloc(sizeof(linklist));
```

（2）free 函数

free 函数用于释放由 malloc、calloc、realloc 等函数调用所分配的内存空间，释放指针 p 指向的内存空间。

函数原型：void　free (void *　指针　)

例如：　　free (p);

例 9.11　声明整型变量 a 初值为 1024，声明整型指针 p，为 p 动态分配内存，将 a 的值赋给 p 的内容，输出 p 的地址和内容，用 free　函数释放 p，查看 p 的内容。

解：编制程序如下（文件名为 ex9_11.c）：

```
#include  <stdio.h>
#include <malloc.h>
int main( )
{
     int a=1024,*p;
     p=(int *)malloc(sizeof(int));
     *p=a;
     printf("%x,%d\n",p,*p);
     free(p);
     if(*p = = a)
           printf("Keep original value: %d \n",*p);
  else
      printf("free!\n");
      return 0;
}
```

5. 创建动态单向链表

动态单向链表是用 malloc 函数动态分配存储空间，一个一个地开辟节点，输入数据，建立链接关系，在程序执行过程中建立起来的链表。创建动态单向链表的方法很多，常用的有头插法建表、尾插法建表。

（1）头插法建表

头插法建表的方法是先建一个空表，重复读入数据，生成新节点，将数据放入新节点的数据域中，将新节点插入到当前链表的表头上，直到读入结束标志“#”为止。头插法输入的数据是倒序的。

例 9.12　用头插法创始建一个动态单向链表，用 getchar()函数分别输入字符 olleH，创建的单向链表的数值域中的值依次为 H->e->l->l->o->。

解：以包含头文件中包括"malloc.h"头文件，先定义链表节点的结构体类型，声明结构体变量 *head,*p，循环执行以下操作，用 p=(struct node*)malloc(sizeof(struct node));动态分配存储空间，创建单向链表节点，用 getchar()函数分别依次输入字符，存入节点的数据域，头节点 head 的地址赋给 p->next，移动头节点指向 p，循环到输入的字符为“#”为止，编制程序如下（文件名为 ex9_12.c）：

```
#include "stdio.h"                           // 包含标准输入输出头文件
#include "malloc.h"                          // 包含动态存储分配函数头文件
struct  node                                 // 定义结构体
{                                            // 结构体开始
   char ch;                                  // 字符型成员变量 ch
   struct node * next;                       // 结构体指针型成员变量 next
   };                                        //  结构体结束
int main( )                                  // 主函数
{                                            // 主函数开始
   char  ch;                                 // 声明字符型变量
   struct  node *head,*p;                    // 声明结构体指针
   head = NULL;                              // 头指针为空指针
   ch = getchar();                           // 输入一字符赋给变量 ch
   while(ch!='#')                            //当 ch 不为结束符'#'，执行循环体
   {   p=(struct node*)malloc(sizeof(struct node));//为工作指针 p 动态分配存储单元
        p->ch=ch;                            // 将变量 ch 的值赋给 p 指针的数据域
        p->next = head;                      // 将头指针 head 的地址赋给 p 的指针域
                  head=p;                    // 将头指针 head 后移，指向 p 指向的节点
                  ch = getchar();            // 输入一字符赋给变量 ch
}                                            // 循环体结束
p=head;                                      // 将工作指针移到开头
while(p!=NULL)                               // 当工作指针没到链表尾部执行循环体
   {                                         // 循环体开始
    printf("%c -> ",(*p).ch);                // 依次输出链表数据
    p=p->next;                               // 工作指针后移
    }                                        // 循环体结束
   printf("\n");
   return 0;
}
```

编译、运行程序输入“olleH#”，输出结果如下：

H -> e -> l -> l -> o ->

（2）尾插法建表

用尾插法建表要增加一个尾节点，要声明 head、p、rear 三个结构体指针变量，通过移动尾节点 rear 建立链表。先生成一个节点，头、尾节点同时指向该节点，头节点不动，循环操作生成工作节点 p，输入数据赋给 p 的数据域，p 的地址赋给尾节点的指针域，移动尾节点，直到读入结束标志“#”为止。尾插法输入的数据与输出数据的顺序相同。

例 9.13 尾插法创始建一个动态单向链表，用 getchar()函数分别输入字符 Hello#，创建的单向链表的数值域中的值依次为"　　H　　e　　l　　l　o"。

解：编制程序如下（文件名为 ex9_13.c）：

```
#include  <stdio.h>                          // 包含标准输入输出头文件
#include   <malloc.h>                        // 包含动态存储分配函数头文件
typedef struct  node                         // 定义结构体类型的别名
{                                            // 结构体定义开始
```

```
    char ch;                              // 字符型成员变量 ch
    struct node * next;                   // 结构体指针型成员变量 next
}linklist;                                // 结构体类型别名 linklist
int main( )                               // 主函数
{                                         // 主函数开始
    char  ch;                             // 声明变量 ch
    linklist *head,*p,*rear;              // 声明结构体指针变量 head, p, rear
     head = (linklist * )malloc(sizeof(linklist)); // 为头指针 head 动态分配存储单元
    rear = head;                          // 尾指针 rear 与头指针 head 指向同一节点
     head->ch = '\0';                     // 头指针 head 的数据域赋\0
     ch = getchar();                      // 输入一字符赋给变量 ch
     while(ch!='#')                       // 当 ch 不为结束符'#', 执行循环体
    {
      p=(linklist*)malloc(sizeof(linklist));  //为工作指针 p 动态分配存储单元
      p->ch=ch;                           // 将变量 ch 的值赋给 p 指针的数据域
      rear->next = p;                     // 指针 p 的地址赋给尾指针 rear 的指针域
         rear=p;                          // 尾指针 rear 后移, 指向 p 指向的节点
         ch = getchar();                  // 输入一字符赋给变量 ch
    }                                     // 循环体结束
     rear -> next = NULL;                 // 将尾指针的指针域置为 NULL
     p=head;                              // 将工作指针移到开头
     while(p!=NULL)                       // 当工作指针没到链表尾部执行循环体
     {                                    // 循环体开始
          printf("%c \t",(*p).ch);        // 依次输出链表数据
          p=p->next;                      // 工作指针后移
     }                                    // 循环体结束
     printf("\n");
     return 0;
}
```

编译、运行程序，输出结果如下：

H e l l o

6. 单向链表的插入与删除

对单向链表进行插入或删除的运算中，总是首先需要找到插入或删除的位置，需要对链表进行扫描查找，在链表中寻找包含指定元素值的后一个节点。当找到包含指定元素的后一个节点后，就可以在该节点后插入新节点或删除该节点后的一个节点。

（1）在单向链表中查找指定元素

单向链表中查找指定元素，总是从头指针开始，依次向后查找。当在指针 p 指向的节点后插入或删除一个节点，先定义一个指针 q，把头节点赋给 q（即 q=head），执行当型循环，当 q 不等于 p->next 时 q!= p->next，把 q 指向节点的指针域的地址赋给 q（即 q=q->next），将指针移到下一链；一直查找到 q 等于 p->next 为止，查找结束。

q=head;　while(p->next!=q) q = q->next;

（2）单向链表的插入

单向链表的插入是指在单向链表中插入一个新元素 x。例如，已知单向链表的元素为{1, 2, 3, 4}，若在元素 2 与 3 之间插入一个新元素 x，即指针 p 指向的位置为“p = head->next;”。

在单向链表中插入一个新元素 x，首先为该元素动态分配一个新节点 s，即指针 s 指向该节点，在节点的数据域中存放 x。将指针 q 移到 p->next，即：

q=head;　while(p->next!=q) q = q->next;

在指针 p 与指针 q 之间插入新节点的操作为：

s->next=q;　　p->next =s;

将元素 x 插入元素为 2 的节点之后，元素为 3 的节点之前，如图 9-5 所示。

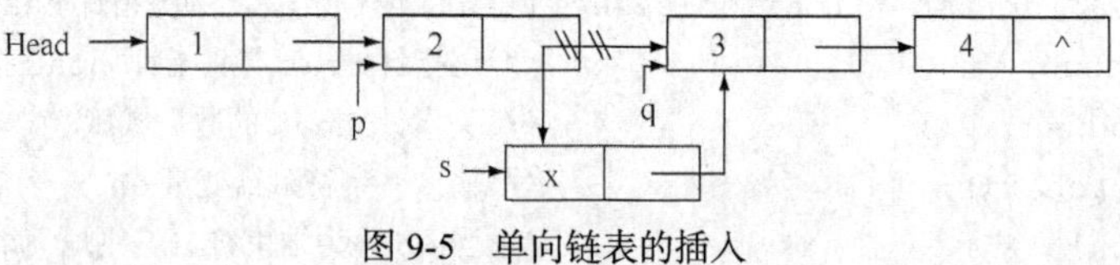

图 9-5　单向链表的插入

单向链表的指针 p 后插入节点的程序模块如下：

```
void Insert(linklist *head, linklist *p, int x)
{
    linklist *q,*s;
    s=(linklist*)malloc(sizeof(linklist));
    s->iA=x;
    q=head;
    while(q!=p->next)q=q->next;
    s->next=q;
    p->next =s;
}
```

（3）单向链表的删除

单向链表的删除是指从单向链表中删除指针 p 指向节点的后一个包含指定元素 x 的节点。例如，从图 9-6 所示的单向链表{1, 2, x, 3, 4}中，指针 p 指向的节点的数据域为 2，删除元素为 x 的节点，先定义一个节点 q 指向 p 的下一节点，在单向链表中移动指针 q，查找 q=p->next 的节点，即执行“q=head; while(q!=p->next)q=q->next;”语句。然后，删除 q 指向的节点“p->next=q->next;”。

从单向链表中删除指针 p 指向节点的后一个包含指定元素 x 的节点，如图 9-6 所示。

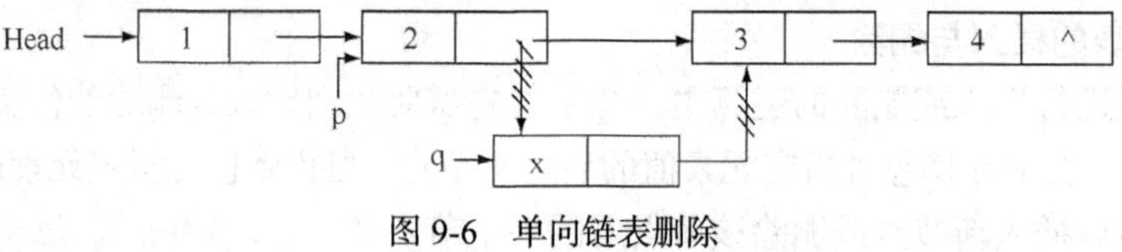

图 9-6　单向链表删除

单向链表中删除指针 p 指向节点的后一个包含指定元素 x 的节点的程序模块为：

```
void Delete(linklist *head)
{
    p=head->next;
    q=head;
    while(q!=p->next)q=q->next;
    p->next=q->next;
}
```

例 9.14　创建一个数据域的值分别为{1, 2, 3, 4}的单向链表，函数原型为：linklist * CreaList()，编制一个显示向链表的函数，函数原型为“Showlist(head,p)；”，指针 p 指向的位置为“p = head->next;”，若在元素 2 与 3 之间插入一个新元素 x，x=8，编制函数原型为 void Insert(linklist *head,linklist *p,int x)的函数；显示插入后的单向链表{1, 2, x, 3, 4}。删除单向链表中指针 p 指向节点的后一个包含指定元素 x 的节点，显示删除后的单向链表{1, 2, 3, 4}。

解：编制程序如下（文件名为 ex9_14.c）：

```
#include <stdio.h>
#include <malloc.h>
typedef struct  node
{
  int iA;
  struct node * next;
}linklist;
linklist *head,*p,*rear,*q,*s;
linklist * CreaList()
{
     int i=1;
     head = (linklist * )malloc(sizeof(linklist));
    rear = head;
     head->iA = 1;
     while(i<4)
    {
        p=(linklist*)malloc(sizeof(linklist));
        p->iA = ++i;
        rear->next = p;
          rear=p;
    }
     rear -> next = NULL;
     return head;
}
void Showlist(linklist *head,linklist *p)
{
     p=head;
     while(p!=NULL)
     {
       printf("%d",(*p).iA);
       p=p->next;
     }
     printf("\n");
}
void Insert(linklist *head,linklist *p,int x)
{
     linklist *q,*s;
     s=(linklist*)malloc(sizeof(linklist));
     s->iA=x;
     q=head;
     while(q!=p->next)q=q->next;
     s->next=q;
     p->next =s;
}
void Delete(linklist *head)
{
     p=head->next;
```

```
        q=head;
        while(q!=p->next)q=q->next;
         p->next=q->next;
    }
    int main( )
    {
        int x=8;
        head=CreaList();
        Showlist(head,p);
        p=head->next;
        Insert(head,p,x);
        Showlist(head,p);
        p=head->next->next;
        Delete(head);
        Showlist(head,p);
        return 0;
    }
```

9.2　共用体

共用体数据类型是共同使用同一段存储单元的数据类型，是把不同类型成员的数据存放在内存的同一段存储单元之中的数据类型。共用体变量的所有成员都占有同一段存储空间，各成员的数据后者覆盖前者，引用共用体变量时，将存储单元的数据以成员的数据类型读出。为用户提供灵活、方便的类型转换方法，简化了不同类型数据的分析与计算。

9.2.1　共用体类型定义与共用体变量的声明

1．共用体类型的定义

共用体类型的定义与结构体类型定义方法相同，但含义不同。

（1）语法

定义共用体类型的语法格式为：

union　共用体名
{　类型名 1　成员名 1;
类型名 2　成员名 2;
　……
类型名 n　成员名 n;
};

（2）语义

union 为共用体类型关键字，共用体名由用户命名，标识共用体的类型，union 和共用体名一起构成类型名，与结构体类型相同，用来定义变量的类型。一对花括号作为共用体的定界符，表示共用体内成员定义的开始与结束；最后的分号必不可少，表示类型定义的结束。例如：

```
union  unType
{ char  c[4];
  short s[2];
```

```
    int k;
} ;
```

2. 共用体变量的声明

共用体变量的声明与结构体变量的声明相同，可以分为 3 种方式。

① 先定义共用体，再声明共用体变量、共用体数组和共用体指针。例如：

```
union  unType
{ char  c[4];
  short s[2];
  int k ;
};
union  un   m, n, x[3], *p=&m;
```

② 在定义共用体类型的同时声明共用体变量、共用体数组和共用体指针。例如：

```
union  unType
{ char  c[4];
  short s[2];
  int k;
}m, n, x[3], *p=&m;
```

③ 定义无名共用体类型声明共用体变量。例如：

```
union
{ char  c[4];
  short s[2];
  int  k;
}m, n, x[3], *p=&m;
```

3. 共用体变量的值初始化

共用体变量的值初始化是指在声明共用体变量时对第 1 个成员的初始化。因为共用体变量的所有成员都占有同一段存储单元，在定义共用体变量时，只能给第 1 个成员初始化。

第 1 个成员为字符数组 c[4]	第 1 个成员为整型变量
union un { char c[4]; short s[2]; int k; }m ={'A','B','a','b'}, *p=&m;	union un1 { int i; float f; } m ={65}; 不允许：union un1 x= {65, 25.0};

4. 共用体变量的存储

char c[4]	shor s[2]	int k	内存	引用 c	引用 s	引用 k
c[0]	s[0]	k	41	m.c[0]	p->s[0]	m.k
c[1]			42	p->c[1]		
c[2]	s[1]		61	m.c[2]	(*p).s[1]	
c[3]			62	(*p).c[3]		

9.2.2 共用体变量的使用

1. 共用体变量中成员的引用

引用共用体变量中成员的形式与结构体变量一样，有以下三种方式：

① 共用体变量名.成员名。

② 指针变量名->成员名。

③ (*指针变量名).成员名。

2. 共用体变量的输入与输出

共用体变量是共用体的成员共同使用同一内存单元，一个成员变量或数组输入到共用体的数据会覆盖前面已存入的数据，任何一个成员变量的输出，都是输出共用体存储单元当前的数据。引用共用体中的任一成员，引用的数据值是相同的，不能直接引用共用体变量。例如：

```
union  un  m ={'A','B','a','b'};
```

声明了共用体变量 m 后，下列语句是错误的：

```
scanf("%d", &m );                    //  直接引用共用体变量错误
printf("%d", m );                        // 直接引用共用体变量错误
```

可以用三种引用方式，输入或输出共用体中的成员。

例 9.15 共用体变量声明和初始化如下，分别用输入函数与输出函数处理共用体变量及数组（文件名为 ex9_15.c）。

```
#include "stdio.h"
int main()
{
    union un
    { char c[4];
      short s[2];
      int k;
    }m={'A','B','C','D'},x[2],*p=&m;
    printf("%x,%x,%x\n",m.s[0],p->s[1],(*p).k);
    p=&x[0];
    printf("Input s[0],s[1]\n");
    scanf("%x,%x",&p->s[0],&p->s[1]);
    printf("%c,%c,%c,%c\n",x[0].c[0],x[0].c[1],p->c[2],(*p).c[3]);
    printf("Input k\n");
    scanf("%x",&x[1].k);
    printf("%x,%x\n",x[1].s[0],x[1].s[1]);
    return 0;
}
```

运行程序，屏幕输出如下：

4241, 4443, 44434241

Input　s[0], s[1]

6261, 6463

a, b, c, d

Input　k

44434241

4241, 4443

3. 共用体变量的运算

两个相同类型的共用体变量、数组元素可以直接赋值，相同类型的共用体指针可以指向共用体变量、数组。共用体变量的运算是通过引用共用体成员，参入到表达式的运算。

例 9.16 声明共用体变量和初始化如下，分别用输入函数与输出函数处理共用体变量及数组（文件名为 ex9_16.c）。

```
#include "stdio.h"
int main()
{
    int i;
    union un
{
    char c[4];
     int k;
     }m={'A','B','a','b'},x[2],*p=&m;
     printf("%c,%c,%x\n",m.c[0],p->c[1],(*p).k);
     for(i=0;i<2;i++)
     {x[i]=m;
     x[i].c[i]=m.c[i]+32;
     printf("%c,%c,%c,%c\n",x[i].c[0],x[i].c[1],x[i].c[2],x[i].c[3]);}
     return 0;
}
```

运行程序，屏幕输出如下：

A, B, 62614241

a, B, a, b

A, b, a, b

9.3　用 typedef 定义类型别名

除了前面介绍的数据类型外，C 语言还允许用 typedef 语句对已存在的类型定义一种新类型名。

9.3.1　typedef 语句

1．语法

typedef 定义类型别名的一般形式为：

typedef　类型名　标识符；

例如：typedef　float　REAL；

2．语义

typedef 是定义类型别名的关键字，类型名包括基本数据类型、已定义的数组类型、指针类型、构造结构体类型和共用体类型等，标识符是用户为指定的类型新起的类型别名。typedef 语句的作用是给已定义的数据类型起一个别名，并不是产生新的数据类型，原有类型名依然有效。

3．语用

用 typedef 定义类型的别名，定义步骤如下：

① 先按声明变量的方法写出定义体。例如，声明一个整型变量：

int　x；

② 将变量名换成新类型名（别名）。例如：

int　INTEGER;

③ 在最前面加上 typedef，形成定义别名的语句。例如：

typedef　int　INTEGER;

④ 用别名声明变量。例如：

INTEGER　x;

9.3.2 定义各种类型的别名

用 typedef 定义各种类型的别名，可以分成以下几类。

1. 定义基本数据类型的别名

先定义别名，再用别名声明变量。例如：

```
typedef  int   INTEGER;
INTEGER   x,y;
```

定义 int 类型的别名为 INTEGER，用 INTEGER 代替 int 定义整型变量 x, y。

2. 定义数组类型的别名

① 先按声明变量的方法写出单个定义体。例如：

```
int  a[6];
```

② 将变量名换成新类型名。例如：

```
int  ARR[6];                /*  定义 ARR[6]为整型数组 */
```

③ 在最前面加上 typedef。例如：

```
typedef  int  ARR[6];           /* 定义 ARR[6]为整型数组  */
```

④ 最后用新类型名去声明变量。例如：

```
ARR    a, b;                /* 声明整型数组 a[6], b[6]  */
```

定义数组类型的别名的方法是先定义数组类型的别名，再声明数组类型变量，例如：

```
typedef  int  ARR[6];
ARR    a, b;
```

3. 定义指针类型的别名

① 先按声明变量的方法写出单个定义体。例如：

```
float   *p;
```

② 将变量名换成新类型名。例如：

```
float  *POINTER;
```

③ 在最前面加上 typedef。例如：

```
typedef  float   *POINTER;
```

④ 最后用新类型名去声明变量。例如：

```
POINTER  p;
```

定义指针类型的别名，再声明指针变量：

```
typedef  float  *POINTER;       /*定义 POINTER 为字符指针类型*/
POINTER   p, q;                /*p1, p2 为字符指针变量*/
```

4. 定义一个代表结构体类型的类型名

① 先按声明结构体变量的方法写出单个定义体。例如：

```
struct
{  int  num ;
   char  name [15] ;
```

```
   float  price
}d ;
```

② 将变量名换成新类型名。例如：

```
struct
{
   int  num ;
   char  name [15] ;
   float  price
}DEVICE ;
```

③ 在最前面加上 typedef。例如：

```
typedef   struct
{
   int  num ;
   char  name [15] ;
   float  price
}DEVICE ;
```

④ 最后用新类型名去声明变量。例如：

```
DEVICE  d1,d2;
```

5. 定义一个代表共用体类型的类型名

① 先按声明共用体变量的方法写出单个定义体。例如：

```
union
{   char c[4];
    short s[2];
    i nt k;
} u ;
```

② 将变量名换成新类型名。例如：

```
union
{
    char c[4];
    short s[2];
    int k;
} UN;
```

③ 在最前面加上 typedef。例如：

```
typedef   union
{   char c[4];
    short s[2];
    int k;
} UN;
```

④ 最后用新类型名去声明变量。例如：

```
UN u1,u2 ;
```

6. 在 C 语言中定义一个类似 C++中字符串的类型名

① 先按声明变量的方法写出单个定义体。例如，声明一个字符型指针变量：

```
char  *s ;
```

② 将变量名换成新类型名。例如：

```
char *STRING;
```

③ 在最前面加上 typedef。例如：

```
typedef char *STRING;
```

④ 最后用新类型名去声明变量与数组。

```
STRING str, s[6];
```

7. 说明

① typedef 可以定义各种类型的别名，但不能用来定义变量。

② 用 typedef 只是对已经存在的类型增加一个别名，没有创造新的类型。

③ 可以将常用的数据类型用 typedef 声明，并放置在指定的头文件中，使用时 # include 包含命令引用已定义的类型名。

例 9.17 用 typedef 定义类型 int 别名 INTEGER、字符型数组别名 CHARARR[N]，字符型打针别名*POINTER，字符型数组 ch 的初值为{'P', 'O', 'I', 'N', 'T', 'E', 'R',0}，指针指向 ch[4]，将字符型数组 ch 的值排序，输出 ch 的值和排序后的*p（文件名为 ex9_17.c）。

```
#include <stdio.h>
#define N 8
int main()
{
   typedef int  INTEGER;
   typedef char CHARARR[N];
   typedef char *POINTER;
   CHARARR ch = {'P','O','I','N','T','E','R',0};
   INTEGER iX,iY,m,t;
   POINTER  p=&ch[4];
   for(iY=0; iY<N-1; iY++)
   {
      m=iY;
      for(iX=iY+1; iX<N-1; iX++)
      if(ch[m]>ch[iX]) { m=iX; }
         if(iY!=m)
            {t=ch[iY];
             ch[iY]=ch[m];
             ch[m]=t; }
         printf("%c",ch[iY]);
   }
    printf("\n%c\n",*p);
    return 0;
}
```

编译、运行程序，输出结果如下：

EINOPRT

P

9.4 枚举类型

枚举类型是用户自定义类型，当用户定义枚举类型时，定义的枚举元素称为枚举常量，系统根据枚举元素列举的顺序分别定义一组序号，作为枚举常量的值。枚举类型名由“enum 枚举名”

构成，用枚举类型名声明枚举变量。

9.4.1　枚举类型

枚举类型定义的一般形式为：

```
enum  枚举名
{
   枚举元素表
};
```

式中 enum 是定义枚举类型的关键字，枚举名由用户为枚举类型命名；枚举元素表中罗列出所有枚举元素的可用值。例如：枚举一年的四个季节的数据类型：

```
enum season
{
   spring, summer, autumn, winter
};
```

枚举元素 spring,summer,autumn,winter 是枚举常量，由系统定义了一个表示序号的数值，从 0 开始顺序定义为 0，1，2，3。即在 season 中，spring 值为 0，summer 值为 1，autumn 值为 2，winter 值为 3。若要从序号 1 开始定义，则可设置 spring 序号为 1，定义如下：

```
enum season { spring=1,summer,autumn,winter};
```

9.4.2　枚举变量

枚举变量指用来存放枚举型数据的内存单元，定义枚举变量之前必须定义枚举类型，枚举类型名为“enum 枚举名”。

1. 枚举类型定义

枚举类型定义格式为：

enum　枚举名 {枚举元素 1,枚举元素 2,……枚举元素 n};

2. 枚举变量的声明

定义了枚举类型，用枚举类型声明枚举变量。格式为：

enum　枚举名　枚举变量名 1,枚举变量名 2,……枚举变量名 n;

说明：

① enum 是关键字，枚举类型由 enum　枚举名组成。

② 枚举元素 Red，Green，Blue 称为枚举常量，按 C 语法规则，其存储的值依次为 0、1、2。可以在定义时，明确设定每一个枚举常量的值。例如，设置 Red 的值为 1，其他枚举常量存储的值依次为 2，3 的定义为：

```
enum MultiColor {Red=1, Green, Blue};
```

③ 不能给已经定义过的枚举元素（枚举常量）赋值。用赋值语句 Red=1;是错误的。

④ 变量 Color1、Color2 被声明成枚举类型后，其值只能是 Red, Green, Blue 三者之一。

⑤ 枚举变量不能直接被赋予一个整数值。Color1 = 1;因为两者的类型不同。

例 9.18　先定义枚举类型 Multi-Color，其中包含三个枚举元素 Red、Green、Blue；然后声明两个枚举变量 eColor1、eColor2。

解：定义枚举类型 MultiColor 为：

```
enum  MultiColor {Red, Green, Blue};
```

系统定义枚举元素 Red=0，Green=1， Blue=2。

声明枚举变量 eColor1、eColor2：

```
enum  MultiColor   eColor1, eColor2;
```

可以在定义枚举类型的同时声明枚举变量，如：

```
enum  MultiColor {Red, Green, Blue} eColor1, eColor2;
```

在直接定义枚举类型和枚举变量时可以缺省枚举名。

```
enum   {Red, Green, Blue}  eColor1, eColor2;
```

程序如下（文件名为 ex9_18.c）：

```
#include <stdio.h>
#include <stdlib.h>
int main( )
{
    enum  MultiColor{Red, Green, Blue};        // 定义枚举类型
    enum  MultiColor  eColor1,eColor2;         // 声明枚举变量 eColor1,eColor2
    eColor1=Red+Green+Blue;                    // eColor1 = 0+1+2 即 eColor1 = 3
    printf("%d", eColor1 );                    // 输出 3
    eColor2=Green;                             // eColor2 = 1
    printf("%d",  Green);                      // 输出 1
    printf("%d",  eColor2);                    // 输出 1
    return 0;
 }
```

编译、运行程序，输出结果如下：

311

9.5 练习题

1. 判断题（共 10 小题，每题 2 分，共 20 分）

（1）结构体每个成员按其类型分配存储空间，整个结构体占用的存储空间是各成员占用存储空间与填充之和。（ ）

（2）共用体的每个成员变量共同使用同一段存储单元，把不同类型成员的数据存放在内存的同一段存储单元之中，各成员的数据后者覆盖前者。（ ）

（3）可以嵌套定义结构体类型，不能递归定义结构体类型。（ ）

（4）结构体类型定义后，可以给结构体类型赋值，也可以给结构体变量中的成员赋值。（ ）

（5）结构体变量的初始化是在声明结构体变量的同时，直接将初值赋给结构体变量中的各个成员，用花括号括起初始值，初始值与成员的顺序和类型相匹配。（ ）

（6）两个类型相同的共用体变量、数组元素可以直接赋值。（ ）

（7）声明了结构体变量后，可以对单个成员赋值，不能对结构体变量整体赋值。（ ）

（8）结构体变量的值初始化是指在定义结构体变量时对第 1 个成员的初始化。（　　）

（9）共用体变量的值初始化是指在定义共用体变量时对第 1 个成员的初始化。（　　）

（10）用 typedef 可以定义数据类型的别名，也可以定义该数据类型的变量。（　　）

2. 单选题（共 10 小题，每题 2 分，共 20 分）

（1）下列选项中，不属于用户定义类型的选项是（　　）。

A. long int　　B. struct　　C. union　　D. typedef

（2）已定义结构体类型 "struct　stud {int a; float b;};"，声明变量 s，并为 s 赋初值，正确的选项是（　）。

A. struct stud　s = (4012,"ABCD");　　B. struct　stud　s = {4012,　12.34};

C. stud s = (4012, "ABCD");　　D. stud　s = {4012,　12.34}

（3）已定义结构体类型 stud，声明变量 a 和指针 pa，指针 pa 指向 a，下列选项中正确的声明语句是（　　）。

A. struct　stud　a, *pa = *a;　　B. stud　a, *pa = &a;

C. struct　stud　a, *pa = &a;　　D. stud　a, *pa = a;

（4）已定义结构体类型 "struct sk {int a; float b;} data, *p;"，若有 p = &data;，则对 data 中的 a 域的正确引用是（　　）。

A. (*p).data.a　　B. p.data.a　　C. p->data.a　　D. (*p).a

（5）已定义结构体类型 "struct　sk {int a; float b;} d[2] ;"，下列选项中为数组 d 元素的成员输入数据，正确赋值的语句是（　　）。

A. scanf("%d,%f", &d[0].a, &d[1].a);　　B. scanf("%d,%f", d[0], d[1]);

C. scanf("%d,%f", d) ;　　D. d[2] = {{2 , 1.0},{4 , 3.0}};

（6）已定义结构体类型 "struct　sk {int a; float b;} a, *p ;"，下列选项中为结构体指针 p 赋值，使 p 指向 a，正确赋值的语句是（　　）。

A. p = a;　　B. p = &a;　　C. p = *a;　　D. *p = *a;

（7）已定义结构体类型 "struct　sk {int a; float b;} d[2], *p ;"，下列选项中为结构体指针 p 赋值，使 p 指向数组 d，正确赋值的语句是（　　）。

A. p = *d;　　B. p = &d;　　C. p = d;　　D. *p = d;

（8）已定义共用体类型 " union　un {int a; float b;} ;"，下列选项中初始化共用体，正确的声明语句是（　　）。

A. union un　u1 = {2 , 1.0}, *p;　　B. un　u1 = {{2 , 1.0},{4 , 3.0}}, *p;

C. un　u1 = {2 , 1.0}, *p;　　D. union　un　u1 = {2 }, *p;

（9）已定义 "typedef float REAL;"，用定义的类型声明变量，正确的选项是（　　）。

A. REAL a, b;　　B. float　REAL a,b;

C. struct　REAL a,b;　　D. union　REAL a,b;

（10）以下对枚举类型名的定义中正确的是（　　）。

A. enum a ={one,two,three};　　B. enum a {one=9,two=-1,three};

C. enum a ={"one","two","three"};　　D. enum a {"one","two","three"};

3. 填空题（共 10 小题，每题 2 分，共 20 分）

（1）C 语言的构造类型中，（　　）的类型必须完全相同，（　　）的类型可以不同。

（2）定义结构体类型后，用（　　）和（　　）作为结构体类型声明的结构体变量。

（3）结构体变量的初始化包括（　　）结构体变量，并给结构体变量（　　）。

（4）结构体变量和指向结构体变量的指针可参加（　　）的运算，可作为（　　）的参数。

（5）声明了结构体数组和指针以后，可以将结构体变量的地址赋给结构体（　　），可以将结构体成员的（　　）赋给指针变量。

（6）结构体数组指每个元素都是（　　）的数组。成员数组指结构体中的（　　）是数组。

（7）结构体数组初始化时，用花括号嵌套花括号的方法赋值，外层花括号是结构体数组初始值的（　　），内层花括号依次括起各数组元素（　　）的数据。

（8）共用体变量的所有成员都占有同一段存储空间，各成员的数据（　　）覆盖（　　）。

（9）用 typedef 定义的是（　　）别名，这些别名起到与指定数据类型有（　　）作用。

（10）枚举类型是（　　）元素的集合，定义枚举类型后，系统为每个枚举元素都对应一个整型序号，默认情况下第一个枚举元素的序号为（　　），其后的值依次加 1。

4. 简答题（共 5 小题，每题 4 分，共 20 分）

（1）什么是结构体类型？什么是结构体变量？

（2）如何初始化结构体变量？试写出初始化结构体变量的语法格式。

（3）C 语言提供了哪几种用于引用结构体成员的运算符？

（4）什么是共用体类型？已定义共用体类型，如何声明共用体变量？

（5）写出定义指针类型 double *的别名 POINTER 的步骤。

5. 分析与编程题（共 5 小题，每题 4 分，共 20 分）

（1）分析结构体变量

例 9.19　阅读下列程序，分析程序运行结果（文件名为 zy9_1.c）。

```
#include <stdio.h>
struct  stud
{   char  Num[10];
    char Name[16];
    double Score;
};
struct  stud  s1={"20081801", "wangFeng", 84.5 },s2;
int main()
{
    s2 = s1;
     printf("%s \n%s \n%f\n",s2.Num,s2.Name,s2.Score);
     return 0;
 }
```

（2）分析结构变量、数组和指针的引用

例 9.20　具有结构变量、数组和指针的程序如下所示，试分析程序输出结果（文件名为 zy9_2.c）。

```
#include <stdio.h>
struct  shoping
{   int  Item;
    char CargoName[16];
    double price;
}s = {2301, "Refrigerator",2000.0};
int main()
{
    int i;
    struct  shoping  g[3]={{2201,"Television", 5000.0},{2102,"computer",4000.0}},
*p = &s;
```

```
    g[2] = *p;                              // 将变量 s 的值赋给数组第 3 个元素 g[2]
    p = g;                                  // 指针指向结构体数组的第 1 个元素
     (*p).price -= 800;                     // 将结构体第 1 个元素减去 800
   for(i=0; i<3;i++,p++)                    // 循环计算并输出 3 个元素
    {  g[i].price+=200;                     // 将 3 个元素的价格加 200
    printf("%d,%s,%f\n",g[i].Item,(*p).CargoName,p->price);    // 输出 3 个元素
    }
    return 0;
}
```

（3）分析共用体变量

例 9.21　下面程序中包括共用体变量，试分析成员变量的相互关系（文件名为 zy9_3.c）。

```
#include <stdio.h>
int main()
{
    int i;
     union{ char c[4];
            int  k;
                   } a;
     a.k=0x66656463;
     for(i=0;i<4;i++)
     printf("%c",a.c[i]);
     printf("\n");
     return 0;
}
```

（4）分析共用体变量的引用

例 9.22　下面含有共用体引用的程序，分析程序输出的结果（文件名为 zy9_4.c）。

```
#include <stdio.h>
union  ric                                  // 定义共用体类型名
{ char c[4];                                // 定义字符型数组成员
   int  k;                                  // 定义整型成员
} a={'D','C'};                              // 声明结构体变量并初始化共用体
int main()
{
     int i;
     union  ric b[2],*p=&a;                 // 声明结构体数组与指针，并指向结构体变量 a
     b[0] = *p;                             // 将变量 a 的数据赋给结构体数组的第 1 个元素
      (*p).k - = 514;                       // 将结构体变量 a 的内容减去 0x202
     b[1] = *p;                             // 将变量 a 的数据赋给结构体数组的第 2 个元素
    for(i=0;i<2;i++)                        // 循环输出数据
     printf("%c,%c ",b[i].c[0],b[i].c[1]);
     printf("\n");
     printf("a.k = %x\n",p->k);             // 输出 a.k = 0x4142
     return 0;
}
```

（5）定义一个字符串类型

例 9.23　在 C 语言中定义一个字符串的类型名声明两个变量并赋值，试编程求两个字符串“Linuk”“Hello”相应元素之差（文件名为 zy9_5.c）。

第10章 文 件

在C语言程序中，经常使用数据文件存储程序所需数据，本章介绍的文件是指数据文件。数据文件分为文本文件和二进制文件两类，文本（ASCII）文件易于辨认，容易编辑与修改。可以在命令行方式下用type命令显示文本内容，方便程序员阅读。二进制文件的数据是内存映射，阅读起来比较困难，但在C语言程序中操作起来比较方便。

文件操作先要打开文件，要指明是为读还是为写打开文件，打开的是文本文件还是二进制文件，建立文件指针变量与文件之间的关联。执行读写操作，完成数据处理后，关闭文件。从下面程序案例认识文本文件和二进制文件的编程方法。

例 10.1 已知结构体变量赋有初值，stV={'A',-1,2.75,18.875,112.625};。将结构体变量的数据分别写入文本文件ascfile和二进制文件binfile之中。

解：编制程序如下（文件名为ex10_1.c）：

```
#include<stdio.h>
int main()
{
    FILE *fpa,*fpb;
    struct stY
    {
    char chA;
    int iB;
    float fC;
    double dD;
    double dE;
    }
    fpa=fopen("ascfile","w+");
    fprintf(fpa,"%c,%d,%f,%f,%f\n",stV.chA,stV.iB,stV.fC,stV.dD,stV.dE);
    fprintf(stdout,"%c,%d,%f,%f,%f\n",stV.chA,stV.iB,stV.fC,stV.dD,stV.dE);

    fclose(fpa);
    fpb=fopen("binfile","wb+");
    fwrite(&stV,sizeof(struct stY),1,fpb);
    fclose(fpb);
    return 0;
}
```

编译、运行程序，文本文件ascfile中输出结果如下：

A, -1, 2. 750000, 18.875000，112.625000

在VC中打开二进制文件binfile，输出结果如下：

内存地址	二进制编码	文本内容
000000 000010	41 CC CC CC FF FF FF FF 00 00 30 40 CC CC CC CC 00 00 00 00 00 E0 32 40 00 00 00 00 00 28 5C 40	A.. .. ..0@.. .. .. w .. .. 2@.. .. .. < \@

数据文件（包括文本文件和二进制文件）的操作都是先打开文件，再进行读写操作，最后关闭文件。二进制文件显示数据分 3 列，第 1 列内存地址，第 2 列是二进制文件数据按字节用十六进制表示的编码，简称二进制编码，第 3 列文本内容。上述二进制文件中的 41 是字符‘A’的二进制编码，CC CC CC 是为数据对齐增加的填充，FF FF FF FF 是表示-1 的 4 个二进制编码，00 00 30 40 是单精度数 2. 75 在二进制文件中浮点数的 4 个字节二进制编码，按从低位到高位的顺序排列，将其转换成从高位到低位排列的存储码为 40 30 00 00，就是单精度数 2.75。CC CC CC CC 是为下面双精度数据对齐增加的填充，00 00 00 00 00 E0 32 40 是表示双精度数 18.875 的 8 个字节二进制编码，双精度数 18.875 的存储码 40 32 E0 00 00 00 00 00 ，同样，00 00 00 00 00 28 5C 40 是双精度数 112.625 的 8 个字节二进制编码，双精度数 112.625 的存储码 40 5C 28 00 00 00 00 00。

10.1 文件的基本概念

文件是为管理计算机硬件和软件资源，实现设备和数据管理而定义的软件单位。管理计算机键盘、显示器、打印机、磁盘驱动器等逻辑设备的文件称为设备文件，如系统指定的标准设备“控制台”，用标准设备文件 CON 表示，控制台的输入设备为键盘，输出设备为显示器，打印机用标准文件 LPT1 表示；保存在外部存储介质上的文件称为外存文件，外存文件保存在磁盘、光盘和 U 盘上。

10.1.1 外存文件

外存文件指驻留在外部介质上的数据的集合，在面向过程的程序设计语言中，将程序的算法和数据结构组织在一起，编制成程序文件，将数据分离在程序之外，编制成数据文件，这样将外存文件分为两大类，一类是程序文件（program file），一类是数据文件（data file）。在执行程序文件的过程中，从数据文件输入数据，处理完成后，可以将数据输出到数据文件之中。

1. 程序文件

程序文件是为解决特定问题而用计算机语言编写的语句与命令的集合。程序文件包括程序语言源文件（如*.C 的源文件）、中间目标代码文件（如*.obj 文件）以及可执行代码文件（如*.exe 文件）等。

2. 数据文件

数据文件是按某个规则组织的数据的集合，数据类型分为字符型、整型、单精度型和双精度型等类型。一般有规律的数据（如学生情况）以结构体类型组织起来，结构体内成员的类型不同占据的字节空间不同，例如学生的学号、姓名、性别、出生日期、住址及电话号码等数据类型不同；每一个数据对象即每一个学生结构体的长度是固定的字节数，数据文件保存这些数据对象。

数据文件按数据的编码方式不同分类，可分为 ASCII 码文件和二进制文件两种。

（1）文本文件

文本文件又称 ASCII 码文件，文件中的每个字符都以 ASCII 编码方式存储。这种文件在磁盘中存放时每个字符对应一个字节，用于存放字符对应的 ASCII 码，存储数据时，文字、整数、实数及分割符都翻译成对应的 ASCII 码，依次存储。例如，文本文件数据如下：

Hello!, 65535, 2. 75, 18.875，112.625

计算机读取文本数据后，按数据类型转换成对应的二进制数据，参加表达式运算及数据处理。

例如：字符型数据“H e l l o !,”的存储形式为：

字符集合： H e l l o ! ,

ASCII 码： 01001000 01100101 01101100 01101100 01101111 00100001 00101100

十六进制码： 48 65 6C 6C 6F 21 2C

整型数据如“65535,”的存储形式为：

字符集合： 6 5 5 3 5 ,

ASCII 码： 00110001 00110101 00110101 00110011 00110101 00101100

十六进制码： 36 35 35 33 35 2C

一个 5 位数的 ASCII 码在文本文件中占 5 个字节，还要加上 1 个字节的分隔符。

单精度数据“2.75,”的存储形式为：

字符集合： 2 . 7 5 ,

ASCII 码： 00110010 00101110 00110111 00110101 00101100

十六进制码： 32 2E 37 35 2C

双精度数据“18.875,”的存储形式为：

字符集合： 1 8 . 8 7 5 ,

ASCII 码： 00110001 00111000 00101110 00111000 00110111 00110101 00101100

十六进制码： 31 38 2E 38 37 35 2C

文本文件易于辨认，容易编辑与修改。

（2）二进制文件

程序运行中的数据在内存中是以二进制编码存储的，如果这些数据以内存中同样的二进制编码形式存储在外存文件中，这种数据文件就是二进制文件，二进制文件是内存数据的映像，又称为字节文件。二进制文件按二进制编码方式存储数据，数据之间没有分割符，由指定的数据类型识别数据。计算机读取二进制编码数据后，不需转换就可直接参加表达式运算及数据处理。每个字符型数据占 1 个字节，存储字符型数据即存储该字符的 ASCII 码，因此存储字符型数据基本上与文本文件相同。整型数据在 VC 编译环境下占 4 个字节，单精度型数据占 4 个字节，双精度型数据占 8 个字节。例如，二进制文件数据如图 10-1 所示。

内存地址	二进制编码	文本内容
000000 000010	48 65 6C 6C 6F 21 0A 00 FF FF 00 00 00 00 30 40 00 00 00 00 00 E0 32 40	H e l l o ! . . . . @ . . . . 2.

图 10-1 二进制文件

上述二进制文件的显示内容分三个区，左边是内存地址，中间是二进制的十六进制编码，右边是二进制编码的文本内容，如图 10-1 所示。程序将二进制文件中的数据直接调入内存，不需要转换，在内存中的数据形式和外存文件的数据形式完全相同。

字符数据“H e l l o !”的存储形式为：

字符数据： H e l l o ! \n \0

二进制编码： 48 65 6C 6C 6F 21 0A 00

文本内容： H e l l o ! \n ..

整型数据 65535 的存储形式为：

整型数据： 65535

二进制编码：FF　FF　00　00　　　　　　　　　存储码为：00　00　FF　FF

文本内容：　……

单精度数据 2. 75 的存储形式为：

单精度数据：　2. 75

二进制编码：00　00　30　40　　　　　　　　存储码为：40 30 00　00

文本内容：　……@

双精度数据 18.875 的存储形式为：

双精度数据：18.875

二进制编码：00　00　00　00　00　E0　32　40　存储码为：40 32 E0 00　00　00　00　00

文本内容：　…………2 ..

二进制文件中的数据是内存数据的映像，二进制编码就是数据的存储码，见第 2 章 2.2 节变量与变量的存储内容。

10.1.2　设备文件

在操作系统中，外部设备也是作为标准文件进行管理的，把设备的输入、输出等同于对外存文件的读和写，通常把显示器的输出定义为标准输出文件，用标准输出指针 stdou 表示，把键盘的输入定义为标准输入文件。用标准输入指针 stdin 表示。在显示器上显示的出错信息定义为标准出错文件用标准出错指针 stderr 表示。这样可以将前面介绍的输入输出方法看成是标准文件的输入输出的特例。实现了外存文件与设备文件的统一管理。例如：

```
fprintf(stdout,"%c,%d,%f,%f,%f\n",stV.chA,stV.iB,stV.fC,stV.dD,stV.dE);
printf("%c,%d,%f,%f,%f\n",stV.chA,stV.iB,stV.fC,stV.dD,stV.dE);
```

两者功能完全相同。

10.1.3　文件缓冲区

程序设计语言中有缓冲型文件和非缓冲型文件两种类型。在 C 语言标准 ANSI C 中，规定使用缓冲文件系统。缓冲文件系统要求操作系统自动地为每个正在使用的文件开辟一个缓冲区域，读数据之前，先把数据从外存成批地读到内存缓冲区中，使用数据时，直接从内存中寻找数据，写数据时，将数据写到内存缓冲区，再由内存缓冲区和外存进行数据交换。例如：从磁盘读取文件前，计算机先从磁盘中向缓冲区成批读入数据块，读数据时再从缓冲区读取数据。将文件写入磁盘时则正好相反，先由程序数据区向缓冲区写入数据块，再由缓冲区向磁盘输出文件。采用缓冲文件系统能避免频繁地读写磁盘操作，提高程序的运行速度和磁盘的使用寿命。程序员不必考虑数据在磁盘上的排列位置，只需从内存中操作数据即可。

10.1.4　文件指针

C 语言对文件的管理是通过一个称为文件类型的特殊指针进行的。声明文件指针的数据类型是结构体类型，用户定义的文件指针是一个结构体指针变量。在标准输入输出头文件"stdio.h"中定义了 FILE 文件类型：

```
typedef struct
{    short          level;                /* 缓冲区"满/空"标志  */
      unsigned    flags;                  /* 文件状态标志  */
```

```
        char          fd;                     /* 文件描述符  */
        unsigned char  hold;                  /* 没有释放缓冲区字符返回函数回放的字符 */
        short     bsize;                      /* 缓冲区大小  */
        unsigned char  *buffer;               /* 缓冲区位置 */
        unsigned char  *curp;                 /* 当前活动指针位置 */
        unsigned       istemp;                /* 暂存文件标志 */
        short          token;                 /* 有效性检查 */
}       FILE;
```

声明 FILE 是结构体类型，包括缓冲区标志、文件状态标志、文件描述符、缓冲区大小和缓冲区位置等成员及数据类型。

声明文件指针变量的语法格式如下：

FILE *指针变量;

例如：FILE *fpoint;

打开文件后，文件指针变量是访问文件数据所必须的标识。

10.2 文件操作

C 语言对文件的操作一般有 3 个步骤：首先打开外存文件，为打开的文件指定指针变量；其次，文件的读写操作，使用文件输入输出函数读、写文件中的数据，使用和处理这些数据；最后，操作完毕后关闭文件。这 3 个步骤是编程时必须要遵循的规则。

10.2.1 打开与关闭文件

1．打开文件

打开文件是在文件读写操作之前所做的必要准备工作，包括以下两个方面。

① 定义文件指针变量，建立文件指针变量与文件之间的关联。例如，定义文件指针变量 fp 的语句为：

FILE *fp;

建立文件指针变量与文件之间的关联是用打开文件函数 fopen( )赋给指针变量完成的。

② 指定文件的工作模式与文件类型。

文件的工作模式和文件类型由 r、w、a、t、b、+六个字符组合而成，各字符的含义为：只读 r、只写 w 和追加 a，文件类型有文本类型 t（可缺省）和二进制类型 b 两种，同时读和写则可加+字符。组合成的打开文件类型如表 10-1 所示。

表 10-1　文件操作类型

模式	含义
r（只读）	以只读方式打开文本文件
w（只写）	以只写方式打开文本文件，如果文件不存在则创建
a（追加）	以追加方式打开文本文件，如果文件不存在则创建，存在则在文件尾追加数据
rb（只读）	以只读方式打开二进制文件
wb（只写）	以只写方式打开二进制文件，如果文件不存在则创建

续表

模式	含义
ab（追加）	以追加方式打开二进制文件，如果文件不存在则创建，存在则在文件尾追加数据
r+（读写）	打开文本文件，允许读写
w+（读写）	打开或建立文本文件，允许读写
a+（读写）	打开文本文件，允许读，或在文件末追加数据
rb+（读写）	打开二进制文件，允许读写
wb+（读写）	打开或建立二进制文件，允许读和写
ab+（读写）	打开二进制文件，允许读，或在文件尾追加数据

2. 打开文件函数

打开文件函数 fopen( )用于打开指定文件，把当前文件与文件指针关联起来，并返回 FILE 结构体指针给指针变量。

函数原型： FILE *fopen(char *filename, char *mode)

函数调用：文件指针名=fopen("带路径的文件名","模式");

返回值：文件打开成功，返回一个 FILE 结构体指针；失败，返回值为 NULL。

例如：fp = fopen("D:\\VC\\fex1.dat", "wb");

函数参数：字符指针变量 filename 指向要打开的文件名"D:\\VC\\fex1.dat"，文件名由盘符、路径、文件名组成，在格式字符串中两个反斜线"\\"的转义字符表示"\"，双反斜线表示一个反斜线。模式字符指针变量 mode 表示打开文件的模式，用表 10-1 所示的模式字符串表示，例如，模式为"wb"。

文件指针名是被说明为 FILE 类型的指针变量；函数的返回值为 FILE 结构体指针，函数若成功执行，则在内存中开辟一存储空间存放 FILE 类型数据，将有关的文件信息存放于该结构体中，并将该结构体地址赋给文件指针名 fp。否则，返回 NULL。

文件操作用到两类指针：一种是文件指针，在打开文件时指向已打开的文件，只要不对文件指针重新赋值，文件指针的值始终保持不变；另一种文件内部的位置指针*curp，文件内部的位置指针由系统自动设置，用来指示文件内部当前读写的位置。

3. 文件尾检测函数

文件尾检测函数 feof()用于检测文件位置指针*curp 是否已到文件尾，到文件尾返回真，否则返回 0，可作为循环条件。

函数原型：int feof (FILE *fp);

函数调用：feof (fp)

返回值： 执行成功，当文件位置指针到文件尾返回真，否则返回 0。

应用举例：if(feof(fp)) printf ("已到文件尾");

4. 关闭文件函数

关闭文件函数 fclose()的功能是关闭由 fopen()函数打开的文件。函数实际操作时，首先将存放在文件缓冲区中的数据保存至相应文件，然后，释放文件缓冲区给操作系统，保证文件中数据的安全，释放的文件缓冲区有利于其他的文件操作。

函数原型：int fclose(FILE *fp);

函数调用：fclose(文件指针)

返回值：关闭文件成功，返回 0 值，失败返回 EOF。

应用举例：fclose(fp);

函数参数：已打开的文件指针变量 fp。

执行关闭文件函数，返回值为整型数。当文件关闭成功时，返回 0 值，否则返回符号常量 EOF（即-1），可以根据函数的返回值判断文件是否关闭成功。

例 10.2 以追加方式打开 D 盘 VC 文件夹下文件名为"text10_2 dat"的文本文件，如果 fp 不为 NULL，输出“打开文件正常”，然后关闭该文件，若文件正常关闭输出“关闭文件正常”，否则输出“关闭文件错误”（文件名为 ex10_2.c）。

```
#include  <stdio.h>
#include  <stdlib.h>
int main()
{
    FILE *fp;                                  /* 定义一个文件指针 */
    int iRe;
    fp = fopen("D:\\VC\\text10_2", "r");       /* 以只追加式打开 text10_2 文本文件 */
    if(fp==NULL)
    {
    printf("打开文件出现错误\n"); exit(0);}      /* 提示打开文件失败,程序正常退出*/
    else puts("打开文件正常\n");                 /* 提示打开文件成功 */
    iRe = fclose(fp);                          /* 关闭已打开的文件 */
    if(iRe == 0)printf("关闭文件正常\n");        /* 提示关闭文件成功 */
    else  puts("关闭文件出现错误\n");             /* 提示关闭错误 */
    return 0;
}
```

运行程序，如对应目录下文件存在，则屏幕输出如下：

打开文件正常

关闭文件正常

10.2.2 文本文件数据的读写操作

读写文件数据的操作先要为读或为写打开文件，文件打开时（为添加而打开文件时除外），文件位置指针指向文件的第 1 个字节，并从 0 开始计数，每读写一次，该位置指针将自动向后移动相应个字节。

通常使用函数 fgetc ( ) 、fputc ( )、fgets ( )、fputs ( )、fread ( )、fwrite ( )、fscanf ( )与 fprintf ( )等函数读写文件数据。

1. fgetc( )函数

fgetc( )函数是从指定文件的位置指针处读一个字符，函数返回一个整型值，当把该值赋给字符变量，则转换成相应的字符。

函数原形：int　fgetc (FILE *fp);

函数调用：字符变量 = fgetc(文件指针) ;

返回值：操作成功返回读取文件的字符，失败返回 EOF。返回值的类型为整型。

应用举例：ch = fgetc(fp);

在调用 fgetc 函数之前，要读取的文件必须是以“读”或“读写”方式打开，刚打开文件时，文件内部的位置指针，指向文件的开始处，执行 fgetc( )函数，fgetc 函数每读一次，该位置指针将自动向后移动 1 个字节；操作成功，返回读取字符的整型值，转换成字符型值赋给字符变量 ch；操作失败，返回 EOF。可以根据函数的返回值判断文件是否操作成功。

2. fputc( )函数

fputc( )函数是向指定文件的位置指针处写一个字符。

函数原型：int fputc(int c, FILE *fp);

函数调用：fputc(表达式，文件指针);

返回值：写入成功则返回写入的字符， 写入失败返回 EOF。返回值的类型为整型。

应用举例：fputc('A'+32，fp);

在调用 fputc( )函数之前，要写入的文件必须是以“写”“读写”或“追加”方式打开，执行 fputc( )函数，每写入一个字符，文件内部的位置指针向后移动一个字节，写入成功则返回写入字符的整型值，否则返回 EOF。程序员可根据返回值判断函数写入是否正确。

例 10.3 从数据源文件“D:\VC\fex10_3i”中读取数据，数据文件的数据为：“Hello!”。写出在屏幕上显示读出的数据，将表达式 13 × 5 写入到目标数据文件“D:\VC\fex10_3o”中去。

解：先建立数据源文件，输入数据并存入"D:\VC\fex10_3i"中。目标数据文件由程序创建。编制源文件（文件名为 ex10_3.c）。

```
#include "stdio.h"
int main()
{
  FILE *fin,*fout;
  char  chR;
  if ((fin = fopen("D:\\VC\\fex10_3i","r") ) = = NULL)
  { printf("\n 打开源文件出现错误\n");
  exit (0);
  }
  if ((fout = fopen("D:\\VC\\fex10_3o","w") ) = = NULL)
  {  printf("\n 打开目标文件出现错误\n");
  exit (0);
  }
  while(!feof(fin))              //  当输入文件没有到结束时执行循环体
  { chR=fgetc(fin);              //  每执行一次循环读一个字符到变量 chR
  printf("%c", chR);             //  每执行一次循环在屏幕上输出一个字符
  fputc(13*5, fout);             //  每执行一次循环在输出文件上写一个'A'
  }
  fclose(fin);                   //  关闭输入文件
  fclose(fout);                  //  关闭输出文件
  return 0;
  }
```

运行源程序，屏幕输出如下：

Hello!

打开输出文件 fex10_3o，文件中写入：AAAAAAA。

3. fgets( )函数

fgets( )函数的功能是从打开的文件中的位置指针处读出一个指定长度的字符串到字符数组中。字符串的长度为 n，n 是一个正整数，表示从文件中读出的字符串不超过 n-1 个字符。fgets( )函数会在读入的最后一个字符后加上串结束标志'\0'。

函数原形：char *fgets (char *s,　int n,　FILE *fp);

函数调用：fgets (字符串，表达式，文件指针);

返回值：当读取字符串成功，返回字符串的首地址；若不成功，则返回 NULL 值或错误号。返回值的类型为字符指针。

应用举例：fgets(str, 20, fp);

表示从文件指针 fp 所指的文件中读取 19 个字符到字符数组 str 中。

4. fputs( )函数

fputs( )函数函数的功能是向指定文件的位置指针处写入一个字符串，字符串可以是字符串常量、字符数组名 或字符指针变量。

函数原型：int fputs(const char *s,　FILE *fp);

函数调用：fputs(字符串，文件指针);

返回值：返回值为整型，若成功，则返回最后一个写入的字符\0，即返回数值 0，否则，返回非零值。

应用举例：fputs("abcd1034" , fp);

表示将字符串 abcd1034 输出到文件 fp 中。

例 10.4　将数据文件"fex10_4in"按每行 20 个字符逐行输出到文件"fex10_4out"中，并输出到显示器上。

解：编辑输入文件"fex10_4in"的内容：

```
Hello world!
iX = 12345;
iY = 543.21;
```

编制源文件如下（文件名为 ex10_4.c）：

```
#include  "stdio.h"
int main()
{
  char  str[20], fname[10];
  FILE *fs,*fd;
  printf("\n 请输入源数据文件名：");
  scanf("%s",fname);
  fs=fopen(fname,"r");
  printf("\n 请输入目标数据文件名：");
  scanf("%s",fname);
  fd=fopen(fname,"w");
  while(!feof(fs))
  {
    fgets(str,21,fs);
    fputs(str,fd);
    fputs(str,stdout);
    printf("\n");
}
  fclose(fs);
  fclose(fd);
  return 0;
}
```

运行该程序，屏幕显示如下：

请输入源数据文件名：fex10_4in 回车

请输入目标数据文件名：fex10_4out 回车

Hello world!

iX = 12345;

iY = 543.21;

5. fscanf( )函数

fscanf( )函数是文件格式化输入函数，从指定文件中按格式要求读取数据。fscanf( )函数与 scanf( )函数的功能相似，使用方法相同，两者都是格式化输入函数。两者的区别在于 fscanf ( ) 函数的输入对象是外存文件，scanf( )函数的输入对象是标准输入设备 stdin——键盘。

fscanf( )函数的函数原形：int fscanf (FILE *fp,　const char　*format,　输入地址表列...);

其中：fp 为文件指针；char *format 为输入格式控制符；输入地址表列是用逗号分隔的数组名或&变量名的集合。

函数调用：fscanf (fp,　格式控制字符串,　输入地址表...);

应用举例：fscanf(fp, "%d　%d" ,&iA, &iB);

fscanf (stdin,　"%d　%d", &iA, &iB) ;　// 等价于 scanf ("%d　%d", &iA, &iB) ;

返回值：输入的数据与格式控制符相同返回 1，不同返回 0。上例中当输入整型数据，返回值为 1，否则返回值为 0。

6. fprintf( )函数

fprintf( )函数是文件格式化输出函数，按数据格式将数据写入到输出文件流。fprintf( )函数与 printf( ) 函数的功能相似，使用方法相同，两者都是格式化输出函数。fprintf( )函数输出的对象是外存文件，printf( )函数输出的对象是标准设备 stdout——显示器。

fprintf( )函数的函数原形：int fprintf(FILE *fp, const char *format,输出表列…);

其中：fp 为文件指针；char *format 为格式控制字符串；输出列表是用逗号分隔的表达式的集合。

函数调用：fprintf (fp, 格式控制字符串, 输出表列);

应用举例：

```
fprintf ( fp,"iK=%d chS=%s" , iK, "Hello!") ;
fprintf(stdout,"iA=%d, iB=%d", iA, iB); //  等价于 printf("iA=%d, iB=%d", iA, iB);
```

返回值：函数返回值为整型，若输出成功则返回输出的字符数，否则返回负值。

例 10.5　已知将数据文件"fex10_5in"的数据为“200801 Hujun 86.000000 200802 litao 91.000000 200803 zuqin 88.000000”，运行如下程序后，分析程序（文件名为 ex10_5.c）输出结果。

```
#include "stdio.h"
int main()
{
  int  iK;
  FILE * fps,* fpd;
  struct stu
  { int  num;
    char  name[20];
    float  score;
  } stV[3];
  fps=fopen("fex10_5in","r+");
  fpd=fopen("fex10_5out","w+");
  for(iK=0; iK<3; iK++)
  { fscanf(fps,"%d %s %f",&stV[iK].num,  stV[iK].name,&stV[iK].score);
```

```
fseek(fp,20L,0);             // 表示将文件位置指针移到离文件首 20 个字节的位置
fseek(fp,-2L,SEEK_CUR);      //  表示将文件位置指针从当前位置往回移动 2 个字节
fseek(fp, 10L, 1);           // 把位置指针从位置向后移动 10 字节
fseek(fp, -4L, 2);           //  把位置指针从文件尾向前移动 4 个字节
```

当 whence 值为 SEEK_CUR 或 1 或 SEEK_END 或 2 时，参数 offset 允许负值的出现。下列是较特别的使用方式:

① 将位置指针移动到文件开头：fseek(fp, 0L, SEEK_SET);

② 将位置指针移动到文件尾时：fseek(fp, 0L, SEEK_END);

说明：fseek()不会返回读写位置，要用 ftell( )函数返回当前读写的位置。

例 10.6 二进制文件的读写操作举例（文件名为 ex10_6.c）。

```
#include<stdio.h>
int main()
{
 FILE *fpb;
  struct  ty
  { char chA[14];
  int iB;
  float fC;
  double dD;
  }   stV[3]={{"Hello!\n",65535,2.75,18.875},{"Wecome!",16777215,0.6875,1.625},
{"good morning" ,65535,2.75,18.875}};
  fpb=fopen("fbin","wb+") ;                     //  为写而打开二进制文件"fbin"
  fwrite(stV, sizeof(struct ty), 2, fpb);     //  将数组 stV 中的数据写入文件中
                                                //  数据块大小为结构体大小，写 2 块
  fclose(fpb);                                  //  关闭文件
  return 0;
}
```

运行源程序，在二进制文件“fbin”写入以下数据:

内存地址	二进制编码	文本内容
000000	48 65 6C 6C 6F 21 0A 00 00 00 00 00 00 00 CC CC	Hello! . . . .
000010	FF FF 00 00 00 00 30 40 00 00 00 00 00 E0 32 40	. . . . . .0@……2@
000020	57 65 63 6F 6D 65 21 00 00 00 00 00 00 00 CC CC	Wecome!. . . . . .
000030	FF FF FF 00 00 00 30 3F 00 00 00 00 00 00 FA 3F	…….0?. . . . . . . ?

以上是二进制文件存储的数据，分析以上数据，不难看出，文字信息的二进制文件仍为 ASCII 码存储，例如，Hello!\n 存储的二进制数仍是 48 65 6C 6F 21 0A 及字符串结束符 00 以及填充符 CC。整数 65535 存储的二进制数是 00 00 FF FF，单精度数 2.75 存储的二进制数是 40 30 00 00，双精度数 18.875 存储的二进制数是是 40 32 E0 00 00 00 00 00。

例 10.7 二进制文件的读写操作与文件的位置指针的定位举例（文件名为 ex10_7.c）。

```
#include<stdio.h>
int main()
{
  FILE *fpb;
  struct  ty
  { char chA[14];
  int iB;
  float fC;
```

```
    double dD;
    }  stV[3]={{"Hello!\n",65535,2.75,18.875},{"Wecome!",16777215,0.6875,1.625},
{"good morning" ,65535,2.75,18.875}};
    fpb=fopen("fbin","wb+") ;                           // 为写而打开二进制文件" fbin"
    fwrite(stV, sizeof(struct ty), 2, fpb);             // 写入到 stV，数据块大小为结构体大小，
                                                           写 2 块
    fseek(fpb,0L,SEEK_SET);                             // 将读写位置移动到文件开头
    fwrite(stV+2, sizeof(struct ty), 1, fpb);           // 将第 3 块数据写到第 1 块的位置
    fclose(fpb);                                        // 关闭文件
    return 0;
  }
```

运行源程序，在二进制文件“fbin”写入以下数据：

内存地址	二进制编码	文本内容
000000	67 6F 6F 64 20 6D 6F 72 6E 69 6E 67 00 00 CC CC	Good morning.....
000010	FF FF 00 00 00 00 30 40 00 00 00 00 00 E0 32 40	...... 0@……2@
000020	57 65 63 6F 6D 65 21 00 00 00 00 00 00 00 CC CC	Wecome!.........
000030	FF FF FF 00 00 00 30 3F 00 00 00 00 00 00 FA 3F	…….0?. . . . . . . ?

10.4　上机考试文件举例

在计算机等级考试 C 语言的编程题中，经常看到主函数 main()、考生答题函数 fun()和阅卷数据处理 NONO( )函数三部分，NONO 意指数的操作与数的输出，NONO( )函数中提示“/* 本函数用于打开文件，输入数据，调用函数，输出数据，关闭文件。*/”，函数语句中，打开一个输入文件 in.dat，一个输出文件 out.dat，这两个文件是机器阅卷用的数据文件，通过调用考生答题函数 fun( )的语句，如例 10.8 的“r = fun(b, 10);”，将输入文件 in.dat 中预先设定的数据传送到考生答题函数 fun(b, 10)中，将计算结果返回到输出文件 out.dat 中，输出文件是评分的依据。

例 10.8　输入 10 个学生成绩，得分放入 b 数组中，计算去掉最高分和最低分后的平均分，在 fun()中编写完成该功能的程序代码（文件名为 ex10_8.c）。

```
#include  <stdio.h>
void NONO();
double fun(double  a[ ] , int  n)
{
/**********  Begin  **********/
  int i, max, min, sum=0;
  max=a[0];
  min=a[0];
  for(i=1;i<n;i++)
  {  if(a[i]<min)min=a[i];
  if(a[i]>max)max=a[i];}
  for(i=0;i<n;i++)
      sum+=a[i];
  sum=(sum-max-min)/(n-2);
  return sum;
/**********   End  ***********/
}

int main()
{
```

```
    double  b[10],  r;    int  i;
    printf("输入 10 个学生成绩，得分放入 b 数组中 :  ");
    for (i=0; i<10; i++)   scanf("%lf",&b[i]);
    printf("输入的 10 个成绩分数是 :  ");
    for (i=0; i<10; i++)   printf("%4.1lf ",b[i]);    printf("\n");
    r = fun(b, 10);
    printf("去掉最高分和最低分后的平均分 :  %f\n", r );
    NONO();
    return
}

void  NONO()
{/* 本函数用于打开文件，输入数据，调用函数，输出数据，关闭文件。 */
     FILE *fp, *wf ;                                        // 声明输入文件和输出文件的指针
     int i, j ;                                             // 声明循环变量 i, j
     double b[10], r ;                                      // 声明双精度数组 b[10]和变量 r
     fp = fopen("k:\\k36\\24001505\\in.dat","r") ;          // 为读而打开输入文件
     wf = fopen("k:\\k36\\24001505\\out.dat","w") ;         // 为写而打开输出文件
     for(i = 0 ; i < 10 ; i++) {                            // 外层循环十行数据
      for(j = 0 ; j < 10 ; j++) {                           // 内层循环十列数据
        fscanf(fp, "%lf ", &b[j]) ;                         // 读输入文件的数据到数组 b[j]
    }
    r = fun(b, 10) ;                                        // 调用考生答题函数计算结果赋给 r
    fprintf(wf, "%f\n", r) ;                                // 把结果写入输出文件
   }
  fclose(fp) ;                                              // 关闭输入文件
  fclose(wf) ;                                              // 关闭输出文件
}
```

编译、运行该程序，屏幕提示：输入 10 个学生成绩，得分放入 b 数组中 :

81.5　85.0　88.5　62.5　78.5　79.0　72.5　60.5　84.0　97.0

输入的 10 个成绩分数是 81.5　85.0　88.5　62.5　78.5　79.0　72.5　60.5　84.0　97.0。

去掉最高分和最低分后的平均分：78.000000。

输入文件 in.dat 的数据如下：

78.5　66.0　98.0　88.0　76.5　56.0　87.5　71.0　82.0　96.0
68.5　61.5　88.0　78.0　74.5　58.0　83.5　75.0　80.0　91.0
88.5　62.5　78.5　79.0　72.5　60.5　81.5　85.0　84.0　93.0
58.5　63.5　68.0　80.0　70.5　62.0　79.5　95.0　78.0　95.0
48.5　76.5　91.0　81.0　68.5　72.0　77.5　70.0　86.0　86.0
69.5　86.0　93.0　83.0　66.5　74.0　75.5　80.0　76.0　84.0
79.5　96.0　81.0　85.0　64.5　76.0　73.5　90.0　88.0　81.0
81.5　46.0　85.0　87.0　62.5　78.0　71.5　60.0　90.0　81.5
66.5　36.0　89.5　89.0　60.5　80.0　89.5　65.0　74.0　80.0
70.0　26.0　77.0　91.0　60.0　82.0　91.5　66.0　72.0　78.5

执行程序后，输出文件 out.dat 的数据如下：

80.000000

75.000000

78.000000

74.000000

77.000000

78.000000

81.000000

75.000000

75.000000

74.000000

使用百科园网络考试系统，在 C 语言的编程题中，文件也是由主函数 main()、考生答题函数 fun()和阅卷数据处理 bky( )函数三部分，bky( )函数句中，打开一个输入文件 in.dat，一个输出文件 out.dat，这两个文件是机器阅卷用的数据文件，通过调用考生答题函数 sum( )，如例 10.9 的 "r = sum(i);"，将输入文件 in.dat 中预先设定的数据传送到考生答题函数 sum(i)中，将计算结果返回到输出文件 out.dat 中，输出文件是评分的依据。

例 10.9　编写函数求 3!+6!+9!+12!+15!+18!+21!。

解：在 sum(int n)函数的 "Begin" 行和 "End" 行之间答题，编写程序代码（文件名为 ex10_9.c）。

```
#include <stdio.h>
void bky();
float sum(int n)
{
  /**********Begin**********/
   int i,j;
   float t,s=0;
   for(i=3;i<=n;i=i+3)
   {  t=1;
      for(j=1;j<=i;j++)
         t=t*j;
      s=s+t;}
   return(s);
  /**********  End  **********/
}

int main()
{
   printf("this sum = %g\n",sum(21));
   bky();
}

void bky()                                 // 阅卷数据处理函数头部
{
    FILE *IN,*OUT;                         // 声明输入文件和输出文件的指针
    int i;                                 // 声明 i 为整型变量
    float r;                               // 声明 r 为单精度变量
    IN=fopen("in.dat","r");                // 为读而打开输入文件"in.dat"
    if(IN==NULL)  printf("Read FILE Error");  // 若打开错误显示"Read FILE Error"
    OUT=fopen("out.dat","w");              // 为写而打开输出文件"out.dat"
    if(OUT==NULL)  printf("Write FILE Error"); //若打开错误显示" Write  FILE Error"
```

```
    fscanf(IN, "%d", &i);                          // 变量 i 从输入文件读一整型数据
    r = sum(i);                                    // 调用考生答题函数计算结果赋给 r
    fprintf(OUT, "%f\n", r);                       // 把结果写入输出文件
    fclose(IN);                                    // 关闭输入文件
    fclose(OUT);                                   // 关闭输出文件
    return 0;
}
```

编译运行程序，输出结果如下：

this sum = 5.10973e+019

输入文件 in.dat 的数据如下：

9

输出文件 out.dat 的数据如下：

363606.000000

10.5 练习题

1. 判断题（共 10 小题，每题 2 分，共 20 分）

（1）C 语言将设备作为文件进行管理，称为设备文件。（ ）

（2）磁盘文件、光盘文件和 U 盘文件属于外部文件。（ ）

（3）文本文件属于内存映像文件，能存储 ASCII 码和扩展的 ASCII 码。（ ）

（4）二进制文件容易识别和容易理解，计算机易于读取和使用。（ ）

（5）设备文件也有文件指针，标准输出设备的文件指针是 stdout。（ ）

（6）文件指针的数据类型是结构体类型，是在结构体类型下声明的指针。（ ）

（7）fgetc( )函数是从指定文件的位置指针处读一个指定长度的字符串。（ ）

（8）fputc( )函数是向指定文件的位置指针处写一个指定长度的字符串。（ ）

（9）关闭文件函数 fclose ( ) 的功能是关闭由 fopen()函数打开的文件，释放文件缓冲区，保证数据的安全性。（ ）

（10）fseek()函数用于文本文件的随机读写的定位，对于二进制文件定位不准确。（ ）

2. 单选题（共 10 小题，每题 2 分，共 20 分）

（1）下面选项中，属于打印机的标准设备文件是（ ）。

A. LPT1　　B. CON　　C. AUX　　D. U:

（2）检测文件位置指针是否已到文件尾，到文件尾返回真，否则返回 0，这种函数称为文件尾检测函数，下列选项中文件尾检测函数的函数名为（ ）。

A. rear( )　　B. feof( )　　C. tail ( )　　D. end

（3）下面选项中，正确声明文件指针变量的语法格式为（ ）。

A. FILE fp　　B. *FILE fp　　C. FILE *fp　　D. *FILE *fp

（4）用 fin = fopen("f1.txt", "r");打开的文件，关闭该文件时正确的语句是（ ）。

A. fclose(fp) ;　　B. fclose(*fin) ;　　C. fin = fclose( ) ;　　D. fclose(fin) ;

（5）读取字符串的函数名为（ ），当读取字符串成功，返回字符串的首地址。

A. fgetc( )　　B. fputc( )　　C. fgets( )　　D. fputs( )

（6）写字符函数的函数名为（ ），写入成功则返回写入的字符，写入失败返回 EOF。

A. fgetc( )　　B. fputc( )　　C. fgets( )　　D. fputs( )

（7）与文件标准输入函数 fscanf (stdin, " %d ", &n) ;等价的语句是（ ）。

A. scanf ("%d", &n) ;　　B. fprintf (fp, "%d", &n) ;

C. fgets(fp, "%d", &n);　　D. fgetc(stdin , "%d", &n);

（8）将 n 个数据块从二进制文件读入到内存，正确的函数是（ ）。

A. write( )　　B. fread( )　　C. read( )　　D. fwrite( )

（9）把文件位置指针移到文件的开始处，重新读写文件的函数调用是（ ）。

A. ftell (fp);　　B. fseek ( );　　C. rewind (fp) ;　　D. seek ( );

（10）向二进制文件中写入一组数据，正确的函数是（ ）。

A. write( )　　B. fread( )　　C. read( )　　D. fwrite( )

3. 填空题（共 10 小题，每题 2 分，共 20 分）

（1）数据文件按数据的编码方式不同，可分为（ ）文件和（ ）文件两种。

（2）文本文件中的每个字符都以（ ）方式存储。储数据时，文字、整数、实数、（ ）都翻译成对应的 ASCII 码，依次存储。

（3）二进制文件按二进制编码方式（ ）数据，是内存数据的（ ）。

（4）标准输出文件的指针用（ ）表示，准输入文件的指针用（ ）表示。

（5）文件操作用到两种指针，一种是（ ）指针，另一种文件（ ）指针。

（6）rewind 函数用于把文件（ ）移到文件的（ ）处，重新读写文件。

（7）ftell 函数用于获得文件当前位置指针的（ ），用相对于文件头的（ ）来表示。

（8）fputs( )函数的功能是向指定文件的（ ）指针处写入一个（ ），字符串可以是字符串常量、字符数组名 或字符指针变量。

（9）fgets( )函数的功能是从打开的文件中的位置指针处（ ）一个指定长度的（ ）到字符数组中。

（10）函数调用 fseek (fp, offset, whence);中，fp 是文件指针, offset 指（ ）, whence 表示（ ）。

4. 简答题（共 5 小题，每题 4 分，共 20 分）

（1）简述文件操作的过程。

（2）什么叫文件？什么叫设备文件？什么叫外存文件？

（3）什么叫文件缓冲区？文件缓冲区的功能是什么？

（4）什么叫文件指针？简述文件指针变量定义的语法格式。

（5）简述二进制文件的操作步骤。

5. 分析题（共 5 小题，每题 4 分，共 20 分）

（1）文件的打开与关闭

例 10.10 下面程序是打开与关闭文本文件“t10_1”操作的源程序，分析操作过程。（文件名为 zy10_10.c）。

```
#include "stdio.h"
#include "stdlib.h"
int main()
{
  FILE *fp;
```

```
    fp=fopen("t10_1", "r");
    if(fp==NULL)
    {  printf("\n 打开目标文件出现错误\n");
    exit (0);  }
    if(fclose(fp)==0)printf("关闭文件正常\n");
    else  puts("关闭文件出现错误\n");
    return 0;
}
```

（2）文件的输入输出

例 10.11 下面程序（文件名为 zy10_2.c）功能是从数据文件"t10_11"中读出数据，显示到屏幕上，试分析操作过程。"t10_11"中的文本内容为："Hello World!"。

```
#include  "stdio.h"
int main()
{
    char  str[20], ch;
    FILE *fs;
    fs = fopen("t10_11","r");
    printf("第一次读文件：");
    while(!feof(fs))
    { ch=fgetc(fs);
    printf("%c", ch);
    }
    rewind(fs);
    printf("\n 第二次读文件：");
    while(!feof(fs))
    {  fgets(str,15,fs);
    fputs(str,stdout);
    }
    printf("\n");
    fclose(fs);
    return 0;
}
```

（3）文件数据的传送

例 10.12 下面程序（文件名为 zy10_12.c）是将文本文件"t10_3","r")的内容写到文本文件"t10_12"中。试分析文件操作过程。

```
#include "stdio.h"
#include "stdlib.h"
int main()
{
    FILE *fp,*fq;
    char  ch;
    if ((fp = fopen("t10_11","r") ) == NULL)      // 打开"t10_11"文件，fp 指向该文件
    { printf("\n 打开源文件出现错误\n");
    exit (0); }
    if ((fq = fopen("t10_12","w") ) == NULL)      //打开"t10_12"文件，fq 指向该文件
    {  printf("\n 打开目标文件出现错误\n");
    exit (0);  }
    while(!feof(fp))
    { ch=fgetc(fp);
    printf("%c", ch);
    fputc(ch, fq);
```

```
    }
    printf("\n");
    fclose(fp);
    fclose(fq);
    return 0;
}
```

（4）用结构体组织数据

例 10.13　下面程序（文件名为 zy10_4.c）是用结构体组织数据用 fprintf 函数写入文本文件"t10_13"中去的程序，试分析文件操作的过程。

```
#include <stdio.h>
#include <stdlib.h>
int main()
{
  int i;
  FILE *fp;
  struct stud
  {
   int num;
   char name[16];
   float y;
   double d;
  } st={4201,"Wangfeng",85,6500};
  struct stud  s[3]={{4202,"Zhangqqng",19,8000},{4203,"Fangqian", 92, 5000}};
   fp = fopen( "t10_13", "w");
   if(fp == NULL) { printf ( "Cannot open this file! \n " ); exit (0);}
  s[2]=st;
  for(i=0;i<3;i++)
  {fprintf(fp,"%d,%s,%f,%f\n",s[i].num,s[i].name,s[i].y,s[i].d);
  fprintf(stdout,"%d,%s,%f,%f\n",s[i].num,s[i].name,s[i].y,s[i].d);}
  fclose(fp);
  return 0;
}
```

（5）二进制文件

例 10.14　下面程序（文件名为 zy10_5.c）是将结构体组织的数据存入二进制文件"b10_14"之中，试分析文件操作过程，查看二进制文件。

```
#include<stdio.h>
int main()
{
   FILE *fp;
   struct stud
  {
   int num;
   char name[16];
   float y;
   double d;
         }
   s[3]={{4201,"Wangfeng",85,6500},{4202,"Zhangqqng",19,8000},{4203,"Fangqian",
92,5000}};
  fp=fopen("b10_14","wb+") ;
  fwrite(s, sizeof(struct stud), 2, fp);
  fseek(fp, 96L, SEEK_SET);
  fwrite(s, sizeof(struct stud), 3, fp);
  fclose(fp);
  return 0;
}
```

★第 11 章 软件基础知识

软件基础知识主要介绍算法、数据结构、程序设计基础、软件项目基础和数据库设计基础等方面的知识，本章将软件相关课程的知识点作简单概要性的介绍，扩充学生软件方面的基础知识。

11.1 算法

算法不同于计算方法，计算方法是用离散计算工具（如迭代、差分、变分、有限元、插值、逼近等方法）对常用的计算公式进行数值分析的方法；算法是一组严格定义的运算步骤依次执行的控制流程，每一种控制流程都是明确的、有效的、可实现的。运算步骤在有限的运算次数下终止。算法不同于计算公式，计算公式是静态的、无限制的运算，满足规定的运算律，如四则运算的交换律、结合律、分配律等；算法是动态的、受限制的、可操作的，是受计算工具制约的操作流程的描述。算法不是程序，算法是解题操作流程的描述，而程序则是算法在计算机上的实现。一个算法必须在有穷步之后结束；一个程序不一定满足有穷性。程序中的指令必须是机器可执行的，而算法中的指令则无此限制。

算法与数据结构是结构化程序设计的基石。算法按照一定的语法规则用特定的程序设计语言来描述则为程序。

11.1.1 算法的基本概念

在第 3 章算法及算法描述中介绍了算法的特征、算法的控制结构、算法的描述方法等基本概念。下面介绍数据对象的运算和操作、算法复杂度和算法设计的基本方法等概念。

1. 数据的运算和操作

在计算机程序设计语言中，数据的运算包括算术运算、关系运算、逻辑运算、数据传输和其他运算等运算操作。

① 算术运算：包括加、减、乘、除（整除）、求余等运算。

② 关系运算：包括大于>、大于等于>=、小于<、小于等于<=、不等于< >或!=等运算。

③ 逻辑运算：与&&、或||、非~、异或^等运算。

④ 数值传输：包括赋值=、复合赋值、输入、输出等操作。

⑤ 其他运算：不同的程序设计语言，包含不同的运算，如字符串运算、位运算等。

2. 算法复杂度

算法的性能指标包括算法的时间频度、算法工作量、算法的复杂度、算法最坏情况比较次数等指标，算法的复杂度包括算法的时间复杂度和空间复杂度，其他性能指标，如算法的易读性、易于调试性、易于测试性等。

（1）算法的时间频度

算法时间频度是指执行算法所需要的计算工作量（时间），可以用执行算法的过程中所需基本运算的执行次数来度量。在程序设计语言中，问题的规模为 n，n 是变化的量，通常是循环的终值。时间频度 h 指语句重复执行的次数，h 是 n 的函数，记为：h= f(n)；使用时间频度可以计算程序语句执行的工作量（时间）。

（2）算法工作量

用算法中所有语句执行的次数 f(n)表示。

$$f(n) = \sum h_i$$

例如：

非执行语句执行次数为 0,即频度为 h=0；

赋值语句如 a=3；表达式语句等非循环语句，执行次数为 1，即频度为 h=1；

单层循环语句：

for(iK=0; iK < n; iK++)

执行次数为 n+1，最后有一步是检测 i 是否大于等于 n；

h = f(n) = n+1

双层循环语句：

for(iY=0; iY < m ; iY++)　外层循环执行 m+1 次

　for(iX=1; iX< n ; iX++) 内层循环执行 n+1 次，共执行 m(n+1)次。h= m(n+1)

三重循环语句：

for(iZ = 0; iZ < L ; iZ++)　外层循环执行 L+1 次

for(iY=0; iY < m ; iY++)　中层循环执行 m+1 次，共执行 L*(m+1)次。h= L(m+1)

　for(iX=0; iX< n ; iX++)　内层循环执行 n+1 次，共执行 L*m*(n+1)次。h= L m (n+1)

　　C[iZ][iY][iX] = 0;　　　循环体执行 L *m *n 次，h= L m n

若 L=m=n，则三重循环的时间频度为：

$$f(n) = \sum h_i = n+1+n(n+1)+n^2(n+1)+n^3 = 2n^3 +2n^2 +2n+1$$

（3）算法消耗的时间

每台计算机 CPU 的主频是确定的，每条指令所占有的时间 T 是确定的，算法消耗的时间 T(n)等于算法工作量乘以每条指令的时间。

$$T(n) = T\cdot f(n)$$

当 T 为单位时间，因此可以用算法工作量表示算法消耗的时间。

$$T(n) = f(n)$$

例 11.1　计算两个 n 阶方阵的乘积 C=A × B，试判断算法消耗的时间。

解：计算两个 n 阶方阵的乘积的子函数如下：

```
void MatrixMultiply(int  A[n][n], int  B[n][n],  int  C[n][n])
{
   int i ,j ,k;
   for(i=0; i<n;j++)                               // h = n+1
      for (j=0; j<n; j++)                          // h = n(n+1)
      {
```

```
        C[i][j]=0;                              // h = n2
        for (k=0; k<n; k++)                     // h = n2(n+1)
          C[i][j]=C[i][j]+A[i][k]*B[k][j];      // h = n3
      }
    }
```

矩阵乘积算法消耗的时间为：

$$T(n)=f(n) = \sum h_i = n+1 + n(n+1) + n^2 + n^2(n+1) + n^3 = 2\,n^3 + +3n^2+2n+1$$

（4）算法的渐近时间复杂度

算法的渐近时间复杂度定义为 T(n)与最高次项之比的极限为：

$$\lim_{n\to\infty}\frac{T(n)}{n^3}=\lim_{n\to\infty}\frac{2n^3+3n^2+2n+1}{n^3}=2$$

当算法的渐近时间复杂度为一个正的远小于 n 的常数时，T(n)与 n^3 具有相同的数量级，记为：

$$T(n) = O\,(n^3)$$

其中大写字母 O 为表示数量级（Order 的第一个字母）。

（5）算法的时间复杂度

算法的时间复杂度也是用与某一辅助函数 g(n)具有相同的数量级来描述的。

设 T(n)的一个辅助函数为 g(n)，当 n 大于等于某一足够大的正整数 n_0 时，存在两个正的远小于 n_0 的常数 A 和 B（其中 A≤B），使得 A≤T(n)/g(n)≤B 均成立，则称 g(n)是 T(n)的同数量级函数。把 T(n)表示成数量级的形式为：

$$T(n) = O\,(\,g(n)\,)$$

算法的时间复杂度 T(n)表示成具有和一个辅助函数 g(n)相同的数量级。

例如，两个 n 阶方阵的乘积算法的时间复杂度为：

$$T(n) = O\,(\,n^3\,)$$

常用的辅助函数 g(n)包括 $\log_2 n$、n、$n*\log_2 n$、n^2、n^3、……、2^n 等，对于足够大的 n，常用的时间复杂性存在以下顺序：

$$O(1) < O(\log_2 n) < O(n) < O(n*\log_2 n) < O(n^2) < (n^3) \ldots\ldots < O(2^n)$$

（6）最坏情况复杂性

算法最坏情况复杂性指算法规模为 n 时，t(x)是算法在输入为 x 时所执行的基本运算的次数，D_0 表示算法规模为 n 时，算法执行的所有输入的集合，算法执行的基本运算的最大次数为：

$$W(n)=\max_{x\in D_0}\{t(x)\}$$

W(n)称为算法最坏情况复杂性。W(n)给出算法工作量的一个上界，即最坏情况。

例如，从 n 个数的序列中，顺序查找线性表中某一个指定数，最坏的情况是查找 n 次。

$$W(n) = n$$

（7）算法最坏情况比较次数

算法最坏情况的比较次数指算法规模为 n 时，comp(x)是算法元素比较时所执行比较运算的次数，D_0 表示算法规模为 n 时，算法执行的所有比较的集合，算法最坏情况比较次数为：

$$c(n) = \max_{x\in D_0}\{comp(x)\}$$

算法最坏情况比较次数只考虑算法中的比较运算，以此代表算法的执行特征，用来表征算法的性能。

例如，冒泡算法，算法规模为 n 时，算法最坏情况比较次数为：

```
for (iY=1; iY<n; iY++)                    //  (n-1) 轮
{ for (iX=1; iX<n-iY; iX++)               // 次数是变化的(n-1)、(n-2)、…、2、1
      if (iA[iX]>iA[iX+1])                //  算法最坏情况比较次数 c(n)
{ t = iA[iX]; iA[iX] = iA[iX+1]; iA[iX+1]= t ; }
}
```

算法最坏情况比较次数 c(n)为：

$$c(n) = (n-1) + (n-2) + \cdots + 2 + 1 = \frac{1}{2}n(n-1)$$

（8）常见算法最坏情况比较次数

① 顺序查找线性表包括线性链表：　$c(n) = n$

② 对分（折半）查找：　$c(n) = \log_2 n$

③ 冒泡算法：　$c(n) = n(n-1)/2$

④ 快速排序：　$c(n) = n(n-1)/2$

⑤ 选择排序：　$c(n) = n(n-1)/2$

⑥ 直接插入法：　$c(n) = n(n-1)/2$

⑦ 规并排序：　$c(n) = n \log_2 n$

⑧ 堆排序：　$c(n) = n \log_2 n$

⑨ 希尔排序：　$c(n) = n^{1.5}$

（9）算法的空间复杂度

算法的空间复杂度是指在执行算法过程中所消耗的存储空间。

一个程序的空间复杂度是指程序执行这个算法所需要的内存空间。即从开始到结束所需的存储空间。类似于算法的时间复杂度,我们把算法所需存储空间的量度，记作：

$$S(n)=O(f(n))$$

其中 n 为问题的规模。一个程序上机执行时，除了需要存储空间来存放本身所用的指令、常数、变量和输入数据以外，还需要一些对数据进行操作的工作单元和实现算法所必需的辅助空间。

11.1.2　算法设计的基本方法

算法设计的基本方法包括枚举法、归纳法、递推、迭代、递归、分治、回溯法、贪心算法等。

1. 枚举法

枚举法又称穷举法，是针对问题的命题列举出所有可能解的集合，一一枚举出来，根据问题给定的约束条件和生活中的常识，判断哪些解是错误的，排除错误的解，哪些解是正确的，能使命题成立者，即为问题的解，获得正确答案。

采用枚举算法解题的基本思路：

① 确定枚举对象、枚举范围和判定条件。

② 一一枚举可能的解，验证是否是问题的解。

用枚举法解题的典型案例是中国算经中的百钱买百鸡问题。鸡母、鸡公、小鸡的价格不同，鸡母价高，鸡公次之，小鸡又次之，用百钱买百鸡，这类问题属于方程组的个数少于变量个数的不定方程，用枚举法查找方程的整数值。

例 11.2　鸡母 1 只值钱 5、鸡公 1 只值钱 3、小鸡 4 只值钱 1，百钱买百鸡，问鸡母、鸡公、小鸡各买多少只？

解：设鸡母为 x，鸡公为 y，小鸡为 z，根据百只鸡列方程，则有方程 x+y+z=100，根据百钱买百鸡列方程，有方程 5x+3y+z/4=100，由于还差一个方程，不能直接求解，采用枚举法查找合理的值，根据生活常识，不出现数目为小数的鸡。

解法一用三重循环枚举范围可知，鸡母 x 的值不能超过 20，鸡公 y 的值不能超过 33，小鸡 z 的值不能超过 100，用三重循环查找满足逻辑表达式 x+y+z==100 && 5x+3y+z/4==100 的 x、y、z 的值，编制程序如下（文件名为 ex11_2.c）：

```
#include <stdio.h>
 int main()
 {
       int x,y,z;
       for(x=1;x<20;x++)
        for(y=1;y<34;y++)
        for(z=4;z<100;z+=4)
            if(x+y+z==100 && 5*x+3*y+z/4==100)
          printf("%d,%d,%d\n",x,y,z);
          return 0;
 }
```

编辑、编译、运行该程序，输出结果为“10,10,80”。

例 11.3　用单循环枚举算法解例 11.2 题。

解：因为不定方程中已经有两组方程，只需选择一个变量，鸡母 x 的数目不超过 20，通过循环来查找 x，x 的取值范围在 1 到 19，将 y、z 表示成 x 的函数，得到方程“y=(300-19*x)/11;”与“z=(800+8*x)/11;”，取 y、z 两个值均为整数值的逻辑表达式为(300-19*x)%11==0 && (800+8*x)%11==0。编制程序如下（文件名为 ex11_3.c）：

```
#include <stdio.h>
 int main()
 {
     int x,y,z;
     for(x=1;x<20;x++)
     {
         y=(300-19*x)/11;
         z=(800+8*x)/11;
         if((300-19*x)%11==0 && (800+8*x)%11==0)
         printf("%d,%d,%d\n",x,y,z);
       }
     return 0;
 }
```

编辑、编译、运行该程序，输出结果为“10,10,80”。

2. 归纳法

归纳是一种逻辑的抽象，是从特殊现象中找出一般关系，通过列举少量的特殊情况，经过细心观察，从简单状态中分析出特殊现象的规律特征，梳理线索，完善归纳策略，抽象出归纳假说，并对归纳假设进行严格的证明。列举 k=1 成立，设 k=n 成立，推出 k=n+1 也成立，得出结论。归纳算法是将归纳逻辑应用于程序设计中，为递归、递推、迭代、分治、贪心及其他算法提供理论基础和实际应用策略。在归纳的过程中，可以通过枚举方法举反例来检验归纳策略中的错误，但不能用大量的枚举替代归纳逻辑的证明。

直接用归纳算法解题，需要对所研究的问题进行仔细观察、丰富联想、提出归纳策略，不断尝试、严格证明，总结归纳出结论。

3. 递推

递推是组合数学的一种重要解题方法，利用问题本身所具有的递推关系求解问题的一种方法。对已经给定初始条件的问题，或问题本身能获得初始条件，通过对问题的分析与化简，从已知初始条件出发，依据递推关系，逐次推出要求的各中间结果，直到求出最后结果。递推算法的首要问题是从实际问题中获得递推关系。用递推算法解题的步骤如下：

① 确定递推变量。

② 建立递推关系。

③ 确定初始（边界）条件。

④ 对递推过程进行控制。

例 11.4　［量米算法］有 10L 的米，用 1L 和 3L 的二个斗来量，先用 1L 再用 3L 的量法 1+3 与先用 3L 再用 1L 的量法 3+1 是两种不同的量法。试求有多少种量法。

解：首先确定递推变量 kL 米，量法 f(k)，递推关系为 f(k)=f(k-1)+f(k-3)初始条件有：

f(1) =1;　1L (米)=1L (斗);用 1L 斗 1 种量法

f(2) =1;　2 =1+1；用 1L 斗 1 种量法

f(3) =2;　3 = 1+1+1; 3=3; 用 1L 斗、3L 斗 2 种量法

f(4)以后的计算用递推公式 f(k)=f(k−1)+f(k−3)，编制程序如下：（文件名为 ex11_4.c）

```
#include <stdio.h>
int main()
{
    int k,n=10, f[10];
    f[1]=1;  f[2]=1;  f[3]=2;              /* 数组元素赋初值 */
     for(k=4;k<=n;k++)
        f[k]=f[k-1]+f[k-3];                /* 按递推关系实施递推 */
     printf("s=%ld",f[n]);
     return 0;
}
```

编译、运行程序，输出结果为“28”。

递推算法最主要的优点是算法结构简单，程序易于实现，难点是从问题的分析中找出解决问题的递推关系式和初值。

4. 迭代

迭代算法是来源于数值分析中的迭代计算方法，用于求解线性方程组的精确解，或求非线性方程组的近似解。通过从一个初始估计值出发，通过迭代，寻找一系列近似解来逼近方程的解。例如，使用函数 f(x)的泰勒级数的前面几项来寻找方程 f(x) = 0 的根为：

f(x)=f(x0)+f'(x0)*(x−x0)+…

取前两项得 x=x0−f(x0)/f'(x0)

例 11.5　牛顿迭代法求方程 $f(x) = \cos(x) - x^3$ 位于 0 和 1 之间的根。

解：用定义函数宏 Fun(x)为 cos(x) –x*x*x，定义导函数宏 Der 为−sin(x) – 3*x*x，设.x_0=0.5。编制程序如下（文件名为 ex11_5.c）：

```
#include<stdio.h>
#include<math.h>
#define Fun(x)  cos(x)-x*x*x
#define Der(x) -sin(x)-3*x*x
int main()
{
    double x0,x,f,p;
```

```
    x0=0.5;
    f=Fun(x0);
    p=Der(x0);
    x=x0-f/p;
    while((fabs(x0-x))>(1.0e-5))
 {
    x0=x;
    f=Fun(x0);
    p=Der(x0);
    x=x0-f/p;
 }
    printf("x0 = %10.8f, x = %10.8f\n",x0,x);
    return 0;
 }
```

编译、运行程序，输出结果为：

x0 = 0，86547714， x = 0，86547403

5. 递归

程序设计语言中的递归是指函数直接或间接地调用函数自身，在调用函数过程中不断修改参数，函数朝向出口方向不断转化，这种调用称为递归调用。能直接或间接地调用自身的函数称为递归函数，递归函数具有边界值，这个边界值是递归函数的出口，函数递归调用过程中朝出口方向转化称为递归下降。递归的执行过程分为递推和回代两个阶段，在递推阶段，通过递归下降，把较复杂的问题的求解递推到比原问题简单一些问题的求解，一值递推到边界值。回代阶段，将边界值代入递推公式，由递推公式逐步求出相应的值。递归分为直接递归和间接递归两种。

在设计递归算法中，首先要将一个问题转化为递归的问题，下面通过分析汉诺塔问题，分析用递归算法来求解问题的步骤与方法。

例 11.6 汉诺塔源自古印度神话中的游戏。用现代的语言表述这个游戏，有三根轴 A、B、C 如图 11-1 所示。在 A 轴上按大盘在下、小盘在上放置 N 个圆盘，形成一个塔。要求把这 N 个圆盘借助 B 轴从 A 轴移到 C 轴，每次只允许移动一个盘，在移动过程中在三轴上始终保持大盘在下，小盘在上的次序放在三根轴上，不能放在其他位置。试用递归方法编写移动圆盘的程序，并以 N=3 输出结果。

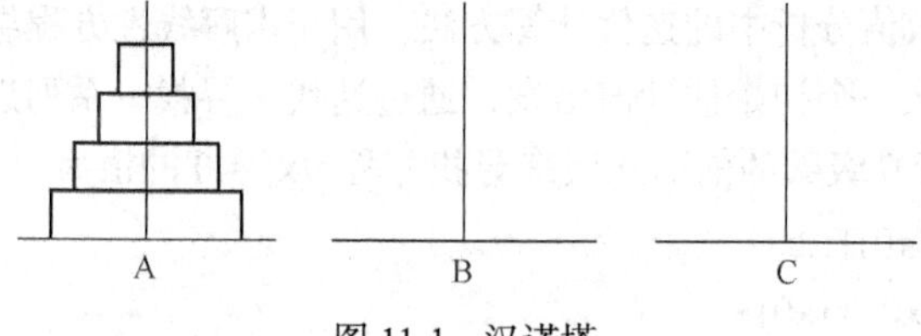

图 11-1 汉诺塔

解：分析圆盘移动次数可知，1 个圆盘只要 1 次，2 个圆盘需要 3 次，k 个圆盘需要 2^k-1 次。所以 k=3，需要移动 7 次。用递归方法分析将 k 个圆盘从 A 轴移到 C 轴，移动过程可以分解为三个步骤：

① 先借助 C 轴，将 A 轴上 k-1 个盘子移到 B 轴上。

② 把 A 轴上剩下的最大一个圆盘移到 C 轴上。

③ 再借助 A 轴将 k-1 个盘子从 B 轴移到 C 轴上。

以上三个步骤包含移动和递归两类操作。

① 移动 move 函数：将 1 个圆盘从一个轴上移到另一个轴上，有从某轴取盘 chG 和到另一轴放盘 chP 两个参数。

② 递归 recursion 函数：将多个盘子 chD1, chD2, chD3 从一个轴移到另一个轴上，这是一个递归的过程。

编制程序（文件名为 ex11_6.c）如下：

```
#include <stdio.h>
void  move(char chG, char chP)
{    printf("%c-->%c\n",chG, chP); }
void recursion(int iK, char chD1, char chD2, char chD3)
{    void move(char chG, char chP);
     if (iK == 1) move (chD1,chD3);
     else
     {  recursion (iK-1, chD1, chD3, chD2);
        move(chD1,chD3);
        recursion (iK-1, chD2, chD1, chD3);
     }   }
int main()
{    void recursion (int iK, char chD1, char chD2, char chD3);
     int  k;
     printf("Enter the number of diskes:");
     scanf("%d",&k);
     recursion (k,'A','B','C');
     return 0;
 }
```

运行结果如下：

Enter the number of diskes:3

A-->C

A-->B

C-->B

A-->C

B-->A

B-->C

A-->C

递归算法编写的程序逻辑性强，结构清晰，正确性易于证明，程序调试也十分方便，但对数据规模有限制，数据规模太大，程序执行时间太长，不易看到运算结果。判断问题是否适合使用递归算法，关键是看数据的规模，当数据规模不大时，只要问题适合用递归算法求解，可以大胆地使用递归算法。

6. 分治

分治是将一个规模为 n 的复杂问题，分而治之，划分为 k 个规模较小能直接解决的相互独立的子问题。找出各部分子问题的解，然后把各部分的解合并成整个问题的解。通过减小问题的规模，逐步求解，降低解决问题的复杂度。

使用分治解题的三个主要步骤为划分、求解、合并。

分治法常用于求最大值和最小值问题、非线性方程求根、二分查找、归并排序和快速幂等大规模问题的求解。

例 11.7　有 n 个元素的有序数列，存入 n 维数组 a[n]之中，用 a[0]、a[1]、…a[n-1]表示 n 个不同元素，试用二分查找判断元素 x 是否出现在从数组元素 a[L]…到 a[R]的 m 个元素中。

解：分治算法先划分，二分法，将元素对分，设中间点标号为 k=(L+R)/2，检查中间元素

a[k](L<=k<=r)，如果 a[k]==x 则查找成功，返回 k。否则，如果 **a[k]>x**，那么元素 x 只可能在 a[L]~a[k-1] 中；如果 a[k]<x，那么元素只可能在 a[k+1]~a[R]中。本例不需要合并。编制程序（文件名为 ex11_7.c）模块如下：

```
int bsearch(int a[], int L,int R,int x)
{     int k;
      while(L<=R)
      {    k=(L+R)/2;
           if(a[k]==x)return k;
                  else if(a[k]>x) R=k-1;else L=k+1;
      }
      return    -1; //查找不成功
}
```

7. 回溯法

回溯法是一种系统地搜索问题解的方法。为实现回溯，先定义一个解空间，然后以易于搜索的方式组织解空间，最后用深度优先的方法搜索解空间，获得问题的解。在搜索过程中，当探索到某一步时，发现原先的选择达不到目标，就退回到上一步重新选择。回溯法主要用来解决一些要经过许多步骤才能完成的，而每个步骤都有若干种可能的分支，为了完成这一过程，需要遵守某些规则，但这些规则又无法用数学公式来描述的一类问题。

用回溯法解题的一般步骤如下。

① 针对所给问题，定义问题的解空间。

② 确定易于搜索的解空间结构。

③ 以深度优先方式搜索解空间，并在搜索过程中用剪枝函数避免无效搜索。

例 11.8 用回溯法编程（文件名为 ex11_8.c），解 n 后问题。

n 后问题是一个古典算法问题，问题是在 n×n 格的国际象棋棋盘上摆放 n 个皇后，必须满足每个皇后的安全，根据国际象棋竞赛的规则，皇后可以横走、直走、和斜走，杀死对方棋子，要使 n 个皇后不能互相攻击，需要任意两个皇后都不能处于同一行、同一列或同一斜线上，问有多少种摆法？

以四后问题为例，如图 11-2 所示。

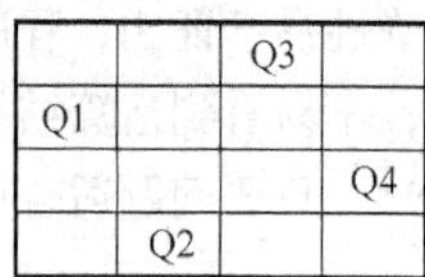

	Q2		
			Q4
Q1			
		Q3	

图 11-2 四后问题

编制 n 后问题的程序如下：

```
#include <iostream>
using namespace std;
class Queen{
   friend int nQueen(int);
   private:
         bool Place(int k);
         void Backtrack(int t);
         int n, *x;             //皇后个数,当前解
         long sum;              //当前已找到的可行方案数
};
bool Queen::Place(int k)
```

```
{
    for (int j=1;j<k;j++)
     if ((abs(k-j)==abs(x[j]-x[k]))||(x[j]==x[k])) return false;
    return true;
}

void Queen::Backtrack(int t)
{    x[1]=0;
     int k=1;
     while(k>0){
          x[k]+=1;
          while((x[k]<=n)&&!(Place(k))) x[k]+=1;
          if (x[k]<=n)
               if(k==n) {sum++;
               for(int j=1;j<=n;j++)
                   printf("%3d",x[j]);
                 printf("\n");}
               else{
                         k++;
                         x[k]=0;
               }
          else k--;
     }
}

int nQueen(int n)
{    Queen X;
     X.n=n;  X.sum=0;
     int *p=new int[n+1];
     for(int i=0;i<=n;i++)
          p[i]=0;
     X.x=p;
     X.Backtrack(1);
     delete []p;
     return X.sum;
}
int main()
{
   int nQueen(int n);
   printf("Queen=%d\n",nQueen(8));
   return 0;
}
```

回溯法是通过尝试和纠正错误来寻找答案，是一种通用解题法，在软件竞赛中有许多涉及搜索问题的题目都可以用回溯法来求解。

8. 贪心算法

贪心算法是从问题的某一个初始状态出发，做出在当前看来是最好的选择即贪心选择，获得局部最优解，通过逐步构造局部最优解的策略达到全局最优解的目标，通过证明后，最终得出整个问题的最优解，这种求解方法就是贪心算法。

从贪心算法的定义可以看出，贪心算法并不是从整体上考虑问题，他选择的只是在某种意义上的局部最优解，而由问题自身的特性决定了贪心策略的选择，运用贪心策略得到局部最优解。贪心算法没有固定的算法框架，算法设计的关键是贪心策略的选择，贪心算法不是对所有问题都能得到整体最优解。选择的贪心策略必须具备无后效性，即某个状态以后的过程不会影响以前的状态，只与当前状态有关。

贪心策略分析如下。

贪心策略的选择是否适当，决定当前的局部最优解是否是全局最优解，例如：

［背包问题］有一个背包，背包能装 M=100 斤。有 5 个物品，物品的重量与价值如下：

物品：A　B　C　D　E

重量：55　25　40　35　30

价值：50　30　20　40　30

要求尽可能让装入背包中的物品总价值最大，但不能超过总重量 100 斤。

解：贪心策略分析如下。

（1）取价值最大策略

选取物品 A、D，总重量 55+35=90，不能再装物品，总价值为 50+40=90。

（2）取重量最大策略

选取物品 B、C、D，总重量 25+40+35=100，不能再装物品，总价值为 30+20+40=90。

（3）取性价比最大策略

选取性价比大于等于 1 的物品 B、D、E，总重量 25+35+30=90。总价值为 30+40+30=100，可见该策略的局部最优解，也是全局最优解。

例 11.9　设有 n 个正整数，将他们连接成一排，组成一个最大的多位整数。例如：n=3 时，3 个整数 25，252，6，连成的最大整数为：625252。又如：n=4 时，4 个整数 42，8，413，241 连接成的最大整数为 842413241。当输入 N 个数时，输出连接成的最大多位数。

解：使用贪心法，选择贪心策略，策略 1，按照整数出现的顺序连接，该策略很容易举出反例是错误的，策略 2，把整数按从大到小的顺序连接起来，这种贪心策略，也很容易举出反例，如 25，252 按大小顺序连接成 25225，显然小于 25252，该策略错误。

正确的贪心策略是：先把整数化成字符串，正反连接两个相比较的字符串，若正连接后的字符串大于或等于反连接字符串，则不交换，反之，则交换。编制程序（文件名为 ex11_9.c）如下。

```
#include <stdio.h>
#include <stdlib.h>
#include <string.h>
int n;
char num[20][10];
void Input()                                    // n个数据输入
{
    int i;
    scanf("%d",&n);
    for(i=1;i<=n;i++)
     scanf("%s",num[i]);
}

int  compare(int f1,int r2)                // 比较正连接与反连接
{
    int k;
        char pc1[100],rc2[100];
    strcpy(pc1,num[f1]);
    strcat(pc1,num[r2]);
    strcpy(rc2,num[r2]);
    strcat(rc2,num[f1]);
```

```
    k=strcmp(pc1,rc2);
    if(k==-1) return 1;
    else
     return 0;
}

void Smax()                              // 用选择排序算法
{
    int i,j;
    char t[10];
    for(i=1;i<=n;i++)
     for(j=i+1;j<=n;j++)
      if(compare(i,j))
  {
     strcpy(t,num[i]);
     strcpy(num[i],num[j]);
     strcpy(num[j],t);
  }
}

void Output()                            // 输出连接成的最大多位数
{
    int i;
    for(i=1;i<=n;i++)
     printf("%s",num[i]);
    printf("\n");
}

int main()
{
    Input();
    Smax();
    Output();
    return 0;
}
```

贪心算法的选择策略比较灵活，但必须选定正确的策略才能获得全局最优解，贪心策略是否正确，可以通过反例判断。贪心算法与其他算法相比具有一定的速度优势。当一个问题可以同时用几种方法解决，可以先试用一下贪心算法。

11.2　数据结构

数据结构是在整个计算机科学与技术领域上广泛被使用的术语。数据结构是计算机组织、存储数据的方式，是抽象数据类型的物理实现。数据结构研究的数据对象是将实体抽象化、数字化形成的数据元素的集合，以及数据元素集合之间的相互关系。对数据元素间逻辑关系的描述称为数据的逻辑结构，逻辑结构指数据元素依据特定的逻辑关系组织起来的数据结构，每定义一种逻辑结构同时定义在该结构上执行的运算。数据必须存储在计算机内存或外存之中，数据元素的存储方式的描述称为存储结构，存储结构是数据元素在计算机内的表示。C 语言程序设计中，将要处理的数据元素的集合表示成各种类型的数据，数据的类型、数据的组织、数据的存储和数据的传递合称为程序的数据结构，数据结构是程序设计的重要内容。

11.2.1 数据结构的基本概念

数据结构是数据存在的形式，用来反映给定数据的内部构成，描述给定数据构成的数据元素、构成方式和结构类型。数据结构有逻辑结构和物理结构之分。逻辑结构反映数据元素之间的逻辑关系；物理结构反映数据元素在计算机内部的存储方式。

1. 数据处理与数据结构

数据元素具有广泛的含义，一般来说，现实世界中客观存在的一切个体都可以是数据元素。例如，表示数值的序{18、11、35、23、16}，序列中的各个数值是序列的数据元素；又如表示家庭成员集合{父亲、儿子、女儿}的各成员名父亲、儿子、女儿可以作为家庭成员的数据元素。实际问题中的各数据元素之间总是相互联系的，存在着共同的特征。

数据处理是利用计算机对各种类型的数据进行采集、组织、整理、编码、存储、分类、排序、检索、维护、加工、统计和传输等操作过程。操作数据集合中的各个元素是通过对元素的运算实现的，包括对数据元素的分析、插入、删除、修改、查找等运算。

数据结构是指相互有关联的数据元素的集合。一般情况下，具有相同特征的数据元素集合中，各个数据元素之间存在有某种关系（即联系），这种关系反映了该集合中的数据元素所固有的一种结构。在数据处理领域中，通常把数据元素之间这种固有的关系简单地用前驱后继关系来描述。例如，向量、矩阵、队列和树都是这种固有关系的数据结构，数据元素之间有着位置上的关系。

数据结构作为计算机的一门学科，主要研究和讨论数据的逻辑结构、数据的存储结构、数据的运算三个方面。

（1）数据的逻辑结构

数据的逻辑结构是指反映数据元素之间逻辑关系的数据结构。数据的逻辑结构有两个要素：一是数据元素的集合，通常记为 D；二是 D 上的关系，它反映了 D 中各数据元素之间的前后继关系，通常记为 R。即一个数据结构可以表示成

B = (D, R)

其中 B 表示数据结构。为了反映 D 中各数据元素之间的前后继关系，一般用二元组来表示。例如，假设 a 与 b 是 D 中的两个数据，则二元组（a, b）表示 a 是 b 的前件，b 是 a 的后继。这样，在 D 中的每两个元素之间的关系都可以用这种二元组来表示。

例如，一年四季数据的逻辑结构可以表示为：

B = (D, R)　　　　　　　　　　　// 表示数据结构
D={春、夏、秋、冬}　　　　　　　// 数据元素的集合
R={（春,夏），（夏,秋），（秋,冬）}　// 数据元素之间的前后继关系

（2）数据的存储结构

数据处理是计算机应用的一个重要领域，在实际进行数据处理时，被处理的各数据元素存放在计算机的存储空间中，并且，各数据元素在计算机存储空间中的位置关系与它们的逻辑关系不一定相同，而且也不可能完全相同。

数据的逻辑结构在计算机存储空间中的存放形式称为数据的存储结构（也称数据的物理结构）。由于数据元素在计算机存储空间中的位置关系可能与逻辑关系不同，因此，为了表示存放在计算机存储空间中的各数据元素之间的逻辑关系（即前后继关系），在数据的存储结构中，不仅要存放各数据元素的信息，还需要存放各数据元素之间的前后继关系的信息。

一种数据的逻辑结构根据需要可以表示成多种存储结构，常用的存储结构有顺序、链接和索

引等存储结构。而采用不同的存储结构，其数据处理的效率是不同的。因此，在进行数据处理时，选择合适的存储结构是很重要的。

（3）数据的运算

数据的存储不同决定了运算不同。通常，一个数据结构中的元素节点可能是在动态变化的。根据需要或在处理过程中，可以在一个数据结构中增加一个新节点也可以删除数据结构中的某个节点（称为删除运算）。插入与删除是对数据结构的两种基本运算。除此之外，对数据结构的运算还有查找、分类、合并、分解、复制和修改等。在对数据结构的处理过程中，不仅数据结构中的节点（即数据元素）个数在动态地变化，而且，各数据元素之间的关系也有可能在动态地变化。例如，一个无序表{18、11、35、23、16}可以通过排序处理而变成有序表{11、16、18、23、35}；一个数据结构中的根节点被删除后，它的某一个后继可能就变成了根节点；在一个数据结构中的终端节点后插入一个新节点后，则原来的那个终端节点就不再是终端节点而成为内部节点了。

如果在一个数据结构中一个数据元素都没有，则称该数据结构为的数据结构。在一个空数据结构中插入一个新的元素后就变为非空；在只有一个数据元素的数据结构中，将该元素删除后就变为空数据结构。

（4）数据结构的图形表示

用图形表示数据结构比用二元关系表示更为简捷、直观。在数据结构的图形表示中，每个元素用一个方框表示，方框内标注元素的值，称为数据节点。元素之间的前后继用一条有向线段表示从前驱节点指向后继节点。例如，一年四季的数据结构如图 11-3 所示。高校管理的数据结构如图 11-4 所示。

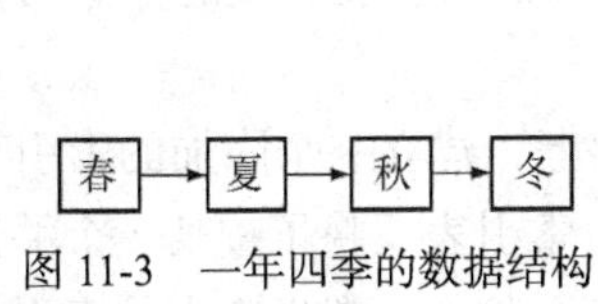

图 11-3　一年四季的数据结构

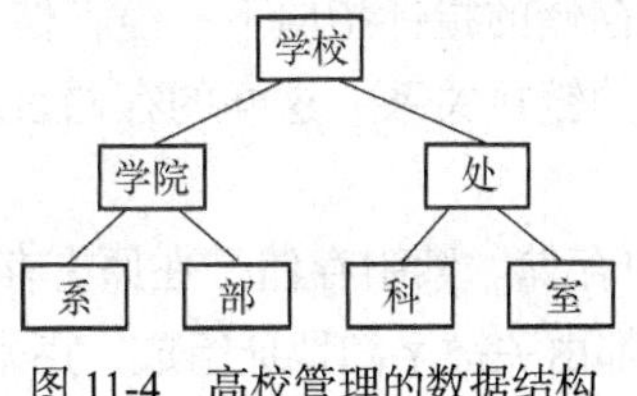

图 11-4　高校管理的数据结构

2. 数据结构分类

数据的逻辑结构反映数据元素之间的逻辑关系，数据的存储结构（又称物理结构）是数据的逻辑结构在计算机存储空间中的存放形式。每一种逻辑结构的数据均可以采用任何一种存储结构来存储。不同的存储结构数据处理效率不同。数据结构可按逻辑结构分类，也可按物理结构分类。

（1）按逻辑结构分类

根据逻辑结构进行分类，可以分成集合结构、线性结构、树结构和图结构 4 种类型。

① 集合结构。集合结构指只存在有元素的集合，元素之间不存在有任何关系，具有此种特点的数据结构称为集合结构。集合结构中的元素可以任意排列，无任何次序。例如，交通工具的集合{火车，汽车，飞机，轮船}。

② 线性结构。线性结构指数据元素之间是有序的，结构中第 1 个元素称为头节点，只有 1 个直接后继元素；最后一个元素称为尾节点，只有 1 个直接前驱元素；其他每个数据元素有且仅有一个直接前驱元素，有且仅有一个直接后继元素。这种数据结构叫做线性结构。线性结构的特点是数据元素之间存在 1 对 1（1：1）联系，即线性关系。例如，上述一年四季的数据结构是线性结构。

③ 树结构。树结构指用树状拓扑图表示的数据关系，树的定义如下：有且仅有一个节点无父节点，这个节点称为根节点；除根节点以外的其他节点有且仅有一个父节点，可以有零个或多个子

节点，任一条路径不形成回路。在树结构中，最上面的一个没有前驱只有后继的节点叫做树根节点，最下面一层的只有前驱没有后继的节点叫做树叶节点，除树根和树叶之外的节点叫做树枝节点。

在给定的树结构中，每个节点有且只有一个前驱节点（除树根节点外），但可以有任意多个后继节点（树叶节点可看作为含 0 个后继节点）。这种数据结构的特点是数据元素之间的 1 对 *N*（1∶*N*）联系（*N*≥0）具有这种特点的数据结构叫做树结构，又称层次结构。例如，高校管理的数据结构为树结构。

④ 图结构。图结构指用网状拓扑图表示的数据关系，每个节点可以有任意多个前驱节点和任意多个后继节点，具有这种特点的数据结构叫做图结构。图结构节点之间的联系是 *M* 对 *N*（*M*∶*N*）联系（*M*≥0，*N*≥0）。

（2）按存储结构分类

根据存储结构分类，可以分为顺序存储、链式存储、索引存储和散列存储 4 种类型。

① 顺序存储。顺序存储是在一块连续的存储空间内依次存储数据，把逻辑上相邻的节点存储在物理位置相邻的存储单元里，通过数据元素在存储器中的相对位置来表示数据元素之间的逻辑关系。这种存储表示称为顺序存储结构。顺序存储所需存储空间的大小要大于等于存储所有元素需占有的存储空间的大小，存储元素之间的联系通常不需要附加空间，可以通过元素下标之间的对应关系计算出来，只需简单的计算就可算出一个元素的前驱或后继元素的下标。顺序存储空间一般需要通过定义数组类型和数组对象来实现。例如，用数组存储字符串数据“Hello!”为顺序存储结构。

② 链式存储。链式存储是存储节点的集合。存储节点包括数据域和指针域，数据域存放数据，指针域存储的指针指向下一链存储节点的地址，节点间的逻辑关系由指针域的指针表示存储节点之间的链接关系。这样的存储表示称为链式存储。例如，线性链表的存储结构是链式存储结构。

③ 索引存储。索引存储是在原有存储数据结构的基础上，建立一个附加的索引表，索引表中的每一项都由关键字和地址组成，用来标识节点的地址。索引表反映了按某一个关键字递增或递减排列的逻辑次序，主要作用是为了提高数据的检索速度。例如，数据库中的索引文件属于索引存储。

在索引存储中，各级索引表和数据元素表都以文件的形式保存在外存磁盘上，访问任一数据元素时，都要根据该数据元素的特征依次访问各级索引表，最后访问数据元素表。

④ 散列存储。散列存储是按照数据元素的关键字构造散列函数，通过函数变换直接得到该元素存储地址或查询地址的存储结构。用于散列存储所有数据元素的相应数组空间称为散列表。通过定义用于计算散列存储地址的函数和定义存储数据元素的散列表能够实现散列存储结构。例如：有 8 个尾数不同的数字{32,178,63,77,9,24,86,821}，用散列存储结构存储数据。先构造一个散列函数，H(key)=key mod 10 ，算出散列地址为{2，8，3，7，9，4，6，1}，定义数组 a[10]，按散列地址的值依次存储相应数字，则有 a[1]=821，a[2]=32，a[3]=63，a[4]=24，a[6]=86，a[7]=77，a[8]=178，a[9]=9，构成散列存储。

11.2.2 线性表

线性表（line list）是最简单、最常用的一种数据结构。

1．线性表概念

线性表（见图 11-5）是由 *n*（*n*≥0）个数据元素 a_1, a_2, a_3, …组成的一个有限序列，表中的每一个数据元素，除了第一个外，有且只有一个前驱，例如：a_1 是 a_2 的直接前驱；除了最后一个外，有且只有一个后继，例如：a_3 是 a_2 的直接后继。当线性表不是一个空表，可以表示为（$a_1, a_2\cdots\ a_i\cdots\ a_n$），其中 a_i（$i = 1,2\cdots\ n$）是属于数据对象的元素，通常也称其为线性表中的一个节点。

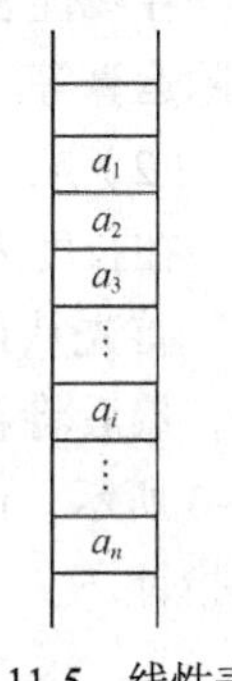

图 11-5　线性表

线性表是一种线性结构。数据元素在线性表中的位置只取决于它们自己的序号，即数据元素之间的相对位置是线性的。例如，英文大写字母表（A, B, C, …, Z）是一个长度为 26 的线性表，其中的每一个大写字母就是一个数据元素。又如，色彩中的 7 种颜色（红、橙、黄、绿、青、蓝、紫）是一个长度为 7 的线性表，其中的每一种颜色就是一个数据元素。

矩阵是一个线性表，在矩阵中，可以把每一行看成一个行向量，看成一个数据元素，也可以把每一列看成一个列向量，看成一个数据元素。其中每一个数据元素（一个行向量或一个列向量）实际上又是一个线性表。

二维表也是一个线性表。在二维表中，一条记录是一个数据元素，该数据元素由若干个数据项组成。例如，某班的学生情况登记表是一个二维表，表中每一个学生的情况表示为一条记录，该记录由姓名、学号、性别、年龄和成绩等数据项组成。二维表的每一个字段，如姓名、学号、性别、年龄和成绩也可以看成线性表的一个数据元素，每一个数据元素实际上又是一个线性表，每一个二维表包括多个字段或多条记录，保存在一个文件之中。

2. 线性表的顺序存储

（1）顺序存储的特点

在计算机中顺序存储线性表称为线性表的顺序存储，线性表的顺序存储具有以下两个基本特点：

① 线性表中所有元素所占的存储空间是连续的；

② 线性表中各数据元素在存储空间中是按逻辑顺序依次存放的。

根据顺序存储的特点可以看出，在线性表的顺序存储结构中，任一个元素的前驱和后继与该元素在存储空间中是紧邻的，前驱在该元素的前一个元素，后继元素在该元素的后面。

在线性表的顺序存储结构中，如果线性表中各数据元素所占的存储空间（字节数）相等，则可方便地查找线性表中的任一个元素。

设线性表中的第一个数据元素的存储地址（指第一个字节的地址）为 ADR，一个数据元素占 k 个字节，则线性表中第 i 个元素在计算机存储空间中的存储地址为 $ADR + (i-1) \cdot k$，即在顺序存储结构中，线性表中每一个数据元素在计算机存储空间中的存储地址由该元素在线性表中的位置序号唯一确定。一般来说，长度为 n 的线性表在计算机中的顺序存储结构如图 11-5 所示。

在程序设计语言中，通常定义一个一维数组来表示线性表的顺序存储空间。因为程序设计语言中的一维数组与计算机中实际的存储空间结构是类似的，这就便于用程序设计语言对线性表进行各种运算处理。

在用一维数组存放线性表时，该一维数组的长度通常要定义得比线性表的实际长度大一些，以便对线性表进行各种运算，特别是插入运算。在一般情况下，如果线性表的长度在处理过程中是动态变化的，则在开辟线性表的存储空间时要考虑到线性表在动态变化过程中可能达到的最大长度。如果开始时所开辟的存储空间太小，则在线性表动态增长时可能会出现存储空间不够而无法再插入新的元素；但如果开始时所开辟的存储空间太大，而实际上又用不着那么大的存储空间，则会造成存储空间的浪费。在实际应用中，可以根据线性表动态变化过程中的一般规模来决定开辟的存储空间量。

在线性表的顺序存储结构下，对线性表进行运算，常用的运算包括顺序表插入运算、顺序表删除运算等。

（2）顺序表中插入运算

在长度为 n 的线性表中插入一个节点 x，其插入过程如下。

首先从最后一个元素开始直到第 i 个元素，将其中的每一个元素均依次往后移动一个位置，然后将新元素 x 插入到第 i 个位置。插入一个新元素后，线性表的长度变成了 n+1，如图 11-6 所示。maxsize 为向计算机内存申请的最大存储空间，last 为线性表中指向最后一个元素的指针。

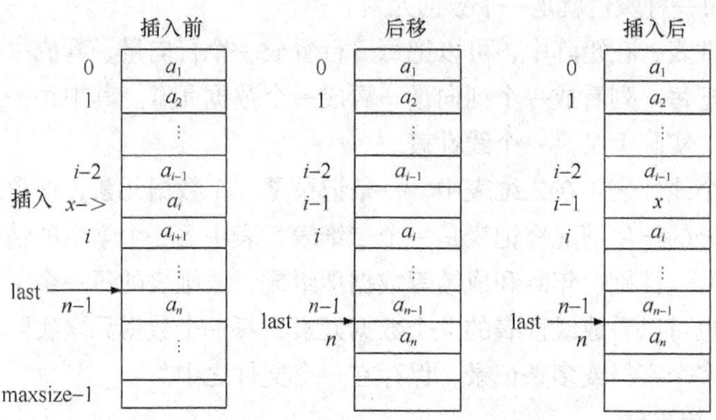

图 11-6　线性表在顺序存储结构下的插入

在第 i 个元素之前插入一个新元素，首先从最后一个（即第 n 个）元素开始，直到第 i 个元素之间共 n+i 个元素依次向后移动一个位置，移动结束后，第 i 个位置就被空出，然后将新元素插入到第 i 项。插入结束后，线性表的长度就增加了 1。

设长度为 n 的线性表（a_1,a_2,…,a_i,…,a_n），若在线性表的第 i 个元素 a_i 之前，插入一个新元素 x，插入后的长度为 n+1，线性表为：（a_1, a_2, …, a_{i-1}, x, a_{i+1} …, a_{n+1}）。

（3）顺序表删除运算

一个长度为 n 的线性表顺序存储在长度为 maxsize 的存储空间中。现在要求删除线性表中的第 i 个元素。其删除过程如下：

从第 i 个元素开始直到最后一个元素，将其中的每一个元素均依次往前移动一个位置。此时，线性表的长度变成了 n–1，如图 11-7 所示。

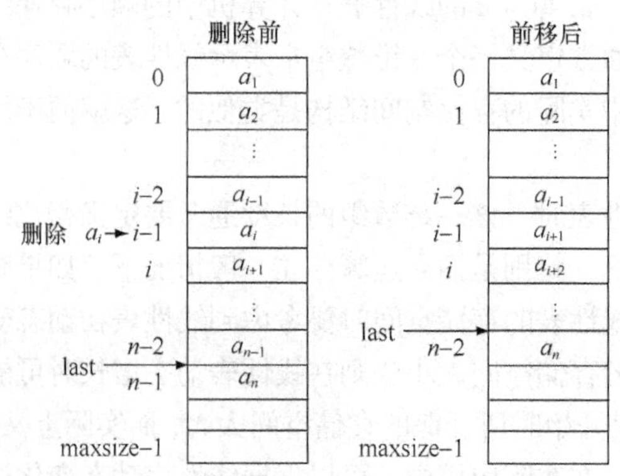

图 11-7　线性表在顺序存储结构下的删除

设长度为 n 的线性表为（$a_1, a_2,\cdots, a_i,\cdots, a_n$），现要删除第 i 个元素，删除后得到长度为 n–1，在一般情况下，要删除第 i 个元素时，则要从第 i+1 个元素开始，直到第 n 个元素依次向前移动一个位置。删除结束后，线性表的长度就减小了 1。删除后，线性表为：

$$(a_1, a_2,\cdots, a_{i-1}, a_{i+1}\ \cdots, a_n)$$

由线性表在顺序存储结构下的插入与删除运算可以看出，线性表的顺序存储结构适用于小线性表或者其中元素不常变动的线性表，这种顺序存储的方式不合适元素经常需要变动的大线性表，顺序存储的结构比较简单，但插入与删除的效率比较低。

3. 线性链表

线性表的顺序存储虽然具有结构简单、容易实现和运算方便等优点，适用于小型线性表或长度固定的线性表。但是，线性表的顺序存储同时也存在如下的不足。

① 插入或删除的运算效率很低。在顺序存储的线性表中，插入或删除数据元素时需要移动大量的数据元素，不适合插入和删除频繁的大线性表。

② 线性表的顺序存储结构下，线性表的存储空间要求连续的存储空间，不便于扩充。

③ 线性表的顺序存储结构不便于对存储空间的动态分配。

针对线性表的顺序存储存在的缺点和不足，对于大的线性表，特别是元素变动频繁的大线性表不宜采用顺序存储结构，而就采用下面要介绍的链式存储结构。

（1）线性链表

线性表的链式存储结构称为线性链表。链式存储结构是一种物理存储单元上非连续、非顺序的存储结构，链式存储结构是用存储节点的链接形成的存储结构。存储节点由数据域和指针域两部分组成，数据域用于存放数据元素的值，指针域用于存放指针；链接是通过存储节点的指针域存放该节点的前一个节点（即前件）或后一个节点（即后件）的地址，将多个节点联接起来，形成一个存储节点链。线性链表是存储节点的链接，每一个存储节点的指针指向下一存储节点，存储节点中的数据元素的逻辑顺序按照指针链接次序确定下来。线性链表分为单向链表、双向链表和循环链表三种类型。构建单向链表的节点结构如图 11-8（a）所示：构建双向链表的节点结构如图 11-8（b）所示。

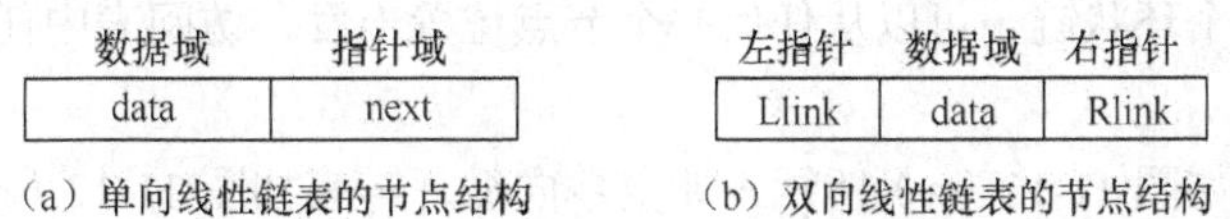

（a）单向线性链表的节点结构　　（b）双向线性链表的节点结构

图 11-8　线性链表的节点结构

① 单向链表。单向链表有一个头节点 Head 和一个尾节点^，头节点的指针指向表头节点，表头节点的数据域一般不存储数据，缺省表头节点，头节点直接指向下一链；尾节点的数据域，存放最后的数据，尾节点的指针域存放的链表结束符“^”。空单向链表如图 11-9（a）所示，表头节点的指针域为空。存放“china”的单向链表如图 11-9（b）所示。

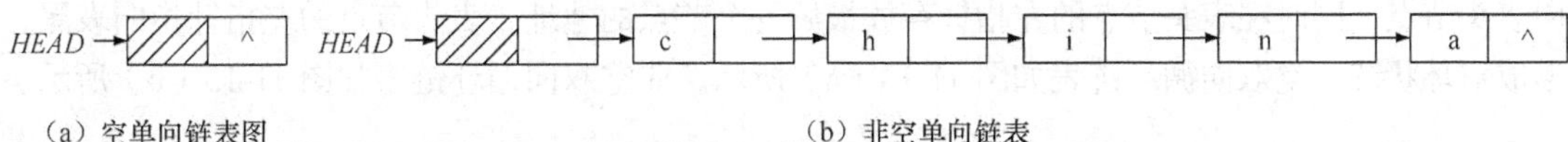

（a）空单向链表图　　（b）非空单向链表

图 11-9　单向链表图

在单向链链表中，缺省表头节点，头节点的指针 HEAD 指向线性链表中第一个数据元素为 c 的存储节点，该节点的指针域存放的指针，指向下一个存储节点即数据元素为 h 的存储节点的地址，各存储节点的指针域依次存放下一节点的地址，形成单向链表。链表中的最后一个元素没有后继，因此，单向链表中最后一个节点的指针域为空“^”（用 NULL 或 0 表示），表示链表终止。单向链表（china）的存储结构如图 11-10 所示。

地址	内容	
HEAD	c	data
12FF78	12FF6C	next
12FF74	a	data
12FF70	^	next
12FF6C	b	data
12FF68	12FF54	next
12FF64		
12FF60		
12FF5C	n	data
12FF58	12FF74	next
12FF54	i	data
12FF50	12FF5C	next

图 11-10　单向链表存储结构

一般来说，在单向链表的存储结构中，各数据节点的地址是不连续的，并且各节点在存储空间中的位置关系与逻辑关系也不一致。在单向链表中，各数据元素之间的前后继关系是由各节点的指针域来指示的，指向线性表中第一个节点的指针 head 称为头指针。对于线性链表，可以从头指针开始，沿各节点的指针扫描到链表中的所有节点。

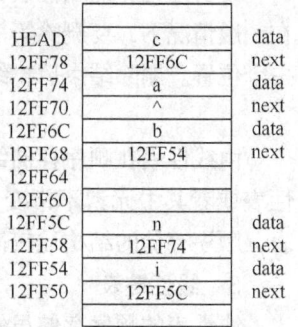

单向链表的每一个节点只有一个指针域，由这个指针只能找到后继节点，查找前件节点不方便。因此，在单向链表中，只能顺指针向链尾方向进行扫描，不能逆向扫描，需要双向扫描的问题必须使用双向链表。

② 双向链表。双向链表的存储节点设置两个指针，一个为左指针（Llink），用以指向其前件节点；另一个称为右指针（Rlink），用以指向其后继节点。节点结构如图 11-11 所示。

双向链表有一个头节点 Head、一个可缺省的表头节点和一个尾节点^，头节点的左指针为空，右指针指向下一链存储节点；表头节点的数据域一般不存储数据，也可存放链表名；尾节点的数据域，存放最后的数据，尾节点的左指针域指向前一链的存储节点，尾节点的右指针域存放的链表结束符“^”，例如存放数据{1, 2, 3, 4}的双向链表，如图 11-11 所示。

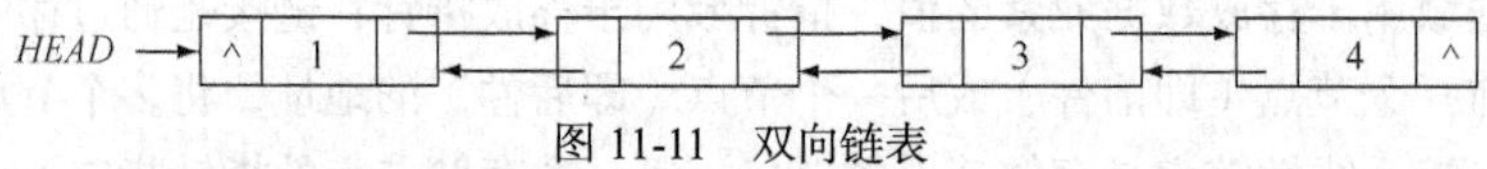

图 11-11　双向链表

③ 循环链表。在线性链表中，将表头节点与尾节点相互连接起来形成循环链表，循环链表分为单向循环链表和双向循环链表两类。

单向循环链表是在最后一个节点的指针域存放表头节点的地址，把最后一个节点的指针域指向表头节点，构成一个环状链，可以从任何一个节点位置出发，访问表中任一节点。这是单向链表做不到的。

空单向循环链表如图 11-12（a）所示，非空单向循环链表如图 11-12（b）所示。

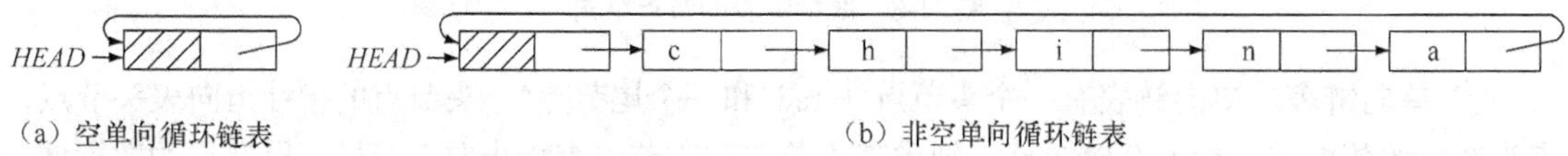

（a）空单向循环链表　　（b）非空单向循环链表

图 11-12　单向循环链表

双向循环链表是在最后一个节点的右指针存放表头节点的地址，把最后一个节点的右指针指向表头节点，同时在表头节点的左指针存放最后一个节点的地址，表头节点的左指针指向表尾，形成双环状链。空双向循环链表如图 11-13（a）所示，非空双向循环链表如图 11-13（b）所示。

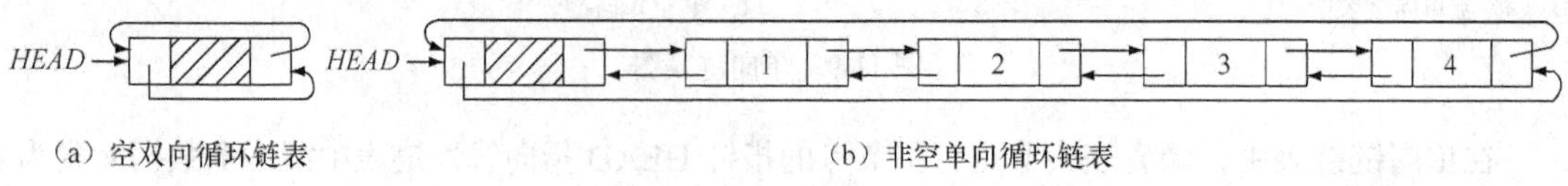

（a）空双向循环链表　　（b）非空单向循环链表

图 11-13　双向循环链表

在循环链表中，查找和访问节点方便，只要指出表中任何一个节点的位置，就可以从该节点出发访问到表中其他所有的节点。实现运算的统一，不论是空表还是非空表，两者的插入与删除的运算统一，操作比较方便。循环链表具有两个特点：循环链表的表头节点，其数据域为可以为空，也可以根据需要设置链表名，头指针指向表头节点；单向循环链表中最后一个节点的指针域不是空，而是指向表头节点。所有节点的指针构成了一个环状链。双向循环链表中表头的左指针和最后一个节点的右指针域不空，分别指向表头节点和表尾节点。

线性链表和循环链表都属于线性结构，结构中头节点只有 1 个直接后继节点，尾节点只有 1 个直接前驱节点，其他每个节点有且仅有一个直接前驱节点，有且仅有一个直接后继节点。两种链表的数据结构都是线性结构。

（2）线性链表的基本运算

线性链表的运算比顺序存储线性表的运算要简单、快捷、方便。在线性链表中插入元素时，不需要移动数据元素，只需要修改相关节点指针即可，不会出现“上溢”现象。在线性链表中删除元素时，不需要移动数据元素，只需要修改相关节点指针即可。但线性链表不能随机存取。线性链表的运算包括以下 8 种运算。

① 在线性链表的指定元素的节点之前插入一个新元素。

② 在线性链表中删除包含指定元素的节点。

③ 将两个线性链表按要求合并成一个线性链表。

④ 将一个线性链表按要求进行分解。

⑤ 逆转线性链表。

⑥ 复制线性链表。

⑦ 线性链表的排序。

⑧ 线性链表的查找。

11.2.3　栈和队列

栈和队列都属于线性表，栈是限定在一端进行插入与删除运算的线性表；队列是允许在一端进行插入，而在另一端进行删除的线性表。

1. 栈

栈是一种特殊的线性表。将线性表的一端封闭起来作为固定端称为栈底，栈底不允许插入与删除元素，线性表的另一端是对用户开放的活动端称为栈顶，栈顶允许插入与删除元素。栈采用指针指示栈顶和栈底的位置，用指针 top 指向当前栈顶的位置，栈顶指针 top 动态反映了栈中元素的变化情况；用指针 bottom 指向栈底位置，栈底固定不变。

往栈中插入一个元素称为入栈运算，从栈中删除一个元素称为退栈运算。栈顶元素总是最后被插入的元素，也是最先能被删除的元素；栈底元素总是最先被插入的元素，也是最后才能被删除的元素。栈是按照“先进后出”或“后进先出”的原则组织数据的，因此，栈也被称为“先进后出”线性表或“后进先出”线性表。

2. 栈的顺序存储及其运算

栈的顺序存储与一般的线性表一样，在程序设计语言中，用一维数组 S[m]描述线性表，作为栈的顺序存储空间，其中 m 为栈的最大容量。栈底指针 bottom 指向栈空间的低地址一端（即数组的起始地址端）。栈顶指针 top 指向栈空间高地址端的最上一个元素，对栈的操作不需要移动表中其他数据元素，栈具有记忆作用。

栈的基本运算有 3 种：入栈运算、退栈运算和读栈顶元素运算等。

（1）入栈运算

入栈运算是指在栈顶位置插入一个新元素。这个运算有两个基本操作：首先将栈顶指针加 1（即 top+1），然后将新元素插入到栈顶指针指向的位置。当栈顶指针已经指向存储空间的最后一个位置时（数组定义的最后一个元素），说明栈空间已满，不可能再进行入栈操作。这种情况称为栈“上溢”错误。

例 11.10 用数组 a[6]描述栈，栈中已有{A, B, C, D, E}5 个元素，如图 11-14（a）所示，将数据 F 入栈，如图 11-14（b）所示，top+1 后指向 a[5]，F 存入 a[5]，栈的容量为 6，数组已经存满，若将数据 G 入栈，top+1 后已经超过数组的长度，不能存储数据了，产生“上溢”错误，如图 11-14（c）所示。

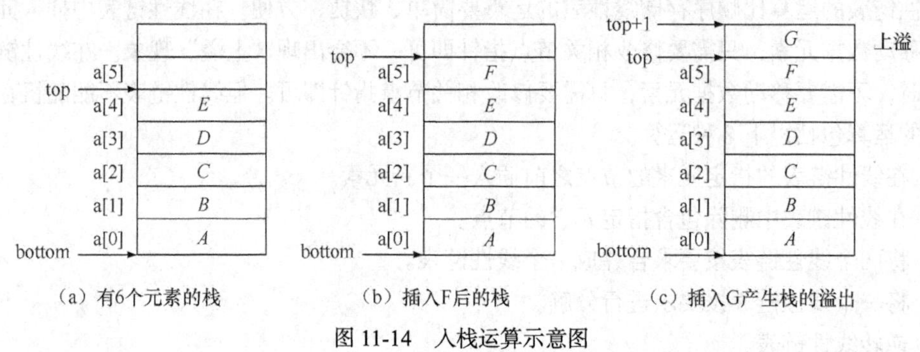

图 11-14 入栈运算示意图

（2）退栈运算

退栈运算是指取出栈顶元素并赋给一个指定的变量。这个运算有两个基本操作：首先将栈顶元素（栈顶指针指向的元素）赋给一个指定的变量并从栈中删除，然后将栈顶指针减退 1（即 top–1）。当栈顶指针为 0 时，说明栈空，不可能进行退栈操作。这种情况称为栈“下溢”错误。例如，依次删除元素 E、D、C、B 后，栈顶指向 a[0]，如图 11-15（a）所示，元素 A 退栈，赋给变量后删除栈内元素 A，栈为空栈如图 11-15（b）所示，空栈不能进行退栈操作，如图 11-15（c）所示。

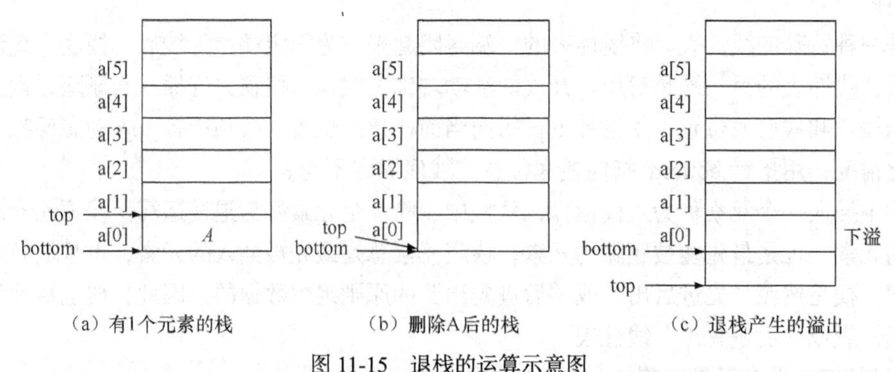

图 11-15 退栈的运算示意图

（3）读栈顶元素

读栈顶元素是指将栈顶元素赋给一个指定的变量，不对栈内元素进行操作，此时指针无变化。必须注意，这个运算不删除栈顶元素，只是将它的值赋给一个变量，因此，在这个运算中，栈顶指针不会改变。当栈顶指针为 0 时，说明栈空，读不到栈顶元素。

栈的存储方式和线性表类似，也有两种，即顺序栈和链式栈。

3. 队列

队列是一种特殊的线性表，队列允许在线性表的一端进行插入操作，在另一端（队头）进行删除操作。允许插入操作的一端称为队尾，用队尾指针（Rear）指向队尾；允许删除操作的一端称为队头，用队头指针（front）指向队头。队列中没有元素时 front=rear，称为空队列；队列装满元素时 rear = MAXSIZE，称为满队列。

队列（见图 11-16）是按照“先进先出”或“后进后出”的原则组织数据的。在队列中，最先插入的元素是最先被删除的元素；反之，最后插入的元素是最后被删除的元素，因此，队列又称为“先进先出”或“后进后出”线性表。

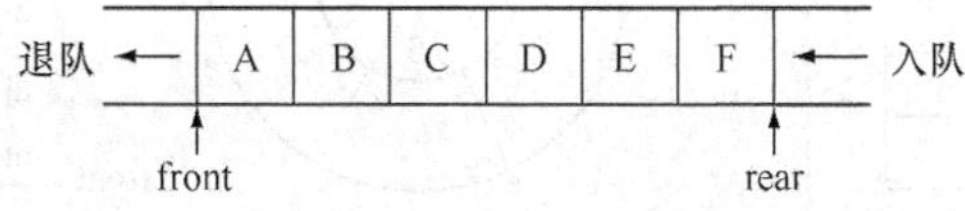

图 11-16　队列示意图

4. 队列的顺序存储及其运算

在程序设计语言中，用一维数组 S[m]作为队列的顺序存储空间。其中 m 为队列的最大容量。队尾指针 rear 指向队尾，队头指针 front 指向队头，两个指针均可移动，元素 G 请求入队，队尾指针 rear 右移一位，G 进入队列；A 元素退队，队头指针 front 右移一位。

队列的运算指在队列中插入与删除元素的运算，包括入队运算和退队运算。

（1）入队运算

向队列的队尾插入一个元素称为入队运算，先移动队尾指针 rear+1，再将新元素插入到队尾指针指向的位置。例如，用数组 a[6]描述队列，队列中已经插入 4 个元素 A、B、C、D，如图 11-17（a）所示，执行插入元素 E 的入队操作，先将队尾指针 rear+1，在队尾指针指向的位置插入新元素 E，如图 11-17（b）所示 。

（2）退队运算

从队列的队头删除一个元素称为退队运算。先将队头指针 front+1，再将队头指针指向的元素赋给指定的变量。然后删除排头元素。例如，图 11-17（b）所示队列，执行删除元素 A 的退队操作如下，先将队指针 front+1，将队头指针指向的元素 A 赋给指定的变量，再删除队列中元素 A，删除元素 A 后的队列如图 11-17（c）所示。

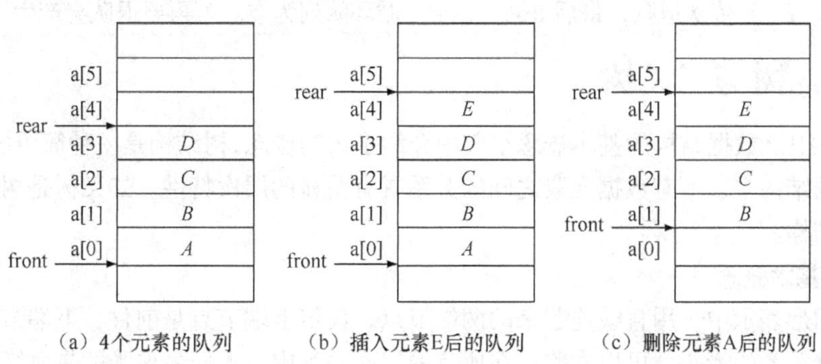

（a）4个元素的队列　（b）插入元素E后的队列　（c）删除元素A后的队列

图 11-17　入队运算示意图

用长度为 6 的一维数组 a[6]表示队列的顺序存储空间，随着入队的元素增加，插入的元素超过数组的定义空间，即超过队列的定义空间，会产生虚溢出，因此，实用上采用循环队列作为队列的顺序存储结构。

5. 循环队列

循环队列是将队列存储空间的最后一个位置绕到第一个位置，队列循环使用，如图 11-18（a）所示，相当于将队列存储空间的最后一个元素的下边界与第一个元素的上边界重合，逻辑上构成一个环状的循环队列，如图 11-18（a）、（b）所示。

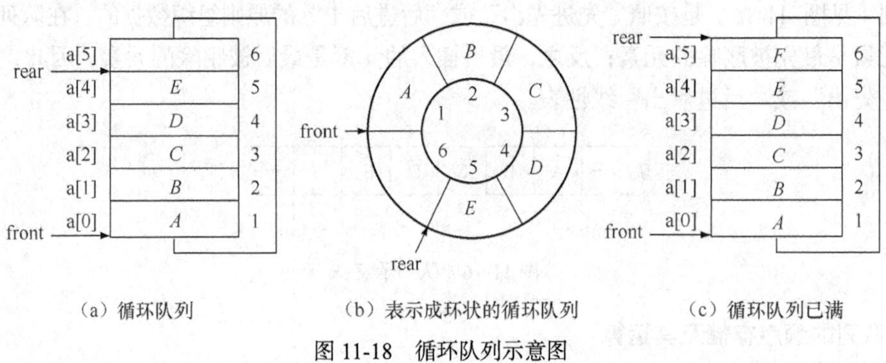

（a）循环队列　（b）表示成环状的循环队列　（c）循环队列已满

图 11-18　循环队列示意图

（1）入队运算

入队运算是指在循环队列的队尾加入一个新元素。入队运算由两个基本操作构成：首先将队尾指针加 1（即 rear+1），然后将新元素插入到队尾指针指向的位置。例如，在图 11-18（a）的循环队列中插入元素 F，先将队尾指针 rear + 1，此时新的 rear= front，然后将新元素 F 插入到队尾指针指向的位置。

当循环队列非空且队尾指针等于队头指针时（即 rear= front），说明循环队列已满，如图 11-18（c）所示。此时不能进行入队运算，若有元素入队产生“上溢”错误。例如，如果再要插入 G 元素，则会出现“上溢”错误。

循环队列的初始状态为空，插入元素后，循环队列中元素的个数=rear−front。

（2）退队运算

退队运算是指在循环队列的排头位置退出一个元素并赋给指定的变量。退队运算由两个基本操作构成，先将队头指针加 1（即 front = front + 1）；再将队头指针指向的元素赋给指定的变量，删除该元素。当循环队列为空时，不能进行退队运算，这种情况称为“下溢”。例如，将循环队列中的元素 A、B、C、D、E、F 依次退队，最后 front = rear，循环队列为空。若再要退队会产生“下溢”错误。

11.2.4　树与二叉树

在前面 11.1.2 数据结构的基本概念小节中介绍了树的概念，树结构是一种简单的非线性结构，在树这种数据结构中，所有数据元素之间的关系具有明显的层次特性。二叉树是树的一种特例，也是非线性结构。

1. 树的基本概念

在树的图形表示中，用直线连起来的两端节点，设定上端节点是前件，下端节点是后件。这样表示前后继关系的箭头就可以省略。在所有的层次关系中，人们最熟悉的是血缘关系，按血缘关系可以很直观地理解树结构中各数据元素节点之间的关系，因此，在描述树结构时，也经常使用血缘关系中的一些术语。

2. 树的一些术语

如图 11-19（a）所示的树结构中，每一个节点只有一个前件，称为父节点。没有前件的节点只有一个，称为树的根节点，例如，A 节点称为树的根。每一个节点可以有多个后件，称为该节点的子节点，如 A 的子节点有 B、C、D。没有后件的节点称为叶子节点，如 E、K、L、M、H、N、J。在树结构中，一个节点所拥有的后件的个数称为该节点的度，例如，A 和 C 的度为 3，B 和 G 的度为 2，D、F 和 I 的度为 1，叶子节点的度为 0。所有节点中最大的度称为树的度，树的度为 3。树是一种层次结构，一般的分层原则为：根节点在第 1 层，在图 11-19（a）中，根节点 A 在第 1 层；根节点的所有子节点都在第二层，例如，节点 B、C、D 在第 2 层；同一层的所有节点的所有子节点都分在下一层。节点 E、F、G、H、I、J 在第 3 层；节点 K、L、M、N 在第 4 层。树的最大层次称为树的深度。例如图 11-19（a）所示树的深度为 4。

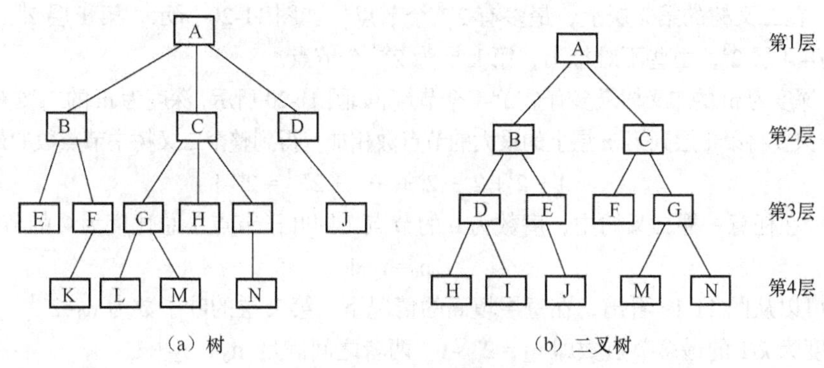

图 11-19　树结构示意图

子树是指以某节点的一个子节点为根构成的树称为该节点的一棵子树，例如图 11-19（a）所示的 B、E、F、K 是以 B 节点为根的一棵子树。树中节点 B、C、D 是 A 的孩子；A 是 B、C 或 D 节点的双亲。同一个双亲的孩子成为兄弟，E、F 是兄弟，B、C、D 是兄弟。E、G 是表兄弟。在计算机中，可以用树结构来表示算术表达式，用树来表示算术表达式的原则如下：

① 表达式中的每一个运算符在树中对应一个节点，称为运算符节点。

② 运算符的每一个运算对象在树中为该运算符节点的子树（在树中的顺序为从左到右）。

③ 运算对象中的单变量均为叶子节点。

3. 二叉树

二叉树是一种度小于等于 2 的树，是常用的非线性结构。定义如下：

二叉树是 n（$n \geqslant 0$）个节点的有限集合，它或者是空集（$n=0$），或者由一个根节点及两棵互不相交的、分别称这个根的左子树和右子树的二叉树组成。

二叉树具有以下两个特点：

① 非空二叉树只有一个根节点；

② 每一个节点最多有两棵子树，且分别称为该节点的左子树与右子树。

根据二叉树的概念可知，二叉树的度可以为 0（叶节点）、1（只有一棵子树）或 2（有 2 棵子树）。所有子树（左子树或右子树）也均为二叉树，如图 11-19（b）所示。

4. 二叉树基本性质

讨论二叉树的基本性质，可以按每层画出允许最多节点，如图 11-20 所示，通过比较和简单计算，可以看出其规律性。

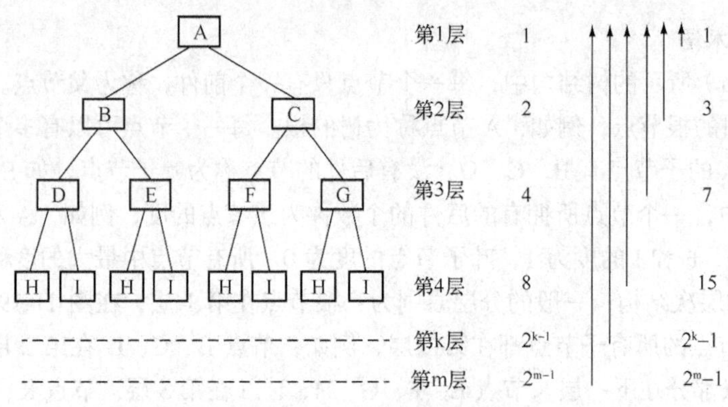

图 11-20　二叉树基本性质

性质 1　在二叉树的第 k 层上，最多有 2^{k-1} 个节点，如图 11-20 所示，第 1 层 2^0，第 2 层 2^1，第 3 层 2^2，第 4 层 2^3，由些不难推出，第 k 层为 2^{k-1} 个节点。

性质 2　深度为 m 的二叉树最多有个 2^m-1 个节点。如图 11-20 所示，深度为 m 的二叉树共有 m 层。根据性质 1，只要将第 1 层到第 m 层上的最大的节点数相加，得到整个二叉树中节点数的最大值，即

$$1+2^1+2^2+2^3+\cdots+2^{m-1}=2^m-1$$

性质 3　在任意一棵二叉树中，度数为 0 的节点（即叶子节点）总比度为 2 的节点多一个。

$$n_0=n_2+1 \qquad (11\text{-}1)$$

该性质可以从图 11-19 看出，在每层填满的情况下，第 k 层的叶子数为 $n_0=2^{k-1}$，度为 2 的节点数即为深度为 k-1 的最多节点数即 $n_2=2^{k-1}-1$，两者之间满足 $n_0=n_2+1$。

任何一个二叉树都可以用每层填满的二叉树通过删除叶子节点获得。从度为 2 的节点删除其一个叶子，则度为 2 的变为度为 1 的节点，减少一个叶子则减少一个度为 2 的节点，即 $n_0-1=n_2$。从度为 1 的节点删除其叶子，则度为 1 的节点变为叶子，叶子数不变。所以总有 $n_0=n_2+1$。

一般教材对于这个性质说明如下：假设二叉树中有 n_0 个叶子节点，n_1 个度为 1 的节点，n_2 个度为 2 的节点，则二叉树中总的节点数为

$$n=n_0+n_1+n_2 \qquad (11\text{-}2)$$

由于在二叉树中除了根节点外，其余每一个节点都有唯一的一个分支进入。设二叉树中所有进入分支的总数为 m，则二叉树中总的节点数为 n=m+1。

又由于二叉树中这 m 个进入分支是分别由非叶子节点射出的。其中度为 1 的每个节点射出 1 个分支，度为 2 的每个节点射出 2 个分支。因此，二叉树中所有度为 1 与度为 2 的节点射出的分支总数为 n_1+2n_2。而在二叉树中，总的射出分支数应与总的进入分支数相等，即

$$m=n+2n_2 \qquad (11\text{-}3)$$

将式（11-3）代入式（11-2）有

$$n=n_0+2n_2+1 \qquad (11\text{-}4)$$

最后比较式（11-2）和式（11-4），有

$$n_0+n_1+n_2=n_1+2n_2+1 \qquad (11\text{-}5)$$

化简后得 $n_0=n_2+1$。

即：在二叉树中，度为 0 的节点（即叶子节点）总是比度为 2 的节点多一个。

5. 满二叉树

满二叉树（见图 11-21（a））指深度为 k，且具有 2^k-1 个节点的二叉树。满二叉树具有如下特点：

① 二叉树的每一层都是满的，并且整棵树都是满的；

② 树中只有度为 2 的节点和叶子节点，且叶子节点分布在最后一层上。

6. 完全二叉树

完全二叉树（见图 11-21（b））指深度为 k 的二叉树，如果其 k-1 层构成一棵深度为 k-1 的满二叉树，而最后一层上的节点是向左充满分布，则此二叉树称为完全二叉树。完全二叉树具有如下特点。

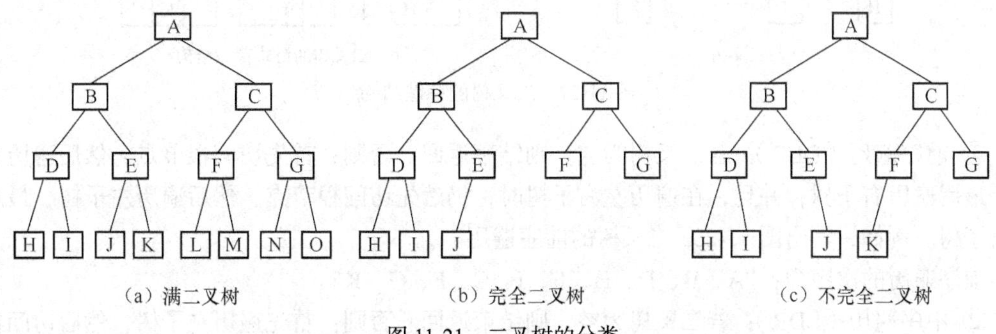

图 11-21　二叉树的分类

①二叉树 k-1 层是满二叉树。

② 最后一层上的节点是向左充满分布。

③ 叶子节点分布在最后两层上。

不满足②特点的二叉树称为不完全二叉树，如图 11-21（c）所示。

性质 4　具有 n 个节点的完全二叉树，其深度为$[\log_2 n]+1$，其中$[\log_2 n]$表示取 $\log_2 n$ 的整数部分。

设其深度为 k，根据性质 2 和完全二叉树的定义有：

$2^{k-1}-1 < n <= 2^k-1$　　　即 $2^{k-1} <= n < 2^k$

不等式取对数有：　　　$k-1 <= \log_2 n < k$

k 为整数，将 $\log_2 n$ 取整记为$[\log_2 n]$，有$[\log_2 n] = k-1$，因此有

$k = [\log_2 n] + 1$

性质 5　设完全二叉树共有 n 个节点，如果从根节点开始，按层序（每一层从左到右）用自然数 1，2… n 给节点进行编号，则对于编号为 k（k=1，2… n）的节点有以下结论：

① 若 k=1，则该节点为根节点，它没有父节点；若 k>1，则该节点的父节点的编号为 INT(k/2)。

② 若 $2k \leqslant n$，则编号为 k 的左子节点编号为 $2k$；否则该节点无左子节点（显然也没有右子节点）。

③ 若 $2k+1 \leqslant n$，则编号为 k 的右子节点编号为 2k+1；否则该节点无右子节点。

7. 二叉树的存储结构

二叉树通常采用链式存储结构。链式存储结构与线性链表相类似，用于存储二叉树中各元素的存储节点由两部分组成：数据域和指针域。在二叉树中，由于每一个元素可以有两个后件（即两个子节点），因此，用于存储二叉树的存储节点的指针域有两个：一个用于指向该节点的左子节点的存储地址，称为左指针域；另一个用于指向该节点的右子节点的存储地址，称为右指针域。例如，图 11-22（a）所示二叉树的链式存储结构如图 11-22（b）所示。

8. 二叉树的遍历

二叉树的遍历是指不重复地访问二叉树中的所有节点。二叉树的遍历可以分为前序遍历、中序遍历、后序遍历 3 种方式。

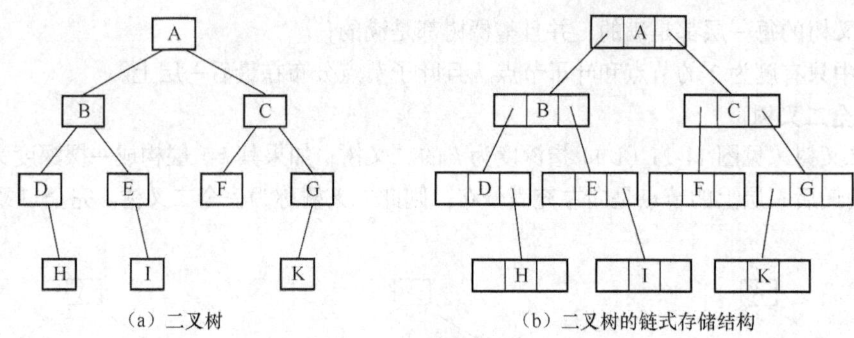

图 11-22　二叉树的存储结构

① 前序遍历（DLR）：若二叉树为空，则结束返回。否则：首先访问根节点，然后遍历左子树，最后遍历右子树；并且，在遍历左右子树时，仍然先访问根节点，然后遍历左子树，最后遍历右子树。例如，写出图 11-23a 二叉树的前序遍历。

前序遍历的次序为："A、B、D、H、E、I、C、F、G、K"。

② 中序遍历（LDR）：若二叉树为空，则结束返回。否则：首先遍历左子树，然后访问根节点，最后遍历右子树；并且，在遍历左、右子树时，仍然先遍历左子树，然后访问根节点，最后遍历右子树。例如，写出图 11-23a 二叉树的中序遍历。

中序遍历的次序为"D、H、B、E、I、A、F、C、K、G"。

③ 后序遍历（LRD）：若二叉树为空，则结束返回。否则：首先遍历左子树，然后遍历右子树，最后访问根节点，并且，在遍历左、右子树时，仍然先遍历左子树，然后遍历右子树，最后访问根节点。例如，写出图 11-23a 二叉树的后序遍历。

后序遍历的次序为"H、D、I、E、B、F、K、G、C 、A"。

如果已知前序遍历和中序遍历，求后序遍历时，先比较各元素在前序遍历和中序遍历出现的次序，画出二叉树，然后写出后序遍历。例如，已知二叉树的前序遍历为"A、B、D、E、G、C、F、H、P"，中序遍历为"D、B、G、E、A、C、H、F、P，"试写出后序遍历。

根据前序遍历第 1 个节点为 A 可知根节点为 A，由中序遍历可知 A 的左子树为 D、B、G、E，根节点 A 的右子树为 C、H、F、P；根节点 A 左子树的前序遍历为 B、D、E、G，根节点 A 右子树的前序遍历为"C、F、H、P"。

B 子树的左子树为 D，只有一项为叶子，右子树前序为 E、G、中序为 G、E，所以 E 为 B 的右子树根，G 为其左子树。画出 B 子树的二叉树如图 11-23（a）所示。

C 子树的没有左子树，因为中序遍历中 C 为第 1 个节点，F 为右子树的根，由中序遍历可知 H 为左子树，P 为右子树，画出 C 子树的二叉树如图 11-23（b）所示。

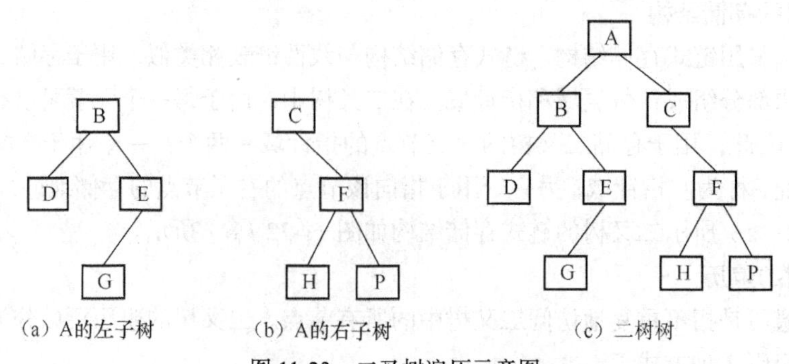

图 11-23　二叉树遍历示意图

根据二叉树写出后序遍历为“D、G、E、B、H、P、F、C、A”。

11.2.5 查找技术

查找是对给定的数据结构中查询某个指定的元素，得出查找结果。

查找结果分二种情况，找到指定元素则查找成功，返回该元素的节点位置；没找到指定元素则查找不成功，返回相关指示信息。

查找算法的性能指标有平均查找长度和算法最坏情况比较次数。

平均查找长度 ASL：查找过程中关键字和给定值进行比较，需要执行的平均比较次数。

$$ASL=\sum_{i=1}^{n}p_iC_i \tag{11-6}$$

式（11-6）中：n 为节点个数；P_i 为查找到第 i 个节点的概率；C_i 为找到第 i 个节点需要比较的次数。

查找算法最坏情况比较次数 c（n）指查找过程中可能出现最多的比较次数。

根据查找中比较的方法分类，可以分为顺序查找和二分查找二类。

1．顺序查找

顺序查找的基本思想是从表中的第一个元素开始，将给定的值与表中逐个元素的关键字进行比较，直到两者相符，查到所要找的元素为止。否则就是表中没有要找的元素，查找不成功。

在平均情况下，利用顺序查找法在线性表中查找一个元素，大约要与线性表中一半的元素进行比较，最坏情况下需要比较 n 次。

顺序查找一个具有 n 个元素的线性表，其平均复杂度为 O（n）。

下列两种情况下只能采用顺序查找。

① 查找无序线性表，不管是顺序存储结构还是链式存储结构，都只能用顺序查找。

② 查找链式存储结构的有序线性表，只能用顺序查找。

2．二分法查找

二分法查找是对具有顺序存储结构的有序表进行查找，算法思想是先用对分确定待查找记录所在的范围，然后逐步对分缩小范围，直到找到或确认找不到该记录为止。

查找过程如下：

① 若中间项（中间项 mid=(n-1)/2，mid 的值四舍五入取整）的值等于 x，则说明已查到；

② 若 x 小于中间项的值，则在线性表的前半部分查找；

③ 若 x 大于中间项的值，则在线性表的后半部分查找。

二分法查找的特点：比顺序查找方法效率高；最坏的情况下，需要比较 $\log_2 n$ 次。

二分法查找只适用于顺序存储的线性表，且表中元素必须按关键字有序（升序）排列。对于无序线性表和线性表的链式存储结构只能用顺序查找。在长度为 n 的有序线性表中进行二分法查找，其时间复杂度为 O（$\log_2 n$）。

11.2.6 排序技术

排序是指将一个无序的序列整理成按值升序或降序顺序排列的有序序列，即是将无序的记录序列调整为有序记录序列的一种操作。

1．排序

给定一组记录的集合$\{r_1, r_2, \cdots\cdots, r_n\}$，其相应的关键字分别为$\{k_1, k_2 \cdots\cdots k_n\}$，排序是将这些

记录排列成顺序为{r_{s1}，r_{s2}……r_{sn}}的一个序列，使得相应的关键字满足 $k_{s1} \leqslant k_{s2} \leqslant \cdots\cdots \leqslant k_{sn}$（称为升序）或 $k_{s1} \geqslant k_{s2} \geqslant \cdots\cdots \geqslant k_{sn}$（称为降序）。

2. 常用排序算法

常用排序算法包括交换排序、插入排序、选择排序和归并排序 4 种主要类型。

（1）交换排序法

交换排序的主要操作是交换记录，其主要思想是：在待排序列中选两条记录，将两条记录的关键字进行比较，如果排列顺序与排序后的次序相反，则交换两者的存储位置。交换排序法主要包括冒泡排序和快速排序。

（2）插入排序法

插入排序的主要操作是插入记录，其基本思想是每次将一个待排序的记录按其关键字的大小插入到一个已经排好序的有序序列中，直到全部记录排好序为止。插入排序包括直接插入排序，希尔排序等。

（3）选择排序法

选择排序的主要操作是选择最小元，其主要思想是：每趟排序在当前待排序序列中选出关键码最小的记录，添加到有序序列中。选择排序包括简单选择排序和堆排序等。

（4）归并排序法

归并是将两个或两个以上的有序序列合并成一个有序序列的过程。

归并排序的主要操作是合并有序序列，其主要思想是：将若干有序序列逐步归并，最终得到一个有序序列。

3. 算法性能指标

算法性能指标如表 11-1 所示。

表 11-1 算法性能指标

排序方法	平均情况	最好情况	最坏情况	最坏比较次数
直接插入排序	$O(n^2)$	$O(n)$	$O(n^2)$	$c(n) = n(n-1)/2$
希尔排序	$O(n\log_2 n)$	$O(n^{1.3})$	$O(n^2)$	$c(n) = n^{1.5}$
冒泡排序	$O(n^2)$	$O(n)$	$O(n^2)$	$c(n) = n(n-1)/2$
快速排序	$O(n\log_2 n)$	$O(n\log_2 n)$	$O(n^2)$	$c(n) = n(n-1)/2$
简单选择排序	$O(n^2)$	$O(n^2)$	$O(n^2)$	$c(n) = n(n-1)/2$
堆排序	$O(n\log_2 n)$	$O(n\log_2 n)$	$O(n\log_2 n)$	$c(n) = n\log_2 n$
归并排序	$O(n\log_2 n)$	$O(n\log_2 n)$	$O(n\log_2 n)$	$c(n) = n\log_2 n$

11.3 程序设计基础

11.3.1 程序设计方法和风格

程序设计是指设计、编制、调试程序的方法和过程。程序设计从问题建模开始，设计算法，编写源程序代码，编译调试程序和整理书写文档五个阶段。程序设计方法是为程序设计提供系统、抽象和完备的设计思想，针对不同的应用类型提供清晰、正确、可靠、易开发、易维护和易升级的程序设计工具。

从程序设计的发展历程来看，随着硬件水平的提高，程序设计方法从开始的非结构化程序设计方法，到结构化程序设计方法，再到面向对象程序设计方法，走过一段不断发展的历程。其中，程序设计服务用户的性质也得到相应的发展，从单用户的独占程序设计，到并发程序设计；从多用户的并行程序设计，到网络多用户的分布式程序设计的发展历程。

程序设计的风格是指程序设计的风范格局，是程序内容与书写形式相互统一的表现形式，是由程序员的个性特徵、教育背景、使用教材、编程经历、团队的规定等诸多条件影响下形成的编程习惯。程序设计的风格是编程思想的开放性、程序开发的统一性、程序结构的层次性和程序内容的易读性的表现形式，是程序员对程序书写形式一贯性的体现。

程序设计的风格强调："清晰第一，效率第二"。要求源程序文档化，数据说明明晰，语句结构规范，输入输出合理合法，程序逻辑正确、数据完整。

1. 源程序文档化

源程序采用没有格式编排的文本文件，使用一般的文本编辑器均能编辑修改。程序的命名系统要规范，不重复。增加注释文档可提高程序的可读性。

① 符号名的命名要符合指定的规范，符号名要见文知义，能够反映该名称所代表的实际含义。

② 程序中要有必要的注释，注释分为序言性注释和功能性注释。

序言性注释：位于程序开头部分，包括程序标题、程序功能说明、主要算法、接口说明、程序位置、开发简历、程序设计者、复审者、复审日期及修改日期等。

功能性注释：嵌在源程序体之中，用于描述其后的语句或程序的主要功能。

③ 合理组织程序的缩进格式，为程序员提供清晰的视觉感受。要利用空格、空行和缩进等技巧使程序显得层次清晰，条理分明。

2. 数据说明规范化

程序中数据说明要规范，要做到先定义后使用。

① 数据说明的次序要规范化。

② 说明语句中变量安排要有序化。

③ 使用注释来说明复杂数据的结构。

3. 编写程序语句的原则

编写程序语句的原则是清晰第一，效率第二。

① 尽量在一行内只写一条语句，一条语句最好在一行内写完，不要分成几行写。

② 程序编写应优先考虑清晰性和正确性。

③ 在保证程序正确的基础上再提高效率。

④ 使用常用的语句与结构。

⑤ 避免使用临时变量而使程序的可读性下降。

⑥ 避免不必要的转移。

⑦ 尽量使用库函数。

⑧ 避免采用复杂的条件语句。

⑨ 尽量减少使用"否定"条件语句。

⑩ 数据结构要有利于程序的简化。

⑪ 要模块化，使模块功能尽可能单一化。

⑫ 利用信息隐蔽，确保每一个模块的独立性。

⑬ 从数据出发去构造程序。

⑭ 不要修补不好的程序，要重新编写。

4. 输入和输出

① 对输入数据检验数据的合法性。

② 检查输入项的各种重要组合的合法性。

③ 输入格式要简单，使得输入的步骤和操作尽可能简单。

④ 输入数据时，应允许使用自由格式。

⑤ 应允许缺省值。

⑥ 输入一批数据时，最好使用输入结束标志。

⑦ 在以交互式输入/输出方式进行输入时，要在屏幕上使用提示符明确提示输入的请求，同时在数据输入过程中和输入结束时，应在屏幕上给出状态信息。

⑧ 当程序设计语言对输入格式有严格要求时，应保持输入格式与输入语句的一致性。给所有的输出加注释，并设计输出报表格式。

11.3.2 结构化程序设计

程序设计质量的评价标准是受计算机硬件条件制约的。计算机发展初期，计算机的内存很小，CPU 的速度不高，衡量程序质量的主要标准是看程序运行时所占用的内存大小和运行时间的长短。人们在节省内存和缩短运行时间上下了很多功夫，采用了很多技巧，这样的非结构化程序运行时间短，占用内存小，但是很难看懂，不便交流。随着计算机内存的增加，CPU 速度的加快，程序对内存的需求和对 CPU 运行时间的需求很容易满足，因此要求程序的结构清楚，条理分明，易读易懂，便于相互交流和便于维护修改。由荷兰学者 E.W.Dijkctra 提出的“结构化程序设计方法”，结构化程序设计应运而生。

结构化程序设计是面向过程的程序设计方法，是软件发展历程中的一个重要的里程碑。结构程序设计提供一种进行程序设计的原则和方法，按照这种原则和方法设计出的程序的特点是结构清晰、容易阅读、容易修改和容易验证。结构程序设计语言是按照结构程序设计的要求设计出的程序设计语言。结构化程序是按照结构程序设计的思想编制出的程序。

结构化程序设计强调程序结构和程序设计方法，使用单一入口和单一出口的三种基本结构即顺序结构、分支选择结构和循环结构组成程序的算法。编写程序采用项目化、规范化、模块化和结构化的设计方法。其设计思想是“自顶向下，逐步求精”。

将一个复杂问题的程序设计看成一项大的项目，自顶向下将其分成若干子项目，分成若干层次，逐步细化后，把一个复杂的问题分解成功能单一、相对独立的问题处理模块。每一个问题处理模块设计成一个函数（或过程），每个模块（函数）只使用三种基本结构来描述。模块内部的结构只有单一的入口和单一的出口，模块与外部联系也只有单一的入口和单一的出口。每个函数根据其功能先编写程序框架，逐步深入，直到精确地编写每一个程序结构，精确地编写每一条语句。这是“自顶向下，逐步求精”的设计思想。

完成编程后，应该“自底向上，逐步求证”，检查每条语句是否正确，检查每个程序结构的逻辑是否正确，检查每个模块的功能是否正确，直到检查整个程序是否达到问题的要求，通过编辑、编译、连接、运行和调试来检查程序是否达到精度要求。

1. 结构化程序设计的主要原则

结构化程序设计方法的主要原则是：自顶向下，逐步求精，模块化，限制使用 goto 语句。

① 自顶向下。程序设计时，先考虑总体，再考虑局部，后考虑细节；先确定全局目标，再确定局部目标，先从最上层总目标开始设计，再分解一个一个的局部目标，逐步使问题具体化、简单化；然后着手具体的细节编程。

② 逐步求精。对一个复杂问题，先设计一些子目标作过渡，再将子目标逐步细化，细化到每一个具体问题，用精准的方法编制程序。

③ 模块化。一个复杂问题，肯定是由若干稍简单的问题构成。模块化是把程序要解决的总目标分解为分目标，再进一步按功能分解为具体的小目标，每个小目标完成一个独立的功能，编制成一个子函数称为一个程序模块。

由于模块相互独立，因此在设计其中一个模块时，不会受到其它模块的牵连，因而可将原来较为复杂的问题化简为一系列简单模块的设计。模块的独立性还为扩充已有的系统、建立新系统带来了不少的方便，可以充分利用现有的模块作积木式的扩展。

④ 限制使用 goto 语句，因为 goto 语句容易破坏程序的结构化。

2. 结构化程序的基本特点

结构化程序只有一个入口，只有一个出口，对每一个框都有一条从入口到出口的路径通过，不包含死循环。

3. 结构化程序的基本结构

结构化程序的基本结构有 3 种：顺序结构、选择结构和循环结构。

① 顺序结构。一种简单的程序设计，即按照程序语句行的自然顺序，一条语句一条语句地依次执行程序，这是最基本、最常用的程序结构。

② 选择结构。又称分支结构，包括简单选择和多分支选择结构，可根据条件，判断应该选择哪一条分支来执行相应的语句序列。

③ 循环结构。又称重复结构，可根据给定的条件，判断是否需要重复执行循环体。循环结构表示程序反复执行某个或某些操作，直到某条件为假（或为真）时才可终止循环。循环结构的基本形式有两种：当型循环和直到型循环。

当型循环：测试循环条件时，当条件为真，执行循环体，修改循环变量后，自动返回到循环入口，测试循环条件；如果条件不满足，则退出循环，执行循环流程出口处的下一条语句。因为是“当条件满足时执行循环”，即先判断后执行，所以称为当型循环。

直到型循环：表示从结构入口处直接执行循环体，在循环终端处判断条件，如果条件不满足，返回入口处继续执行循环体，直到条件为真时再退出循环，这种循环是先执行后判断，因为是“直到条件为真时为止”，所以称为直到型循环。

仅仅使用顺序、选择和循环三种基本控制结构就足以表达各种其他形式结构，从而实现任何单入口/单出口的程序。

4. 实施结构化程序设计的应用规范

基于结构化程序设计原则、方法以及结构化程序基本构成结构的掌握和了解，在结构化程序设计的具体实施中，要注意以下几点。

① 使用程序设计语言中的顺序、选择、循环等有限的控制结构表示程序的控制逻辑。

② 选用的控制结构只准有一个入口和一个出口。

③ 程序语句组成容易识别的块，每块只有一个入口和一个出口。

④ 复杂结构应该用嵌套的基本控制结构进行组合嵌套来实现。

⑤ 程序设计语言中应该采用前后一致的方法来描述程序算法。

⑥ 严格控制 GOTO 语句的使用。避免破坏程序结构，形成非结构化程序。如果不使用 GOTO 语句会使功能模糊时可以使用 GOTO 语句；在某种可以改善而不是损害程序可读性的情况下可以使用 GOTO 语句。

11.3.3 面向对象的程序设计

面向对象程序设计是以类和对象为理论基础的程序设计方法。对象是人们现实生活中对实体的模拟，把实体和实体的运动变化规律用对象的属性值来描述，并抽象成数据；把用户对实体的操作以及实体之间的相互作用抽象成对数据的操作，称为方法，用函数实现方法的编程。从对象属性的描述抽象出的数据和对数据操作的方法封装在一起，形成对象的高度概括与抽象描述称为类，类实现了对数据和相关函数的封装和信息隐蔽，类通过接口与外界通信。类是一种数据类型，对象是类的变量，类和对象的关系相当于普通数据类型和它的变量之间的关系，对象是类的实例。

1. 面向对象程序设计的基本概念

面向对象程序设计的基本概念中，类和对象、事件、方法、事件驱动是主要的概念。

（1）对象

对象是在研究的问题域中对具有各种特征和各种状态的实体以及改变实体状态操作的抽象，是对多个具有特定意义的数据及基于数据的多个方法的集合的封装体。每个对象都有自己的属性、事件、方法和集合。在面向对象程序设计语言中，对象则由各种控件和容器表示，常用的对象有表单、表单集、表格、页框、标签、文本框、命令按钮、单选按钮、复选框、编辑框、列表框和组合框等。如果一个对象能包括其他对象则称为容器，如表单（或窗体）、表单集、表格、页框和页面等为容器，其他对象为控件。

（2）属性

描述对象的特征或状态的量称为属性。任一给定特征或任一给定状态的符号表示称为属性值。属性值可以在属性设置时修改，也可以在程序运行时修改。

（3）事件

事件表示某种变化或用户某种操作，例如<单击>产生 click 事件。事件因对象状态或特性的改变而产生；对象识别事件并做出相应的反应。

（4）方法

方法描述对象的行为，当某个事件发生时，就将触发一系列的操作，对这一系列操作的描述称为方法。它实际上是一系列程序代码的集合，当某个事件发生或用户调用时被执行。

（5）事件驱动

当某个事件发生时，会发出相应的消息，触发相应的方法，称为事件驱动。

（6）类

类是具有共同属性与方法的对象的抽象，它是为实现程序共享而设计的软件，它相当于建立对象的模板。类定义后，可以派生生成对象，这些对象生成时的属性与方法和类相同，称为继承。对象是类的实例。

（7）类库

将多种类的定义存放在一个文件中，该文件称为类库。数据库管理系统向用户提供了多个基本类库，多种控件。还可以调用 Windows 及其他语言提供的 ActiveX、OLE 类库或控件，用户使用系统提供的设计器、工具栏中的工具可以轻而易举地通过复制、粘帖或拖动，利用类的继承性派生出自己系统所需的控件对象。数据库管理系统还提供了多种生成器，方便用户静态地完成对控件属性的设定及对方法的设计。

用户可以定制自己的类库，并在用户程序中使用，大大提高程序复用性能，不仅减少程序编辑过程、减少重复书写、重复设计、提高设计效率，而且可大大提高设计质量、减少程序错误、减少程序维护工作量，尽可能地避免重复开发。

（8）子类

用现有类创建新类时，新类保留了现有类的属性和方法称为继承。子类是继承现有类的属性和方法，并定义新的属性和方法后，创建的新类。

面向对象程序设计的出现和发展，给软件系统设计与实现带来一次崭新的变革：改革了传统的过程设计中可扩充性差的弊端，增加了软件可扩充性和可重用性，改善并提高了程序员编程效率和编程质量，减少了软件维护的开销。目前面向对象程序设计方法已成为软件开发中最普遍应用的方法。可视化与面向对象程序设计方法成为软件设计的主流方法。

2. 面向对象程序设计语言的特性

面向对象程序设计语言具有很多特性，主要包括抽象性、封装性、传递性、可见性、安全性、继承性、派生性及多态性等诸多特性，这些特性是结构化程序设计所不具备的，是面向对象程序设计独有的特性。

（1）抽象性

抽象性是面向对象程序设计的重要特性，抽象是人类对客观实体或事物进行分门别类的研究所采用的最基本的方法和手段。面向对象程序设计中的抽象是将具有共性的对象按类别进行分析和认识，寻找共同的属性、共同的状态和共同的处理过程，经过概括总结，确定出这类对象的公共性质和共同的状态，将其抽象成数据，并将共同的处理过程抽象为行为。找出同类对象的共性抽象为类，类是由数据和行为构成的整体，是 C++的一种数据类型。

实体的分类是对一组具有共同属性和行为的对象的抽象。如人类是由老人、小孩、男人、女人、王锋、张华、张三及李四等个别的人群或人构成，人类的共同属性包括能直立行走、用脑思维、会使用工具、具有语言交流能力等属性和行为能力，人类中某个人如王锋是人类的一个实例。又如船类、航空器类、食品类及服装类的抽象都是实体的分类方法。

实体中的对象是人们认识、研究实体的基本单元，可将实体分隔成一个个的个体，如一个人、一名学生、一艘船、一架飞机、一次班会、一次演讲等。每个个体就是实体的一个基本单元，就是一个对象。对象可以很简单，也可很复杂，复杂的对象可由若干个简单对象组成。对象是实体中的一个基本单元，具有以下特性。

① 每个对象都有一个用于与其他对象相区别的名字。

② 每个对象具有自身的特征和对特征的量化值，称为对象的属性与状态。

③ 每个对象具有一定的功能和行为能力，用一组操作描述对象的功能与行为，每一个操作决定对象的一种行为。

④ 对象的状态只能被自身的行为所改变。

⑤ 对象之间以消息传递的方式相互通信。

对一个事物的抽象一般包括两个方面：数据抽象和行为抽象。数据抽象是将对象的属性和状态描述成数据，属性用变量表示，状态用变量值表示。行为抽象是对数据进行处理的描述，行为抽象又称为代码抽象。

将实体中的类与对象抽象成面向对象程序设计语言 C++中的类与对象：采用数据抽象，将描述实体属性的特征和特征值表示为成员变量和状态，并为成员变量命名；采用行为抽象，将定义在数据上的一组操作表示为成员函数，为成员函数命名并编写函数体。

类是具有相同属性和行为的一组对象的集合,为属于该类的全部对象提供了统一的抽象描述,其内部包括属性和行为两个主要部分。

（2）封装性

封装是把实体包装起来形成一个有机的整体，封装具有不同的层次，可以根据功能的重要程度进行封装，也可以根据安全性进行封装。例如，一辆轿车的封装过程中，核心引擎的封装是处于核心地位的，其他部件的封装则要次之。封装使实体内部的成员能够获得有效的保护，封装的整体更适应外界的环境。面向对象程序设计通过声明类、定义对象实现封装机制，类与对象中的成员包含数据和对这些数据进行处理的操作代码即方法。类与对象中的成员可以根据需要定义为公有的、受保护的和私有的三个层次，私有成员在对象中被隐蔽起来，不能被对象以外的函数访问；公有成员提供了对象与外界的接口，外界只能通过这个接口与对象发生联系。通过封装，类与对象将实体的数据和行为的结合起来，有效地实现了内部私有成员的屏蔽。

在面向对象的程序设计中，封装是把类与对象相关的数据和代码结合成一个有机的整体，形成数据和操作代码的封装体，对象对外只提供可以控制的接口，内部大部分的实现细节对外隐蔽，达到对数据访问权的合理控制。封装使程序各个模块之间的相互联系达到最小，提高了程序的安全性，简化了程序代码的编写工作。

（3）传递性

传递性是指消息的传递性，Windows 的程序都是采用事件驱动、消息传递和对象方法处理的运行机制。事件是系统定义的一组用户操作，以及对象的特性及状态的变化，例如用户<单击>对象产生 click 事件，系统装载程序产生 load 事件等。事件驱动是指当某个事件发生时，会发出相应的消息，传递到对象方法程序，触发相应的方法，称为事件驱动。

消息是用户及系统触发事件后，系统按照预先规定向接收对象发出一个执行某个操作的规格说明，通知对象已经发生事件。例如，用户<双击>鼠标、改变窗口尺寸及按下键盘上的任一键都会产生事件，系统发送相应的消息给接收对象。消息是系统预先定义的一个 32 位值，消息的 32 位值唯一的确定了一个事件。消息的数据类型是结构体，类型名叫做 MSG，MSG 含有来自 Windows 应用程序消息队列的消息信息，在 Windows 中声明如下：

```
typedef  struct  tagMsg
HWND  hwnd;                    // 接受该消息的窗口句柄
UINT message;                  // 消息常量标识符，就是通常所说的消息号
WPARAM wParam;                 // 32 位消息的特定附加信息，确切含义依赖于消息值
LPARAM lParam;                 // 32 位消息的特定附加信息，确切含义依赖于消息值
DWORD time;                    // 消息创建时的时间
POINT pt;                      // 消息创建时的鼠标/光标在屏幕坐标系中的位置
}MSG;
```

成员变量 hwnd 是 32 位可视对象的句柄（即窗口、对话框、按钮和编辑框的句柄）。

成员变量 message 用于区别其他消息的常量值,这些常量可以是 Windows 单元中预定义的常量,也可以是自定义的常量。消息标识符以常量命名的方式指出消息的含义。当窗口过程接收到消息之后，他就会使用消息标识符来决定如何处理消息。例如，WM_PAINT 告诉窗口过程窗体客户区被改变了需要重绘。符号常量指定系统消息属于的类别，其前缀指明了处理解释消息的窗体的类型。

成员变量 wParam 是一个与消息有关的 32 位常量值，也可能是窗口或控件的句柄。

成员变量 lParam 通常是一个指向内存中数据 32 位的指针。

Windows 系统预先定义了许多消息，每个消息都拥有一个宏定义，用形象的字符串来标识消息，一系列#define 语句将消息与特定数值联系起来，可以在头文件 WinUser.h 中找到这些宏定义。例如：

```
#define WM_MOUSEMOVE 0x0200
#define WM_LBUTTONDOWN 0x0201
#define WM_LBUTTONUP 0x0202
```

Windows 系统预先规定了事件与消息值之间的映射关系，系统保留消息值在 0x0000 到 0x03ff 范围，这个区间的值被用来定义系统消息。 应用程序不能使用这个区间的值作为用户消息。例如消息值 0x0000 --- WM_NULL 表示空消息。

（4）可见性

可见性是从引用标识符的角度讨论标识符可用性的概念，如果标识符在某处可见，则表示可以在该处引用此标识符。标识符必须先声明，后引用。如果某个标识符在外层中已经声明，而且在内层中没有对同一标识符进行声明，则外层已声明的标识符在内层是可见，若内层对同一标识符进行了声明，则外层已声明的标识符在内层是不可见的。

（5）安全性

安全性是指数据使用的安全性。C++提供了多种数据数据安全性的保护机制，在类中专门设置公有的、私有的和受保护的等成员访问的层次，保护私有的和受保护的重要数据，增加数据的安全性。同时有些数据成员允许访问但不可修改，一旦修改可能会出现不可预料的效果。对于这类数据即要保证能在一定范围内共享，又要保证该数据不被任意修改，通常将这类数据用 const 定义为常量。

（6）继承性

在面向对象程序设计中，用现有类创建新类，新类保留了现有类的属性（数据）和方法（操作）称新类继承了现有类的属性和方法，如图 11.24（a）所示，现有类与新类之间具有的这种属性称为继承性。类的继承关系有如下特征：

① 现有类与新类之间具有共享特征，包括数据和代码的共享。

② 现有类与新类之间具有不同部分，包括非共享的数据和代码。

③ 现有类可以创建新类，新类也可以创建新类，现有类与新类之间具有层次关系。如图 11.24（b）所示。

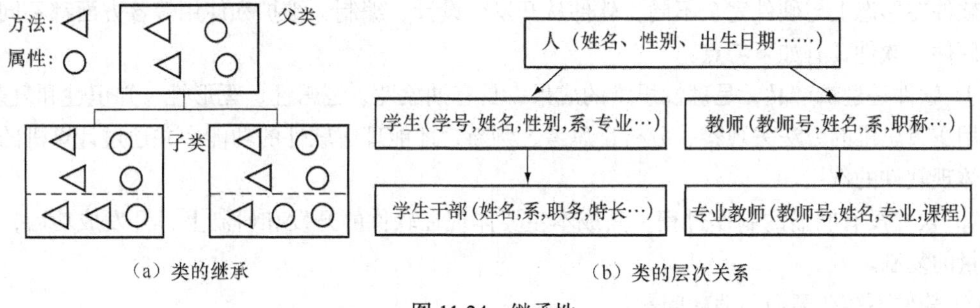

（a）类的继承　　（b）类的层次关系

图 11.24　继承性

（7）派生性

子类是通过继承基类的属性和方法创建的新类，在新类中定义了新的属性和方法。

派生是从基类继承其属性和方法，并调整其访问特性，添加新的属性和方法的操作。派生性是指现有类能够用派生方法生成子类的属性。

（8）多态性

多态性是指标识符或消息使用同一名称，实现不同的功能，从而减少标识符或消息的个数。当发送同一个消息时，由发送消息的对象的不同而采用多种不同的操作行为是一种多态性。例如，当用鼠标单击不同的对象时，各对象就会根据自己的理解作出不同的动作，产生不同的结果，这就是多态性。C++程序设计语言支持编译时的多态性和运行时的多态性两种多态性。编译时的多态性是用函数的重载来实现的，运行时的多态性是用虚函数来实现的。

3. 面向对象方法的主要优点如下：

① 面向对象方法与人类习惯的思维方式，开发的软件容易理解。

② 面向对象方法开发的软件稳定性好，增加软件功能只需增加新的对象，不必全盘修改程序。

③ 面向对象方法开发的软件可重用性好。

④ 用于开发大型软件产品，易于质量控制，提高整体质量，降低成本。

⑤ 面向对象方法开发的软件可维护性好，易于测试和调试。

11.4 软件项目基础

11.4.1 软件项目基本概念

1. 软件的定义

软件指计算机程序、运行程序所需要的数据及其相关的文档。程序是对计算机的处理对象和处理规则的描述，是用程序语言描述的算法和数据结构，是计算机能够执行的指令序列的集合。数据指能被计算机接受、识别、表示、处理、存储、传输和显示的符号，数据采用的组织方式、数据结构、存储结构、数据模型及数据的传递是程序的重要组成部分。文档包括程序中的注释，程序所需的资源说明，开发、维护和使用程序相关的资料等。

国标对软件的定义为：与计算机系统的操作有关的计算机程序、规程、规则，可能有的文件、文档及数据。

2. 软件的特点

软件在形态上与硬件完全不同，软件从开发、设计、编制、维护和使用等各方面都不同于计算机硬件，软件具有如下特点：

① 软件是逻辑产品，是理性思维的成果，具有抽象性、逻辑性、无形性、知识性和复杂性，必须用逻辑思维的方法去观察、分析、思考、判断，才能理解软件的功能，并通过计算机的执行才能体现软件的作用。

② 软件没有明显的制作过程，其成本主要体现在软件的开发和研制上，开发成功后，可进行大量的复制。

③ 软件不存在磨损和消耗问题。

④ 软件的开发、运行依赖于计算机的硬件和软件系统，不易移植。

⑤ 软件的开发依赖于开发者的智力和想象能力，开发成本高，风险大，难于管理；维护困难，维护成本高。

⑥ 软件开发涉及诸多社会因素。

3. 软件的分类

软件按功能分类可以分为系统软件、应用软件和支撑软件 3 类。

① 系统软件居于计算机系统中最靠近硬件的一层，服务于硬件的基础软件，是管理计算机自身资源、提高计算机使用效率并为计算机用户提供各种服务的软件，例如操作系统、汇编程序、编译程序及数据库管理软件等；

② 应用软件是为特定应用领域编制的专用软件。

③ 支撑软件介于系统软件和应用软件之间，帮助用户开发与维护应用软件的工具性软件，包括需求分析工具软件、设计工具软件、编码工具软件、测试工具软件、维护工具软件和管理工具软件等。

4. 软件的作用

软件是用户与硬件之间的接口，是管理和应用计算机和网络资源为用户提供各方位服务的工具。软件控制计算机系统的工作流程，合理地组织系统资源为用户提供有效的信息服务。

11.4.2　软件危机与软件项目

针对 20 世纪 60 年代末出现的软件危机，1968 年北大西洋公约组织在德国招开的国际会议（NATO 会议）提出了软件项目的概念。

1. 软件危机

软件危机泛指计算机软件的开发和维护过程中普遍存在的失控现象，出现一系列严重问题，具体表现如下：

① 软件需求的增长得不到满足。

② 软件开发目标不确定，软件缺少文档资料，用户对已完成的软件系统的不满意现象时有发生。

③ 软件开发成本无法控制，开发进度无法预测。

④ 软件的正确性和完整性没法确认。

⑤ 软件的可靠性差，质量难以保证。

⑥ 软件不可维护或维护程度非常低。

⑦ 软件成本不断提高，难以控制。

⑧ 软件开发生产效率的提高赶不上硬件的发展和应用需求的增长。

分析一下软件危机的表现，不难发现产生软件危机的原因如下。

① 用户需求不明确。在软件开发出来之前，用户对软件开发的具体需求不清楚，描述不精确、不全面，可能有遗漏、有二义性、甚至有错误；在软件开发过程中，用户会提出修改软件开发功能、界面和支撑环境等方面的要求；软件开发人员对用户需求的理解与用户本来愿望有差异。

② 缺乏正确的理论指导。缺乏程序设计方法学在理论方面的指导，缺少工具软件的支持。软件产品开发过程是复杂的逻辑思维过程，开发很大程度上依赖于开发人员的智力，过分地依靠程序设计人员在软件开发过程中的技巧和创造性，加剧软件开发产品的个性化，也是发生软件开发危机的一个重要原因。

③ 软件开发规模越来越大。随着软件应用范围的扩大，软件开发规模也愈来愈大。大型软件开发项目需要组织多人的开发团队共同完成开发任务，多数管理人员缺乏开发大型软件开发系统的经验，多数软件开发人员又缺乏管理方面的经验。各类人员的信息交流不及时，不准确，有

时还会产生误解。软件开发项目开发人员不能有效地、独立自主地处理大型软件开发的全部关系和各个分支，因此容易产生疏漏和错误。

④ 软件开发复杂度越来越高。软件开发不仅在规模上快速地发展扩大，而且复杂性也急剧地增加。软件开发产品的特殊性和人类智力的局限性，导致开发人员无力处理当前的“复杂问题”。这些“复杂问题”的概念是相对的，一旦人们采用先进的组织形式、开发方法和工具提高了软件开发效率和能力，这些“复杂问题”会迎刃而解。

2. 软件项目

软件项目（SE）是研究和应用系统性的、规范化的、可定量的过程化方法去开发和维护软件的项目技术，是把经过时间考验证明正确的管理技术、有效的检测评审方法和高质量的软件制作方法结合起来形成的项目化开发体系。形成软件开发的工艺、工序、方法、工具、过程、实践标准和文档。

国标对软件项目的定义为：软件项目是应用于计算机软件的定义、开发和维护的一整套方法、工具、文档、实践标准和工序。

软件项目包括方法、工具和过程 3 个要素：方法是完成软件项目项目的技术手段；工具支持软件的开发、管理、文档生成；过程支持软件开发的各个环节的控制、管理。

3. 软件项目过程

软件项目过程是将用户需求转化成最终能满足需求且达到项目目标的软件产品所需要的项目活动的集合，主要包括开发过程、运作过程、维护过程、管理过程、支持过程和培训过程等。软件项目过程覆盖了需求、设计、实现、确认以及维护等活动。需求活动包括问题分析和需求分析。问题分析获取需求定义，又称软件需求规约。需求分析生成功能规约。设计活动一般包括概要设计和详细设计。概要设计建立整个软件系统结构，包括子系统、模块以及相关层次的说明、每一模块的接口定义。详细设计产生程序员可用的模块说明，包括每一模块中数据结构说明及加工描述。实现活动把设计结果转换为可执行的程序代码。确认活动贯穿于整个开发过程，实现完成后的确认，保证最终产品满足用户的要求。维护活动包括使用过程中的扩充、修改与完善。

ISO9000 对软件项目过程的定义为：是把输入转化为输出的一组彼此相关的资源和活动。

软件项目过程包含以下 4 种基本活动。

① 软件规格说明 P（Plan）：规定软件的功能及其运行机制。

② 软件开发 D（Do）：产生满足规格说明的软件。

③ 软件确认 C（Check）：确认软件能够满足客户提出的要求。

④ 软件演进 A（Action）：为满足客户的变更要求，软件必须在使用的过程中演进。

4. 软件生命周期

任何事物都有产生、发展、成熟和更新（或消亡）几个阶段，软件也不例外。软件产品从提出、实现、使用、测试、维护到退役后停止使用的全过程称为软件生命周期。软件生命周期划分为 3 个阶段和 10 个基本任务，分别为软件定义、软件开发、软件运行维护 3 个阶段；包括问题定义、可行性研究与项目计划、需求分析、总体设计、详细设计、编码、测试（包括单元测试、综合测试、确认测试）、使用、维护和退役（或更新）10 个基本任务，对于每个阶段和每个基本任务，都明确规定了该阶段和任务的关键问题、实施方法、实施步骤、完成标志，并规定了每个阶段需要产生的文档，如表 11-2 所示。

表 11-2　　　　软件生命周期表

阶段	基本任务	关键问题	完成标志	产生文档
定义阶段	问题定义	问题是什么？	确定软件的目标规模，用户领导确认	目标和规模报告书
定义阶段	可行性研究	是否可行？	可行性论证和成本/ 效益分析	开发任务计划书
定义阶段	需求分析	系统必须做什么	建立逻辑模型，交由用户确认	软件规格说明书
开发阶段	总体设计	如何解决问题？	结构图描述的系统结构，专家评审	总体设计说明书
开发阶段	详细设计	怎样具体实现？	程序的详细规格设计说明，专家评审	详细设计说明书
开发阶段	编码	如何编程？	源程序编码运行，界面与功能完整	程序用户手册
开发阶段	测试	程序有错误吗？	软件单元测试、综合测试、确认测试	测试分析报告
维护阶段	使用	满足用户功能要求？	正常运行，改进意见，用户确认	运行日志
维护阶段	维护	需要哪些修改？	改正性、适应性、完善性、预防性维护	维护记录
维护阶段	退役(或更新)	是否已过时？	软件过时，软件已更新，用户领导确认	退役或更新报告

5. 软件开发模型

常用的软件开发模型有瀑布模型、生命周期法模型和原型模型。

（1）瀑布模型

瀑布模型（见图 11-25）将软件生命周期的各项活动规定为依次连续的若干阶段，形如瀑布。瀑布模型在支持结构化软件开发、控制软件开发的复杂性及促进软件开发项目化等方面起着显著作用。

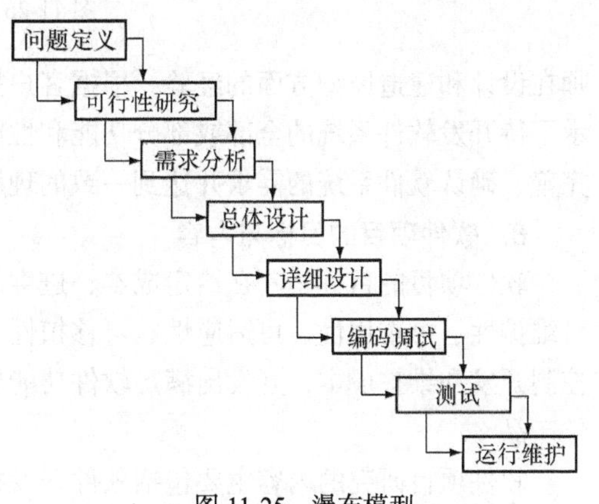

图 11-25　瀑布模型

瀑布模型在大量软件开发实践中也逐渐暴露出它的缺点，其中最为突出的是该模型缺乏灵活性，无法通过开发活动澄清本来不够确切的软件需求，而这些问题可能导致开发出的软件并不是用户真正需要的软件，反而要进行返工或不得不在维护中纠正需求的偏差，为此必须付出高额的代价，为软件开发带来不必要的损失。

（2）生命周期法模型

生命周期法模型将管理信息系统的开发过程划分为系统分析、系统设计和系统实施三个阶段，每个阶段又分成若干任务，如图 11-26 所示。

在系统分析阶段，首先根据用户提出的建立新系统的要求，进行总体规划和可行性研究。系统分析是使系统开发达到合理、优化的重要阶段，这阶段工作深入与否直接影响到新系统的质量和经济性，它是开发成败的关键。

系统设计是根据系统分析确定的逻辑模型，确定新系统的物理模型，包括总体结构和数据库设计，并提出系统配置方案。并对物理模型进行详细设计。详细设计的主要内容有代码设计、用户界面设计和处理过程设计。最后，编写系统设计报告。

系统实施是按照物理模型实现应用软件的编制和测试、系统试运行、系统切换、系统交付使用以及运行后的系统维护和评价等工作。

（3）原型模型

原型模型是软件开发人员针对软件开发初期在确定软件系统需求方面存在的困难，借鉴建筑

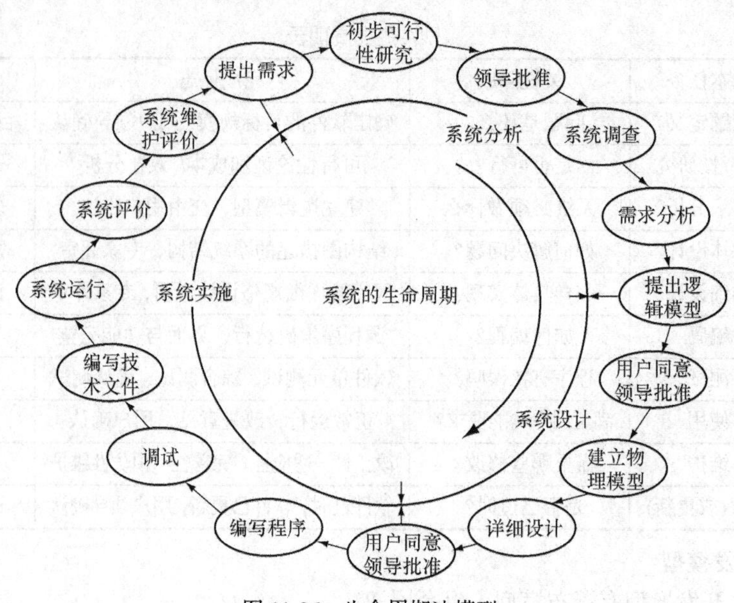

图 11-26 生命周期法模型

师在设计和建造原型方面的经验，根据客户提出的软件要求，快速地开发一个原型，它向客户展示了待开发软件系统的全部或部分功能和性能，在征求客户对原型意见的过程中，进一步修改、完善、确认软件系统的需求并达到一致的理解。

6. 软件项目的目标与内容

软件项目的目标是，在给定成本、进度的前提下，开发出具有有效性、可靠性、可理解性、可维护性、可重用性、可适应性、可移植性、可追踪性和可互操作性并且满足用户需求的产品。控制开发和维护成本，开发出满足软件功能要求，具有友好界面，性能稳定，及时交付使用的软件产品。

软件项目研究的内容主要包括软件开发技术和软件项目管理。

① 软件开发技术包括软件开发方法学、开发过程、开发工具和软件项目环境，其主体内容是软件开发方法学。

软件开发方法学是从不同的软件类型，按不同的观点和原则，对软件开发中应遵循的策略、原则、步骤和必须产生的文档资料做出规定，从而使软件的开发能够规范化和项目化，以克服早期的手工方式生产中的随意性和非规范性。

现代软件项目方法是通过软件开发工具和软件开发环境实现的，软件开发环境是方法与工具的结合以及配套的软件的有机组合。

② 软件项目管理包括软件管理学、软件项目经济学和软件心理学等内容。

软件项目管理是软件按项目化生产时的重要环节，它要求按照预先制定的计划、进度和预算执行，以实现预期的经济效益和社会效益。软件管理包括人员组织、进度安排、质量保证和成本核算等；软件项目经济学是研究软件开发中对成本的估算、成本效益分析的方法和技术。是应用经济学的基本原理来研究软件项目开发中的经济效益问题；软件心理学从个体心理、入类行为、组织行为和企业文化等角度来研究软件管理和软件项目。

7. 软件项目的原则

软件项目原则包括抽象、信息隐蔽、模块化、局部化、确定性、一致性、完备性和可验证性。

① 抽象。抽象事物最基本的特性和行为，忽略非本质细节，采用分层次抽象、自顶向下、逐层细化的办法控制软件开发过程的复杂性。

② 信息隐蔽。采用封装技术，将程序模块的实现细节隐藏起来，使模块接口尽量简单。

③ 模块化。将单一功能的程序段制作成程序模块，通过模块的相互调用，实现模块功能。模块是程序中相对独立的成分，一个独立的编程单位，应有良好的接口定义。模块的大小要适中，模块过大会使模块内部的复杂性增加，不利于模块的理解和修改，也不利于模块的调试和重用；模块太小会导致整个系统表示过于复杂，不利于控制系统的复杂性。

④ 局部化。要求在一个物理模块内集中逻辑上相互关联的计算资源，保证模块间具有松散的耦合关系，模块内部有较强的内聚性，这有助于控制系统的复杂性。

⑤ 确定性。软件开发过程中所有概念的表达应是确定的、无歧义的且规范的，这有助于人与人的交互，不会产生误解和遗漏，以保证整个开发工作的协调一致。

⑥ 一致性包括程序、数据和文档的整个软件系统的各模块应使用已知的概念、符号和术语；程序内外部接口应保持一致，系统规格说明与系统行为应保持一致。

⑦ 完备性。软件系统不丢失任何重要成分，完全实现系统所需的功能。

⑧ 可验证性。开发大型软件系统需要对系统自顶向下，逐层分解。系统分解应遵循容易检查、测评、评审的原则，以确保系统的正确性。

8. 软件开发工具与软件开发环境

① 软件开发工具。是协助开发人员进行软件开发活动所使用的软件或环境，它包括需求分析工具、设计工具、编码工具、排错工具和测试工具等。

② 软件开发环境。是指支持软件产品开发的软件系统，由软件工具集合和环境集成机制构成。工具集包括支持软件开发相关过程、活动、任务的软件工具，以便对软件开发提供全面的支持。环境集成机制为工具集成和软件开发、维护与管理提供统一的支持，通常包括数据集成、控制集成和界面集成 3 个部分。

11.4.3 结构化分析方法

结构化方法是一种传统的软件开发方法，是把一个复杂问题的求解过程分解成多个简单问题分层、分阶段处理，这种分解是采用自顶向下，逐层分解、逐步求精，最后建立一些功能单一、相互独立的模块，进行模块化设计，使得每个阶段处理的问题都控制在人们容易理解和处理的范围内。

结构化方法是由结构化分析方法、结构化设计方法和结构化编程方法三部分有机组合而成的。结构化分析方法是以自顶向下、逐步求精为基点，以结构化程序设计方法学中正确性理论和完整性理论作为理论基础和技术支撑，以数据流图、数据字典、结构化语言、判定表及判定树等图形工具作为表达的主要手段，强调开发方法的结构合理性和系统的结构合理性的软件分析方法。

1. 可行性研究

可行性研究的目的是用最小的代价在尽可能短的时间内确定问题是否能够解决。

（1）经济可行性研究

经济可行性研究主要分析并估算出系统的开发成本是否会超过项目预期的全部利润，分析系统开发对其他产品或利润的影响。

（2）技术可行性研究

技术可行性研究是根据客户提出的系统功能、性能及现实系统的各项约束条件，从技术角度研究实现系统可行性。

技术可行性研究包括风险分析、资源分析和技术分析。

① 风险分析的任务是在给定的约束条件下，判断能否设计并实现系统所需功能和性能。

② 资源分析的任务是论证是否具备系统开发所需的各类人员、软件、硬件资源和工作环境等。

③ 技术分析的任务是论证当前的科学技术是否支持系统开发的全过程。

（3）法律可行性分析

法律可行性分析是研究在系统开发过程中可能涉及的各种合同、侵权、责任以及同法律、法规相抵触的问题。

（4）开发方素的选择性研究

提出并评价实现系统的各种开发方案，并从中选出一种最适宜项目的开发方案。

2. 需求分析

需求指客户的需要和要求，包括客户要解决的问题、达到的目标以及实现这些目标所需要的条件，是对目标软件系统开发工作的说明。需求是以文档形式提交给软件开发方。

软件需求分析是指软件开发者分析用户建立目标软件系统的目标、用途、范围和功能的需求，在功能、行为、性能及设计约束等方面的期望。需求分析的任务是发现需求、求精、建模和定义需求的过程。创建目标软件系统所需的数据模型、功能模型和控制模型。

（1）需求分析的定义

IEEE 软件项目标准词汇表对需求分析定义如下：

① 用户解决问题或达到目标所需的条件或权能。

② 系统或系统部件要满足合同、标准、规范或其他正式规定文档所具有的条件或权能。

③ 一种反映①或②所描述的条件或权能的文档说明。

（2）需求分析阶段的工作

需求分析阶段的工作可概括为以下 4 个方面。

① 需求获取。是软件开发者获取客户对项目的描述，获取软件目标系统的详细信息。

② 需求分析。提炼、分析和仔细审查已收集到的需求，深入描述软件的功能和性能，确定软件设计的限制和软件同其他系统元素的接口细节，定义软件的其他有效性需求，确定软件系统的解决方案。并完成绘制关联图，创建开发原型，确定需求优先级，建立需求模型和编写数据字典等工作。

③ 编写需求规格说明书。根据客户现场工作实际情况编写出软件系统规格说明，数据要求，目标软件系统描述和修正的开发计划等，编写目标软件系统功能需求文档、限制条件和非功能需求文档如外部接口需求、界面需求等。软件需求规格说明不应该包括设计、构造、测试或项目管理的细节。可以采用软件需求规格说明模版写填写需求规格说明书。

软件需求规格说明书应该具有正确性、无歧义性、完整性、可验证性、一致性、可理解性、可修改性及可追踪性等特点。

④ 需求评审。对需求分析阶段的工作进行技术评审和管理复审，验证需求一致性、完整性、现实性和有效性，保证目标系统的正确性、可行性、完整性和清晰性。

3. 需求分析方法

① 结构化分析方法。主要包括面向数据流的结构化分析方法、面向数据结构的 Jackson 方法和面向数据结构的结构化数据系统开发方法。

② 面向对象的分析方法。从需求分析建立的模型的特点来分，需求分析方法又分为静态分

析方法和动态分析方法。

4. 结构化分析方法

结构化分析方法是结构化程序设计理论在软件需求分析阶段的运用。结构化分析方法（SA）是面向数据流进行需求分析的方法，采用自顶向下、逐层分解建立系统的处理流程，以数据流图和数据字典为主要工具，建立系统的逻辑模型。

结构化分析方法的步骤如下：

① 通过对用户的调查，以软件的需求为线索，获得当前系统的具体模型。

② 去掉具体模型中的非本质因素，抽象出当前系统的逻辑模型。

③ 根据计算机的特点分析当前系统与目标系统的差别，建立目标系统的逻辑模型。

④ 完善目标系统并补充细节，写出目标系统的软件需求规格说明。

⑤ 评审直到确认完全符合用户对软件的需求。

5. 数据流图

数据流图（DFD 图），是以图形的方式描绘数据在系统中流动和处理的过程，反映出系统完成的逻辑功能，是一种功能建模的图形工具。

绘制数据流图的基本原则如下：

① 数据流图使用的基本图形符号有 4 种基本元素，如图 11-27 所示。

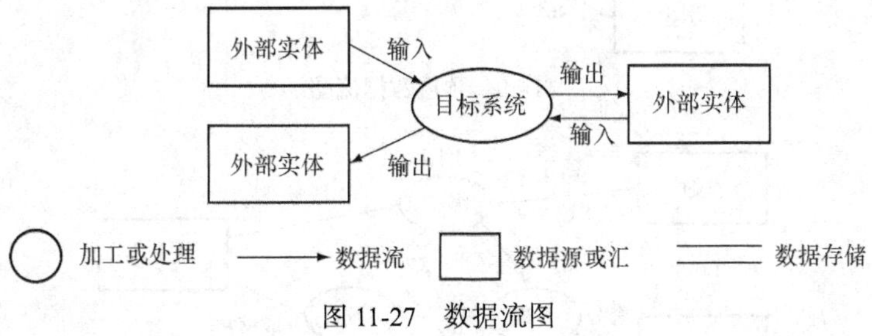

图 11-27　数据流图

② 数据流图必须含有 4 种基本元素，缺一不可。

③ 数据流图中的数据流必须封闭在外部实体之间，实体可以是一个，也可以是多个。

④ 加工框至少有一个输入数据流和一个输出数据流。

⑤ 图上的每个元素都必须命名。

⑥ 数据流图可以分层，每层画在一个平面内，如图 11-28 所示，顶层数据流图仅包含一个加工，代表整个目标系统。输入流是目标系统的输入数据，输出流是目标系统的输出数据。

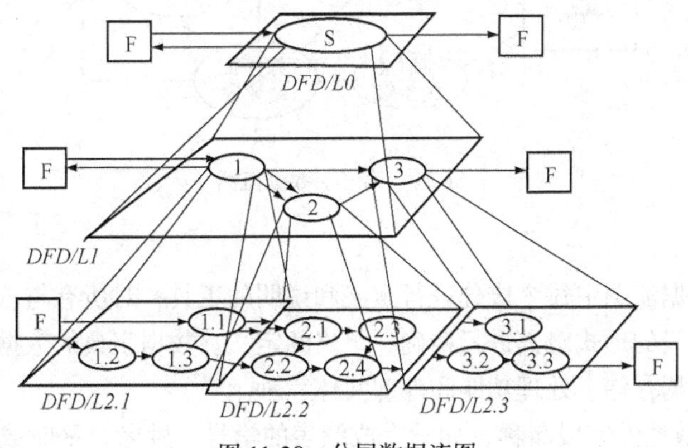

图 11-28　分层数据流图

⑦ 对任何一层数据流图来说，上层图称为父图，下一层的图称为子图。任何一个数据流的子图必须与它的父图上的一个加工框对应，两者的输入数据流和输出数据流必须一致。

⑧ 在多层数据流图中，中间层的数据流图表示对其父图的一个加工框进行细化。每一加工可能继续细化，形成子图。

⑨ 处在最底层的数据流图其加工不需再做分解。

6. **创建数据流图**

使用数据流图为目标系统建立逻辑模型。建立数据流图的步骤如下：

① 自顶向下，先画顶层数据流图，顶层数据流图仅包含一个加工。

② 由外向里，先画系统的输入输出，再画系统的内部。

③ 由上到下，逐层分解，每一个加工映射到下一平面，逐层画数据流图。

例如，创建成绩管理系统的数据流图时可以分层创建数据流图，如图 11-29、图 11-30 和图 11-31 所示。

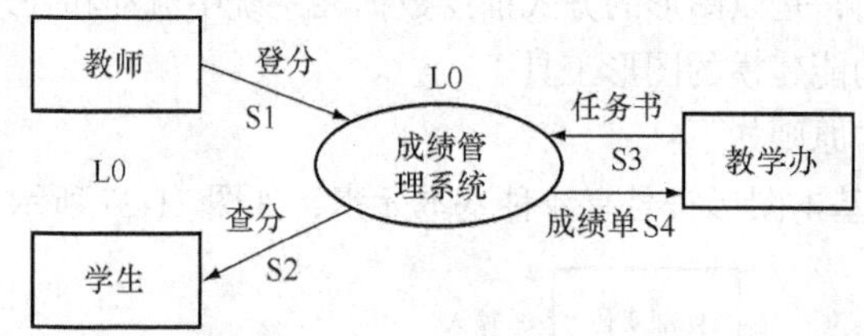

11-29　顶层数据流图

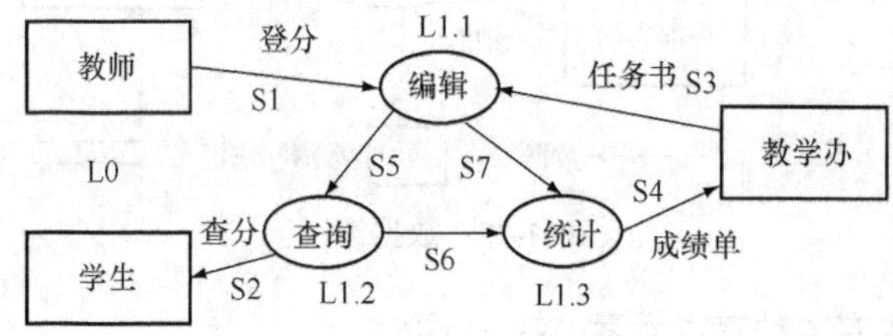

11-30　第二层数据流图

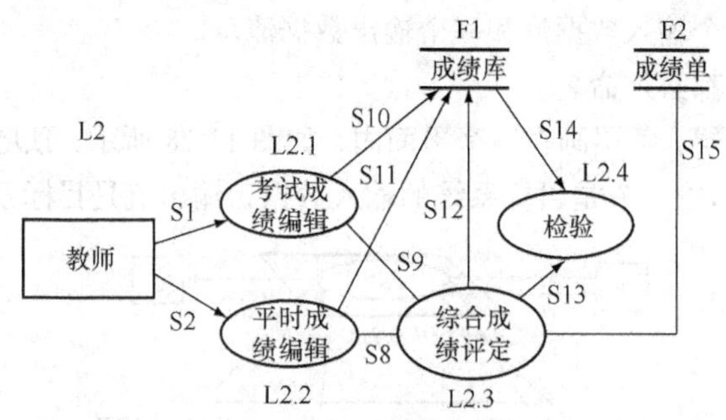

11-31　第三层数据流图

7. **数据字典**

数据字典是对数据流图中每个成分进行定义和说明的工具，对所有与软件系统相关的数据元素的内容和特征用列表的形式对其进行精确、严格的定义。数据字典的数据元素包括数据项、数据结构、数据流、数据存储、处理功能和外部实体六种。

① 数据项：指数据的字段名称，如学生成绩表的学号、姓名、平时成绩、考试成绩和总评

成绩等都是数据项。数据项中有数据项编号、名称、类型、长度和取值范围等条目。例如，学生姓名数据项的定义如下所示：

数据项编号：	30002		
数据项名称：	姓名	类型：	文本
取值范围：	200~9999	长度：	8

② 数据结构：用于描述数据流/数据存储的逻辑组织。数据结构条目内容包括数据结构编号、名称、包含的数据项和有关的数据流/数据存储。例如，成绩库的数据结构描述如下所示：

数据结构编号：	F1
数据结构名称：	成绩库文件
包含的数据项：	学号、姓名、课程号、课程名、平时成绩、考试成绩、总评成绩
有关的数据流/数据存储：	S10、S11、S12、S14、

③ 数据流：用于定义数据流图中的数据流。条目内容包括数据流编号、数据流名称、数据流来源、数据流去向、包含的数据结构和流通量等。例如，综合成绩评定数据流如下所示：

数据流编号：	S12	数据流去向：	F1
数据流名称：	综合成绩评定	包含的数据结构：	F1
数据来源：	L2.3	流通量：	每学期一次

④ 数据存储：用于定义数据流图中的数据和存储结构。条目内容包括数据存储的名称、编号、数据存储包含的数据结构和最大记录数等。

⑤ 处理功能：用于说明数据流图中数据处理逻辑和数据的输入输出。条目内容包括处理功能的名称、输入数据流、输出数据流和处理逻辑概括等。

⑥ 外部实体：用于说明数据流图外部实体。条目包括实体名称、编号、输入数据流和输出数据流等。

编写数据字典时要注意以下几点：

① 数据字典中数据元素的定义要明确、唯一。

② 命名、编号要与数据流图一致。

③ 对数据流图上的成分定义和说明无遗漏项，无同名异义，也无异名同义。

④ 格式规范、文字精练、符号正确。

8. 判定树

判定树又称决策树，根据条件判断从多种策略中确定所采用策略的图形工具。决策树的图形表示如图 11-32 所示。

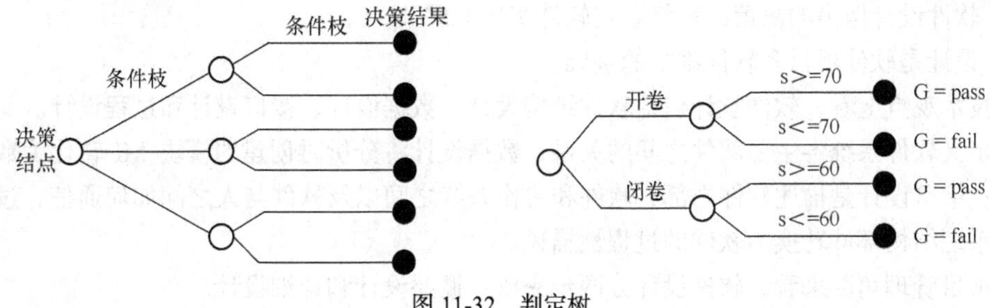

图 11-32　判定树

使用判定树进行描述时，应先从问题定义的文字描述中分清判定的条件，根据文字描述从连接词找出判定条件之间的从属关系、并列关系和选择关系；各个确定判定条件的判定结论，根据条件和判断结果构造判定树。

例如，学生 C 语言课程考试，开卷形式考试，70 分及 70 分以上的学生及格，闭卷形式考试，60 分及 60 分以上学生的及格，其余学生不及格。

9. 判定表

判定表又称决策表，是用图表格方式描述数据流图的处理逻辑，适用于处理判断条件多，各条件相互组合、有多种决策方案的情况。判定表由 4 个部分组成，如图 11-33（a）所示，左上部分 C1、C2 为判断条件（名称），右上部分称为条件项；左下部分称为处理操作 A1、A2，右下部分称为处理项。

判断条件	表达式
C1	
C2	
处理操作	值
A1	
A2	

（a）判定表

		1	2	3	4
条件	笔试成绩	≥60	≥60	<60	<60
	上机成绩	≥60	<60	≥60	<60
操作	合格通知	√			
	补考笔试			√	√
	补考上机		√		√

（b）C语言考试判定表

图 11-33 判定表及其示例

例如，建立 C 语言考试判定表，判断条件分为笔试成绩和上机成绩，成绩大于等于 60 为合格条件，小于 60 则补考相应考试，处理操作根据考生成绩发出合格通知、补考笔试和补考上机等操作。建立的 C 语言考试判定表如图 11-33（b）所示。

11.4.4 结构化设计方法

结构化设计方法（SD）是基于自顶向下、逐层分解、逐步求精，模块化等结构化程序设计技术发展起来的技术，是以信息隐蔽化、局部化，模块抽象化、独立化为准则，将软件设计成由相对独立且具有单一功能的模块组成的软件结构。

1. 软件设计的基本概念

软件设计是软件项目的重要阶段，是一个把软件需求转换为软件表示的过程。软件设计的重要性和地位概括为以下几点：

① 软件开发阶段：包括设计、编码、测试等占软件项目开发总成本的绝大部分，是在软件开发中形成质量的关键环节。

② 软件设计是开发阶段最重要的步骤，是将需求准确地转化为完整的软件产品或系统的唯一途径。

③ 软件设计做出的决策，最终影响软件实现的成败。

④ 设计是软件项目和软件维护的基础。

从技术观点上看，软件设计包括软件结构设计、数据设计、接口设计和过程设计。其中，结构设计定义软件系统各主要部件之间的关系；数据设计将分析时创建的模块 MI 转化为数据结构的定义；接口设计是描述软件内部、软件和协作系统之间以及软件与人之间如何通信；过程设计则是把系统结构部件转换为软件的过程性描述。

从项目管理角度来看，软件设计分两步完成：概要设计和详细设计。

软件设计的一般过程是：软件设计是一个迭代的过程，先进行高层次的结构设计，然后进行低层次的过程设计，穿插进行数据设计和接口设计。

2. 软件设计的基本原理

（1）抽象

抽象是一种思维工具，提取最本质特性和基本行为，忽略非本质的细节。采用分层次抽象的办法可以控制软件开发过程的复杂性，有利于软件的可理解性和开发过程的管理。

（2）模块化

模块是指把一个待开发的软件分解成若干个功能单一的、简单的、相对独立的单元。模块化是指解决一个复杂问题时自顶向下逐层把软件系统划分成若干模块的过程。

（3）信息隐蔽

信息隐蔽是指在一个模块内采用封装技术，将程序模块内部的实现细节（如数据或过程）隐藏起来，使模块接口尽量简单。按照信息隐藏的原则，系统中的模块应设计成“黑箱”，模块外部只能使用模块接口说明中给出的信息，如操作、数据类型等，不能直接访问模块内部的数据和过程。

（4）模块独立性

模块独立性是指每个模块具有独立的功能，模块之间的联系最少，模块的接口简单。

模块的独立程度是评价软件设计好坏的重要度量标准。衡量软件的模块独立性使用耦合性和内聚性两个定性的度量标准。耦合性表示模块之间的相互联系的属性，内聚性表示模块内部各元素的依赖的属性。

① 耦合度：指程序模块之间相互联系的紧密程度的度量。低耦合就是模块之间的关联少，模块越独立耦合度越低。

耦合可以分为下列几种，它们之间的耦合度由高到低排列：

内容耦合——若一个模块直接访问另一模块的内容，则这两个模块称为内容耦合。

公共耦合——若一组模块都访问同一全局数据结构，则称为公共耦合。

外部耦合——若一组模块都访问同一全局数据项，则称为外部耦合。

控制耦合——若一模块明显地把开关量、名字等信息送入另一模块，控制另一模块的功能，则称为控制耦合。

标记耦合——若两个以上的模块都需要其余某一数据结构的子结构时，不使用其余全局变量的方式而全使用记录传递的方式，这样的耦合称为标记耦合。

数据耦合——若一个模块访问另一个模块，被访问模块的输入和输出都是数据项参数，则这两个模块为数据耦合。

非直接耦合——若两个模块没有直接关系，它们之间的联系完全是通过程序的控制和调用来实现的，则称这两个模块为非直接耦合，这样的耦合独立性最强。

② 内聚度：用来度量模块内部各元素间彼此的紧密程度。模块内部各成分联系越紧，模块的内聚度越大，模块独立性越强，系统越易理解和维护。

内聚度是从功能方面度量模块内的功能联系。将内聚度由弱到强排列有如下种类：

偶然内聚——指模块内的各元素之间没有任何联系，模块内部各成分联系松散。

逻辑内聚——指模块内几种相关的逻辑功能组合在一起，每次被调用时，由传送给模块的参数确定该模块应该完成哪一种功能。

时间内聚——指模块把需要同时或顺序执行的动作组合在一起形成的模块，例如初始化模块，顺序地为变量赋初值的操作形成的模块。

过程内聚——指模块内处理的元素是相关的，而且必须以特定次序执行，则称为过程内聚。

通信内聚——指模块具有过程内聚的特点，该模块的所有功能都是通过使用公用数据而相互联系。

顺序内聚——指个模块内各个处理元素和同一个功能密切相关，而且这些处理必须顺序执行，处理元素的输出数据作为下一个处理元素的输入数据，则称为顺序内聚。

功能内聚——指模块内所有元素共同完成同一功能，即模块中所有元素结合起来完成一个具体的任务，此模块则为功能内聚模块。

耦合性与内聚性是模块独立性的两个定性标准，耦合与内聚是相互关联的。在程序结构中，各模块的内聚性越强，则耦合性越弱；反之，耦合性越强内聚性越弱。一般较优秀的软件设计，应尽量做到高内聚、低耦合，即减弱模块之间的耦合性和提高模块内的内聚性，提高模块的独立性。

3. 结构化设计方法

软件设计是把一个软件需求转换为软件表示的过程，软件设计的方法包括结构化设计方法和面向对象的设计方法两类。

结构化设计方法（SD）是在结构化分析的基础上，以数据流图为基础得到软件的模块结构。在设计过程中，从整个程序的结构出发，利用模块结构图表述程序模块之间的关系。结构化设计的步骤如下：

① 评审和细化数据流图。

② 确定数据流图的类型。

③ 把数据流图映射到软件模块结构，设计出模块结构的上层。

④ 基于数据流图逐步分解高层模块，设计中下层模块，逐步细化模块功能，形成功能单一且相对独立的模块。

⑤ 对模块结构进行优化，得到更为合理的软件结构。

⑥ 描述模块接口。

结构化设计分为概要设计和详细设计两个阶段。

4. 概要设计

概要设计是在需求分析的基础上确定系统功能，通过抽象和分解将系统分解成模块，把软件需求转换为软件包表示的过程，又称为总体设计。概要设计是设计出软件的总体结构框架。主要任务是把系统的功能需求分配给软件结构，形成软件的模块结构图，概要设计阶段的描述工具是结构图（SC）。概要设计的基本任务是设计软件系统结构，划分功能模块，确定模块间调用关系；设计数据结构及数据库，实现需求定义和规格说明过程中提出的数据对象的逻辑表示；编写概要设计文档：包括概要设计说明书、数据库设计说明书，集成测试计划等；概要设计文档评审：对设计方案是否完整实现需求分析中规定的功能、性能的要求及设计方案的可行性等进行评审。概要设计的基本任务有以下 4 条。

（1）设计软件系统结构

在需求分析阶段，已经把系统分解成层次结构，在概要设计阶段，以模块为基础，分解各层的功能，划分为功能模块，形成模块的层次结构。划分模块功能直接影响软件质量及系统的整体特性。划分的具体过程如下。

① 采用某种设计方法，将一个复杂的系统按功能划分成模块。

② 确定每个模块的功能。

③ 确定模块之间的调用关系。

④ 确定模块之间的接口，即模块之间传递的信息。

⑤ 评价模块结构的质量。

（2）数据结构和数据库设计

在概要设计阶段，数据结构设计采用抽象的数据类型，数据库设计指对数据库的逻辑设计。

① 数据结构的设计在需求分析阶段，已通过数据字典对数据的组成、操作约束和数据之间的关系等方面进行了描述，确定了数据的结构特性，在概要设计阶段要加以细化，在概要设计阶段，最好使用抽象的数据类型。

② 概要设计阶段对数据库设计主要是概念设计和逻辑设计，在数据分析的基础上，采用自底向上的方法从用户角度设计概念模型，一般用实体联系模型（ER 模型）来表示概念模型，ER 模型是独立于数据库管理系统（DBMS）的数据模型。将 ER 模型转化为逻辑模型，进行逻辑设计，建立数据库的逻辑模型。

（3）编写概要设计文档

应该在软件设计的每个阶段都要编写相应文档。在概要设计阶段，主要编写的文档包括概要设计说明书、数据库设计说明书、用户手册和修订测试计划。

（4）评审

在概要设计中，对设计部分是否完整地实现了需求中规定的功能、性能等要求，设计方案的可行性，关键的处理及内外部接口定义正确性、有效性，各部分之间的一致性等都要进行评审，以免在以后的设计中发现大的问题而返工。

5. 软件结构图

软件结构图表示一个系统的层次分解关系、模块调用关系、模块之间数据流和控制信息流的传递关系，是概要设计阶段的描述系统物理结构的主要工具。

（1）软件结构图的基本符号

软件结构图的基本符号如图 11-34 所示。

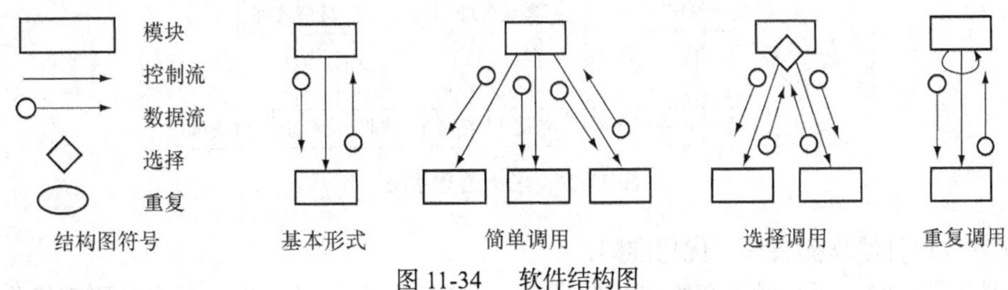

图 11-34　软件结构图

（2）软件结构图规定

① 每个模块有自身的任务，只有接收到上级模块的调用命令时才能执行。

② 模块之间的通信只限于其直接上、下级模块，任何模块不能直接与其他上下级模块或同级模块发生通信联系。

③ 若有某模块要与非直接上、下级的其他模块发生通信联系，必须通过其上级模块进行传递。

④ 模块调用顺序为自上而下，因此控制流的箭头可以省略。

软件结构图简称结构图，反映系统整体结构，模块层次结构，各模块间的控制关系，数据传输方向，能准确反映各模块之间的联系和系统功能。

（3）结构图的形态特征

① 深度：表示控制模块的层数。

② 宽度：指一层中最大的模块个数。

③ 扇入：一个模块被调用的直接上级模块的个数。

④ 扇出：一个模块直接调用下属模块的个数。

⑤ 原子模块：结构图树中的叶子节点对应的模块。

（4）画结构图的注意事项

① 同一名字的模块在结构图中只出现一次。

② 调用关系只能从上到下。

③ 模块调用次序一般从左到右。

常用的结构图有如图 11-35 所示的 4 种模块类型。

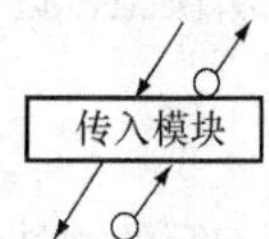

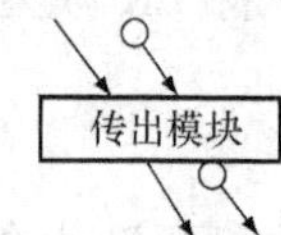

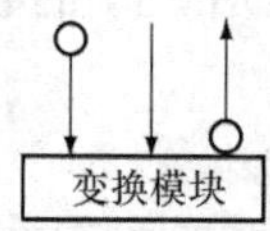

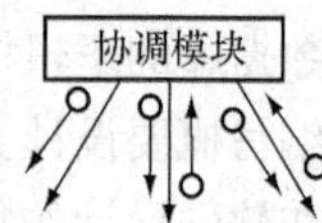

图 11-35　结构图的 4 种模块类型

① 传入模块。从下属模块取得数据，经处理再将其传送给上级模块。

② 传出模块。从上级模块取得数据，经处理再将其传送给下属模块。

③ 变换模块。从上级模块取得数据，进行特定的处理，转换成其他形式，再传送给上级模块。

④ 协调模块。对所有下属模块进行协调和管理的模块。

（5）结构图应用举例

简单考务管理系统的结构图如图 11-36 所示：

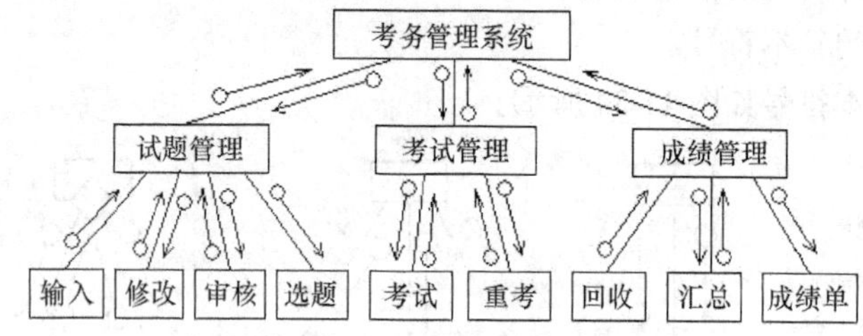

图 11-36　考务管理系统

根据软件设计原理提出如下优化准则：

① 划分模块时，尽量做到高内聚、低耦合，保持模块相对独立性，并以此原则优化初始的软件结构。

② 一个模块的作用范围应在其控制范围之内，且判定所在的模块应与受其影响的模块在层次上尽量靠近。

③ 软件结构的深度、宽度、扇入、扇出应适当。

④ 模块的大小要适中。

6. 面向数据流的设计方法

（1）数据流的类型

数据流类型有两种：变换型和事务型。

① 变换型是指信息沿输入通路进入系统，同时由外部形式变换成内部形式，进入系统的信息通过变换中心，经加工处理以后再沿输出通路变换成外部形式，离开软件系统。

变换型数据处理问题的工作过程大致分为 3 步，即传入数据、变换数据和输出数据，如图 11-37（a）所示。变换型系统结构图由输入、变换中心和输出 3 部分组成，如图 11-37（b）所示。

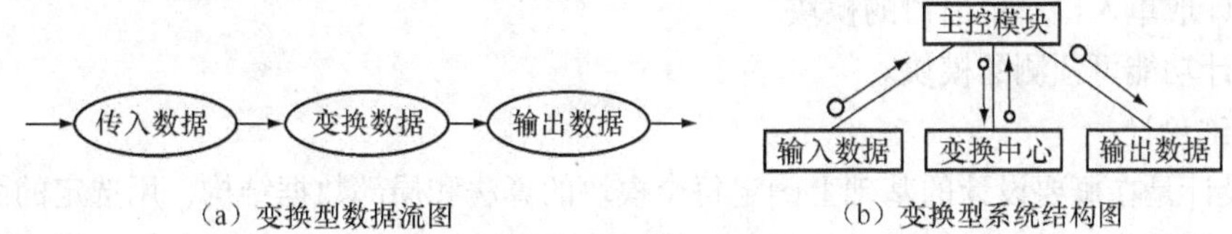

（a）变换型数据流图　（b）变换型系统结构图

图 11-37　变换型数据流图

② 当信息沿输入通路到达一个处理，这个处理根据输入数据的类型从若干个动作序列中选择出一个来执行，这类数据流称为事务流。在一个事务流中，事务中心接收数据，分析每个事务以确定它的类型，根据事务类型选取一条活动通路。将事务型映射成结构图，又称为事务分析。其步骤与变换分析的设计步骤大致类似，主要差别仅在于由数据流图到软件结构的映射方法不同。事务型将事务中心映射成为软件结构中发送分支的调度模块，将接收通路映射成软件结构的接收分支。事务型数据流图及系统结构图如图 11-38 所示。

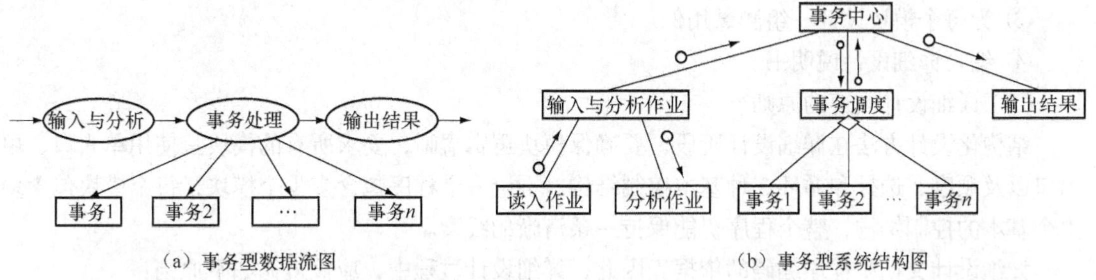

（a）事务型数据流图　（b）事务型系统结构图

图 11-38　事务型数据流

（2）面向数据流设计方法的实施要点与设计过程

面向数据流的结构设计过程和步骤如下：

① 分析、确认数据流图的类型，区分是事务型还是变换型。

② 说明数据流的边界。

③ 把数据流图映射为程序结构。

④ 根据设计准则把数据流转换成程序结构图。

将变换型映射成结构图，又称为变换分析。其步骤如下：

① 确定数据流图是否具有变换特性。

② 确定输入流和输出流的边界，划分出输入、变换和输出，独立出变换中心。

③ 进行第一级分解，将变换型映射成软件结构。

④ 如出现事务流的映射方式对各个子流进行逐级分解，直至分解到基本功能。

⑤ 对每个模块写一个简要的说明。

⑥ 利用软件的设计原则对软件结构进一步转化。

（3）结构图优化的设计准则

结构图优化的设计准则包括如下几点：

① 提高模块独立性。

② 模块规模适中。

③ 深度、宽度、扇出和扇入适当。

④ 使模块的作用域在该模块的控制域内。

⑤ 应减少模块的接口和界面的复杂性。

⑥ 设计成单入口、单出口的模块。

⑦ 设计功能可预测的模块。

7. 详细设计

详细设计是在概要设计的基础上确定每个模块的算法和局部数据结构，用选定的图形工具描述算法的具体执行过程。详细设计的任务，是对概要设计阶段划分出的每个模块进行明确的算法描述。详细设计根据概要设计提供的文档，确定每一个模块的算法及数据组织，并选定合适的表达工具将其清晰准确地表达出来。

（1）详细设计的设计步骤

详细设计具体步骤如下：

① 确定每个模块的算法。选择适当的描述工具表达每个模块算法的执行过程，写出模块的详细过程性描述。

② 确定每一个模块的数据组织。

③ 为每个模块设计一组测试用例。

④ 编写详细设计说明书。

（2）详细设计应遵的原则

结构化设计方法在详细设计阶段，要确保模块逻辑清晰，要求所有的模块只使用单入口、单出口以及顺序、选择和循环 3 种基本控制结构。不论一个程序包含多少个模块，每个模块包含多少个基本的控制结构，整个程序仍能保持一条清晰的线索。

详细设计文档是程序编码的依据。因此，详细设计过程中，应该遵循如下原则：

① 模块的逻辑描述正确可靠，清晰易读。

② 采用结构化程序设计方法，改善控制结构，降低程序复杂度，提高程序的可读性、可测试性和可维护性。

（3）常用详细设计的图形工具

结构化设计方法在详细设计阶段使用的图形工具包括程序流程图、结构化程序流程图（N-S）、问题分析图 PAD、伪码 PDL 等，如表 11-3 所示。

表 11-3　详细设计的图形工具

程序结构	传统流程图	结构化流程图	PAD 图	伪代码 PDL
顺序结构	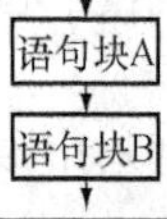 语句块A 语句块B	 语句块A 语句块B	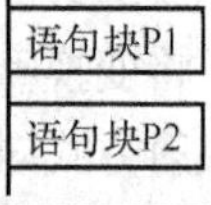 语句块P1 语句块P2	语句块 A 语句块 B 语句块 C

选择结构	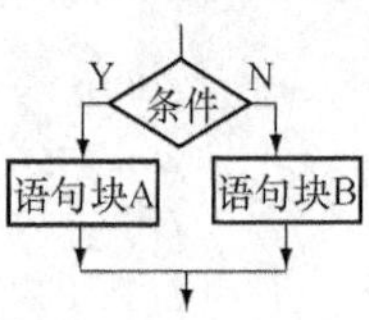 Y 条件 N
	语句块A 语句块B
		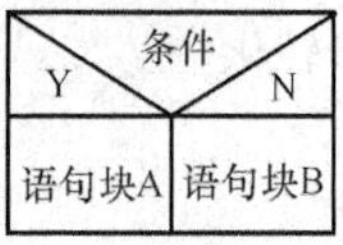 条件
		Y N
		语句块A 语句块B
			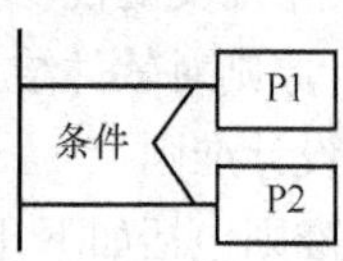 条件
			P1
			P2
				IF 条件 THEN
				语句块 A
				ELSE
				语句块 B
				END IF

续表

程序结构	传统流程图	结构化流程图	PAD 图	伪代码 PDL
多选一结构	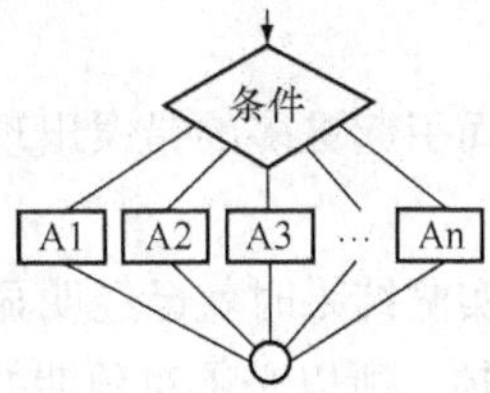 条件 A1 A2 A3 … An	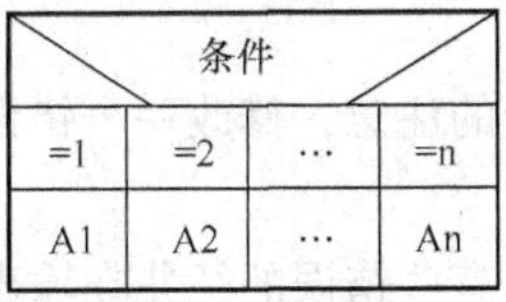 条件 =1 =2 … =n A1 A2 … An	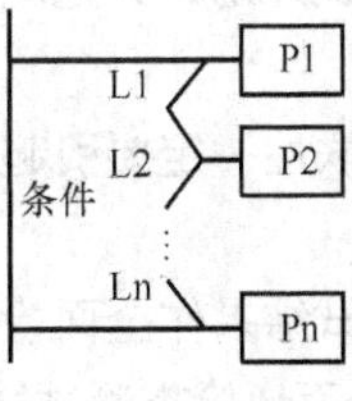 L1 P1 L2 P2 条件 Ln Pn	CASE ON WHENE 条件 1 SELECT 语句 1 WHEN 条件 2 SELECT 语句 2 ………… ENDCASE
当型循环结构	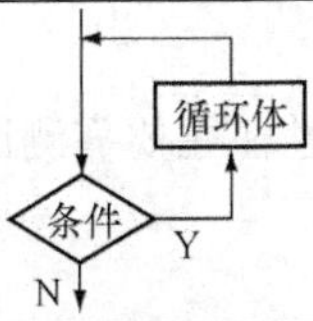 循环体 条件 Y N	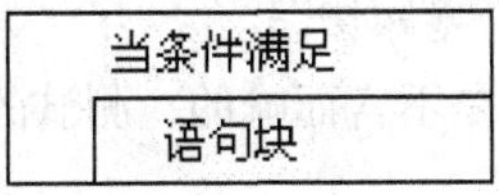 当条件满足 语句块	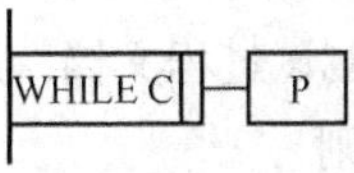 WHILE C P	DO WHILE 条件 循环体 LOOP
直到型循环结构	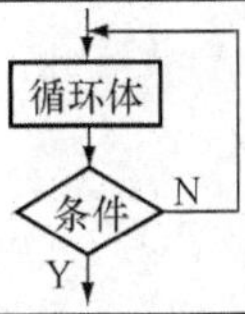 循环体 条件 N Y	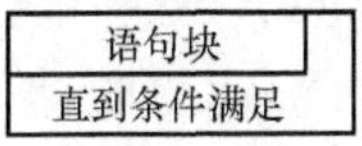 语句块 直到条件满足	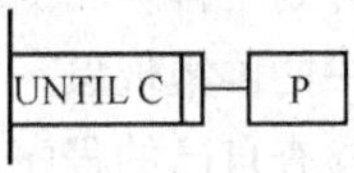 UNTIL C P	DO 循环体 UNTILE 条件

程序的基本结构包括顺序结构、选择结构、循环结构三种基本结构，其中选择结构分为二选一和多选一两种，循环结构分为当型循环和直到型循环两种。

顺序结构——含有多个连续的加工步骤。

选择结构——由某个逻辑条件式的取值决定选择两个加工中的一个。

多选择（case）型结构——列举多种加工的情况，根据某控制变量的取值，选择执行其中之一。

当（while）型循环结构——在控制条件成立时，重复执行。

直到（until）型循环结构——重复执行某些特定加工，直至控制条件成立。

11.4.5 软件的测试

1. 软件测试的目的

软件测试的目的是在软件投入生产性运行之前，尽可能多地发现软件中的错误而执行程序的过程。软件测试是对软件规格说明、设计和编码的审查，软件测试贯穿在整个软件开发期的全过程。测试是为了发现程序中的错误而执行程序的过程。一个好的测试用例能够发现至今尚未发现的错误；一个成功的测试方案是尽可能地发现至今尚未发现的错误，显然，成功的测试是发现至今尚未发现的错误。

2. 软件测试的概念和原则

测试目标是尽可能以最少的代价找出软件潜在的错误和缺陷。为了达到上述的原则，要注意以下几点：

① 要尽早和不断地测试，不应把软件测试仅仅看作是软件开发的独立阶段，而应该把它贯穿到软件开发的各个阶段。

② 程序员应该避免检查自己的程序，测试工作应由独立的、专业的软件测试机构来完成。

③ 设计测试用例时应该考虑到合法的输入和不合法的输入以及各种边界条件，特殊情况下要制造极端状态和意外状态，比如网络异常中断、电源断电等情况。

④ 要注意测试中的错误集中发生现象，这是程序员编程水平和习惯造成的错误。

⑤ 对测试错误结果一定要有一个确认的过程，一般有 A 测试出来的错误，一定要有一个 B 来确认，严重的错误可以召开评审会进行讨论和分析。

⑥ 制订严格的测试计划，并把测试时间安排的尽量宽松，不要希望在极短的时间内完成一个高水平的测试。

⑦ 回归测试的关联性一定要引起充分的注意，修改一个错误而引起更多的错误出现的现象并不少见。

⑧ 应该对每个测试结果作全面检查。有些错误的征兆在输出实测结果时就已经明显的出现了，如果不仔细地、全面地检查测试结果，就会使这些错误被遗漏掉。所以必须对预期的输出结果明确定义，对实测的结果仔细分析检查，暴露错误。

⑨ 妥善保存一切测试过程文档，意义是不言而喻的，测试的重现性往往要靠测试文档。

3. 软件测试的准则

① 所有测试都应追溯到需求。

② 严格执行测试计划，排除测试的随意性。

③ 充分注意测试中的群集现象。

④ 程序员应避免检查自己的程序。

⑤ 穷举测试不可能。

⑥ 妥善保存测试计划、测试用例、出错统计和最终分析报告，为维护提供方便。

4. 软件测试技术与用例设计

测试方案包括预定要测试的功能，应该输入的测试数据和预期的结果。测试的目的是以最少的测试用例集合测试出更多的程序中潜在的错误。从是否需要执行被测软件的角度来看，可分为静态分析和动态测试。

（1）静态分析

静态分析一般是指人工评审软件文档或程序，借以发现其中的错误。由于被评审的文档或程序不必运行，所以称为静态分析。

静态分析包括代码检查、静态结构分析和代码质量度量等。不执行被测软件，对需求分析说明书、软件设计说明书、源程序做结构检查、流程分析和符号执行来找出软件错误。

（2）动态测试

动态测试是指通常的上机测试，这种方法是使程序有控制地运行，并从多种角度观察程序运行时的行为，以发现其中的错误。

当把程序作为一个函数，输人的全体称为函数的定义域，输出的全体称为函数的值域，函数则描述了输入的定义域与输出值域的关系。动态测试的算法可归纳如下：

① 选取定义域中的有效值，或定义域外的无效值。

② 对已选取值决定预期的结果。

③ 用选取值执行程序。

④ 观察程序行为，记录执行结果。

⑤ 将④的结果与②的结果相比较，不一致则程序有错。

（3）白盒测试法

测试是否能够发现错误取决于测试实例的设计。动态测试的设计测试实例方法一般有两类：黑盒测试法和白盒测试法。黑盒测试法做功能结构的测试和接口的测试；白盒测试法对模块进行逻辑结构的测试。白盒测试法主要有逻辑覆盖、基本路径测试等。

逻辑覆盖测试。泛指一系列以程序内部的逻辑结构为基础的测试用例设计技术。通常所指的程序中的逻辑表示有判断、分支及条件等几种表示方式。

① 语句覆盖。语句覆盖是一个比较弱的测试标准，其含义是选择足够的测试实例，使得程序中的每个语句都能执行一次。

② 路径覆盖。执行足够的测试用例，使程序中所有的可能路径都至少经历一次。

③ 判定覆盖。设计足够的测试实例，使得程序中的每个判定至少都获得一次“真值”和“假值”的机会。判定覆盖要比语句覆盖严格，因为如果每个分支都执行过了，则每个语句也执行过了。

④ 条件覆盖。对于每个判定中所包含的若干个条件，应设计足够多的测试实例，使得判定中的每个条件都取到“真”和“假”两个不同的结果。条件覆盖通常比判定覆盖强，但也有的测试实例满足条件覆盖而不满足判定覆盖。

⑤ 判断一条件覆盖设计足够多的测试实例，使得判定中的每个条件都能取得各种可能的“真”和“假”值，并且使每个判定都能取到“真”和“假”两种结果。

基本路径测试的思想和步骤是根据软件过程性描述中的控制流程确定程序的环路复杂性度量，用此度量定义基本路径集合，并由此导出一组测试用例对每一条独立执行路径进行测试。

（4）黑盒测试方法与侧试用例设计

黑盒测试不关心程序内部的逻辑，只是根据程序的功能说明来设计测试用例。在使用黑盒测试法时，手头只需要有程序功能说明就可以了。黑盒测试法分等价类划分法、边界值分析法和错误推测法。

等价类划分法是一种典型的黑盒测试方法，它是将程序所有可能的输入数据划分成若干部分，然后从每个等价类中选取数据作为测试用例。

使用等价类划分法设计测试方案，首先要划分输入集合的等价类。等价类包括：

① 有效等价类：合理、有意义的输入数据构成的集合。

② 无效等价类：不合理、无意义的输入数据构成的集合。

等价类划分法实施步骤分为两步：

① 划分等价类。

② 根据等价类选取相应的测试用例。

划分等价类的常用几条原则是：

① 若输入条件规定了确切的取值范围，则可划分出一个有效等价类和两个无效等价类。

② 若输入条件规定了输入值的集合，可确定一个有效等价类和一个无效等价类。

③ 若输入条件是一个布尔量，则可确定一个有效等价类和一个无效等价类。

④ 若输入数据是一组值，且程序要对每个值分别处理，可为每个输入值确定一个有效等价类和一个无效等价类。

⑤ 若规定了输入数据必须遵守一定规则，则可确定一个有效等价类和若干个无效等价类。

⑥ 若已划分的等价类中各元素在程序中处理方式不同，须将该等价类进一步划分。

边界值分析法是对各种输入、输出范围的边界情况设计测试用例的方法。实践证明，程序往往在处理边缘情况时出错，因而检查边缘情况的测试实例查错率较高，这里边缘情况是指输入等价类或输出等价类的边界值。

边界值分析法要注意如下几点：

① 如果输入条件规定了取值范围或数据个数，则可选择正好等于边界值、刚刚大于或刚刚

小于边界范围内和刚刚超越边界外的值进行测试。

② 针对规格说明的每个输入条件，使用上述原则。

③ 对于有序数列，选择第一个和最后一个作为测试数据。

错误推测法。测试人员也可以通过经验或直觉推测程序中可能存在的各种错误，从而有针对性地编写检查这些错误的例子。

错误推测法在很大程度依靠直觉和经验进行，基本想法是列出程序中可能有的错误和容易发生错误的特殊情况，并且根据特殊情况选择测试方案。

5. 软件测试的步骤

（1）单元测试（Unit Testing）

单元测试主要针对以下 5 个方面进行测试：模块接口，局部数据结构，重要的执行通路，出错处理通路，边界条件。

（2）组装测试（Integrated Testing）

组装测试的主要内容是发现与接口有关的问题，即模块之间的协调与通信。

（3）确认测试（Validation Testing）

确认测试是把软件系统作为一个整体，有用户参加，对系统进行功能和性能测试。

（4）系统测试（System Testing）

系统测试也是把软件系统作为一个整体进行测试。内容是系统与其他部分配套运行的情况，如与硬件、数据库、其他软件和操作人员的协调、通信条件等。

6. 软件测试的实施

软件测试是保证软件质量的重要手段，软件测试是一个过程，其测试流程是该过程规定的程序，目的是使软件测试工作系统化。软件测试过程分成单元测试、集成测试、验收测试和系统测试 4 个步骤。

（1）单元侧试

单元测试是对软件设计的最小单位—模块（程序单元）进行正确性检验测试。单元测试的目的是发现各模块内部可能存在的各种错误。

单元测试的依据是详细的设计说明书和源程序。

单元测试的技术可以采用静态分析和动态测试。

单元测试主要针对模块的以下 5 个基本特性进行：

① 模块接口测试—测试通过模块的数据流。

② 局部数据结构测试。

③ 重要的执行路径检查。

④ 出错处理测试。

⑤ 影响以土各点及其他相关点的边界条件测试。

（2）集成侧试

集成测试是测试和组装软件的过程。集成测试所设计的内容包括：软件单元的接口测试、全局数据结构测试、边界条件和非法输入的测试等。

集成测试时将模块组装成程序，通常采用两种方式：非增量方式组装与增量方式组装。

非增量方式也称为一次性组装方式，将测试好的每一个软件单元一次组装在一起再进行整体测试。

增量方式是将已经测试好的模块逐步组装成较大系统，在组装过程中边连接边测试，以发现连接过程中产生的问题。

增量方一式包括自顶向下、自底向上、自顶向下与自底向上相结合的混合增量方法。

① 自顶向下的增量方式。将模块按系统程序结构，从主控模块（主程序）开始，沿控制层次自顶向下地逐个把模块连接起来。

自顶向下集成过程步骤如下：

a. 主控模块作为测试驱动器；

b. 按照一定的组装次序，每次用一个真模块取代一个附属的桩模块；

c. 当装入每个真模块时都要进行测试；

d. 做完每一组测试后再用一个真模块代替另一个桩模块；

e. 可以进行回归测试，以便确定没有新的错误发生。

② 自底向上的增量方式。自底向上集成测试方法是从软件结构中最底层的、最基本的软单元开始进行集成和测试。

自底向上集成的过程与步骤如下：

a. 底层的模块组成簇，以执行某个特定的软件子功能；

b. 编写一个驱动模块作为测试的控制程序，和被测试的簇连在一起，负责安排测试用例的输入及输出；

c. 对簇进行测试；

d. 拆去各个小簇的驱动模块，把几个小簇合并成大簇，再重复做②、③以及④步。

③ 混合增量方式。自顶向下增量的方式和自底向上的增量的方式各有优缺点，一种方式的优点是另一种方式的缺点。针对自顶向下、自底向上方法各自的优点和不足，人们提出了自顶向下和自底向上相结合、从两头向中间逼近的混合式组装方法，被称为“三明治”方法。

（3）确认测试

确认测试的任务是验证软件的功能和性能及其他特性是否满足了需求规格说明中确定的各种需求，以及软件配置是否完全、正确。

（4）系统测试

系统测试是通过测试确认的软件作为整个计算机系统的一个元素，与计算机硬件、外设、支撑软件、数据和人员等其他系统元素组合在一起，在实际运行（使用）环境下对计算机系统进行一系列的集成测试和确认测试。系统测试的目的是在真实的系统工作环境下检验软件是否能与系统正确连接，发现软件与系统需求不一致的地方。

系统测试的具体实施一般包括功能测试、性能测试、操作测试、配置测试、外部接口测试及安全性测试等。

11.4.6　程序的调试

在对程序进行成功测试之后将进行程序调试（排错）。程序的调试任务是诊断和改正程序中的错误。调试主要在开发阶段进行。

1. 程序调试的基本步骤

① 错误定位从错误的外部表现形式入手，研究有关部分的程序，确定程序中出错的位置，找出错误的内在原因。

② 修改设计和代码，以排除错误。排错是软件开发过程中一项艰苦工作，这也决定了调试工作是一个具有很强技术性和技巧性的工作。

③ 进行回归测试，防止引进新的错误。因为修改程序可能带来新的错误，重复进行暴露这个错误的原始测试或某些有关测试，以确认该错误是否被排除、是否引进了新的错误。

2. 程序调试原则

（1）确定错误的性质和位置时的注意事项

① 分析思考与错误征兆有关的信息。

② 避开死胡同。

③ 只把调试工具当作辅助手段来使用。

④ 避免用试探法，最多只能把它当作最后手段。

（2）修改错误原则

① 在出现错误的地方，很可能有别的错误。

② 修改错误的一个常见失误是只修改了这个错误的征兆或这个错误的表现，而没有修改错误本身。

③ 注意修正一个错误的同时有可能会引入新的错误。

④ 修改错误的过程将迫使人们暂时回到程序设计阶段。

⑤ 修改源代码程序，不要改变目标代码。

3. 软件调试的方法

（1）强行排错法

作为传统的调试方法，其过程可概括为设置断点、程序暂停、观察程序状态和继续运行程序。涉及的调试技术主要是设置断点和监视表达式。

① 通过内存全部打印来排错。

② 在程序特定部位设置打印语句，即断点法。

③ 自动调试工具。

（2）回溯法

该方法适合于小规模程序的排错，即一旦发现了错误，先分析错误征兆，确定最先发现“症状”的位置，然后从发现“症状”的地方开始，沿程序的控制流程逆向跟踪源程序代码，直到找到错误根源或确定出错产生的范围、

（3）原因排除法

原因排除法是通过演绎和归纳，以及二分法来实现。

演绎法是一种从一般原理或前提出发，经过排除和精化的过程来推导出结论的思考方法。

归纳法是一种从特殊推断出一般的系统化思考方法。其基本思想是从一些线索着手，通过分析寻找到潜在的原因，从而找出错误。

二分法实现的基本思想是，如果已知每个变量在程序中若干个关键点的正确值，则可以使用定值语句（如赋值语句、输入语句等）在程序中的某点附近给这些变量赋正确值，然后运行程序并检查程序的输出。

11.5 数据库设计基础

11.5.1 数据库系统的基本概念

1. 实体与实体集

实体指现实世界中客观存在的可标识的事物和运动状态、人们主观思维活动中形成的概念，

以及人们参与的实践活动或实践活动而产生的事件等。实体是一个抽象的概念，可以泛指一类事物的变化规律和运动状态，以及事物之间的相互联系，如学生情况，公司业绩等。同时实体也可以指一个具体的人、事物和具体的活动，如一个学生、一个学校、一个单位、一个职工、学生的一次选课活动、学生的一次考试活动等。

每个实体具有区别于其他实体的特征存在。每个实体具有多种特征，用主观思维活动形成的概念描述实体的某一特征称为实体的属性，一个实体常用多种属性来描述实体所具有的特征。具有相同特征的实体用相同的属性来描述，属性完全相同的实体称为同类型实体。同类型实体的集合称为实体集。实体集中的个体，以及个体之间的联系也称为实体。因此，实体有三层含义，首先指抽象的事物及运动状态，其次指具体的人、事物等个体，此外，还包括实体与实体间的联系。这三层含义构成实体的完整概念。

2. 数据与数据处理

数据（Data）是实体特征（包括性质、形状、数量等）的符号说明，表示数据的符号包括文字、特殊符号、语言、声音、音符、图形、图像、视频等多媒体。数据能被计算机表示、处理、存储、传输和显示。数据可以泛指那些能被计算机接受、识别、表示、处理、存储、传输和显示的符号。数据采用的组织方式、数据结构、存储结构和数据模型等是计算机处理数据的理论基础。

数据处理是利用计算机对各种类型的数据进行采集、组织、整理、编码、存储、分类、排序、检索、维护、加工、统计和传输等操作过程。数据处理的目的是从大量的、原始的数据中获得人们所需要的资料并提取有用的数据成分，在适当的时刻以恰当的形式提供给用户作为行为和决策的依据。

3. 数据库

数据库（DataBase，简称“DB”）是存储在计算机存储设备上的有组织、结构化的相关数据的集合。它不仅包括描述事物特征的数据，而且包括事物之间的相互联系。数据库中的数据按一定的数据模型组织，按一定的格式描述，按一定的方式存储，在一定范围内供用户共享。数据具有较小的冗余度，较高的独立性，较好的易扩展性和较优的安全性。数据库独立于应用程序而单独存在。

数据库存放数据是按数据所提供的数据模式进行存放，具有集成与共享的特点，在数据库集中了大量的应用数据，这些数据按照统一的结构进行处理和存储，方便不同的用户和应用程序共同使用，实现数据共享。

4. 数据库系统

从广义来说，数据库系统指引入数据库技术后的计算机系统，如图 11-39 所示。数据库系统由五部分组成：软硬件支撑系统、数据库、数据库管理系统、数据库应用系统和人员。其中，软硬件支撑系统包括硬件系统、计算机网络及网络协议、操作系统等支持数据库系统工作的软硬件系统。人员包括数据库管理员和用户。使用大型数据库系统，一般需要配备专人管理数据库，配备数据库管理员，由数据库管理员建立、维护、管理数据库；定义数据库结构，监管数据内容，决定数据库的存储结构和存储策略；定义数据的安全性要求和数据的保密级别，定义数据的完整性约束条件，确定用户对数据的存取权限，分配数据资源；监控数据库的使用和运行，及时处理运行过程中出现的问题，定期对数据库进行重组和重构，改善数据库的性能。用户指使用数据库的最终用户，用户通过数据库应用系统的用户接口使用数据库。常用的数据库应用程序提供浏览器、菜单驱动、表格操作图形显示和报表输出等接口方式。

从狭义上理解数据库系统，是由数据库 DataBase、数据库管理系统 DBMS 和数据库应用系统 DBAS 三个部分组成。

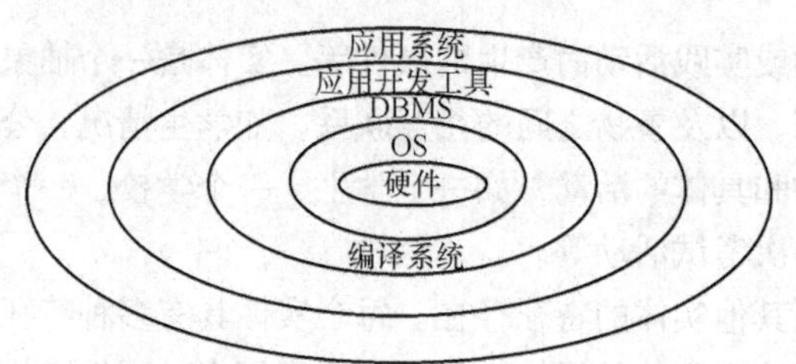

图 11-39 计算机系统中数据库的层次

（1）数据库管理系统

数据库管理系统 DBMS（DataBase Management System）是为建立、使用、管理和维护数据库而开发的数据管理软件，是由数据库生产厂商开发的系统软件。数据库管理系统是整个数据库系统的核心软件，基本功能包括数据定义功能、数据操纵功能、数据控制功能以及模式映射功能，同时还提供了数据词典。

① 数据定义功能。数据库管理系统提供数据定义语言 DDL（Data Description Language），定义数据库中的数据对象（包括定义表、视图）。定义表指建立、修改、删除表结构与索引。

②数据操纵功能。数据库管理系统提供数据操纵语言 DML（Data Manipulation Language）实现对数据库的查询、插入、修改和删除等基本操作。

③ 数据控制功能。数据库管理系统提供数据控制语言 DLC（Data Control Language）包括对表、视图等数据对象的授权，数据安全性控制，数据完整性控制，数据的并发控制，事务的开始与结束等控制功能。

④ 模式映射功能。数据库在结构上通常都采用三级模式结构，包括：外模式、概念模式和内模式，并提供两级映象功能，外模式与概念模式之间的映射，概念模式与内模式之间的映射，保证数据的独立性。

⑤ 数据词典。数据词典 DD（Data Dictionary）用于保存对数据库中概念模式、外模式、内模式等各级数据模式的定义，并将各种模式翻译成相应的目标代码，保存在数据字典中。这些模式反映了数据库的结构。同时保存数据的设置信息，设置数据表的属性如表名、字段及其属性，记录规则、表与表之间的相互关系、参照完整性、主索引、候选索引和临时索引等。这些数据是数据库系统中最基本的数据，称为元数据。这些元数据可以通过数据库设计器来设置、显示和修改，并保存在数据词典中。

（2）数据库应用系统

数据库应用系统 DBAS（DataBase Apliacation System）是由数据库开发人员利用数据库管理系统资源开发的面向某一类应用的软件系统，这些应用程序方便用户访问数据，简化用户操作，针对性地解决用户对数据管理的需求问题。

设计一个数据库应用系统，首先要全面了解系统对数据和功能的需求；对整个系统所涉及的数据进行分析和整理，分析数据之间的联系，建立实体-联系模型（E-R 模型），然后转化为关系模式；设计系统全局的数据结构，用数据定义语言表示和定义。要注意考虑数据的存放位置；数据量大小；对安全保密性、数据正确性、防错纠错措施等方面的要求；开发维护和使用数据的应用程序，用表单、菜单和报表设计友好的用户界面。使数据库应用系统界面友好，操作简单，系统高效可靠，方便用户使用。

（3）数据库系统的特点

数据库系统包括如下特点：

① 数据的组织化、结构化和格式化。

在数据库系统中，可将数据组织成不同的数据模型，进而确定数据结构。根据数据模型和数据结构规定数据的格式。

② 数据共享。

数据共享指为某一部门开发的数据库，可供其他部门或其他企事业单位的用户共同使用；可供多道程序使用。使用数据可以是同时的，也可以是不同时的。

③ 数据的独立性。

数据的独立性特征表现在数据独立于应用程序而存在，即数据与程序间的互不依赖性，数据在逻辑结构上独立于应用程序，数据在物理存储结构上不依赖于应用程序，数据可以独立地存储和维护，数据的逻辑结构、存储结构与存取方式的改变不会影响应用程序。数据独立性一般分为物理独立性与逻辑独立性两级。

物理独立性：物理独立性即是数据的物理结构（包括存储结构，存取方式等）的改变，如存储设备的更换、物理存储的更换、存取方式改变等都不影响数据库的逻辑结构，从而不致引起应用程序的变化。

逻辑独立性：数据库总体逻辑结构的改变，如修改数据模式、增加新的数据类型、改变数据间联系等，不需要相应修改应用程序，这就是数据的逻辑独立性。

④ 数据的可控冗余度。

数据冗余是指同一数据在多个不同的地方存放。例如，同一个人的基本情况，在人事管理系统中存放，同时在财务部门也存放。这不仅会导致数据量的增加，使系统处理速度变慢，效率降低，而且易发生错误。多一个数据存储，就需要多一套维护程序，多一些发生错误的可能，同一个数据在不同地方存储的值不相同，称为数据不一致，这是管理所不允许的。因此在实际设计中，应尽量减少数据冗余，控制冗余度，这就需要正确地定义全局数据结构。

⑤ 数据的安全性。

数据的安全性指控制不同用户各自在一定权限范围内使用数据，以防止数据遭到人为破坏或窃取。数据库中数据的安全性一般是通过设置用户名与用户口令实现。系统将用户名、口令及对某种操作的许可权保存在计算机中。用户要登录进入系统、数据库或做某一种操作时，要先按提示输入用户名与口令，只有正确时系统才按照权限允许其使用数据。

⑥ 数据的完整性。

数据的完整性约束是一组完整性规则的集合，是给定的数据模型中数据及其联系所具有的制约和依存规则，数据库提供数据的完整性控制，是为了在数据库的使用过程中防止错误或防止不恰当的数据进入数据库。

⑦ 数据库的并发控制和故障恢复。

数据库是一个集成、共享的数据集合，要同时为多个应用程序服务，数据库系统应该对多个应用程序的并发操作进行控制和管理，保证数据不受破坏，称为并发控制。例如，当多个应用程序同时访问同一个数据时，可能会互相干扰而产生数据不一致，可以通过加锁的方法来解决。若数据库中的数据一旦受到破坏，数据库管理系统必须有能力及时恢复数据，保障数据的安全，称为故障恢复。

5. 数据管理

数据管理指计算机对数据的管理。包括数据的收集、定义、编码、录入、存储、修改、删除、排序、查询和传输等操作。数据管理是数据处理的基本环节，是任何数据处理任务必有的共性部分，是有效管理数据的核心问题。数据管理技术经历了以下几个阶段。

（1）人工管理阶段

20世纪50年代中期以前，为人工管理阶段，是数据管理技术的初始阶段，编制的程序与数据密不可分，当数据变动时程序也要随之改变，独立性差。各程序之间的数据不能共享，不能相互传递，这种管理方式既不灵活，也不安全，编程效率较差。

（2）文件系统管理阶段

20世纪50年代后期到60年代中期，编制程序时把有关的数据组织成数据文件，这种数据文件可以脱离程序而独立存在，由专门的文件管理系统实施统一管理。数据与程序分开在不同文件中存放，应用程序通过文件管理系统对数据文件中的数据进行加工处理，数据与程序分离实现了数据的物理独立。它使各程序之间可以相互传递数据，初步实现数据共享。但是，数据文件的结构和程序密切相关，数据文件之间不能建立任何联系，因而数据的通用性仍然较差，冗余量大。

（3）数据库系统管理阶段

20世纪60年代后期以来，出现了统一管理数据的专用软件系统：数据库管理系统（DBMS）。它以专门的文件或文件的专门部分存放对数据文件的结构定义，应用程序既可与整体数据集对应，也可与整体数据集的某个子集对应，使数据文件的结构和程序相分离，实现了数据的逻辑独立。DBMS还提供对数据管理和访问的工具，提高程序的编制效率和质量。数据文件间可以建立关联，数据的冗余大大减少，数据的共享性显著增强。

（4）分布式数据库系统阶段

20世纪70年代以后，计算机网络的发展为数据库提供了分布式运行环境。从主机/终端到客户/服务器模式(Client/Server，C/S 模式)、浏览器/服务器（B/S 模式）。数据库管理系统及数据库放置在服务器上，客户端程序通过ODBC标准协议进行远程访问。

（5）面向对象数据库系统

面向对象数据库系统是面向对象程序设计技术与数据库技术结合的产物。包括关系数据库与面向对象程序设计。

11.5.2 数据模型

模型是理想化的的实体，是对实体特征的模拟和抽象。模型能用一定方法精确定义。

数据模型是实体数据特征的抽象，是一组严格定义的规则的集合。这些规则精确地描述了数据与数据之间的相互联系，对数据的操作以及相关的语义约束规则。从抽象层次上描述了系统的静态特征、动态行为和约束条件，为数据库系统的信息表示与操作提供一个抽象的框架。

1. 数据模型的三要素

数据模型是数据库系统的数学形式框架，是用来描述数据的一组概念和定义，包括数据结构、数据的联系、数据操作、数据定义以及数据完整性约束规则。其中，数据结构、数据操作和数据的完整性约束规则称为数据模型的三要素。

（1）数据结构

数据结构是数据元素的集合以及数据元素集合之间的相互关系，是对数据系统的静态特性的描述。包括数据的组成、特性、数据类型及其相互之间的联系。

（2）数据操作

数据操作指对数据系统中各种对象的实例允许执行操作的集合，包括操作及有关的操作规则。数据库的操作主要有检索和维护（包括录入、删除和修改）两类操作。数据模型要定义这些操作的确切含义、操作符号、操作规则及实现操作的语言。数据结构是对系统静态特性的描述，数据操作是对系统动态特性的描述。

（3）数据完整性约束条件

数据完整性约束条件是一组完整性规则的集合。完整性规则是给定的数据模型中数据及其联系所具有的制约和依存规则，用以限定符号数据模型的数据库状态及状态的变化，以保证数据的正确、有效和相容。

2. 三级数据模型

数据模型是现实世界中数据的抽象，把现实世界中具体的事物抽象成数据模型。设计数据库系统时，用图或表的形式抽象地反映数据之间的联系，称为建立数据模型。首先从需求分析入手，通过调查研究，确认设计的边界，初步确定目标系统的功能与数据结构，确定设计任务后，选定设计工具，建立概念数据模型，例如，实体联系模型（E-R 模型）；再将实体联系模型转化为具体 DBMS 支持的逻辑数据模型（例如关系模型）。由此可见，可以把数据模型分为概念数据模型、逻辑数据模型和物理模型三级。

（1）概念数据模型：简称概念模型，是对客观世界复杂事物的结构描述及它们之间的内在联系的刻画。概念模型主要有：E-R 模型（实体联系模型）、扩充的 E-R 模型、面向对象模型及谓词模型等。常用的概念模型实体联系模型即 E-R 图。

（2）逻辑数据模型：又称数据模型，是一种面向数据库系统的模型，该模型着重于在数据库系统一级的实现。逻辑数据模型主要有：层次模型、网状模型、关系模型、面向对象模型等。

（3）物理数据模型：又称物理模型，是一种面向计算机物理表示的模型，此模型给出了数据模型在计算机上物理结构的表示。首先研究实体联系模型即 E-R 模型的基本概念。

① 实体：现实世界中存在且可以相互区别的事物。

② 属性：描述事物的特性。

③ 联系：实体之间的关系。在数据库系统中这种联系表现为实体集内部的联系或实体集之间的联系，实体集内部的联系表现为组成实体的各种属性之间的联系；实体集之间的联系表现为不同实体的对应属性之间的联系。联系可以分为一对一联系（1∶1）、一对多联系（1∶n）、多对多联系（m∶n）3 类，常有不同表现方法。

一对一联系：如果实体集 A 中的任一给定实体，在实体集 B 中至多有一个实体与之联系；在实体集 B 中任一给定实体，在实体集 A 中至多有一个实体与之联系，则称实体集 A 与实体集 B 具有一对一联系，记为 1∶1。

例如，一个班级有一名班长，并且每个班长只负责本班的工作。那么，班级和班长之间存在一对一联系。

一对多联系：如果实体集 A 中的一个实体，在实体集 B 中有多个实体（n>1）与之联系，在实体集 B 中任一给定实体，在实体集 A 中至多有一个实体与之联系，则称实体集 A 与实体集 B 具有一对多联系，记为 1∶n。

例如，一个班级有多名学生，并且每名学生只在本班学习。那么，班级和学生之间存在一对多联系（1:n）。

多对多联系：如果实体集 A 中存在一个实体，在实体集 B 中有多个实体（n> 1）与之联系，在实体集 B 中存在一个实体，在实体集 A 中有多个实体（m>1）与之联系，则称实体集 A 与实体集 B 具有多对多联系，记为 m∶n 。

例如，多名教师为一个班的许多学生上课，一个班级有许多学生，每名学生都要上多名教师的课。那么，教师集合与学生集合之间存在多对多联系（$m:n$）。

（4）概念模型

概念模型属于语义模型，是面向计算机用户、面向现实世界的模型，不依赖计算机系统，与数据库无关。是用户和数据库设计人员之间进行交流的语言。一般用E-R图描述（也称为E-R模型）。其中，实体集用矩形框表示，矩形框内写明实体名；属性用椭圆框表示，椭圆框内写明属性名；联系用菱形框表示，菱形框内写明联系名，用无向线把它们联接起来，同时在无向线旁标注联系的类型，如1∶1或$n:m$。

例如：教学E-R图，教师与学生这两个实体是1对多联系，教师有教师号、教师名、职称等属性，学生具有学号、姓名、班级等属性，一个教师要教多名学生，因此教师实体与学生实体的联系是一对多联系。其E-R模型如图11-40所示。设计E-R图的方法大体上应遵循以下几条原则。

① 针对用户提出的用户需求建立局部E-R图，确定该用户视图的实体、属性和联系。注意，能作为属性的就不要作为实体，这有利于E-R图的简化。

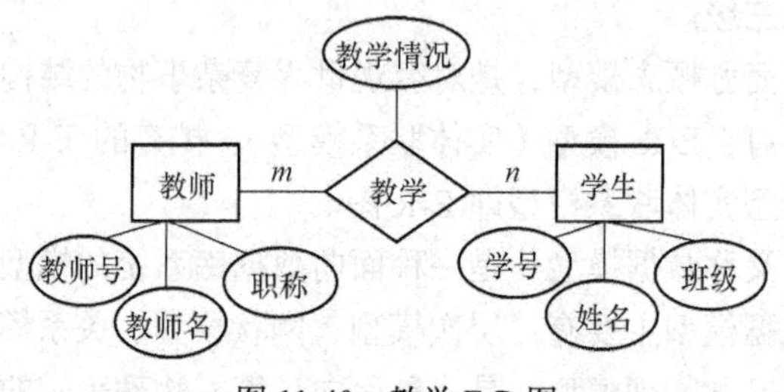

图11-40　教学E-R图

② 综合局部E-R图，产生出总体E-R图。在综合过程中，同名实体只能出现一次，还要去掉不必要的联系，以便消除冗余。一般来说，从总体E-R图必须能导出原来的所有局部视图，包括实体、属性和联系。

③ 一个系统的E-R图不是唯一的，按不同侧面作出的E-R图可能有很大不同。实体联系模型只能说明实体间的联系关系，无法直接得到机器上的存储结构，需要把它转换成数据模型（如关系数据模型等）才能被实际的DBMS所接受。

（5）逻辑数据模型

属于数据结构模型，不同的数据模型具有不同的数据结构形式，常用的数据模型有层次模型、网状模型、关系模型。

① 层次模型。层次模型用树状结构的拓扑图表示，以实体集为节点，节点按层分布排列，节点之间用线连接起来，形成拓扑图。拓扑图表示实体集之间从属关系。上层节点称为父节点，下层节点称为子节点。层次模型的拓扑图定义如下：有且仅有一个节点无父节点，这个节点称为根节点；除根以外的其他节点有且仅有一个父节点。根据定义画出层次模型的拓扑图为倒置的树结构。因此，用树结构来表示实体之间联系的数据模型称为层次模型。

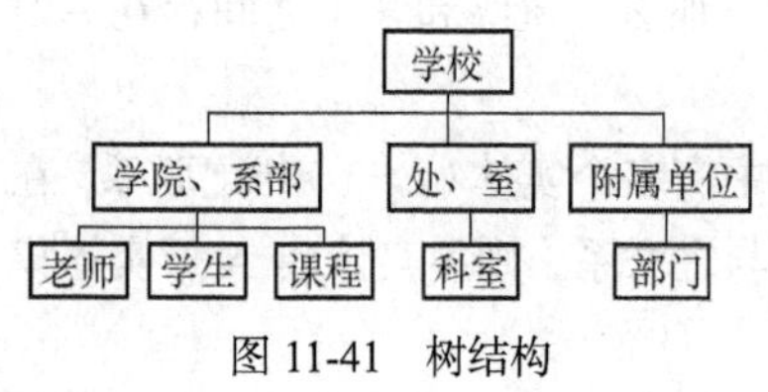

图11-41　树结构

例如，学校管理的数据模型，学校下设学院、处、附属单位等，学院下管老师、学生、课程等，处下有科室，附属单位下分部门等。组成的树结构如图11-41所示。

层次模型可表示组织机构内的数据间关系或各种从属数据间关系。层次结构的优点是结构简单，易于实现。缺点是支持的联系种类太少，只支持二元一对多联系。数据操纵不方便，子节点的存取只能通过父节点来进行。

② 网状模型。网状模型用网状拓扑图表示实体与实体之间的联系，网状模型的拓扑图允许有一个以上的节点无父节点；允许一个节点有多个父节点；节点之间的连接可以形成回路。网状模型如图 11-42 所示。

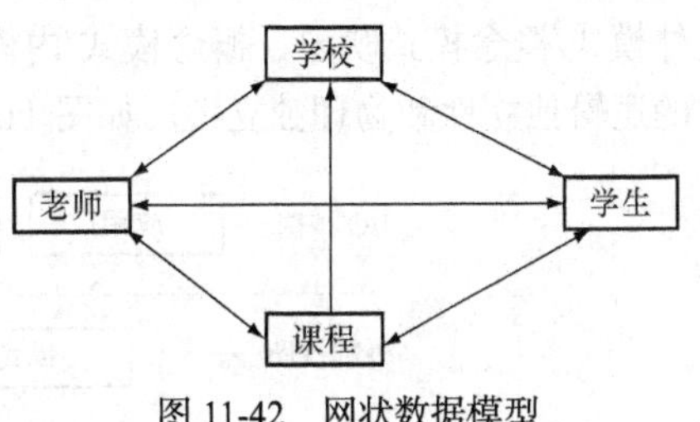

图 11-42　网状数据模型

网状模型中，用记录表示节点的数据，用箭头线表示数据之间的相互联系，箭头可以分为单箭头与双箭头，单箭头表示 1，指向 1 的一方；双箭头表示多，指向多的一方。如果是多对多关系，两实体集之间的连线二端都是双箭头。记录可以包含若干数据项，数据项可以是多值的或复合的。拓扑图中节点间呈现一种交叉关系，每个节点都可和其他多个节点相互联系，如图 11-42 所示。一个节点中的一个实体可和另一个节点中多个实体发生关系，另一个节点中的一个实体也可和前一个节点中多个实体发生关系，形成实体集和实体集之间多对多（m : n）联系。例如：一个老师可教多门课，有些课有多个老师教，老师和课程间是多对多关系；一个老师可教多个学生，每个学生都有许多个老师，老师和学生间是多对多关系；一个学生要学多门课，每门课都有许多学生学，学生和课程间是多对多关系等；老师、学生、课程都从属于一个学校，学校和他们都是一对多关系。

③ 关系模型。关系模型是以集合论中的关系概念为基础逐步发展过来的，是用关系理论中的二维表来表示实体和实体间联系，是数据模型中建模能力最强的一种数据模型，能描述各种类型的数据联系。因此，成为当今实用数据库系统的主流。

关系理论中的二维表由多列和多行组成，每列数据表示实体的属性称为属性（或分量），在关系数据库中称为字段（或数据项）。表中每一行在关系理论中称为元组，在关系数据库中称为记录。元组的集合称为关系，在关系数据库中与“表”相对应。关系模型由多个关系构成，与关系数据库（包括一个到多个数据表）相对应。每个关系表示为：

关系名（属性 1，属性 2……属性 n）

例如：学生（学号，姓名，性别，出生年月，专业，班级，政治面貌，家庭住址，履历），就表示了一个名为“学生”的关系。

3. 数据库系统的数据模式

数据模式是用一种专门语言对数据库中数据的逻辑结构和特征的描述。数据模式反映出实体集的结构、属性、联系和约束。数据模式对数据类型的描述不涉及到具体的值，相当于二维表的表头。数据模式的具体值称为数据模式的一个实例。同一数据模式下有许多实例。数据模式反映数据的结构和联系，实例反映数据库某一时刻的状态。例如：学生信息表中数据模式与实例的关系如图 11-43 所示。

学号	姓名	班级	籍贯	电话	
040321	王锋	计算机一班	武汉市	88012214	—— 实例1
040503	孙林鹏	电信一班	宜昌市	88012452	—— 实例2

（表头行 —— 数据模式）

图 11-43　数据模式及其实例

数据库管理系统将用户应用程序使用的数据到数据的逻辑定义再到数据的物理存储，从外到内抽象成三个级别，对应着外模式、概念模式（模式）和物理模式（内模式）三级数据模式。数据模式之间相互独立，减少了应用程序对全局性数据结构的依赖，增强了数据的共享性，加强对使用数据的控制，保障数据的安全性。3 层数据模式之间的联系和转换是通过数据库系统提供的外模式/概念模式映象、概念模式/内模式映象二级映象实现的。这两层映象保证了数据具有较高的逻辑独立性和物理独立性。如图 11-44 所示。

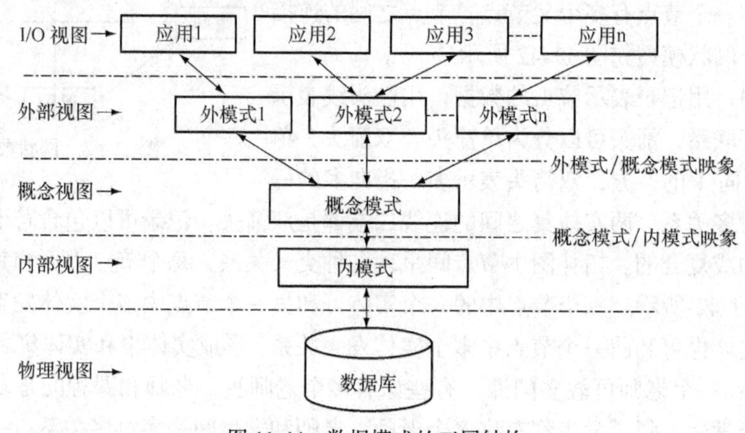

图 11-44　数据模式的三层结构

（1）内模式

内模式又叫物理模式或存储模式，对应于数据库的存储文件，是数据的物理结构和存储方式的描述，是数据的内部表示方法。物理模式是唯一的，一个数据库只有一个物理模式，它对用户是透明的。

物理模式确定数据的存储方式（顺序存储、随机存储 B 树结构存储或 hash 方法存储），索引按照什么方式组织，索引文件的结构；数据是否压缩存储，是否加密，以及存储设备，物理块大小等。数据库通过存储模式借助于操作系统，实现了对数据存储文件的操作。

（2）概念模式

概念模式又称为逻辑模式，对应数据库的数据表，是用数据库语言对全局数据逻辑结构的描述。包括实体集中所有实体的性质与联系；记录、数据项和数据的完整性约束；记录之间的相互联系等，整个数据库只有一个概念模式，是所有应用的公共数据视图。

数据库管理系统提供数据定义语言 DDL 来描述概念模式，例如，可以用 SQL 结构化查询语言定义、撤消和修改数据模式，定义并修改数据的名称、属性、相互关系和约束等。

关系数据库的概念模式称为关系模式。关系模式表示为：表名（数据项 1，数据项 2……）

例如，“学生”的关系模式可简要表示为：学生（学号，姓名，性别，出生日期，籍贯，电话）。

（3）外模式

外模式又叫子模式，是面向用户、面向应用的数据模式，是数据库用户能够看见的数据视图，是与某一应用有关的数据的逻辑描述，是从一个表抽取若干属性或从多个表各抽取若干属性构成的逻辑结构。它描述用户视图中记录的组成、相互联系、数据项的特征、数据安全性与完整性约束条件等。

一个数据库可以派生出多个外模式，每个外模式都是概念模式的子集，是由概念模式映射用户视图的数据。数据库系统根据用户在应用上的需求、对数据保密的要求等方面的差异，生成不同的外模式。当多个用户使用数据库时，每个用户的一个应用程序只能启动一个外模式，一个外模式可以被一个用户的多个应用程序使用，但一个应用程序只能使用一个外模式。使应用程序只和局部数据结构相关，限定了用户应用程序对数据库的操作，容易实现数据的安全和保密。

（4）数据模式的两级映射

概念模式/内模式的映射：实现概念模式到内模式之间的相互转换。当数据库的存储结构发生变化时，通过修改相应的概念模式/内模式的映射，使得数据库的逻辑模式不变，其外模式不变，应用程序不用修改，从而保证数据具有很高的物理独立性。

外模式/概念模式的映射：实现了外模式到概念模式之间的相互转换。当逻辑模式发生变化时，通过修改相应的外模式/逻辑模式映射，使得用户所使用的那部分外模式不变，从而应用程序不必修改，保证数据具有较高的逻辑独立性。

11.5.3　关系代数

关系代数是以集合代数为基础发展起来的数学理论。关系代数研究关系运算，关系运算有运算对象、运算符和运算结果 3 大要素。

1. 关系数据库的基本概念

（1）关系

关系是由若干个不同的元组所组成，关系可视为元组的集合。n 元关系是一个 n 元有序组的集合。一个关系对应一个二维表，每个关系有一个关系名，关系名对应二维表的表名。在数据库管理系统中一个关系对应一个数据表，存储在一个文件中，简称为表。

（2）属性

二维表中垂直方向的列称为属性（字段）。每一列有一个属性名。属性一词来源于实体的属性，在数据库的二维表中属性称为字段名。由字段名、字段类型、字段宽度和小数位组成表的结构。

（3）值域

每一列的值称为属性值，属性值的取值范围，称为值域。不同类型的字段，值域不同。不同字段可以有相同的值域。

（4）关系模式

对关系的描述称为关系模式，它是关系名下的属性的集合。表示为：

关系名（属性 1，属性 2，……属性 n）

例如，职工情况表的关系模式为：

职工情况（职工号，姓名，性别，年龄，部门，职务，备注）

（5）元组

在二维表中除表头外水平方向的行称为元组，元组对应存储文件中的一条记录的值。

例如，“学生”关系中的第二个元组为：

（040200002，张华，男，11/16/85，10，汉，88010102）

（6）分量指元组的一个属性值。如上例中每一个属性的值如 040200002，张华，男，11/16/85，10，汉，88010102，都是“学生”关系中第二元组的分量。

（7）关键字

一个属性或几个属性的组合，其值能唯一地确定一个元组。

（8）外部关键字

如果表中的一个字段不是本表的候选关键字，而是另一表的候选关键字，称这个字段是外部关键字。

2. 关系的完整性

关系完整性是为保证数据库中数据的正确性和相容性，从而对关系模型提出的某种约束条件或规则，完整性通常包括实体完整性。参照完整性和域完整性。

（1）实体完整性

实体完整性指保证实体的唯一性，要求表中的记录是唯一的，任何一个表中不允许有重复的记录，在数据库管理系统中利用关键字或候选关键字来保证表中记录的唯一。

候选关键字：如果表中一个字段的值或最少的几个字段的值能够惟一地标识表中的一条记录，称这样的字段或字段组为候选关键字。

主关键字：一个表中可以存在多个候选关键字，选择其中和当前应用有关的一个作为识别记录的依据，称为主关键字。

例如，学生表中学生的学号是唯一的，用学号可以唯一地标识一个学生的一条记录，学号就是学生表的候选关键字。在限定人名不得相同的条件下，姓名也是候选关键字。如果通过学号查询记录，则学号是主关键字；如果通过姓名查询记录，则姓名是主关键字。关键字是数据使用、修改和删除操作的主要依据。

（2）参照完整性

在关系数据库中，为了实现表与表之间的联系，有时需要将一个表的关键字作为数据之间联系的纽带放到另一个表中，这些在另外一个表中起联系作用的字段称为外部关键字（外键），它在父表中一般是关键字，在子表中为关键字的一部分。联系字段的每一个值只要不空，都必须在第一个表中存在，称为参照完整性。例如，在学生表（学号、姓名、班级……）与成绩表（学号、课程名、分数）两个表中，学号是学生表的主关键字，而成绩表中的学号是外部关键字，关键字是：学号和课程名。

（3）域完整性

数据应当客观真实地反映事物的属性。每个属性的值在实际生活中有一定的取值范围，属性的取值范围称作域。如：性别只能是男或女，{男，女}是性别域；年龄字段定义成整型，但是对一般人来讲，不能超过 150 这个范围，也不可能为负数，可以规定{0-150}是年龄域等。数据的取值应当在规定的有效范围内，称为域完整性。

3. 关系运算

关系运算的对象是关系，关系运算的结果也是关系。关系运算可以分为两类：一类是传统的集合运算，包括并、差、交和笛卡尔积 4 种运算；另一类是专门的关系运算。

（1）传统的集合运算

① 集合的并运算 R∪S。设关系 R 和关系 S 具有相同的 n 个属性（称为 n 元关系），并且两者对应的属性取自于同一属性域，则关系 R 与关系 S 的并由属于 R 或属于 S 的元组组成，其结果仍为 n 元关系。记为：

$$R \cup S = \{ t \mid t \in R \vee t \in S \}$$

元组 t 属于关系 R 或者属于关系 S。两个相同结构关系的并运算的结果是由属于这两个关系中元组的集合。

文氏图如图 11-45 所示。

② 集合的差运算 R–S。设关系 R 和关系 S 具有相同的 n 个属性（称为 n 元关系），并且两者对应的属性取自于同一属性域，则关系 R 与关系 S 的差由属于 R 而不属于 S 的元组组成，其结果仍为 n 元关系。记为：

$$R - S = \{ t \mid t \in R \wedge t \notin S \}$$

文氏图如图 11-46 所示。

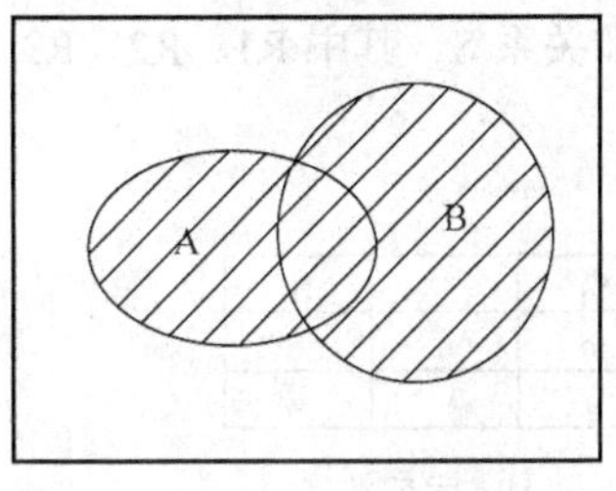

图 11-45　R∪S

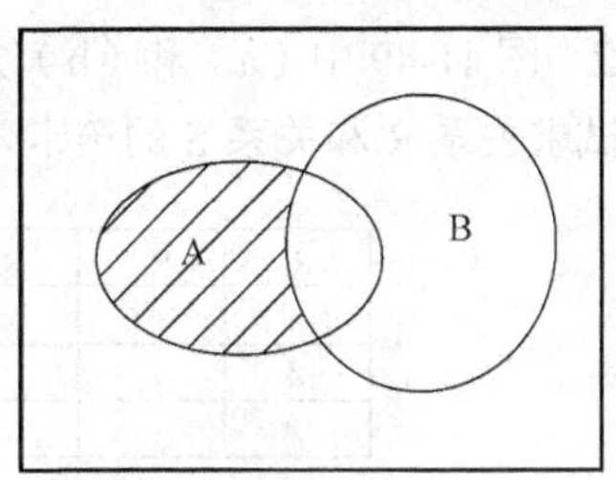

图 11-46　R∩S

③ 集合的交运算 R∩S。设关系 R 和关系 S 具有相同的 n 个属性（称为 n 元关系），并且两者对应的属性取自于同一属性域，则关系 R 与关系 S 的交由既属于 R 又属于 S 的元组组成，其结果仍为 n 元关系。记为：

$$R \cap S = \{ t | t \in R \Lambda t \in S\}$$

显然有：　　$R \cap S = R - (R - S)$

文氏图如图 11-47 所示。

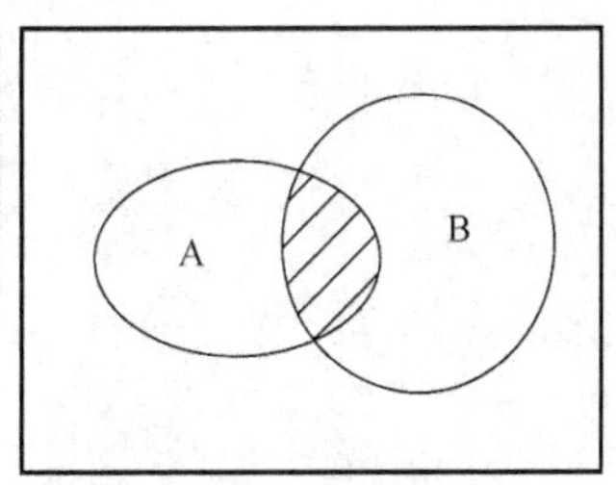

图 11-47　R∩S

例 11.11　图 11-41 中用二维表表示关系，A、B、C 是属性名，元组中属性值用小写字母表示，关系 R 和关系 S 如图 11-48（a）和（b）所示，试求关系 R 和关系 S 的并、差、交。

关系 R 和关系 S 的并包括 4 个不相同的元组，如图 11-48（c）所示为 R∪S 的结果。

关系 R 差 S 的结果是由属于 R 但不属于 S 的元组的集合，如图 11-48（d）所示，

关系 R 和关系 S 交的结果是既属于 R 又属于 S 的元组的集合，如图 11-48（e）所示

A	B	C
a	b	c
d	e	f
x	y	z

（a）关系R

A	B	C
d	e	f
m	n	o
x	y	z

（b）关系S

A	B	C
a	b	c
d	e	f
x	y	z
m	n	o

（c）R∪S

A	B	C
a	b	c

（d）R−S

A	B	C
d	e	f
x	y	z

（e）R∩S

图 11-48　关系 R 和关系 S 的并、差、交

④ 笛卡尔积

设关系 R 和关系 S 的元数分别是 r 和 s，定义 R 和 S 的笛卡尔积是一个（r + s）元组的集合，每一个元组的前 r 个分量来自 R 的一个元组，后 s 个分量来自 S 的一个元组。若 R 有 k_1 个元组，S 有 k_2 个元组，则关系 R 和关系 S 的笛卡尔积有 $k_1 \times k_2$ 个元组。记为：

$$R \times S = \{ t \mid t = < tr , ts >\hat{} tr \in R\hat{} ts \in S\}$$

例 11.12 图 11-49 中（a）和（b）分别是关系 R 和关系 S，其中 R1、R2、R3、S1、S2、S3 是属性名，试求关系 R 和关系 S 的笛卡尔积。

R_1	R_2	R_3
a	b	c
d	e	f
x	y	z

（a）关系R

S_1	S_2	S_3
m	n	o
u	v	w

（b）关系S

R_1	R_2	R_3	S_1	S_2	S_3
a	b	c	m	n	o
a	b	c	u	v	w
d	e	f	m	n	o
d	e	f	u	v	w
x	y	z	m	n	o
x	y	z	u	v	w

（c）R×S

图 11-49　笛卡尔积运算举例

关系 R 的元数是 3，关系 S 的元数是 3，根据笛卡尔积的定义可知，关系 R 和关系 S 的笛卡尔积有 3 + 3 = 6 个元数，前 3 个分量来自 R 的一个元组，后 3 个分量来自 S 的一个元组。R 有 3 个元组，S 有 2 个元组，根据笛卡尔积的定义可知，关系 R 和关系 S 的笛卡尔积有 3 × 2 = 6 个元组。R × S 的关系如图 11-49（c）所示。

（2）专门的关系运算

专门的关系运算主要包括对二维表的水平方向数据的选择操作，对垂直方向数据的投影操作和对多个二维表的连接操作。

① 选择

选择是从关系中找出满足条件的元组的操作，选择操作是对二维表的行进行操作。

定义：设关系 R 的关系模式为 $R(A_1,A_2,\cdots,A_n)$，t 是 R 的一个元组 $t \in R$，设 F 是逻辑表达式，选择运算是从关系 R 中选择满足条件的元组，记为：

$$\sigma_F(R)=\{\, t \mid t \in R \ \wedge \ F[t]=\text{‘真’} \}$$

式中，F[t]=‘真’为逻辑表达式，运算符包括关系运算符<、≤、>、≥、=、≠和逻辑运算符∧与、∧或、～非等运算符。

例 11.13 查询图 11-50 所示 Xs（学生数据表）中性别="女"的学生。关系代数表达式为：

$\sigma_{\text{性别=‘女’}}$(Xs) = {{04020004，赵小琴，女，07/21/86，10，汉，88010104}，{04020006，吴娟，女，04/15/86，11，土，88010106}}

Xs

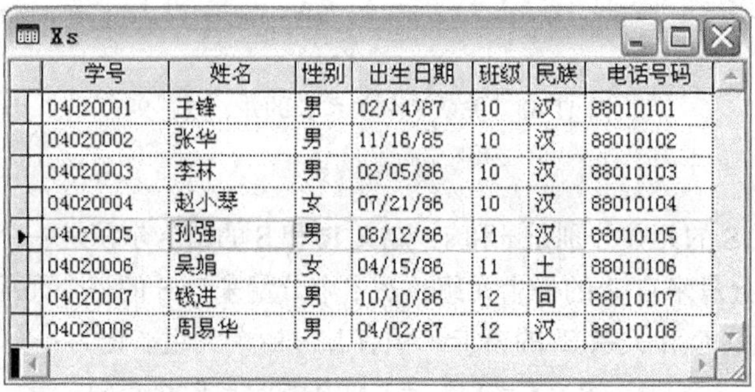

学号	姓名	性别	出生日期	班级	民族	电话号码
04020001	王锋	男	02/14/87	10	汉	88010101
04020002	张华	男	11/16/85	10	汉	88010102
04020003	李林	男	02/05/86	10	汉	88010103
04020004	赵小琴	女	07/21/86	10	汉	88010104
04020005	孙强	男	08/12/86	11	汉	88010105
04020006	吴娟	女	04/15/86	11	土	88010106
04020007	钱进	男	10/10/86	12	回	88010107
04020008	周易华	男	04/02/87	12	汉	88010108

图 11-50　学生表

在结构化查询语言，查询的语句为：

SELECT * FROM　Xs WHERE　性别=‘女’

命令动词 SELECT 表示查询操作，*表示查询所有的字段，子句“FROM Xs”表示查询学生表，子句“WHERE 性别=‘女’”表示查询的条件，查询结果如图 11-51 所示。

查询

学号	姓名	性别	出生日期	班级	民族	电话号码
04020004	赵小琴	女	07/21/86	10	汉	88010104
04020006	吴娟	女	04/15/86	11	土	88010106

图 11-51　选择操作

② 投影

投影是从关系模式中指定若干个属性组成新关系的操作。投影操作是对二维表的列进行操作。

定义：设关系 R 的关系模式为 $R(A_1,A_2,\cdots,A_n)$，t 是 R 的一个元组 $t\in R$，A 是 R 的属性，$t[A_i]$ 表示元组 t 中相应于属性 A_i 的一个分量，投影是从关系 R 中选择出若干属性组成新的关系，记为：

$$\pi_A(R)=\{t[A_i]\mid t\in R\}$$

投影操作相当于对关于进行垂直分解，取其部分属性得到新关系。其新关系模式所包含的属性个数一般要少于原关系。投影运算提供垂直调整关系的手段。

例 11.14　查询图 11-50 所示 Xs（学生数据表）中学生的姓名和电话号码。

关系代数表达式为：

$\pi_{姓名,电话号码}$ (Xs) ={{王锋,88010101},{张华, 88010102},{李林,88010103},{赵小琴,88010104},{孙强,88010105},{吴娟,88010106},{钱进,88010107},{周易华,88010108}}

在结构化查询语言中，查询的语句为：

SELECT 姓名，电话号码 FROM Xs

命令动词 SELECT 表示查询操作，姓名，电话号码表示查询的字段，子句“FROM Xs”表示查询学生表，查询结果如图 11-52（a）所示。

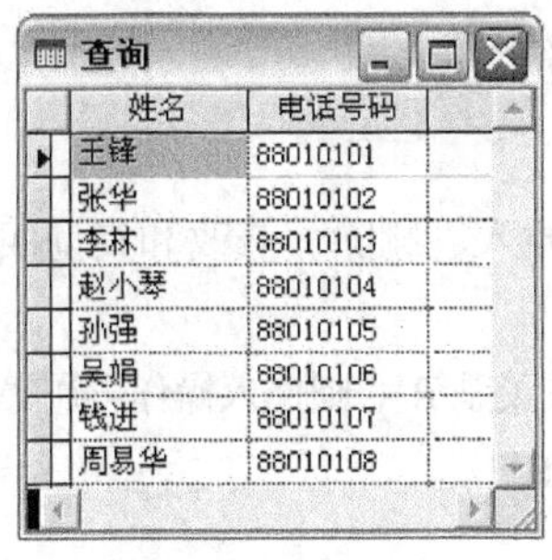
查询

姓名	电话号码
王锋	88010101
张华	88010102
李林	88010103
赵小琴	88010104
孙强	88010105
吴娟	88010106
钱进	88010107
周易华	88010108

（a）投影操作

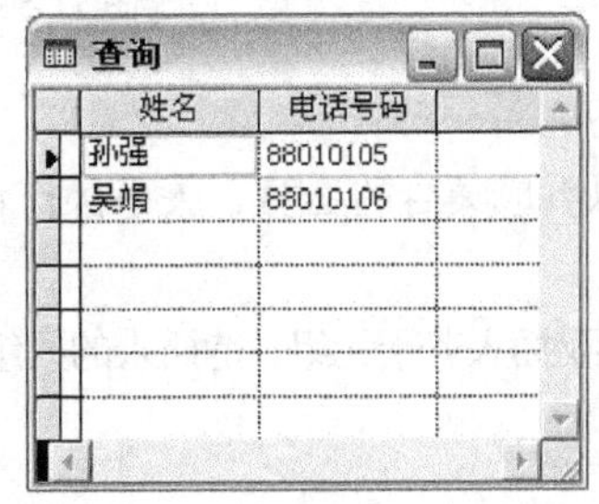
查询

姓名	电话号码
孙强	88010105
吴娟	88010106

（b）选择和投影操作

图 11-52　投影

把选择和投影两者结合起来，可以查询当前数据表中满足选择条件的指定字段。

例 11.15　查询图 11-50 所示 Xs（学生数据表）中班级=‘11’的学生的姓名和电话号码。关系代数表达式为：

$\pi_{姓名,电话号码}(Xs)(\sigma_{班级='11'}(Xs))$ = {{孙强，88010105}，{吴娟，88010106}}

在结构化查询语言，查询的语句为：

SELECT 姓名，电话号码 FROM Xs WHERE 班级= '11'

查询结果如图 11-52（b）所示。

③ 连接

连接是关系的横向结合，将两个关系模式拼接成一个更大的关系模式。R 和 S 的连接等于从 R 和 S 的笛卡尔积中那些满足比较关系 θ 的元组。

定义：A 和 B 分别是关系 R 和 S 上度数相等且可比的属性，θ 是比较运算符，连接运算为从 R 和 S 的笛卡尔积 R×S 中选取关系 R 上 A 属性组的值与关系 S 上 B 属性组的值满足比较关系 θ 的元组。记为：

$$R \underset{A\theta B}{\bowtie} S=\{t_r t_s | t_r \in R \wedge t_s \in S \wedge t_r[A]\ \theta\ t_s[B]\}$$

① 等值连接：若 θ 为 "=" 的连接称为等值连接，是从关系 R 和 S 的笛卡尔积 R×S 中选取 A、B 属性值相等的元组。记为：

$$R \underset{A=B}{\bowtie} S=\{t_r t_s | t_r \in R \wedge t_s \in S \wedge t_r[A]=t_s[B]\}$$

② 自然连接：自然连接是一种特殊的等值连接，它要求两个关系间有公共属性组；通过公共属性组的相等值进行连接，并且要在结果中把重复的属性去掉。

自然联接记为：

$$R \bowtie S$$

例 11.16 设关系 R，S 如图 14-52（a）、11-52（b）所示，其中 A、B、C、D 是属性名，则关系 R 和 S 的自然联接如 11-52（c）所示。

A	B	C
a	b	c
d	e	f
x	y	z
d	e	z

（a）关系R

A	C	D
d	f	g
d	f	p
x	z	q
h	i	j

（b）关系S

A	B	C	D
d	e	f	g
d	e	f	p
x	y	z	q

（c）关系R和S的自然联接

图 11-53　自然联接

4. 关系操作

关系操作可以看成集合的运算，关系操作包括插入、删除、修改和查询四种操作。

（1）插入

设有关系 R 需要插入若干元组，待插入的元组组成关系 R'，则插入操作可用集合的并运算表示为：

$$R \cup R'$$

（2）删除

设有关系 R 需要删除若干元组，待删除的元组组成关系 R'，则删除操作可用集合的差运算表示为：

$$R-R'$$

（3）修改

修改操作可以分解成删除操作和插入操作两步完成。

设有关系 R 需要修改若干元组，待修改的元组组成关系 R'，先做删除操作可用集合的差运算表示为：R - R’，再做插入操作，待插入的元组组成关系 R”，则插入操作可用集合的并运算表示为：

(R−R’) ∪R”

（4）查询

查询操作使用自然连接将两个或多个关系连接起来，使用选择、投影运算分解原有关系，构成新关系。在结构化查询语句中用专门的子句描述连接、选择、投影等操作。关系代数是结构化查询语言的数学基础。

11.5.4　数据库设计与管理

1. 数据库设计原则

① 关系数据库的设计应该遵从概念单一化，“一事一表”的原则。一个表描述一个实体或实体间的一种联系。

② 避免在表之间出现重复字段，减小数据的冗余性。

③ 表中的字段必须是原始数据和基本数据元素。

④ 用外部关键字保证有关联的表之间的联系。

2. 数据库设计阶段及任务

数据库设计阶段包括：需求分析、概念分析、逻辑设计和物理设计。

数据库设计的每个阶段的任务如下：

① 需求分析阶段。这是数据库设计的第一个阶段，任务主要是收集和分析数据，这一阶段收集到的基础数据和数据流图是下一步设计概念结构的基础。

② 概念设计阶段。分析数据间内在语义关联，在此基础上建立一个数据的抽象模型，即形成 E-R 图。

数据库概念设计的过程包括选择局部应用、视图设计和视图集成。

③ 逻辑设计阶段。将 E-R 图转换成指定 RDBMS 中的关系模式。

④ 物理设计阶段。对数据库内部物理结构作调整并选择合理的存取路径，以提高数据库访问速度及有效利用存储空间。

3. 数据库管理

数据库管理（Database Administration，简称 DA）主要由数据库管理员对数据库进行的技术管理工作，包括数据库的建立、数据库的调整、数据库的重组、数据库的重构、数据库的安全控制、数据的完整性控制和对用户提供技术支持。

数据库的建立：数据库的设计只是提供了数据的类型、逻辑结构、联系、约束和存储结构等有关数据的描述。这些描述称为数据模式。要建立可运行的数据库，还需进行下列工作：

① 选定数据库的各种参数，例如最大的数据存储空间、缓冲决的数量和并发度等。这些参数可以由用户设置，也可以由系统按默认值设置。

② 定义数据库，利用数据库管理系统（DBMS）所提供的数据定义语言和命令，定义数据库名、数据模式和索引等。

③ 准备和装入数据，定义数据库仅仅建立了数据库的框架，要建成数据库还必须装入大量的数据，这是一项浩繁而细致的工作。在数据的准备和录入过程中，要从技术上和制度上采取措施，保证装入数据的正确性。计算机系统中原已积累的数据，要充分利用，尽可能转换成数据库的数据。

附录 ASCII 码表

控制功能	定义	十六进制	十进制	字符	十六进制	十进制	字符	十六进制	十进制	字符	十六进制	十进制
空	NULL	00	0	SP	20	32	@	40	64	‘	60	96
信息头	SOH	01	1	!	21	33	A	41	65	a	61	97
文本头	STX	02	2	“	22	34	B	42	66	b	62	98
文本尾	ETX	03	3	#	23	35	C	43	67	c	63	99
传输结束	EOT	04	4	$	24	36	D	44	68	d	64	100
查询	ENQ	05	5	%	25	37	E	45	69	e	65	101
确认	ACK	06	6	&	26	38	F	46	70	f	66	102
响铃	BEL	07	7	`	27	39	G	47	71	g	67	103
退格	BS	08	8	(	28	40	H	48	72	h	68	104
水平制表	HT	09	9	)	29	41	I	49	73	i	69	105
换行	LF	0A	10	*	2A	42	J	4A	74	j	6A	106
垂直制表	VT	0B	11	+	2B	43	K	4B	75	k	6B	107
换页	FF	0C	12	,	2C	44	L	4C	76	l	6C	108
回车	CR	0D	13	-	2D	45	M	4D	77	m	6D	109
Shift out	SO	0E	14	.	2E	46	N	4E	78	n	6E	110
Shift in	SI	0F	15	/	2F	47	O	4F	79	o	6F	111
放弃数据键	DLE	10	16	0	30	48	P	50	80	p	70	112
设备控制 1	DC1	11	17	1	31	49	Q	51	81	q	71	113
设备控制 2	DC2	12	18	2	32	50	R	52	82	r	72	114
设备控制 3	DC3	13	19	3	33	51	S	53	83	s	73	115
设备控制 4	DC4	14	20	4	34	52	T	54	84	t	74	116
否认	NAK	15	21	5	35	53	U	55	85	u	75	117
同步	SYN	16	22	6	36	54	V	56	86	v	76	118
传送块结束	ETB	17	23	7	37	55	W	57	87	w	77	119
放弃	CAN	18	24	8	38	56	X	58	88	x	78	120
介质尾标记	EM	19	25	9	39	57	Y	59	89	y	79	121
替代错字	SUB	1A	26	:	3A	58	Z	5A	90	z	7A	122
逃逸	ESC	1B	27	;	3B	59	[	5B	91	{	7B	123
文件拆分	PS	1C	28	>	3C	60	\	5C	92	|	7C	124
组拆分标记	GS	1D	29	=	3D	61	]	5D	93	}	7D	125
记录拆分	RS	1E	30	<	3E	62	^	5E	94	~	7E	126
拆分单元	US	1`F	31	?	3F	63	_	5F	95	DEL	7F	127